面向21世纪课程教材

普通高等教育“十五”
国家级规划教材

“十二五”普通高等教育
本科国家级规划教材

面 向 2 1 世 纪 课 程 教 材
Textbook Series for 21st Century

微积分

W E I J I F E N

第三版 下 册

同济大学数学系 编

高等教育出版社·北京

内容提要

本书参照新修订的“工科类本科数学基础课程教学基本要求”，结合当前的教学实际，在原书第二版的基础上修订而成。在保持同济编教材优秀传统的同时，努力贯彻教学改革的精神，加强对微积分的基本概念、理论、方法和应用实例的介绍，突出微积分的应用。本书结构严谨，逻辑清晰，文字表述详尽通畅，平易近人，易教易学，改编后的内容编排也更利于教学的组织和安排。所选用的习题突出数学基本能力的训练而不过分追求技巧，既有传统的优秀题目，又从国外教材中吸取或改编了一些有较高训练效能的新颖习题。通过数学实验将微积分与数学软件的应用有机结合起来是本书的一个特色，经过改编，数学实验与教学内容的结合更加紧密，有利于培养学生的数学建模能力。书中有些内容用楷书排印或加了“*”号，教师可灵活掌握。本书可作为工科和其他非数学类专业的高等数学（微积分）教材或参考书。

全书分上、下两册出版。上册的内容为函数、极限与连续，一元函数微分学，一元函数积分学和微分方程，四个与一元函数微积分相关的数学实验，附录中有数学软件 Mathematica 的简介。下册内容为向量代数与空间解析几何，多元函数微分学，重积分，曲线积分与曲面积分，无穷级数，三个与多元微积分和级数有关的数学实验，附录中有矩阵与行列式简介。书末附有习题答案与提示。

图书在版编目（CIP）数据

微积分. 下册/同济大学数学系编. —3 版. —北京：高等教育出版社，
2010.1（2018.1 重印）
ISBN 978 -7 -04 -028618 -2

Ⅰ.微… Ⅱ.同… Ⅲ.微积分 - 高等学校 - 教材 Ⅳ. O172

中国版本图书馆 CIP 数据核字（2009）第 224353 号

出版发行	高等教育出版社	网　　址	http://www.hep.edu.cn
社　　址	北京市西城区德外大街 4 号		http://www.hep.com.cn
邮政编码	100120	网上订购	http://www.landraco.com
印　　刷	北京中科印刷有限公司		http://www.landraco.com.cn
开　　本	787 ×960　1/16		
印　　张	21.75	版　　次	2001 年 1 月第 1 版
字　　数	410 000		2010 年 1 月第 3 版
购书热线	010 - 58581118	印　　次	2018 年 1 月第 12 次印刷
咨询电话	400 - 810 - 0598	定　　价	39.40 元

物 料 号　28618 - 00

目　录

第五章
向量代数与空间解析几何

VECTORS AND ANALYTIC GEOMETRY IN SPACE

自然界中的很多量既有大小又有方向,数学中的向量就是对这一类量的概括与抽象. 向量在工程技术中有着广泛的应用,是一种重要的数学工具. 向量可以用有向线段来表示(称为向量的几何表示);在建立了空间直角坐标系后,又可用3个实数组成的有序数组表示(称为向量的坐标表示). 向量的坐标表示为我们把向量概念推广到更高维的空间开拓了道路. 本章先讨论向量的这两种表示形式,接着通过几何形式定义向量的基本运算,并导出这些运算的坐标表示. 有关向量的每一个结论,都有等价的几何表示形式和坐标表示形式,学习时要注意对比,切实掌握,并善于根据不同的问题采用最为方便的表示形式. 本章第一部分向量代数所讨论的就是向量概念、向量之间的各种运算及其应用.

本章第二部分的内容是空间解析几何的基础知识. 正像平面解析几何的知识对学习一元函数微积分是不可缺少的一样,空间解析几何的知识对学习多元函数微积分也是必不可少的. 这部分内容包括空间的平面和直线方程,平面与直线的关系以及空间曲面、曲线的方程. 在曲面方程中,我们着重讨论了柱面、旋转曲面及二次曲面的方程. 在讨论平面和直线方程时,向量扮演了重要角色,抓住了平面的法向量和直线的方向向量,就抓住了这部分内容的纲. 这是在学习时要充分注意的.

第一节 向量及其线性运算

一、向量概念

客观世界中有很多量,比如物体的体积,质量,两点间的距离,某一过程所需的时间等等,这种量只有大小、多少之分,因此只需用数字就可加以刻画,并且处理这些量的规则也与实数的运算规则相当,这些量被称为纯量(scalar).然而,客观世界还存在这样一类量,例如位移、速度、加速度、力、力矩等等,这类量不仅有大小之分,还有方向之异,单纯用一个数字不足以描述它们.处理这类量的规则也不再符合实数的运算规则,而遵循另外一些共同的规律.人们把这类既有大小、又有方向的量称为向量(vector).

向量通常用黑体字母或上方加箭头的字母来记,如 $\boldsymbol{a}$、$\boldsymbol{v}$、$\boldsymbol{s}$、$\boldsymbol{F}$ 或 $\vec{a}$、$\vec{v}$、$\vec{s}$、$\vec{F}$ 等等.由于向量的两个要素是大小和方向,而具有这两个要素的最简单的几何图形是有向线段,故在数学中常用有向线段来表示向量.有向线段的长度表示向量的大小,有向线段的方向表示向量的方向.以 M_1 为起点、M_2 为终点的有向线段所表示的向量也记作 $\overrightarrow{M_1M_2}$(图 5-1).在以后的讨论中,我们对向量和表示它的有向线段不加区分,例如把有向线段 $\overrightarrow{M_1M_2}$ 说成向量 $\overrightarrow{M_1M_2}$,或把向量 $\boldsymbol{a}$ 看成有向线段.

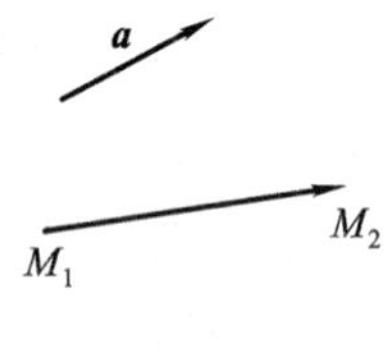

图 5-1

需要指出,数学上讨论的向量仅有大小和方向这两方面的属性,并不涉及向量的起点,因此如果两个向量 $\boldsymbol{a}$ 与 $\boldsymbol{b}$ 的大小相同,方向一致,就称 $\boldsymbol{a}$ 与 $\boldsymbol{b}$ 相等,并记作 $\boldsymbol{a}=\boldsymbol{b}$.这就是说,如果两个有向线段的大小和方向是相同的,则不论它们的起点是否相同,我们就认为它们表示同一个向量.这样理解的向量叫做自由向量.

向量的大小叫做向量的模(norm).向量 $\overrightarrow{M_1M_2}$、$\boldsymbol{a}$、$\vec{a}$ 的模依次记作 $|\overrightarrow{M_1M_2}|$、$|\boldsymbol{a}|$、$|\vec{a}|$.模等于 1 的向量叫做单位向量.模等于零的向量叫做零向量,记作 $\boldsymbol{0}$ 或 $\vec{0}$.零向量的方向可以看做是任意的.

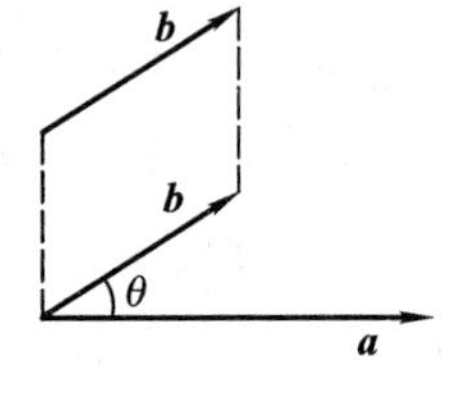

图 5-2

由于自由向量可在空间自由平移,因此可如下规定两个非零向量 $\boldsymbol{a}$ 与 $\boldsymbol{b}$ 的夹角:将 $\boldsymbol{a}$ 或 $\boldsymbol{b}$ 平移,使它们的起点重合后,它们所在的射线之间的夹角 $\theta(0\leqslant\theta\leqslant\pi)$ 称为 $\boldsymbol{a}$ 与 $\boldsymbol{b}$ 的夹角(图 5-2),并记作 $(\widehat{\boldsymbol{a},\boldsymbol{b}})$ 或 $(\widehat{\boldsymbol{b},\boldsymbol{a}})$.

两个非零向量如果它们的方向相同或者相反，就称这两个向量平行. 向量 $\boldsymbol{a}$ 与 $\boldsymbol{b}$ 平行，记作 $\boldsymbol{a}/\!/\boldsymbol{b}$. 由于零向量的方向可以看做是任意的，因此可以认为零向量与任何向量都平行.

当两个平行向量的起点放在同一点时，它们的终点和公共起点应在一条直线上，因此，两向量平行，又称两向量共线.

类似还有向量共面的概念. 设有 $k(k \geqslant 3)$ 个向量，当把它们的起点放在同一点时，如果 k 个终点和公共起点在一个平面上，就称这 k 个向量共面.

二、向量的加法与数乘运算

在实际问题中，向量与向量之间常发生一定的联系，并产生出另一个向量，把这种联系抽象成数学形式，就是向量的运算. 本节先定义向量的加法运算以及向量与数的乘法运算，这两种运算统称为向量的线性运算.

1. 向量的加法

从物理与力学中我们知道，两个力、两个速度均能合成，得到合力与合速度，并且合力与合速度都符合平行四边形法则. 由此实际背景出发，我们定义向量的加法如下：

设有向量 $\boldsymbol{a}$ 与 $\boldsymbol{b}$，任取一点 A，作 $\overrightarrow{AB}=\boldsymbol{a}$. $\overrightarrow{AD}=\boldsymbol{b}$，以 AB、AD 为邻边的平行四边形 $ABCD$ 的对角线是 AC，则向量 $\overrightarrow{AC}$ 称为向量 $\boldsymbol{a}$ 与 $\boldsymbol{b}$ 的和，记为 $\boldsymbol{a}+\boldsymbol{b}$（图 5－3）.

以上规则叫做向量相加的平行四边形法则，但此法则对两个平行向量的加法没有做说明，而以下的法则不仅蕴含了平行四边形法则，还适用于平行向量的相加：

设有两个向量 $\boldsymbol{a}$ 与 $\boldsymbol{b}$，任取一点 A，作 $\overrightarrow{AB}=\boldsymbol{a}$，再以 B 为起点，作 $\overrightarrow{BC}=\boldsymbol{b}$，联结 AC，则向量 $\overrightarrow{AC}$ 即为向量 $\boldsymbol{a}$ 与 $\boldsymbol{b}$ 的和 $\boldsymbol{a}+\boldsymbol{b}$（图 5－4）.

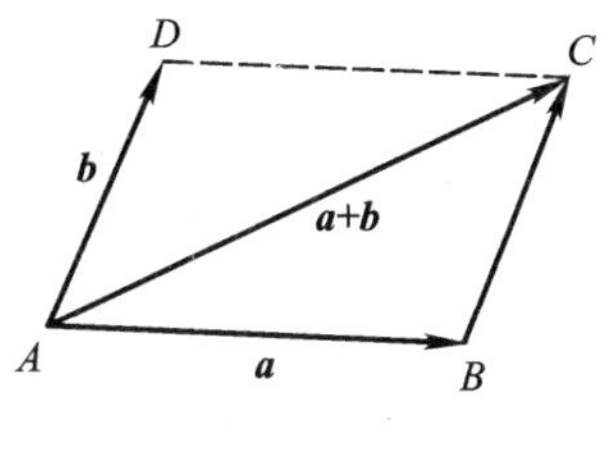

图 5－3

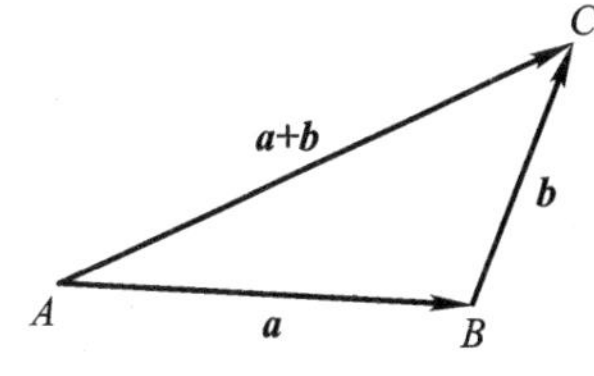

图 5－4

这一规则叫做向量相加的三角形法则.

向量的加法符合下列运算律：

(1) 交换律　　$\boldsymbol{a}+\boldsymbol{b}=\boldsymbol{b}+\boldsymbol{a}$；

(2) 结合律　　$(\boldsymbol{a}+\boldsymbol{b})+\boldsymbol{c}=\boldsymbol{a}+(\boldsymbol{b}+\boldsymbol{c})$.

由向量加法的定义知，交换律是显然成立的. 下面验证结合律. 如图 5-5 所示，先作 $\boldsymbol{a}+\boldsymbol{b}$，再加上 $\boldsymbol{c}$，即得和 $(\boldsymbol{a}+\boldsymbol{b})+\boldsymbol{c}$，如以 $\boldsymbol{a}$ 与 $\boldsymbol{b}+\boldsymbol{c}$ 相加，则得同样结果，所以结合律成立.

由于向量的加法符合交换律与结合律，故 n 个向量 $\boldsymbol{a}_1$、$\boldsymbol{a}_2$、…、$\boldsymbol{a}_n$ $(n\geqslant 3)$ 相加可写成

$$\boldsymbol{a}_1+\boldsymbol{a}_2+\cdots+\boldsymbol{a}_n,$$

并按向量相加的三角形法则，可得 n 个向量相加的法则如下：使前一向量的终点作为后一向量的起点，相继作向量 $\boldsymbol{a}_1$、$\boldsymbol{a}_2$、…、$\boldsymbol{a}_n$，再以第一向量的起点为起点，最后一向量的终点为终点作一向量，这个向量即为所求的和. 如图 5-6，有

$$\boldsymbol{s}=\boldsymbol{a}_1+\boldsymbol{a}_2+\boldsymbol{a}_3+\boldsymbol{a}_4+\boldsymbol{a}_5.$$

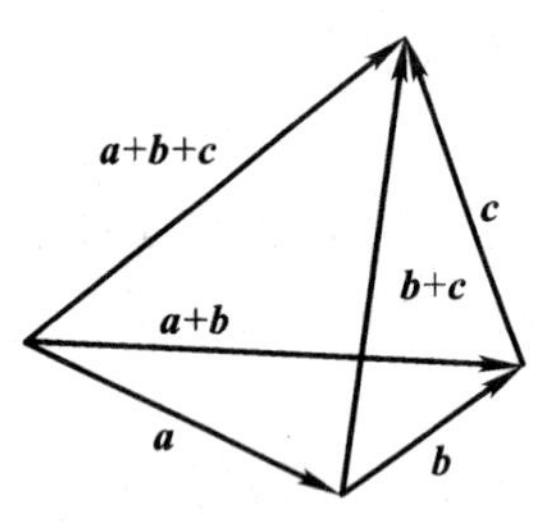

图 5-5

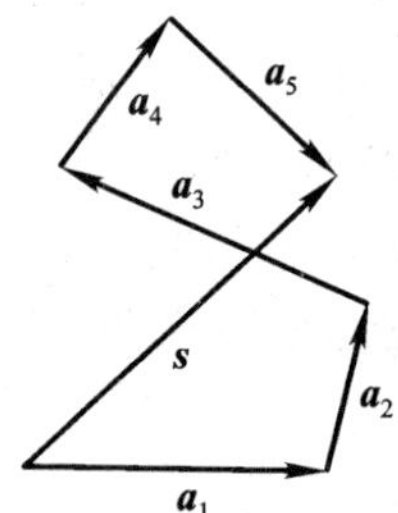

图 5-6

例 1　证明：对角线互相平分的四边形是平行四边形.

证　设四边形 $ABCD$ 的对角线相交于 E，如图 5-7 所示，由于

$$\overrightarrow{AE}=\overrightarrow{EC},\overrightarrow{BE}=\overrightarrow{ED},$$

故
$$\overrightarrow{AE}+\overrightarrow{ED}=\overrightarrow{BE}+\overrightarrow{EC},$$

即
$$\overrightarrow{AD}=\overrightarrow{BC}.$$

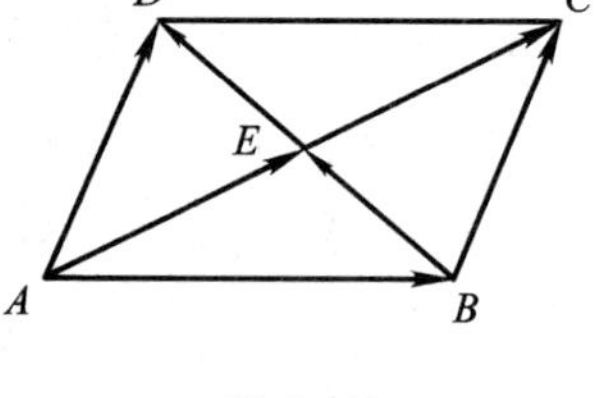

图 5-7

这说明线段 AD 与 BC 平行且长度相同，因此四边形 $ABCD$ 是平行四边形.

2. 向量与数的乘法(数乘)

对任意的实数 λ 和向量 $\boldsymbol{a}$，我们定义$\boldsymbol{a}$ 与 λ 的乘积(简称数乘)是一个向量，记为 $\lambda\boldsymbol{a}$，它的模与方向规定如下：

(1) $|\lambda\boldsymbol{a}|=|\lambda|\cdot|\boldsymbol{a}|$；

(2) 当 $\lambda>0$ 时，$\lambda\boldsymbol{a}$ 与 $\boldsymbol{a}$ 同方向；当 $\lambda<0$ 时，$\lambda\boldsymbol{a}$ 与 $\boldsymbol{a}$ 反方向；当 $\lambda=0$ 时，$\lambda\boldsymbol{a}=\boldsymbol{0}$.

向量与数的乘积符合下列运算律：

(1) 结合律　$\lambda(\mu\boldsymbol{a})=\mu(\lambda\boldsymbol{a})=(\lambda\mu)\boldsymbol{a}$.

因为由向量与数的乘积的规定可知，向量 $\lambda(\mu\boldsymbol{a})$、$\mu(\lambda\boldsymbol{a})$、$(\lambda\mu)\boldsymbol{a}$ 都是互相平行的，它们的指向也是相同的，而且

$$|\lambda(\mu\boldsymbol{a})|=|\mu(\lambda\boldsymbol{a})|=|(\lambda\mu)\boldsymbol{a}|=|\lambda\mu||\boldsymbol{a}|,$$

所以

$$\lambda(\mu\boldsymbol{a})=\mu(\lambda\boldsymbol{a})=(\lambda\mu)\boldsymbol{a}.$$

(2) 分配律

$$(\lambda+\mu)\boldsymbol{a}=\lambda\boldsymbol{a}+\mu\boldsymbol{a};$$

$$\lambda(\boldsymbol{a}+\boldsymbol{b})=\lambda\boldsymbol{a}+\lambda\boldsymbol{b}.$$

分配律同样可按向量与数的乘积的规定来证明，这里从略.

对于向量 $\boldsymbol{a}$，称向量 $(-1)\boldsymbol{a}$ 为 $\boldsymbol{a}$ 的负向量，记作 $-\boldsymbol{a}$，即

$$-\boldsymbol{a}=(-1)\boldsymbol{a},$$

显然，$-\boldsymbol{a}$ 与 $\boldsymbol{a}$ 的模相同，而方向相反. 进而可规定两个向量 $\boldsymbol{b}$ 与 $\boldsymbol{a}$ 的差

$$\boldsymbol{b}-\boldsymbol{a}=\boldsymbol{b}+(-\boldsymbol{a}).$$

即 $\boldsymbol{b}$ 与 $\boldsymbol{a}$ 的差是向量 $\boldsymbol{b}$ 与向量 $(-\boldsymbol{a})$ 的和(图 5－8(a)).

特别地，当 $\boldsymbol{b}=\boldsymbol{a}$ 时，有

$$\boldsymbol{a}-\boldsymbol{a}=\boldsymbol{a}+)-\boldsymbol{a})=\boldsymbol{0}.$$

显然，在图 5－8(a)中将向量 $\boldsymbol{b}-\boldsymbol{a}$(向右)平移，则 $\boldsymbol{b}-\boldsymbol{a}$ 是由 $\boldsymbol{a}$ 的终点向 $\boldsymbol{b}$ 的终点所引的向量(图 5－8(b)).

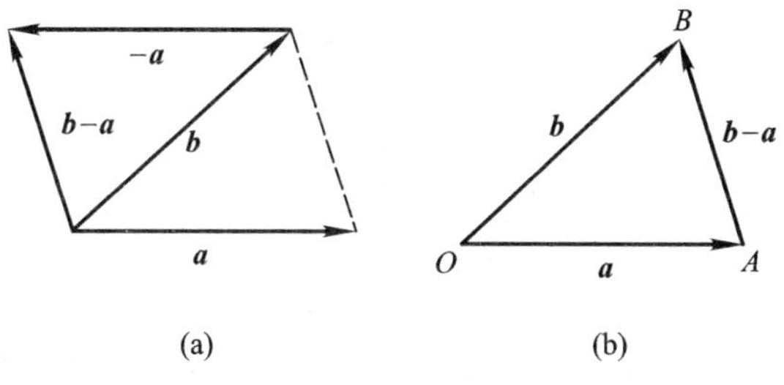

图 5－8

在图 5－9 所示的以 $\boldsymbol{a}$ 与 $\boldsymbol{b}$ 为邻边的平行四边形中，两条对角线向量分别表示 $\boldsymbol{a}+\boldsymbol{b}$ 和 $\boldsymbol{a}-\boldsymbol{b}$，因三角形两边长之和大于第三边之长，两边长之差小于第三边之长，再考虑 $\boldsymbol{a}$ 与 $\boldsymbol{b}$ 平行的情况，于是对任意的向量 $\boldsymbol{a}$ 与 $\boldsymbol{b}$ 有不等式

$$||\boldsymbol{a}|-|\boldsymbol{b}||\leqslant|\boldsymbol{a}\pm\boldsymbol{b}|\leqslant|\boldsymbol{a}|+|\boldsymbol{b}|.$$

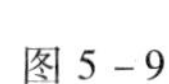

图 5－9

对于非零向量 $\boldsymbol{a}$，取 $\lambda=\dfrac{1}{|\boldsymbol{a}|}$，则向量 $\lambda\boldsymbol{a}=\dfrac{\boldsymbol{a}}{|\boldsymbol{a}|}$ 的方向与 $\boldsymbol{a}$ 相同，且它的模

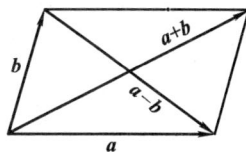

$$\left|\frac{\boldsymbol{a}}{|\boldsymbol{a}|}\right| = \frac{1}{|\boldsymbol{a}|}\cdot|\boldsymbol{a}| = 1,$$

故$\dfrac{\boldsymbol{a}}{|\boldsymbol{a}|}$是与 $\boldsymbol{a}$ 同方向的单位向量，记作 $\boldsymbol{e}_a$，即有 $\boldsymbol{e}_a = \dfrac{\boldsymbol{a}}{|\boldsymbol{a}|}$. 于是

$$\boldsymbol{a} = |\boldsymbol{a}|\boldsymbol{e}_a.$$

这说明**任何非零向量可以表示为它的模与同向单位向量的数乘**.

由于向量 $\lambda\boldsymbol{a}$ 与 $\boldsymbol{a}$ 平行，因此常用向量与数的乘积来判定两个向量的平行关系，即有如下的

定理 1　设向量 $\boldsymbol{a}\neq\boldsymbol{0}$，则向量 $\boldsymbol{b}/\!/\boldsymbol{a}$ 的充要条件是存在惟一的实数 λ，使 $\boldsymbol{b} = \lambda\boldsymbol{a}$.

证　条件的充分性由数乘的定义即得. 下面证必要性.

设 $\boldsymbol{b}/\!/\boldsymbol{a}$. 若 $\boldsymbol{b}=\boldsymbol{0}$，则取 $\lambda=0$ 即有 $\boldsymbol{b}=\boldsymbol{0}=0\boldsymbol{a}=\lambda\boldsymbol{a}$.

若 $\boldsymbol{b}\neq\boldsymbol{0}$，则由 $\boldsymbol{b}/\!/\boldsymbol{a}$ 知 $\boldsymbol{e}_b/\!/\boldsymbol{e}_a$，故 $\boldsymbol{e}_b = \pm\boldsymbol{e}_a$（$\boldsymbol{b}$ 与 $\boldsymbol{a}$ 同向时取正号，反向时取负号）. 于是

$$\boldsymbol{b} = |\boldsymbol{b}|\boldsymbol{e}_b = |\boldsymbol{b}|(\pm\boldsymbol{e}_a) = |\boldsymbol{b}|\left(\pm\frac{\boldsymbol{a}}{|\boldsymbol{a}|}\right) = \pm\frac{|\boldsymbol{b}|}{|\boldsymbol{a}|}\boldsymbol{a}, \tag{1}$$

取 $\lambda = \dfrac{|\boldsymbol{b}|}{|\boldsymbol{a}|}$（当 $\boldsymbol{b}$ 与 $\boldsymbol{a}$ 同向时），或 $\lambda = -\dfrac{|\boldsymbol{b}|}{|\boldsymbol{a}|}$（当 $\boldsymbol{b}$ 与 $\boldsymbol{a}$ 反向时），就有 $\boldsymbol{b}=\lambda\boldsymbol{a}$.

如果另有实数 μ 满足 $\boldsymbol{b}=\mu\boldsymbol{a}$，则两式相减得

$$\boldsymbol{0} = (\lambda-\mu)\boldsymbol{a},$$

从而

$$|\lambda-\mu||\boldsymbol{a}| = 0.$$

由于 $|\boldsymbol{a}|\neq 0$，故 $\lambda=\mu$. 这说明满足条件的 λ 是惟一的. 定理证毕.

从(1)式可知，若向量 $\boldsymbol{a}\neq\boldsymbol{0}$，且向量 $\boldsymbol{b}/\!/\boldsymbol{a}$，则必有

$$\boldsymbol{b} = \pm|\boldsymbol{b}|\boldsymbol{e}_a. \tag{2}$$

现设 Ou 为数轴，其原点为 O，把与 Ou 轴的正向同方向的单位向量记作 $\boldsymbol{e}_u$. P 为轴上任意一点，其坐标为 u（图 5－10）. 根据轴上一点的坐标的定义，$u = \pm|\overrightarrow{OP}|$（当 $\overrightarrow{OP}$ 与 $\boldsymbol{e}_u$ 同向时取正，反向时取负）. 现将(2)式中的 $\boldsymbol{b}$ 换成 $\overrightarrow{OP}$，$\boldsymbol{e}_a$ 换成 $\boldsymbol{e}_u$，即得 $\overrightarrow{OP} = u\boldsymbol{e}_u$，从而得以下推论：

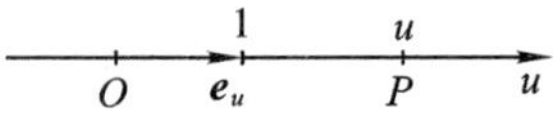

图 5－10

推论　对数轴 Ou 上的任意一点 P，轴上有向线段 $\overrightarrow{OP}$ 都可惟一地表示为 P 点的坐标 u 与轴上单位向量 $\boldsymbol{e}_u$ 的乘积

$$\overrightarrow{OP} = u\boldsymbol{e}_u.$$

这一推论将在下一节用来建立向量的坐标表达式.

习题 5 - 1

1. 设 A、B、C 为三角形的三个顶点，求 $\overrightarrow{AB}+\overrightarrow{BC}+\overrightarrow{CA}$.

2. 已给正六边形 $ABCDEF$（字母顺序按逆时针向），记 $\overrightarrow{AB}=\boldsymbol{a}$、$\overrightarrow{AE}=\boldsymbol{b}$，试用向量 $\boldsymbol{a}$、$\boldsymbol{b}$ 表示向量 $\overrightarrow{AC}$，$\overrightarrow{AD}$，$\overrightarrow{AF}$ 和 $\overrightarrow{CB}$.

3. 设 $\boldsymbol{u}=\boldsymbol{a}+\boldsymbol{b}-2\boldsymbol{c}$、$\boldsymbol{v}=-\boldsymbol{a}-3\boldsymbol{b}+\boldsymbol{c}$，试用 $\boldsymbol{a}$、$\boldsymbol{b}$、$\boldsymbol{c}$ 来表示 $2\boldsymbol{u}-3\boldsymbol{v}$.

4. 用向量法证明：三角形两边中点的连线平行于第三边，且长度等于第三边长度的一半.

5. 设 C 为线段 AB 上一点且 $|CB|=2|AC|$，O 为 AB 外一点，记 $\boldsymbol{a}=\overrightarrow{OA}$，$\boldsymbol{b}=\overrightarrow{OB}$，$\boldsymbol{c}=\overrightarrow{OC}$，试用 $\boldsymbol{a}$、$\boldsymbol{b}$ 来表示 $\boldsymbol{c}$.

第二节　点的坐标与向量的坐标

一、空间直角坐标系

为了沟通空间的点与数、图形与方程的联系，我们先引进空间直角坐标系.

过空间一个定点 O，作三条互相垂直的数轴，分别叫做 x 轴（横轴），y 轴（纵轴）和 z 轴（竖轴）. 这三条数轴都以 O 为原点且有相同的长度单位，它们的正方向符合右手法则，即以右手握住 z 轴，当右手的四个手指从 x 轴的正向转过 $\frac{\pi}{2}$ 角度后指向 y 轴的正向时，竖起的大拇指的指向就是 z 轴的正向（图 5 - 11）. 这样三条坐标轴就组成了空间直角坐标系，称为 $Oxyz$ 直角坐标系，点 O 称为该坐标系的原点.

设 M 是空间的一点，过 M 作三个平面分别垂直于 x 轴、y 轴和 z 轴并交 x 轴、y 轴和 z 轴于 P、Q、R 三点. 点 P、Q、R 分别称为点 M 在 x 轴、y 轴和 z 轴上的投影点. 设这三个投影点在 x 轴、y 轴和 z 轴上的坐标依次为 x、y 和 z，于是空间一点 M 惟一地确定了一个有序数组 x、y、z. 反过来，对给定的有序数组 x、y、z，可以在 x 轴上取坐标为 x 的点 P，在 y 轴上取坐标为 y 的点 Q，在 z 轴上取坐标为 z 的点 R，过点 P、Q、R 分别作垂直于 x 轴、y 轴和 z 轴的三个平面，这三个平面的交点 M 就是由有序数组 x、y、z 确定的惟一的点（如图 5 - 12）. 这样，空间的点与有序数组 x、y、z 之间就建立了一一对应的关系. 这组数 x、y、z 称为点 M 的坐标，依次称 x、y 和 z 为点 M 的横坐标、纵坐标和竖坐标，并可把点 M 记为 $M(x,y,z)$.

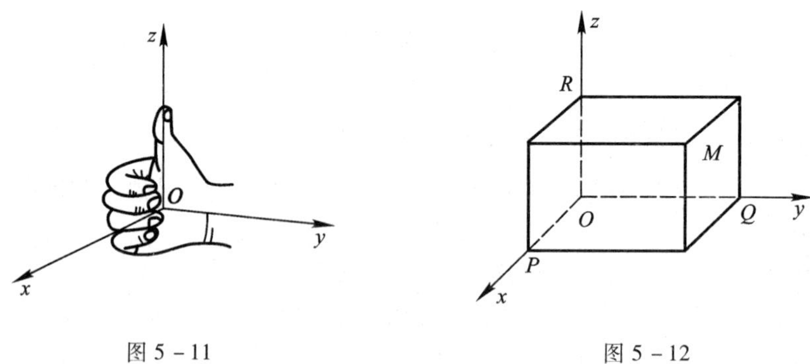

图 5 - 11　　图 5 - 12

三条坐标轴中每两条可以确定一个平面,称为坐标面,由 x 轴和 y 轴确定的坐标面简称为 xOy 面,类似地还有 yOz 面与 zOx 面. 这三个坐标面把空间分成八个部分,每一部分叫做一个卦限. 如图 5 - 13 所示,八个卦限分别用罗马字Ⅰ、Ⅱ、…、Ⅷ表示,第一、二、三、四卦限均在 xOy 面的上方,按逆时针方向排定,其中在 xOy 面上方并在 yOz 面前方、zOx 面右方的是第一卦限;第五、六、七、八卦限均在 xOy 面的下方,也按逆时针方向排定,它们依次分别在第一至四卦限的下方.

设 $P_1(x_1,y_1,z_1)$、$P_2(x_2,y_2,z_2)$ 是空间两点,为了表达 P_1 与 P_2 之间的距离,我们过 P_1 和 P_2 各作三个分别垂直于 x 轴、y 轴、z 轴的平面. 这六个平面围成一个以 P_1P_2 为对角线的长方体(图 5 - 14). 从图中易见该长方体各棱的长度分别是

$$|x_2-x_1|,\ |y_2-y_1|,\ |z_2-z_1|.$$

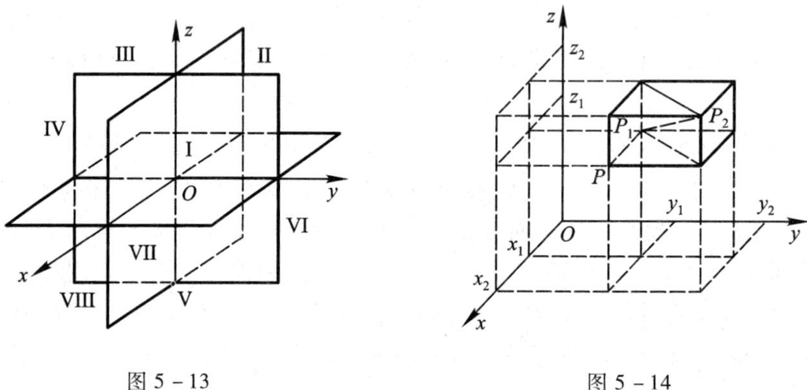

图 5 - 13　　图 5 - 14

于是得对角线 P_1P_2 的长度,亦即空间两点 P_1、P_2 的距离公式为

$$|P_1P_2|=\sqrt{(x_2-x_1)^2+(y_2-y_1)^2+(z_2-z_1)^2}. \tag{1}$$

例 1　证明：以 $M_1(4,3,1)$、$M_2(7,1,2)$、$M_3(5,2,3)$ 为顶点的三角形是一个等腰三角形.

证　因为

$$|M_1M_2|^2=(7-4)^2+(1-3)^2+(2-1)^2=14,$$
$$|M_2M_3|^2=(5-7)^2+(2-1)^2+(3-2)^2=6,$$
$$|M_3M_1|^2=(5-4)^2+(2-3)^2+(3-1)^2=6,$$

有 $|M_1M_3|=|M_2M_3|$. 故 $\triangle M_1M_2M_3$ 是等腰三角形.

例 2　所有与原点的距离为常数 r 的点的坐标 x、y、z 应满足什么方程？把这些点的集合表示出来.

解　设 $M(x,y,z)$ 是满足题设条件的任一点，原点是 $O(0,0,0)$，按题设，$|OM|=r$，即有

$$\sqrt{x^2+y^2+z^2}=r,$$

或

$$x^2+y^2+z^2=r^2,$$

这就是所求的方程.

记所有与原点距离为 r 的点组成集合 B，则

$$B=\{(x,y,z)\mid x^2+y^2+z^2=r^2\},$$

它是中心在原点，半径为 r 的球面.

二、向量的坐标及向量线性运算的坐标表示

在空间直角坐标系 $Oxyz$ 中，分别以 $\boldsymbol{i}$、$\boldsymbol{j}$、$\boldsymbol{k}$ 记 x 轴、y 轴、z 轴上与该轴正向同方向的单位向量（称为 $Oxyz$ 坐标系下的标准单位向量）. 任给向量 $\boldsymbol{a}$，总可通过平移使其起点位于原点 O，从而有对应点 M，满足 $\overrightarrow{OM}=\boldsymbol{a}$. 以 OM 为对角线作长方体 $RHMK-OPNQ$（图 5－15），则 M 点在 x 轴、y 轴和 z 轴上的投影点为 P、Q 和 R，有

$$\boldsymbol{a}=\overrightarrow{OM}=\overrightarrow{OP}+\overrightarrow{PN}+\overrightarrow{NM}=\overrightarrow{OP}+\overrightarrow{OQ}+\overrightarrow{OR}.$$

设 P、Q、R 在 x 轴、y 轴、z 轴上的坐标分别为 a_x、a_y、a_z（即点 M 的坐标为 (a_x,a_y,a_z)），则由上节定理 1 的推论知，

$$\overrightarrow{OP}=a_x\boldsymbol{i},\overrightarrow{OQ}=a_y\boldsymbol{j},\overrightarrow{OR}=a_z\boldsymbol{k}.$$

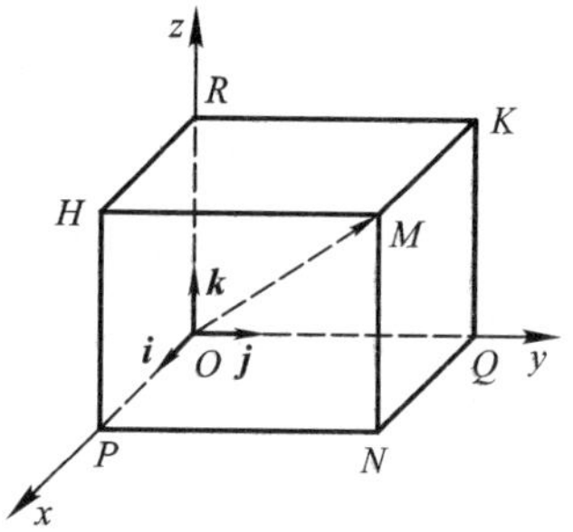

图 5－15

因此

$$\boldsymbol{a}=a_x\boldsymbol{i}+a_y\boldsymbol{j}+a_z\boldsymbol{k}. \tag{2}$$

(2) 式称为向量 $\boldsymbol{a}$ 的标准分解式，(2) 式的右端称为向量 $\boldsymbol{a}$ 关于标准单位向量 $\boldsymbol{i}$、$\boldsymbol{j}$、$\boldsymbol{k}$ 的线性组合，$a_x\boldsymbol{i}$、$a_y\boldsymbol{j}$、$a_z\boldsymbol{k}$ 称为向量 $\boldsymbol{a}$ 沿三个坐标轴方向的分向量（component）.

显然,给定向量 $\boldsymbol{a}$,就确定了点 M 及 $\overrightarrow{OP}$、$\overrightarrow{OQ}$、$\overrightarrow{OR}$ 三个分向量,进而确定了有序数组 a_x、a_y、a_z;反之,给定了有序数组 a_x、a_y、a_z,则由(2)式也就确定了向量 $\boldsymbol{a}$. 于是向量 $\boldsymbol{a}$ 与有序数组 a_x、a_y、a_z 之间有一一对应的关系:

$$\boldsymbol{a} = \overrightarrow{OM} = a_x\boldsymbol{i} + a_y\boldsymbol{j} + a_z\boldsymbol{k} \longleftrightarrow a_x、a_y、a_z,$$

据此我们把有序数组 a_x、a_y、a_z 称为向量 $\boldsymbol{a}$(在坐标系 $Oxyz$ 中)的坐标(也称为向量 $\boldsymbol{a}$ 的分量),记作

$$\boxed{\boldsymbol{a} = (a_x, a_y, a_z).} \tag{3}$$

(3) 式称为向量 $\boldsymbol{a}$ 的坐标表示式(coordinates).

空间任何一点 $P(x,y,z)$,都对应一个向量 $\boldsymbol{r} = \overrightarrow{OP}$,称为 P 点(关于原点)的向径. 由向量坐标的定义知 $\boldsymbol{r} = (x,y,z)$,即一个点与该点的向径有相同的坐标. 记号 (x,y,z) 既表示点 P,又表示 $\overrightarrow{OP}$,要注意从上下文中加以区别.

由于向量与其坐标是一一对应的,因此**两个向量相等的充分必要条件是其坐标对应相等**.

如果给定了向量的坐标表达式,则可方便地进行向量的加法、减法以及向量与数的乘法.

设

$$\boldsymbol{a} = (a_x, a_y, a_z), \boldsymbol{b} = (b_x, b_y, b_z),$$

即

$$\boldsymbol{a} = a_x\boldsymbol{i} + a_y\boldsymbol{j} + a_z\boldsymbol{k}, \boldsymbol{b} = b_x\boldsymbol{i} + b_y\boldsymbol{j} + b_z\boldsymbol{k}.$$

利用向量加法的交换律与结合律,以及向量与数乘法的结合律与分配律,有

$$\boldsymbol{a} + \boldsymbol{b} = (a_x + b_x)\boldsymbol{i} + (a_y + b_y)\boldsymbol{j} + (a_z + b_z)\boldsymbol{k},$$

$$\boldsymbol{a} - \boldsymbol{b} = (a_x - b_x)\boldsymbol{i} + (a_y - b_y)\boldsymbol{j} + (a_z - b_z)\boldsymbol{k},$$

$$\lambda\boldsymbol{a} = (\lambda a_x)\boldsymbol{i} + (\lambda a_y)\boldsymbol{j} + (\lambda a_z)\boldsymbol{k}(\lambda \text{ 为实数}),$$

即

$$\boldsymbol{a} + \boldsymbol{b} = (a_x + b_x, a_y + b_y, a_z + b_z),$$
$$\boldsymbol{a} - \boldsymbol{b} = (a_x - b_x, a_y - b_y, a_z - b_z),$$
$$\lambda\boldsymbol{a} = (\lambda a_x, \lambda a_y, \lambda a_z).$$

由此可见,对向量进行加、减及与数相乘,只需对向量的各个坐标分别进行相应的数量运算就行了.

定理 1 指出,当向量 $\boldsymbol{a} \neq \boldsymbol{0}$ 时,向量 $\boldsymbol{b} /\!/ \boldsymbol{a}$ 相当于 $\boldsymbol{b} = \lambda\boldsymbol{a}$,坐标表示式为

$$(b_x, b_y, b_z) = \lambda(a_x, a_y, a_z),$$

这也就相当于向量 $\boldsymbol{b}$ 与 $\boldsymbol{a}$ 对应的坐标成比例:

$$\frac{b_x}{a_x}=\frac{b_y}{a_y}=\frac{b_z}{a_z}.\text{①} \tag{4}$$

例 3　求向量 $\overrightarrow{M_1M_2}$ 的坐标表示式，其中 M_1 的坐标是 (x_1,y_1,z_1)，M_2 的坐标是 (x_2,y_2,z_2).

解　由于 $\overrightarrow{M_1M_2}=\overrightarrow{OM_2}-\overrightarrow{OM_1}$，

而 $$\overrightarrow{OM_2}=(x_2,y_2,z_2),\overrightarrow{OM_1}=(x_1,y_1,z_1),$$

故 $\overrightarrow{OM_2}-\overrightarrow{OM_1}=(x_2,y_2,z_2)-(x_1,y_1,z_1)=(x_2-x_1,y_2-y_1,z_2-z_1)$，

从而得

$$\boxed{\overrightarrow{M_1M_2}=(x_2-x_1,y_2-y_1,z_2-z_1).} \tag{5}$$

例 4　已知两点 $A(x_1,y_1,z_1)$ 和 $B(x_2,y_2,z_2)$ 以及实数 $\lambda\neq-1$，在直线 AB 上求点 M，使

$$\overrightarrow{AM}=\lambda\overrightarrow{MB}.$$

解　如图 5－16 所示，记 A、M、B 关于原点 O 的向径分别为 $\boldsymbol{r}_A$、$\boldsymbol{r}_M$、$\boldsymbol{r}_B$. 则

$$\overrightarrow{AM}=\boldsymbol{r}_M-\boldsymbol{r}_A;$$
$$\overrightarrow{MB}=\boldsymbol{r}_B-\boldsymbol{r}_M,$$

因此　$\boldsymbol{r}_M-\boldsymbol{r}_A=\lambda(\boldsymbol{r}_B-\boldsymbol{r}_M)$，从而得

$$\boldsymbol{r}_M=\frac{1}{1+\lambda}(\boldsymbol{r}_A+\lambda\boldsymbol{r}_B).$$

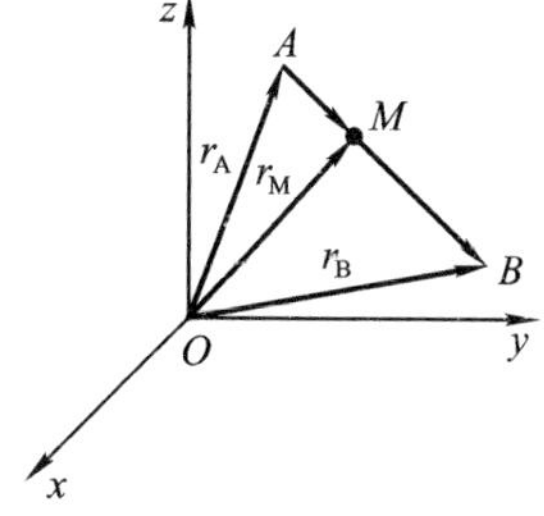

图 5－16

以 $\boldsymbol{r}_A$、$\boldsymbol{r}_B$ 的坐标（即点 A、点 B 的坐标）代入，即得

$$\boldsymbol{r}_M=\left(\frac{x_1+\lambda x_2}{1+\lambda},\frac{y_1+\lambda y_2}{1+\lambda},\frac{z_1+\lambda z_2}{1+\lambda}\right),$$

上式右端就是点 M 的坐标.

本例中的点 M 叫做有向线段 $\overrightarrow{AB}$ 的 λ 分点. 特别地，当 $\lambda=1$ 时，得线段 AB 的中点为

---

①　当 a_x、a_y、a_z 有一个为零，例如 $a_x=0$，a_y、$a_z\neq0$，这时(4)式应理解为

$$\begin{cases}b_x=0,\\ \dfrac{b_y}{a_y}=\dfrac{b_z}{a_z};\end{cases}$$

当 a_x、a_y、a_z 有两个为零，例如 $a_x=a_y=0$，$a_z\neq0$，这时(4)式应理解为

$$\begin{cases}b_x=0,\\ b_y=0.\end{cases}$$

$$M\left(\frac{x_1+x_2}{2},\frac{y_1+y_2}{2},\frac{z_1+z_2}{2}\right).$$

三、向量的模、方向角和投影

1. 向量的模

设向量 $\boldsymbol{a}=(a_x,a_y,a_z)$，作 $\overrightarrow{OM}=\boldsymbol{a}$，如图 5－15 所示，则点 M 的坐标为 (a_x,a_y,a_z)，根据空间两点的距离公式(1)，就得

$$|\boldsymbol{a}|=|\overrightarrow{OM}|=|OM|=\sqrt{a_x^2+a_y^2+a_z^2}. \tag{6}$$

例 5 已知两点 $M(-1,0,3)$、$N(1,-4,7)$，求与 $\overrightarrow{MN}$ 同方向的单位向量 $\boldsymbol{e}$.

解 由(5)式得 $\overrightarrow{MN}=(1-(-1),-4-0,7-3)=(2,-4,4)$，

故
$$|\overrightarrow{MN}|=\sqrt{2^2+(-4)^2+4^2}=6.$$

于是
$$\boldsymbol{e}=\frac{\overrightarrow{MN}}{|\overrightarrow{MN}|}=\frac{1}{6}(2,-4,4)=\left(\frac{1}{3},-\frac{2}{3},\frac{2}{3}\right).$$

2. 方向角与方向余弦

如图 5－17 所示，非零向量 $\boldsymbol{a}$ 与 x 轴、y 轴、z 轴的正向所成的夹角，即与标准单位向量 $\boldsymbol{i}$、$\boldsymbol{j}$、$\boldsymbol{k}$ 所成的夹角 α、β、γ 称为 $\boldsymbol{a}$ 的方向角 $(0\leqslant\alpha,\beta,\gamma\leqslant\pi)$，方向角的余弦 $\cos\alpha$、$\cos\beta$、$\cos\gamma$ 称为 $\boldsymbol{a}$ 的方向余弦. 方向角或方向余弦完全确定了向量 $\boldsymbol{a}$ 的方向.

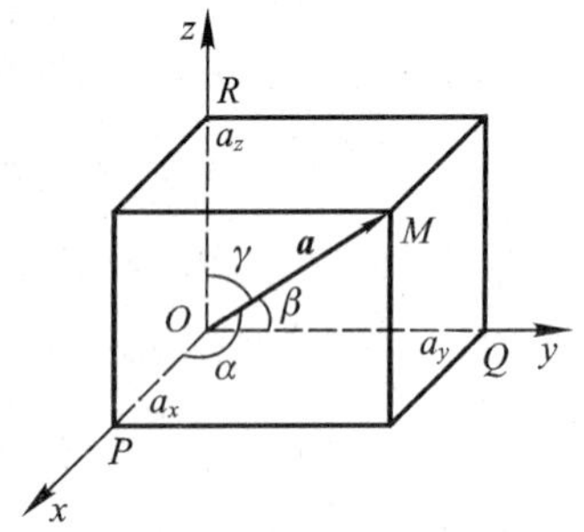

图 5－17

设 $\overrightarrow{OM}=\boldsymbol{a}=(a_x,a_y,a_z)$，$P$、$Q$、$R$ 分别为 M 点在 x 轴、y 轴、z 轴上的投影点，则 P、Q、R 在 x 轴、y 轴、z 轴上的坐标分别为 a_x、a_y、a_z，又 $|\overrightarrow{OM}|=|\boldsymbol{a}|$，于是得到

$$\cos\alpha=\frac{a_x}{|\boldsymbol{a}|},\cos\beta=\frac{a_y}{|\boldsymbol{a}|},\cos\gamma=\frac{a_z}{|\boldsymbol{a}|}, \tag{7}$$

其中 $|\boldsymbol{a}|=\sqrt{a_x^2+a_y^2+a_z^2}$.

方向余弦满足关系式：

$$\cos^2\alpha+\cos^2\beta+\cos^2\gamma=1. \tag{8}$$

根据(8)式，以向量 $\boldsymbol{a}$ 的方向余弦为坐标的向量就是与 $\boldsymbol{a}$ 同方向的单位向量，即有

$$\boldsymbol{e}_a=(\cos\alpha,\cos\beta,\cos\gamma).$$

从(6)、(7)两式可知，当向量 $\boldsymbol{a}$ 的坐标表达式(3)给出后，它的模和方向角

就确定了；反之，当 $\boldsymbol{a}$ 的模和方向角已知时，由(7)式即可得出它的坐标表达式(3)：

$$a_x = |\boldsymbol{a}|\cos\alpha;\ a_y = |\boldsymbol{a}|\cos\beta;\ a_z = |\boldsymbol{a}|\cos\gamma. \tag{9}$$

3. 向量的投影

设向量 $\boldsymbol{a}=\overrightarrow{OM}$、$\boldsymbol{b}=\overrightarrow{ON}$，$\boldsymbol{b}\neq\boldsymbol{0}$，且$(\widehat{\boldsymbol{a},\boldsymbol{b}})=\varphi$. 过 M 点作平面垂直于 $\boldsymbol{b}$ 所在的直线并交该直线于点 M'（图 5－18），则称有向线段 $\overrightarrow{OM'}$ 为向量 $\boldsymbol{a}$ 在向量 $\boldsymbol{b}$ 上的投影向量. 易知 $\overrightarrow{OM'}=(|\overrightarrow{OM}|\cos\varphi)\boldsymbol{e}_b=(|\boldsymbol{a}|\cos\varphi)\boldsymbol{e}_b$. 称上式中的数 $|\boldsymbol{a}|\cos\varphi$ 为向量 $\boldsymbol{a}$ 在向量 $\boldsymbol{b}$ 上的投影（projection），并记作 $\mathrm{Prj}_b\boldsymbol{a}$. 当 $0\leqslant\varphi<\frac{\pi}{2}$ 时，$\mathrm{Prj}_b\boldsymbol{a}$ 等于 $\boldsymbol{a}$ 在 $\boldsymbol{b}$ 上的投影向量 $\overrightarrow{OM'}$ 的长度；当 $\frac{\pi}{2}<\varphi\leqslant\pi$ 时，$\mathrm{Prj}_b\boldsymbol{a}$ 是该投影向量长度的相反数；当 $\varphi=\frac{\pi}{2}$ 时，$\mathrm{Prj}_b\boldsymbol{a}$ 等于零. 如果向量 $\boldsymbol{b}$ 位于数轴 Ou 上（Ou 的正向与 $\boldsymbol{b}$ 同向），则称此投影为向量 $\boldsymbol{a}$ 在 Ou 轴上的投影，并记作 $\mathrm{Prj}_u\boldsymbol{a}$.

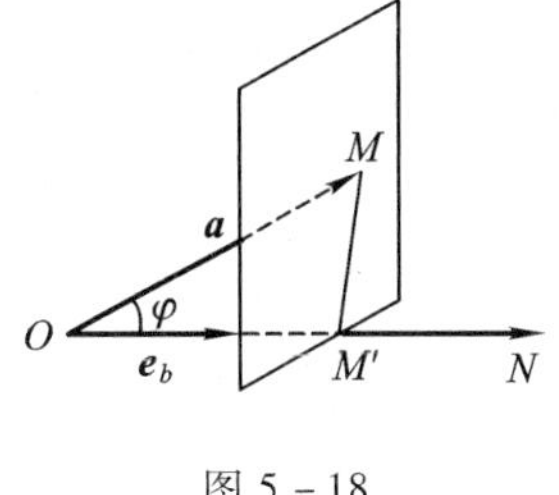

图 5－18

按此定义并与(9)式比较，可知向量 $\boldsymbol{a}$ 的坐标即为 $\boldsymbol{a}$ 在三个坐标轴上的投影所组成的有序数组：

$$a_x=\mathrm{Prj}_x\boldsymbol{a},\ a_y=\mathrm{Prj}_y\boldsymbol{a},\ a_z=\mathrm{Prj}_z\boldsymbol{a}.$$

例 6　(1) 设 $A\left(0,-\frac{\sqrt{2}}{2},1\right)$，$B\left(1,\frac{\sqrt{2}}{2},3\right)$ 是空间的两点，向量 $\boldsymbol{a}=\overrightarrow{AB}$，计算 $\boldsymbol{a}$ 的模与方向角；

(2) 设一物体运动速度 $\boldsymbol{v}$ 的大小为 5，方向指向 xOy 面的上方，并与 x 轴、y 轴的正向的夹角分别为 $\frac{\pi}{3}$、$\frac{\pi}{4}$，试写出 $\boldsymbol{v}$ 的坐标表达式.

解　(1) 由于 $\boldsymbol{a}=\left(1-0,\frac{\sqrt{2}}{2}-\left(-\frac{\sqrt{2}}{2}\right),3-1\right)=(1,\sqrt{2},2)$，由(6)式及(7)式得

$$|\boldsymbol{a}|=\sqrt{1^2+(\sqrt{2})^2+2^2}=\sqrt{7},$$

$$\cos\alpha=\frac{1}{\sqrt{7}}=\frac{\sqrt{7}}{7},\ \cos\beta=\frac{\sqrt{2}}{\sqrt{7}}=\frac{\sqrt{14}}{7},\ \cos\gamma=\frac{2}{\sqrt{7}}=\frac{2\sqrt{7}}{7},$$

即方向角为 $\alpha=\arccos\frac{\sqrt{7}}{7}$，$\beta=\arccos\frac{\sqrt{14}}{7}$，$\gamma=\arccos\frac{2\sqrt{7}}{7}$；

(2) 已知 $|\boldsymbol{v}|=5$，$\alpha=\frac{\pi}{3}$，$\beta=\frac{\pi}{4}$，由关系式(8)

$$\cos^2\alpha+\cos^2\beta+\cos^2\gamma=1,$$

得
$$\cos^2\gamma = 1 - \frac{1}{4} - \frac{1}{2} = \frac{1}{4},$$

由于$\boldsymbol{v}$指向 xOy 面的上方，即$\boldsymbol{v}$与 z 轴正向的夹角 γ 满足 $0 < \gamma < \frac{\pi}{2}$，故
$$\cos\gamma = \sqrt{\frac{1}{4}} = \frac{1}{2}.$$

于是由(8)式得
$$v_x = 5 \times \cos\frac{\pi}{3} = \frac{5}{2}, v_y = 5 \times \cos\frac{\pi}{4} = \frac{5\sqrt{2}}{2}, v_z = 5 \times \frac{1}{2} = \frac{5}{2},$$

即
$$\boldsymbol{v} = \left(\frac{5}{2}, \frac{5\sqrt{2}}{2}, \frac{5}{2}\right).$$

习题 5－2

1. 在空间直角坐标系中，各卦限中的点的坐标有什么特征？指出下列各点所在的卦限：
$A(1, -3, 2)$；　$B(3, -2, -4)$；　$C(-1, -2, -3)$；　$D(-3, 2, -1)$.

2. 在坐标面上和在坐标轴上的点的坐标各有什么特征？指出下列各点的位置：
$P(0, 2, -5)$；　$Q(5, 2, 0)$；　$R(8, 0, 0)$；　$S(0, 2, 0)$.

3. 求点(a, b, c)关于(1)各坐标面；(2)各坐标轴；(3)坐标原点的对称点的坐标.

4. 自点 $P_0(x_0, y_0, z_0)$分别作各坐标面和各坐标轴的垂线，写出各垂足的坐标，进而求出 P_0 到各坐标面和各坐标轴的距离.

5. 过点 $P_0(x_0, y_0, z_0)$分别作平行于 z 轴的直线和平行于 xOy 面的平面，问在它们上面的点的坐标各有什么特征？

6. 已知点 $A(2, 1, 4)$、$B(4, 3, 10)$，写出以线段 AB 为直径的球面方程.

7. 设长方体的各棱与坐标轴平行，已知长方体的两个顶点的坐标，试写出其余六个顶点的坐标：
(1) $(1, 1, 2)$，$(3, 4, 5)$；　　(2) $(4, 3, 0)$，$(1, 6, -4)$.

8. 证明：三点 $A(1, 0, -1)$、$B(3, 4, 5)$、$C(0, -2, -4)$ 共线.

9. 证明：以点 $A(4, 1, 9)$、$B(10, -1, 6)$、$C(2, 4, 3)$ 为顶点的三角形是等腰直角三角形.

10. 已知点 $A(3, -1, 2)$、$B(1, 2, -4)$、$C(-1, 1, 2)$，试求点 D，使得以 A、B、C、D 为顶点的四边形为平行四边形.

11. 设向量的方向余弦分别满足(1) $\cos\gamma = 0$；(2) $\cos\alpha = 1$；(3) $\cos\alpha = \cos\gamma = 0$，问这些向量与坐标轴或坐标面的关系如何？

12. 已知两点 $M_1(4, \sqrt{2}, 1)$和 $M_2(3, 0, 2)$，计算向量$\overrightarrow{M_1M_2}$的模、方向余弦和方向角.

13. 设 $\boldsymbol{a} = 3\boldsymbol{i} + 5\boldsymbol{j} + 8\boldsymbol{k}$，$\boldsymbol{b} = 2\boldsymbol{i} - 4\boldsymbol{j} - 7\boldsymbol{k}$，$\boldsymbol{c} = 5\boldsymbol{i} + \boldsymbol{j} - 4\boldsymbol{k}$，求向量 $\boldsymbol{l} = 4\boldsymbol{a} + 3\boldsymbol{b} - \boldsymbol{c}$ 在 x 轴上的投影以及在 y 轴上的分向量.

14. 设 $\boldsymbol{a} = \boldsymbol{i} + \boldsymbol{j} + \boldsymbol{k}$，$\boldsymbol{b} = \boldsymbol{i} - 2\boldsymbol{j} + \boldsymbol{k}$，$\boldsymbol{c} = -2\boldsymbol{i} + \boldsymbol{j} + 2\boldsymbol{k}$，试用单位向量 $\boldsymbol{e}_a$，$\boldsymbol{e}_b$，$\boldsymbol{e}_c$ 表示向量 $\boldsymbol{i}$，$\boldsymbol{j}$，$\boldsymbol{k}$.

15. 一向量的终点为 $N(3,-2,6)$，它在 x 轴、y 轴、z 轴上的投影依次为 5、3、-4，求这向量的起点的坐标.

第三节　向量的乘法运算

一、向量的数量积(点积、内积)

如果某物体在常力 $\boldsymbol{f}$ 的作用下沿直线从点 M_0 移动至点 M，用 $\boldsymbol{s}$ 表示物体的位移 $\overrightarrow{M_0M}$，那么力 $\boldsymbol{f}$ 所做的功是

$$W=|\boldsymbol{f}||\boldsymbol{s}|\cos\theta,$$

其中 θ 是 $\boldsymbol{f}$ 与 $\boldsymbol{s}$ 的夹角(图 5-19). 由此实际背景出发，我们来定义向量的一种乘法运算.

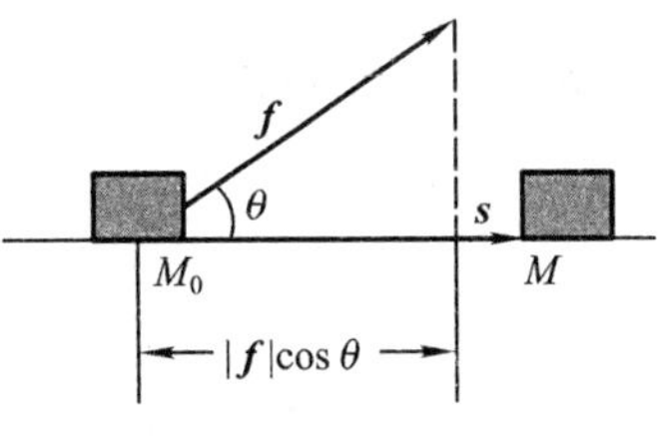

图 5-19

设 $\boldsymbol{a}$ 与 $\boldsymbol{b}$ 是两个向量，$\theta=(\widehat{\boldsymbol{a},\boldsymbol{b}})$，规定向量 $\boldsymbol{a}$ 与 $\boldsymbol{b}$ 的数量积(记作 $\boldsymbol{a}\cdot\boldsymbol{b}$)(scalar product)是由下式确定的一个数：

$$\boldsymbol{a}\cdot\boldsymbol{b}=|\boldsymbol{a}||\boldsymbol{b}|\cos\theta. \tag{1}$$

向量的数量积也叫点积(dot product)或内积(inner product). 按数量积的定义，力 $\boldsymbol{f}$ 所做的功就可以表达为 $W=\boldsymbol{f}\cdot\boldsymbol{s}$.

显然，对任何向量 $\boldsymbol{a}$，有 $\boldsymbol{a}\cdot\boldsymbol{0}=\boldsymbol{0}\cdot\boldsymbol{a}=0$.

当 $\boldsymbol{a}\neq\boldsymbol{0}$ 时，(1)式中的因子 $|\boldsymbol{b}|\cos\theta$ 即为向量 $\boldsymbol{b}$ 在向量 $\boldsymbol{a}$ 上的投影 $\mathrm{Prj}_{\boldsymbol{a}}\boldsymbol{b}$，因此(1)式可写作

$$\boldsymbol{a}\cdot\boldsymbol{b}=|\boldsymbol{a}|\,\mathrm{Prj}_{\boldsymbol{a}}\boldsymbol{b},$$

由此得

$$\mathrm{Prj}_{\boldsymbol{a}}\boldsymbol{b}=\frac{\boldsymbol{a}\cdot\boldsymbol{b}}{|\boldsymbol{a}|}=\boldsymbol{e}_{\boldsymbol{a}}\cdot\boldsymbol{b}.$$

上式表明，$\boldsymbol{b}$ 在 $\boldsymbol{a}$ 上的投影就是 $\boldsymbol{b}$ 与 $\boldsymbol{e}_{\boldsymbol{a}}$ 的数量积.

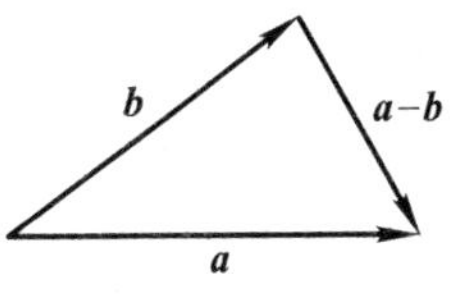

图 5-20

下面推导数量积的坐标表达式.

如果把 $\boldsymbol{a}$、$\boldsymbol{b}$ 看成三角形的两边，那么 $\boldsymbol{a}-\boldsymbol{b}$ 就是第三边(图 5-20). 根据余弦定理得

$$|\boldsymbol{a}||\boldsymbol{b}|\cos\theta=\frac{1}{2}(|\boldsymbol{a}|^2+|\boldsymbol{b}|^2-|\boldsymbol{a}-\boldsymbol{b}|^2)$$①,

设 $\boldsymbol{a}=(a_x,a_y,a_z)$，$\boldsymbol{b}=(b_x,b_y,b_z)$，则上式可写成

$$\begin{aligned}|\boldsymbol{a}||\boldsymbol{b}|\cos\theta&=\frac{1}{2}\{(a_x^2+a_y^2+a_z^2)+(b_x^2+b_y^2+b_z^2)-[(a_x-b_x)^2+\\&\quad(a_y-b_y)^2+(a_z-b_z)^2]\}\\&=a_xb_x+a_yb_y+a_zb_z,\end{aligned}$$

于是得到

$$\boxed{\boldsymbol{a}\cdot\boldsymbol{b}=(a_x,a_y,a_z)\cdot(b_x,b_y,b_z)=a_xb_x+a_yb_y+a_zb_z,}\tag{2}$$

即两向量的数量积等于两向量对应坐标的乘积之和.

如果 $\boldsymbol{a}$、$\boldsymbol{b}$、$\boldsymbol{c}$ 是任意向量，λ、μ 是任意实数，那么

$$\boldsymbol{a}\cdot\boldsymbol{a}=|\boldsymbol{a}|^2,$$

$$\boldsymbol{a}\cdot\boldsymbol{b}=\boldsymbol{b}\cdot\boldsymbol{a}\text{（交换律）},$$

$$\boldsymbol{a}\cdot(\boldsymbol{b}+\boldsymbol{c})=\boldsymbol{a}\cdot\boldsymbol{b}+\boldsymbol{a}\cdot\boldsymbol{c}\text{（分配律）},$$

$$(\lambda\boldsymbol{a})\cdot(\mu\boldsymbol{b})=\lambda\mu(\boldsymbol{a}\cdot\boldsymbol{b})\text{（数乘结合律）}.$$

上面四式中的前两式由数量积的定义立得，而后两式利用数量积的坐标表达式(2)容易证得. 由(1)式还可以推知

向量 $\boldsymbol{a}$ 与 $\boldsymbol{b}$ 的夹角满足公式

$$\cos\theta=\frac{\boldsymbol{a}\cdot\boldsymbol{b}}{|\boldsymbol{a}||\boldsymbol{b}|}\quad(0\leqslant\theta\leqslant\pi);\tag{3}$$

若 $\boldsymbol{a}=(a_x,a_y,a_z)$，$\boldsymbol{b}=(b_x,b_y,b_z)$，则

$$\cos\theta=\frac{a_xb_x+a_yb_y+a_zb_z}{\sqrt{a_x^2+a_y^2+a_z^2}\sqrt{b_x^2+b_y^2+b_z^2}}.\tag{4}$$

如果向量 $\boldsymbol{a}$ 与 $\boldsymbol{b}$ 的夹角 $\theta=\frac{\pi}{2}$，则称 $\boldsymbol{a}$ 与 $\boldsymbol{b}$ 正交（或垂直）. 记作 $\boldsymbol{a}\perp\boldsymbol{b}$. 由于零向量 $\mathbf{0}$ 的方向可以看成是任意的，因此可认为任何向量 $\boldsymbol{a}$ 与 $\mathbf{0}$ 正交，即 $\mathbf{0}\perp\boldsymbol{a}$ $(\forall\boldsymbol{a})$.

向量的数量积常用来判定两个向量是否垂直，这就是下面的定理：

定理　$\boldsymbol{a}\perp\boldsymbol{b}$ 的充要条件为 $\boldsymbol{a}\cdot\boldsymbol{b}=0$.

证　当 $\boldsymbol{a}$ 与 $\boldsymbol{b}$ 有一个为 $\mathbf{0}$，结论显然成立，不妨设 $\boldsymbol{a}$、$\boldsymbol{b}$ 均不为 $\mathbf{0}$，按定义，

---

①　只要注意到 $\theta=0$ 时，$|\boldsymbol{a}-\boldsymbol{b}|=||\boldsymbol{a}|-|\boldsymbol{b}||$；$\theta=\pi$ 时，$|\boldsymbol{a}-\boldsymbol{b}|=|\boldsymbol{a}|+|\boldsymbol{b}|$，就容易证明此式当 $\theta=0$ 和 $\theta=\pi$ 时也成立.

$\boldsymbol{a}\perp\boldsymbol{b}$ 的充要条件是他们的夹角 $\theta=\dfrac{\pi}{2}$,即 $\boldsymbol{a}\cdot\boldsymbol{b}=|\boldsymbol{a}||\boldsymbol{b}|\cos\theta=0$,证毕.

如果 $\boldsymbol{a}$、$\boldsymbol{b}$ 以坐标形式表示,则定理可表述为

> 若 $\boldsymbol{a}=(a_x,a_y,a_z)$, $\boldsymbol{b}=(b_x,b_y,b_z)$,则
> $\boldsymbol{a}\perp\boldsymbol{b}$ 的充要条件是 $a_xb_x+a_yb_y+a_zb_z=0$.

例 1　已知点 $M(1,1,1)$、$A(2,2,1)$ 和 $B(2,1,2)$,求 $\angle AMB$.

解　$\angle AMB$ 可以看成向量 $\overrightarrow{MA}$ 与 $\overrightarrow{MB}$ 的夹角,而

$$\overrightarrow{MA}=(2-1,2-1,1-1)=(1,1,0),$$

$$\overrightarrow{MB}=(2-1,1-1,2-1)=(1,0,1),$$

故

$$\overrightarrow{MA}\cdot\overrightarrow{MB}=1\times1+1\times0+0\times1=1,$$

$$|\overrightarrow{MA}|=\sqrt{1^2+1^2+0^2}=\sqrt{2},\quad |\overrightarrow{MB}|=\sqrt{1^2+0^2+1^2}=\sqrt{2},$$

由公式(3)得

$$\cos\angle AMB=\frac{\overrightarrow{MA}\cdot\overrightarrow{MB}}{|\overrightarrow{MA}||\overrightarrow{MB}|}=\frac{1}{2},$$

所以

$$\angle AMB=\frac{\pi}{3}.$$

例 2　设 a_i、$b_i\in\mathbf{R}(i=1,2,3)$,证明不等式

$$\left|\sum_{i=1}^{3}a_ib_i\right|\leqslant\left(\sum_{i=1}^{3}a_i^2\right)^{\frac{1}{2}}\left(\sum_{i=1}^{3}b_i^2\right)^{\frac{1}{2}}.$$

证　设向量 $\boldsymbol{a}=(a_1,a_2,a_3)$, $\boldsymbol{b}=(b_1,b_2,b_3)$, 由于 $\boldsymbol{a}\cdot\boldsymbol{b}=|\boldsymbol{a}||\boldsymbol{b}|\cos\theta$, 故

$$|\boldsymbol{a}\cdot\boldsymbol{b}|\leqslant|\boldsymbol{a}||\boldsymbol{b}|,$$

用 $\boldsymbol{a}$、$\boldsymbol{b}$ 的坐标代入上式即得所要求证的不等式.

例 3　设流体流过平面 S 上一个面积为 A 的区域,流体在该区域上各点处的流速为常向量 $\boldsymbol{v}$,又设 $\boldsymbol{e}_n$ 是垂直于 S 的单位向量,且与 $\boldsymbol{v}$ 夹成锐角(如图 5-21(a)所示). 试用数量积表示单位时间内经过该区域且流向 $\boldsymbol{e}_n$ 所指一侧的流体的质量(已知流体的密度为常数 ρ).

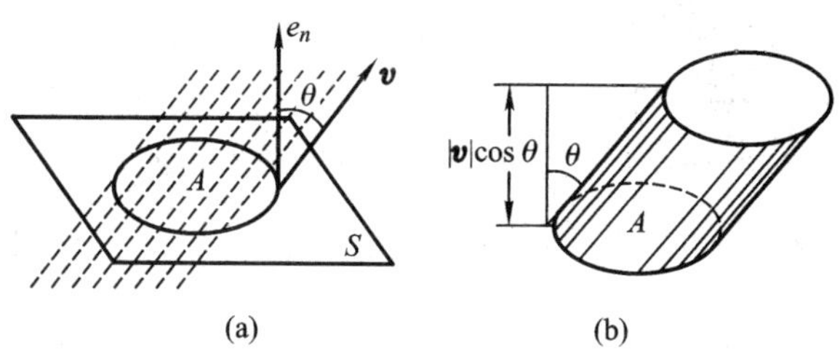

图 5-21

解　单位时间内流过这个平面区域的流体组成一个底面积为 A，斜高为 $|\boldsymbol{v}|$ 的斜柱体（图 5－21(b)），其斜高与底面的垂线之夹角是 $\boldsymbol{v}$ 与 $\boldsymbol{e}_n$ 的夹角，故柱体的高为 $|\boldsymbol{v}|\cos\theta$，体积为

$$V = A|\boldsymbol{v}|\cos\theta = A\boldsymbol{v}\cdot\boldsymbol{e}_n,$$

从而单位时间内流向该平面区域指定一侧的流体的质量为

$$\Phi = \rho V = \rho A\boldsymbol{v}\cdot\boldsymbol{e}_n.$$

二、向量的向量积（叉积、外积）

在研究物体的转动问题时，要考虑作用在物体上的力所产生的力矩. 下面举一个简单的例子来说明表达力矩的方法. 设 O 是一杠杆的支点，力 $\boldsymbol{f}$ 作用在杠杆上的 P 点处，$\boldsymbol{f}$ 与 $\overrightarrow{OP}$ 的夹角为 θ（图 5－22）. 力学中规定，力 $\boldsymbol{f}$ 对支点 O 的力矩 $\boldsymbol{M}$ 是一个向量，它的大小等于力的大小与支点到力线的距离之积，即

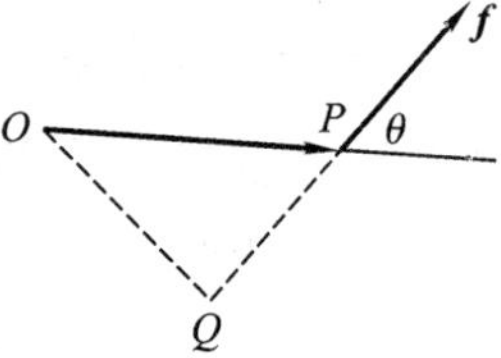

图 5－22

$$|\boldsymbol{M}| = |\boldsymbol{f}|\,|OQ| = |\boldsymbol{f}|\,|\overrightarrow{OP}|\sin\theta,$$

它的方向垂直于 $\overrightarrow{OP}$ 与 $\boldsymbol{f}$ 确定的平面，并且 $\overrightarrow{OP}$、$\boldsymbol{f}$、$\boldsymbol{M}$ 三者的方向符合右手法则（有序向量组 $\boldsymbol{a}$、$\boldsymbol{b}$、$\boldsymbol{c}$ 符合右手法则，是指当右手的四指从 $\boldsymbol{a}$ 以不超过 π 的转角转向 $\boldsymbol{b}$ 时，竖起的大拇指的指向是 $\boldsymbol{c}$ 的方向，见图 5－23）. 由此实际背景出发，我们定义向量的另一种乘积.

设 $\boldsymbol{a}$、$\boldsymbol{b}$ 是两个向量，规定$\boldsymbol{a}$ 与 $\boldsymbol{b}$ 的向量积（vector product）是一个向量，记作 $\boldsymbol{a}\times\boldsymbol{b}$，它的模与方向分别为：

> (i) $|\boldsymbol{a}\times\boldsymbol{b}| = |\boldsymbol{a}|\,|\boldsymbol{b}|\sin\theta\,(\theta = (\widehat{\boldsymbol{a},\boldsymbol{b}}))$；
>
> (ii) $\boldsymbol{a}\times\boldsymbol{b}$ 同时垂直于 $\boldsymbol{a}$ 和 $\boldsymbol{b}$，并且 $\boldsymbol{a},\boldsymbol{b},\boldsymbol{a}\times\boldsymbol{b}$ 符合右手法则（图 5－24）.

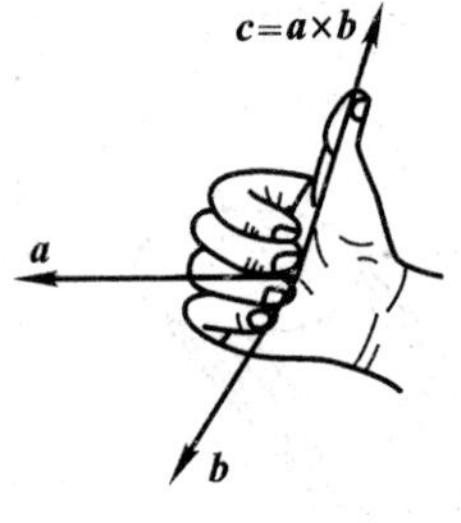

图 5－23

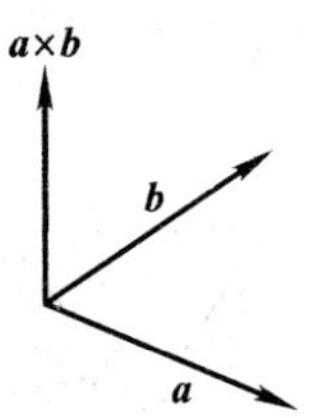

图 5－24

向量的向量积也叫叉积（cross product）或外积（outer product）. 有了这一概

念,力矩就可表为 $\boldsymbol{M}=\overrightarrow{OP}\times\boldsymbol{f}$.

从定义容易看出,对任意的向量 $\boldsymbol{a}$、$\boldsymbol{b}$,有

$$\boldsymbol{0}\times\boldsymbol{a}=\boldsymbol{a}\times\boldsymbol{0}=\boldsymbol{0};$$

$$\boldsymbol{a}\times\boldsymbol{a}=\boldsymbol{0};$$

$$\boldsymbol{a}\times\boldsymbol{b}=-\boldsymbol{b}\times\boldsymbol{a}\text{(反交换律)}.$$

此外,还可以证明向量积有如下的运算律:对任意的向量 $\boldsymbol{a}$、$\boldsymbol{b}$、$\boldsymbol{c}$ 及任意的实数 λ、μ,有

$$(\boldsymbol{a}+\boldsymbol{b})\times\boldsymbol{c}=\boldsymbol{a}\times\boldsymbol{c}+\boldsymbol{b}\times\boldsymbol{c}\ \text{(分配律,证略)};$$

$$(\lambda\boldsymbol{a})\times(\mu\boldsymbol{b})=\lambda\mu(\boldsymbol{a}\times\boldsymbol{b})\ \text{(证略)}.$$

在本章第一节中,我们给出了两个向量平行的一个充分必要条件,下面的例 4 给出了另一个充要条件.

例 4　设 $\boldsymbol{a}$、$\boldsymbol{b}$ 是两个向量,证明:$\boldsymbol{a}/\!/\boldsymbol{b}$ 的充要条件为

$$\boldsymbol{a}\times\boldsymbol{b}=\boldsymbol{0}.$$

证　设 $\boldsymbol{a}$、$\boldsymbol{b}$ 均为非零向量(不然,命题不证自明). 因为 $\boldsymbol{a}\times\boldsymbol{b}=\boldsymbol{0}$ 等价于 $|\boldsymbol{a}\times\boldsymbol{b}|=0$,即

$$|\boldsymbol{a}||\boldsymbol{b}|\sin\theta=0.$$

又 $|\boldsymbol{a}|$、$|\boldsymbol{b}|$ 均不为零,故上式等价于 $\sin\theta=0$,即 $\theta=0$ 或 $\theta=\pi$,亦即 $\boldsymbol{a}/\!/\boldsymbol{b}$,证毕.

下面推导向量积的分解表达式:

设 $\boldsymbol{a}=a_x\boldsymbol{i}+a_y\boldsymbol{j}+a_z\boldsymbol{k}$,$\boldsymbol{b}=b_x\boldsymbol{i}+b_y\boldsymbol{j}+b_z\boldsymbol{k}$,按向量积的运算律,

$$\begin{aligned}\boldsymbol{a}\times\boldsymbol{b}&=(a_x\boldsymbol{i}+a_y\boldsymbol{j}+a_z\boldsymbol{k})\times(b_x\boldsymbol{i}+b_y\boldsymbol{j}+b_z\boldsymbol{k})\\&=a_xb_x(\boldsymbol{i}\times\boldsymbol{i})+a_xb_y(\boldsymbol{i}\times\boldsymbol{j})+a_xb_z(\boldsymbol{i}\times\boldsymbol{k})+a_yb_x(\boldsymbol{j}\times\boldsymbol{i})+a_yb_y(\boldsymbol{j}\times\boldsymbol{j})+\\&\quad a_yb_z(\boldsymbol{j}\times\boldsymbol{k})+a_zb_x(\boldsymbol{k}\times\boldsymbol{i})+a_zb_y(\boldsymbol{k}\times\boldsymbol{j})+a_zb_z(\boldsymbol{k}\times\boldsymbol{k}),\end{aligned}$$

由于

$$\boldsymbol{i}\times\boldsymbol{i}=\boldsymbol{j}\times\boldsymbol{j}=\boldsymbol{k}\times\boldsymbol{k}=\boldsymbol{0},$$

并容易算得

$$\boldsymbol{i}\times\boldsymbol{j}=\boldsymbol{k},\ \boldsymbol{j}\times\boldsymbol{k}=\boldsymbol{i},\boldsymbol{k}\times\boldsymbol{i}=\boldsymbol{j},$$

$$\boldsymbol{j}\times\boldsymbol{i}=-\boldsymbol{k},\boldsymbol{k}\times\boldsymbol{j}=-\boldsymbol{i},\boldsymbol{i}\times\boldsymbol{k}=-\boldsymbol{j},$$

故经整理可得

$$\boldsymbol{a}\times\boldsymbol{b}=(a_yb_z-a_zb_y)\boldsymbol{i}+(a_zb_x-a_xb_z)\boldsymbol{j}+(a_xb_y-a_yb_x)\boldsymbol{k},\tag{5}$$

用行列式记号,即

$$\boldsymbol{a}\times\boldsymbol{b}=\begin{vmatrix}a_y&a_z\\b_y&b_z\end{vmatrix}\boldsymbol{i}+\begin{vmatrix}a_z&a_x\\b_z&b_x\end{vmatrix}\boldsymbol{j}+\begin{vmatrix}a_x&a_y\\b_x&b_y\end{vmatrix}\boldsymbol{k},\tag{6}$$

或

$$\boxed{\boldsymbol{a}\times\boldsymbol{b}=\begin{vmatrix}\boldsymbol{i}&\boldsymbol{j}&\boldsymbol{k}\\a_x&a_y&a_z\\b_x&b_y&b_z\end{vmatrix}.}\tag{7}$$

将(7)式中的三阶行列式按第一行展开，即得(6)式.

两向量的向量积有如下的几何意义：

(i)$\boldsymbol{a}\times\boldsymbol{b}$ 的模：由于$|\boldsymbol{a}\times\boldsymbol{b}|=|\boldsymbol{a}||\boldsymbol{b}|\sin\theta=|\boldsymbol{a}|h(h=|\boldsymbol{b}|\sin\theta)$，从图 5-25 可以看出，**$|\boldsymbol{a}\times\boldsymbol{b}|$表示以 $\boldsymbol{a}$ 和 $\boldsymbol{b}$ 为邻边的平行四边形的面积.**

(ii)$\boldsymbol{a}\times\boldsymbol{b}$ 的方向：由定义知，**$\boldsymbol{a}\times\boldsymbol{b}$ 与一切既平行于 $\boldsymbol{a}$ 又平行于 $\boldsymbol{b}$ 的平面相垂直.**

向量积的几何意义在空间解析几何中有着重要的应用.

例 5　设平面 Π 过空间三点 $A(1,0,0)$、$B(3,1,-1)$、$C(2,-1,2)$，求一个垂直于平面 Π 的向量 $\boldsymbol{n}$.

解　$\overrightarrow{AB}=(3-1,1-0,-1-0)=(2,1,-1)$,

$\overrightarrow{AC}=(2-1,-1-0,2-0)=(1,-1,2)$,

易见$\overrightarrow{AB}$与$\overrightarrow{AC}$不共线且它们均位于平面 Π 内，因而$\overrightarrow{AB}\times\overrightarrow{AC}$垂直于平面 Π，故可取

$$\boldsymbol{n}=\overrightarrow{AB}\times\overrightarrow{AC}=\begin{vmatrix}\boldsymbol{i} & \boldsymbol{j} & \boldsymbol{k}\\ 2 & 1 & -1\\ 1 & -1 & 2\end{vmatrix}=\boldsymbol{i}-5\boldsymbol{j}-3\boldsymbol{k}.$$

例 6　设 l 是空间过点 $A(1,2,3)$、$B(3,4,5)$ 的直线，点 $C(2,4,7)$ 是空间一点，试求点 C 到直线 l 的距离 d.

解　作向量$\overrightarrow{AB}$与$\overrightarrow{AC}$，从图 5-26 中可以看出，C 到 l 的距离 d 是以$\overrightarrow{AB}$、$\overrightarrow{AC}$为邻边的平行四边形的 AB 边上的高，又因为$|\overrightarrow{AB}\times\overrightarrow{AC}|$表示该平行四边形的面积，所以

$$d=\frac{|\overrightarrow{AB}\times\overrightarrow{AC}|}{|\overrightarrow{AB}|}.$$

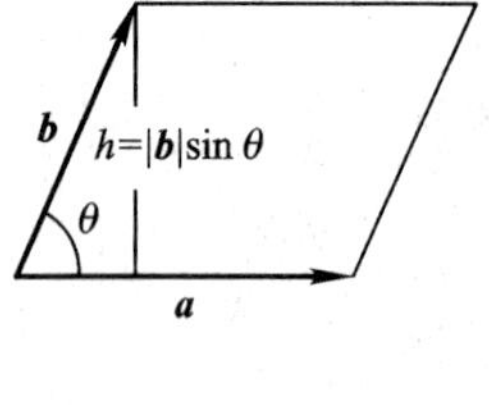

图 5-25

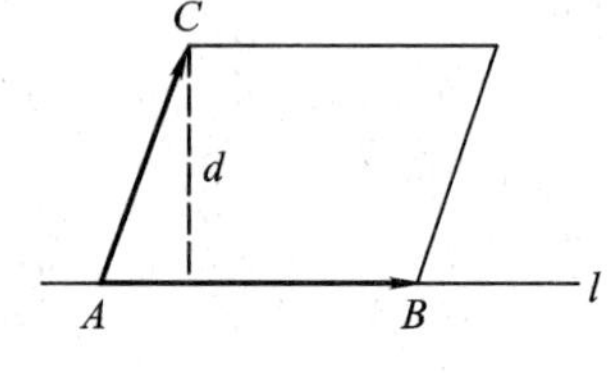

图 5-26

现 $\overrightarrow{AB}=(3-1,4-2,5-3)=(2,2,2)$，$\overrightarrow{AC}=(2-1,4-2,7-3)=(1,2,4)$，

$$\overrightarrow{AB}\times\overrightarrow{AC}=\begin{vmatrix} \boldsymbol{i} & \boldsymbol{j} & \boldsymbol{k} \\ 2 & 2 & 2 \\ 1 & 2 & 4 \end{vmatrix}=4\boldsymbol{i}-6\boldsymbol{j}+2\boldsymbol{k},$$

于是
$$|\overrightarrow{AB}\times\overrightarrow{AC}|=\sqrt{4^2+(-6)^2+2^2}=2\sqrt{14},$$

又
$$|\overrightarrow{AB}|=\sqrt{2^2+2^2+2^2}=2\sqrt{3},$$

故所求距离为
$$d=\frac{2\sqrt{14}}{2\sqrt{3}}=\frac{\sqrt{42}}{3}.$$

例 7　设刚体以等角速率 ω 绕 l 轴旋转，计算刚体上一点 M 的线速度 $\boldsymbol{v}$.

解　刚体旋转时，我们可用转动轴 l 上的向量 $\boldsymbol{\omega}$ 表示角速度，它的大小 $|\boldsymbol{\omega}|=\omega$，它的方向按右手法则定出：以右手握住 l 轴，当四指的转动方向与刚体的转向一致时，竖起的大拇指的指向就是 $\boldsymbol{\omega}$ 的方向（图 5－27）.

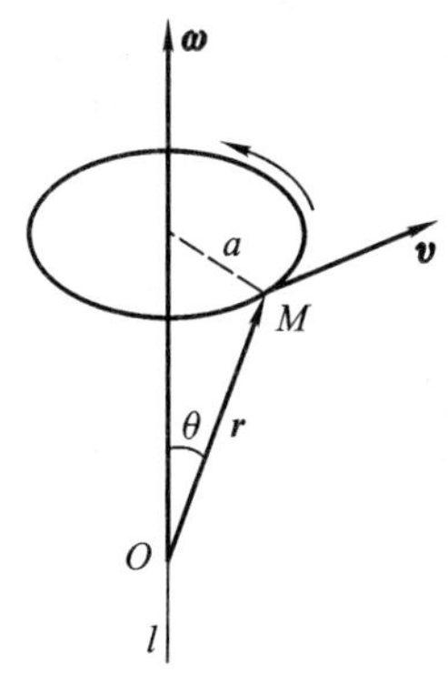

图 5－27

设点 M 到 l 轴的距离为 a，任取 l 轴上一点记为 O，并记 $\boldsymbol{r}=\overrightarrow{OM}$，若用 θ 表示 $\boldsymbol{\omega}$ 与 $\boldsymbol{r}$ 的夹角，则有 $a=|\boldsymbol{r}|\sin\theta$.

从物理学中我们知道，线速率 $|\boldsymbol{v}|$ 与角速率 $|\boldsymbol{\omega}|$ 有这样的关系：$|\boldsymbol{v}|=|\boldsymbol{\omega}|a=|\boldsymbol{\omega}||\boldsymbol{r}|\sin\theta$，

即
$$|\boldsymbol{v}|=|\boldsymbol{\omega}\times\boldsymbol{r}|.$$

又注意到 $\boldsymbol{v}$ 垂直于 $\boldsymbol{\omega}$ 与 $\boldsymbol{r}$，且 $\boldsymbol{\omega}$、$\boldsymbol{r}$、$\boldsymbol{v}$ 符合右手法则，因此得
$$\boldsymbol{v}=\boldsymbol{\omega}\times\boldsymbol{r}.$$

三、向量的混合积

设 $\boldsymbol{a}$、$\boldsymbol{b}$、$\boldsymbol{c}$ 是三个向量，先作向量积 $\boldsymbol{a}\times\boldsymbol{b}$，再作 $\boldsymbol{a}\times\boldsymbol{b}$ 与 $\boldsymbol{c}$ 的数量积，得到的数 $(\boldsymbol{a}\times\boldsymbol{b})\cdot\boldsymbol{c}$ 叫做向量 $\boldsymbol{a}$、$\boldsymbol{b}$、$\boldsymbol{c}$ 的混合积（mixed product），记为 $[\boldsymbol{a}\ \boldsymbol{b}\ \boldsymbol{c}]$.

现推导混合积的坐标表达式.

设 $\boldsymbol{a}=(a_x,a_y,a_z)$，$\boldsymbol{b}=(b_x,b_y,b_z)$，$\boldsymbol{c}=(c_x,c_y,c_z)$，因为
$$\boldsymbol{a}\times\boldsymbol{b}=\left(\begin{vmatrix} a_y & a_z \\ b_y & b_z \end{vmatrix},\begin{vmatrix} a_z & a_x \\ b_z & b_x \end{vmatrix},\begin{vmatrix} a_x & a_y \\ b_x & b_y \end{vmatrix}\right),$$

所以
$$(\boldsymbol{a}\times\boldsymbol{b})\cdot\boldsymbol{c}=\begin{vmatrix} a_y & a_z \\ b_y & b_z \end{vmatrix}c_x+\begin{vmatrix} a_z & a_x \\ b_z & b_x \end{vmatrix}c_y+\begin{vmatrix} a_x & a_y \\ b_x & b_y \end{vmatrix}c_z,$$

即

$$(\boldsymbol{a}\times\boldsymbol{b})\cdot\boldsymbol{c}=\begin{vmatrix}a_x & a_y & a_z\\ b_x & b_y & b_z\\ c_x & c_y & c_z\end{vmatrix}. \tag{8}$$

由于行列式经过两次换行不改变行列式的值(见附录),故混合积有如下的置换规律:

$$[\boldsymbol{a}\ \boldsymbol{b}\ \boldsymbol{c}]=[\boldsymbol{b}\ \boldsymbol{c}\ \boldsymbol{a}]=[\boldsymbol{c}\ \boldsymbol{a}\ \boldsymbol{b}].$$

混合积有这样的几何意义:如果把向量 $\boldsymbol{a}$、$\boldsymbol{b}$、$\boldsymbol{c}$ 看做一个平行六面体的相邻三棱,则 $|\boldsymbol{a}\times\boldsymbol{b}|$ 是该平行六面体的底面积. 而 $\boldsymbol{a}\times\boldsymbol{b}$ 垂直于 $\boldsymbol{a}$,$\boldsymbol{b}$ 所在的底面,若以 φ 表示向量 $\boldsymbol{a}\times\boldsymbol{b}$ 与 $\boldsymbol{c}$ 的夹角,则当 $0\leqslant\varphi\leqslant\frac{\pi}{2}$ 时,$|\boldsymbol{c}|\cos\varphi$ 就是该平行六面体的高 h(图5-28),于是

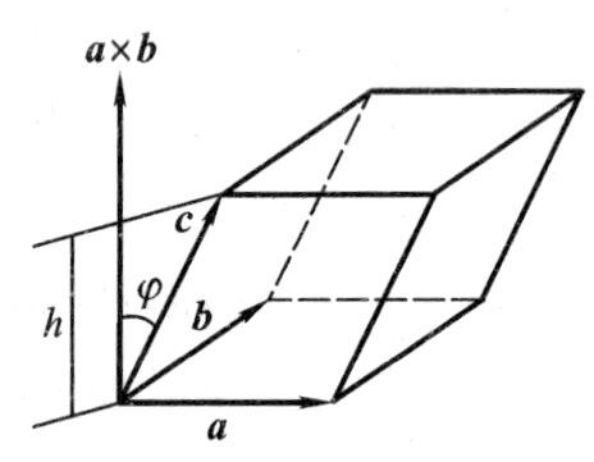

图 5-28

$$(\boldsymbol{a}\times\boldsymbol{b})\cdot\boldsymbol{c}=|\boldsymbol{a}\times\boldsymbol{b}||\boldsymbol{c}|\cos\varphi=|\boldsymbol{a}\times\boldsymbol{b}|h=V,$$

V 表示平行六面体的体积. 显然,当 $\frac{\pi}{2}<\varphi\leqslant\pi$ 时,$(\boldsymbol{a}\times\boldsymbol{b})\cdot\boldsymbol{c}=-V$. 由此可见,**混合积$[\boldsymbol{a}\ \boldsymbol{b}\ \boldsymbol{c}]$的绝对值是以 $\boldsymbol{a}$、$\boldsymbol{b}$、$\boldsymbol{c}$ 为相邻三棱的平行六面体的体积.**

当 $[\boldsymbol{a}\ \boldsymbol{b}\ \boldsymbol{c}]=0$ 时,平行六面体的体积为零,即该六面体的三条棱落在一个平面上,也就是说,向量 $\boldsymbol{a}$、$\boldsymbol{b}$、$\boldsymbol{c}$ 共面,反之显然也成立. 由此可得

三向量 $\boldsymbol{a}$、$\boldsymbol{b}$、$\boldsymbol{c}$ 共面的充要条件是$[\boldsymbol{a}\ \boldsymbol{b}\ \boldsymbol{c}]=0$,即

$$\begin{vmatrix}a_x & a_y & a_z\\ b_x & b_y & b_z\\ c_x & c_y & c_z\end{vmatrix}=0.$$

例 8 求以点 $A(1,1,1)$、$B(3,4,4)$、$C(3,5,5)$ 和 $D(2,4,7)$ 为顶点的四面体 $ABCD$ 的体积.

解 由立体几何知道,四面体 $ABCD$ 的体积是以$\overrightarrow{AB}$、$\overrightarrow{AC}$、$\overrightarrow{AD}$为相邻三棱的平行六面体体积的六分之一,利用混合积的几何意义,即有

$$V_{ABCD}=\frac{1}{6}|(\overrightarrow{AB}\times\overrightarrow{AC})\cdot\overrightarrow{AD}|,$$

而 $\overrightarrow{AB}=(2,3,3)$,$\overrightarrow{AC}=(2,4,4)$,$\overrightarrow{AD}=(1,3,6)$,于是

$$(\overrightarrow{AB}\times\overrightarrow{AC})\cdot\overrightarrow{AD}=\begin{vmatrix}2&3&3\\2&4&4\\1&3&6\end{vmatrix}=6,$$

故
$$V_{ABCD}=\frac{1}{6}\times 6=1.$$

例 9　问点 $A(1,1,1)$、$B(4,5,6)$、$C(2,3,3)$ 和 $D(10,15,17)$ 四点是否在同一平面上？

解　为了得出结论，只需考察向量$\overrightarrow{AB}$、$\overrightarrow{AC}$、$\overrightarrow{AD}$是否共面，而这只需通过计算三向量的混合积即可判定.

现在 $\overrightarrow{AB}=(3,4,5)$，$\overrightarrow{AC}=(1,2,2)$，$\overrightarrow{AD}=(9,14,16)$，而

$$(\overrightarrow{AB}\times\overrightarrow{AC})\cdot\overrightarrow{AD}=\begin{vmatrix}3&4&5\\1&2&2\\9&14&16\end{vmatrix}=0,$$

因此$\overrightarrow{AB}$、$\overrightarrow{AC}$、$\overrightarrow{AD}$共面，即 A、B、C、D 四点在同一平面上.

习题 5－3

1. 设 $\boldsymbol{a}=3\boldsymbol{i}-\boldsymbol{j}-2\boldsymbol{k}$，$\boldsymbol{b}=\boldsymbol{i}+2\boldsymbol{j}-\boldsymbol{k}$，求：

(1) $\boldsymbol{a}\cdot\boldsymbol{b}$；　(2) $\boldsymbol{a}\times\boldsymbol{b}$；

(3) $\mathrm{Prj}_{\boldsymbol{a}}\boldsymbol{b}$；　(4) $\mathrm{Prj}_{\boldsymbol{b}}\boldsymbol{a}$；

(5) $\cos(\widehat{\boldsymbol{a},\boldsymbol{b}})$.

2. 设 $\boldsymbol{a}=2\boldsymbol{i}-3\boldsymbol{j}+\boldsymbol{k}$，$\boldsymbol{b}=\boldsymbol{i}-\boldsymbol{j}+3\boldsymbol{k}$，$\boldsymbol{c}=\boldsymbol{i}-2\boldsymbol{j}$，求：

(1) $(\boldsymbol{a}\times\boldsymbol{b})\cdot\boldsymbol{c}$；　(2) $(\boldsymbol{a}\times\boldsymbol{b})\times\boldsymbol{c}$；

(3) $\boldsymbol{a}\times(\boldsymbol{b}\times\boldsymbol{c})$；　(4) $(\boldsymbol{a}\cdot\boldsymbol{b})\boldsymbol{c}-(\boldsymbol{a}\cdot\boldsymbol{c})\boldsymbol{b}$.

3. 设向量 $\boldsymbol{a}$、$\boldsymbol{b}$、$\boldsymbol{c}$ 满足 $\boldsymbol{a}+\boldsymbol{b}+\boldsymbol{c}=\boldsymbol{0}$，证明：

(1) $\boldsymbol{a}\cdot\boldsymbol{b}+\boldsymbol{b}\cdot\boldsymbol{c}+\boldsymbol{c}\cdot\boldsymbol{a}=-\frac{1}{2}(|\boldsymbol{a}|^2+|\boldsymbol{b}|^2+|\boldsymbol{c}|^2)$；

(2) $\boldsymbol{a}\times\boldsymbol{b}=\boldsymbol{b}\times\boldsymbol{c}=\boldsymbol{c}\times\boldsymbol{a}$.

4. 已知 $A(1,-1,2)$，$B(5,-6,2)$，$C(1,3,-1)$，求

(1) 同时与$\overrightarrow{AB}$及$\overrightarrow{AC}$垂直的单位向量；

(2) $\triangle ABC$ 的面积；

(3) 从顶点 B 到边 AC 的高的长度.

5. 设 $\boldsymbol{a}=3\boldsymbol{i}+5\boldsymbol{j}-2\boldsymbol{k}$，$\boldsymbol{b}=2\boldsymbol{i}+\boldsymbol{j}+9\boldsymbol{k}$，试求 λ 的值，使得：

(1) $\lambda\boldsymbol{a}+\boldsymbol{b}$ 与 z 轴垂直；

(2) $\lambda\boldsymbol{a}+\boldsymbol{b}$ 与 $\boldsymbol{a}$ 垂直，证明此时$|\lambda\boldsymbol{a}+\boldsymbol{b}|$取得最小值. 试说明这一结果的几何意义.

6. 证明如下的平行四边形法则：$2(|\boldsymbol{a}|^2+|\boldsymbol{b}|^2)=|\boldsymbol{a}+\boldsymbol{b}|^2+|\boldsymbol{a}-\boldsymbol{b}|^2$，说明这一法

则的几何意义.

7. 用向量法证明：

(1) 直径对的圆周角是直角；　　(2) 三角形的三条高交于一点.

8. 试用行列式的性质证明：

$(\boldsymbol{a}\times\boldsymbol{b})\cdot\boldsymbol{c}=(\boldsymbol{b}\times\boldsymbol{c})\cdot\boldsymbol{a}=(\boldsymbol{c}\times\boldsymbol{a})\cdot\boldsymbol{b}$.

第四节　平　　面

本章从这一节起讨论空间的几何图形及其方程,这些几何图形包括平面、曲面、空间直线及曲线.先说明什么是几何图形的方程.以曲面为例,当取定 $Oxyz$ 坐标系以后,曲面上的点 $M(x,y,z)$ 的坐标 x、y、z 不是无章可循的,而必定满足一定的条件,这个条件一般可以写成一个三元方程 $F(x,y,z)=0$. 如果曲面 S 与方程 $F(x,y,z)=0$ 之间存在这样的关系：

(1) 若点 $M(x,y,z)$ 在曲面 S 上,则 M 的坐标 x、y、z 就适合三元方程 $F(x,y,z)=0$；

(2) 若一组数 x、y、z 适合方程 $F(x,y,z)=0$,则点 $M(x,y,z)$就在曲面 S 上.

也就是说,如果点 $M(x,y,z)$ 位于曲面 S 上的充分必要条件是 x、y、z 满足方程 $F(x,y,z)=0$,那么就称 $F(x,y,z)=0$ 为曲面 S 的方程,而称曲面 S 为方程 $F(x,y,z)=0$ 的图形.

在以下两节里,我们以向量为工具,在空间直角坐标系中讨论最简单而又十分重要的几何图形——平面与直线.

一、平面的方程

1. 平面的点法式方程

垂直于平面的非零向量叫做该平面的法向量(简称法向),记作 $\boldsymbol{n}$. 因为过空间的一个已知点,可以作且只能作一个平面 Π 垂直于已知直线,所以当平面 Π 上的一点 $M_0(x_0,y_0,z_0)$ 及其法向量 $\boldsymbol{n}=(A,B,C)$ 为已知时,平面 Π 的位置就完全确定了.

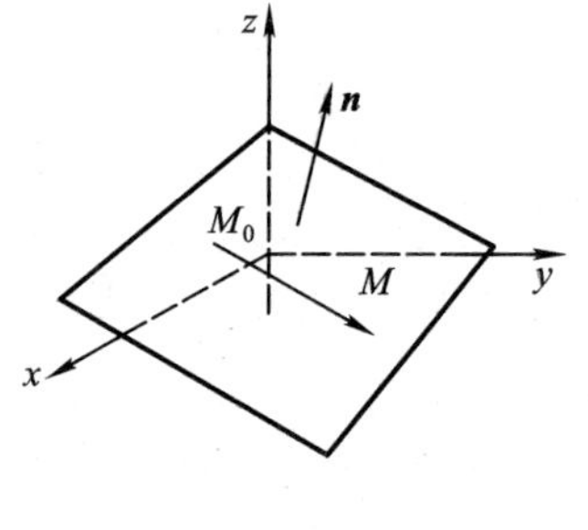

图 5－29

按上述已知条件,设 $M(x,y,z)$ 是平面 Π 上的任一点,则 $\overrightarrow{M_0M}\perp\boldsymbol{n}$,即有 $\overrightarrow{M_0M}\cdot\boldsymbol{n}=0$(图 5－29). 由于 $\boldsymbol{n}=(A,B,C)$,$\overrightarrow{M_0M}=(x-x_0,y-y_0,z-z_0)$,故有

$$A(x-x_0)+B(y-y_0)+C(z-z_0)=0, \tag{1}$$

而当点 $M(x,y,z)$ 不在平面 Π 上时，向量 $\overrightarrow{M_0M}$ 不垂直于 $\boldsymbol{n}$，因此 M 的坐标 x,y,z 不满足方程(1). 所以(1)式就是平面 Π 的方程. 因为方程(1)由 Π 上的已知点 $M_0(x_0,y_0,z_0)$ 和它的法向量 $\boldsymbol{n}=(A,B,C)$ 确定，故把方程(1)称作平面的点法式方程.

> 过点 $M_0(x_0,y_0,z_0)$ 且以 $\boldsymbol{n}=(A,B,C)$ 为法向量的平面 Π 的方程为
> $$A(x-x_0)+B(y-y_0)+C(z-z_0)=0.$$

例 1　求过点 $(2,-3,0)$ 且以 $\boldsymbol{n}=(1,-2,3)$ 为法向量的平面方程.

解　由点法式方程(1)，得所求平面的方程是

$$1(x-2)-2(y+3)+3(z-0)=0,$$

即

$$x-2y+3z-8=0.$$

例 2　求过三点 $M_1(2,-1,4)$、$M_2(-1,3,-2)$ 和 $M_3(0,2,3)$ 的平面方程.

解　先求平面的法向量 $\boldsymbol{n}$. 由于 $\boldsymbol{n}\perp\overrightarrow{M_1M_2}$，$\boldsymbol{n}\perp\overrightarrow{M_1M_3}$，故可取 $\boldsymbol{n}=\overrightarrow{M_1M_2}\times\overrightarrow{M_1M_3}$，而 $\overrightarrow{M_1M_2}=(-3,4,-6)$，$\overrightarrow{M_1M_3}=(-2,3,-1)$，故

$$\boldsymbol{n}=\overrightarrow{M_1M_2}\times\overrightarrow{M_1M_3}=\begin{vmatrix}\boldsymbol{i} & \boldsymbol{j} & \boldsymbol{k}\\ -3 & 4 & -6\\ -2 & 3 & -1\end{vmatrix}=14\boldsymbol{i}+9\boldsymbol{j}-\boldsymbol{k},$$

根据点法式方程(1)，得所求平面的方程

$$14(x-2)+9(y+1)-(z-4)=0,$$

即

$$14x+9y-z-15=0.$$

过已知三点 $A(a_1,a_2,a_3)$、$B(b_1,b_2,b_3)$ 及 $C(c_1,c_2,c_3)$ 的平面方程也可由混合积的几何意义立即得出. 由于点 $M(x,y,z)$ 位于三点所在的平面上的充要条件是向量 $\overrightarrow{AB}$、$\overrightarrow{AC}$ 与 $\overrightarrow{AM}$ 共面，即它们的混合积为零，于是得

$$\begin{vmatrix}x-a_1 & y-a_2 & z-a_3\\ b_1-a_1 & b_2-a_2 & b_3-a_3\\ c_1-a_1 & c_2-a_2 & c_3-a_3\end{vmatrix}=0,$$

上式也称为平面的三点式方程.

2. 平面的一般方程

在点法式方程(1)中若把 $-(Ax_0+By_0+Cz_0)$ 记为 D，则方程(1)就成为三元一次方程

$$Ax+By+Cz+D=0. \tag{2}$$

反之，对给定的三元一次方程(2)（其中 A、B、C 不同时为零），设 x_0、y_0、z_0 是满足方程(2)的一组数，即 $Ax_0+By_0+Cz_0+D=0$，把它与(2)式相减就得与(2)同解的方程

$$A(x-x_0)+B(y-y_0)+C(z-z_0)=0.$$

由此可见，方程(2)是过某点 $M_0(x_0,y_0,z_0)$ 并以 $\boldsymbol{n}=(A,B,C)$ 为法向量的平面方程. 方程(2)称为平面的一般方程.

> 三元一次方程
>
> $$Ax+By+Cz+D=0$$
>
> (A,B,C 不同时为零)的图形是平面，其中 x、y、z 的系数 A、B、C 是平面的法向量的坐标，即 $\boldsymbol{n}=(A,B,C)$ 是平面的法向量.

例如，方程 $5x-y+2z-3=0$ 表示法向量 $\boldsymbol{n}=(5,-1,2)$ 的平面.

对于一些特殊的三元一次方程，读者要熟悉它们所表示的平面的特点，例如，

当 $D=0$ 时，$Ax+By+Cz=0$ 表示过原点的平面；

当 $C=0$ 时，因为法向量 $\boldsymbol{n}=(A,B,0)$ 垂直于 z 轴，故方程 $Ax+By+D=0$ 表示平行于 z 轴的平面；

当 $B=C=0$，因为法向量 $\boldsymbol{n}=(A,0,0)$ 同时垂直于 y 轴与 z 轴，故 $\boldsymbol{n}$ 垂直于 yOz 平面，于是方程 $Ax+D=0$，即 $x=-\dfrac{D}{A}$ 表示平行于 yOz 面的平面，也就是垂直于 x 轴的平面.

例 3 求过 x 轴和点 $M_0(4,-3,1)$ 的平面方程.

解 由于平面过原点，故设平面的一般方程为

$$Ax+By+Cz=0.$$

又由于平面过 x 轴，故法向量 $\boldsymbol{n}=(A,B,C)\perp\boldsymbol{i}$，即 $\boldsymbol{n}\cdot\boldsymbol{i}=A=0$，于是平面方程成为

$$By+Cz=0,$$

利用平面过 $M_0(4,-3,1)$ 的条件，得

$$-3B+C=0.$$

即

$$C=3B,$$

以此代入方程 $By+Cz=0$ 并消去 B，便得所求平面的方程

$$y+3z=0.$$

例 4 设平面与 x、y、z 轴分别交于三点 $P_1(a,0,0)$、$P_2(0,b,0)$ 与 $P_3(0,0,c)$，其中 a、b、c 均不为零，求该平面的方程.

解　设所求平面的一般方程为

$$Ax+By+Cz+D=0,$$

根据条件，把 P_1、P_2、P_3 的坐标分别代入方程，得

$$aA+D=0,bB+D=0,cC+D=0,$$

即

$$A=-\frac{D}{a},B=-\frac{D}{b},C=-\frac{D}{c},$$

以此代入一般方程并消去 $D(D\neq 0)$，得所求平面的方程为

$$\frac{x}{a}+\frac{y}{b}+\frac{z}{c}=1,$$

此方程称为平面的截距式方程，a、b、c 依次称作平面在 x、y、z 轴上的截距.

二、两平面的夹角以及点到平面的距离

1. 两平面的夹角

两平面的法向量的夹角称为两平面的夹角(通常不取钝角)(图 5－30).

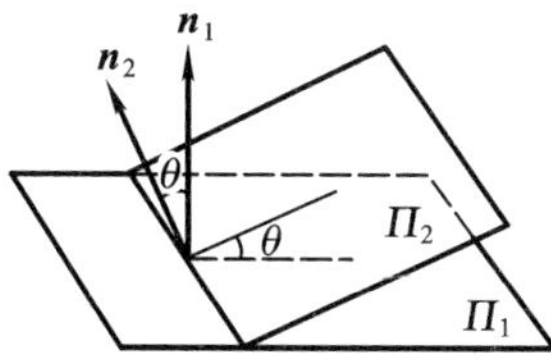

图 5－30

设两平面 Π_1 和 Π_2 的法向量分别为 $\boldsymbol{n}_1=(A_1,B_1,C_1)$ 和 $\boldsymbol{n}_2=(A_2,B_2,C_2)$，由于两平面的夹角 θ 是 $\boldsymbol{n}_1$ 与 $\boldsymbol{n}_2$ 的夹角而又不取钝角，故得

$$\cos\theta=\left|\frac{\boldsymbol{n}_1\cdot\boldsymbol{n}_2}{|\boldsymbol{n}_1||\boldsymbol{n}_2|}\right|=\frac{|A_1A_2+B_1B_2+C_1C_2|}{\sqrt{A_1^2+B_1^2+C_1^2}\sqrt{A_2^2+B_2^2+C_2^2}}. \tag{3}$$

由于两个平面互相垂直或平行相当于它们的法向量垂直或平行，故由向量垂直或平行的充要条件立即推得：

平面 Π_1 和 Π_2 互相垂直的充要条件是 $A_1A_2+B_1B_2+C_1C_2=0$；

平面 Π_1 和 Π_2 互相平行的充要条件是 $\frac{A_1}{A_2}=\frac{B_1}{B_2}=\frac{C_1}{C_2}$.

例 5　设长方体 $ABCD-A'B'C'D'$ 中 $AB=1$、$BC=2$、$BB'=3$，问 $\triangle B'AC$ 所在平面与 $\triangle D'AC$ 所在平面之间的夹角是多少？

解　设在 $Oxyz$ 坐标系中，取长方体 $ABCD-A'B'C'D'$ 的顶点的坐标为 $A(0,$

0,0)、$B(1,0,0)$、$C(1,2,0)$、$B'(1,0,3)$ 及 $D'(0,2,3)$（图 5－31），则 $\triangle B'AC$ 所在平面的法向量

$$\boldsymbol{n}_1=\overrightarrow{AC}\times\overrightarrow{AB'}=\begin{vmatrix}\boldsymbol{i} & \boldsymbol{j} & \boldsymbol{k}\\ 1 & 2 & 0\\ 1 & 0 & 3\end{vmatrix}=(6,-3,-2),$$

$\triangle D'AC$ 所在平面的法向量

$$\boldsymbol{n}_2=\overrightarrow{AC}\times\overrightarrow{AD'}=\begin{vmatrix}\boldsymbol{i} & \boldsymbol{j} & \boldsymbol{k}\\ 1 & 2 & 0\\ 0 & 2 & 3\end{vmatrix}=(6,-3,2).$$

于是

$$\cos\theta=\left|\frac{\boldsymbol{n}_1\cdot\boldsymbol{n}_2}{|\boldsymbol{n}_1||\boldsymbol{n}_2|}\right|=\frac{|36+9-4|}{\sqrt{36+9+4}\sqrt{36+9+4}}=\frac{41}{49},$$

即所求二面角 $\theta=\arccos\dfrac{41}{49}$.

2. 点到平面的距离

设 $P_0(x_0,y_0,z_0)$ 是平面 $\Pi: Ax+By+Cz+D=0$ 外一点，任取 Π 上一点 $P_1(x_1,y_1,z_1)$，并作向量 $\overrightarrow{P_1P_0}$. 如图 5－32，P_0 到平面 Π 的距离

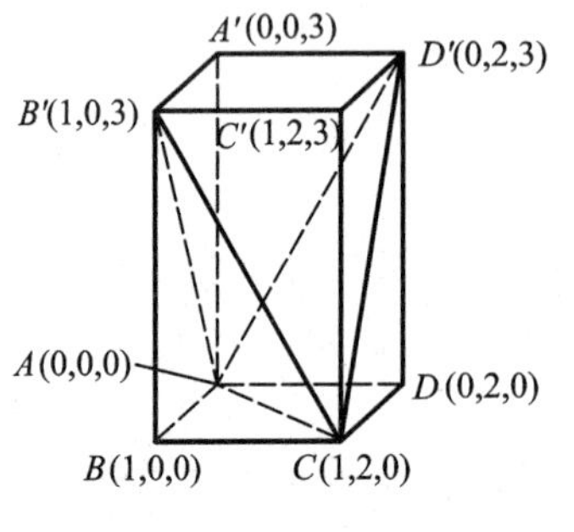

图 5－31

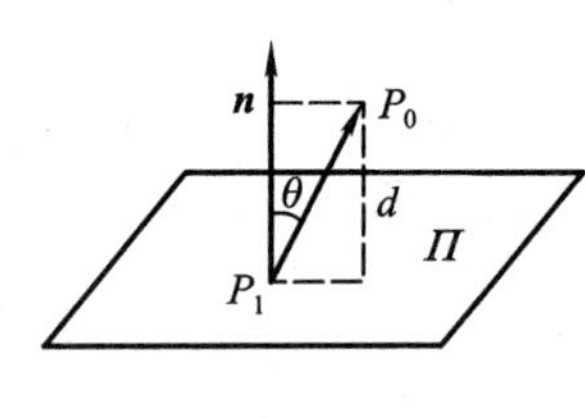

图 5－32

$$d=|\overrightarrow{P_1P_0}||\cos\theta|$$

（θ 是 $\overrightarrow{P_1P_0}$ 与 Π 的法向 $\boldsymbol{n}$ 之夹角），即

$$d=\frac{|\overrightarrow{P_1P_0}\cdot\boldsymbol{n}|}{|\boldsymbol{n}|}.$$

由于

$$\begin{aligned}\overrightarrow{P_1P_0}\cdot\boldsymbol{n}&=(x_0-x_1,y_0-y_1,z_0-z_1)\cdot(A,B,C)\\&=Ax_0+By_0+Cz_0-(Ax_1+By_1+Cz_1),\end{aligned}$$

而　　$Ax_1+By_1+Cz_1+D=0$，即 $-(Ax_1+By_1+Cz_1)=D$，故

$$\overrightarrow{P_1P_0}\cdot \boldsymbol{n}=Ax_0+By_0+Cz_0+D.$$

于是得到

点 $P_0(x_0,y_0,z_0)$ 到平面 $Ax+By+Cz+D=0$ 的距离为

$$d=\frac{|Ax_0+By_0+Cz_0+D|}{\sqrt{A^2+B^2+C^2}}. \tag{4}$$

例 6　设 $ABCD-A'B'C'D'$是例 5 中给出的长方体,求点 B 到$\triangle B'AC$ 所在平面的距离.

解　例 5 中已算得$\triangle B'AC$ 所在平面的法向量 $\boldsymbol{n}=(6,-3,-2)$,由点法式方程(1),得该平面的方程

$$6x-3y-2z=0.$$

根据公式(4)可算得点 B 到该平面的距离为

$$d=\frac{|6\times1-3\times0-2\times0|}{\sqrt{36+9+4}}=\frac{6}{7}.$$

习题 5－4

1. 指出下列各平面的特殊位置,并画出各平面:

(1) $3x-1=0$;　　(2) $y+2z-1=0$;

(3) $2x+z=0$;　　(4) $5x+3y-z=1$.

2. 求满足下列条件的平面方程:

(1) 过点 $A(2,9,-6)$ 且与向径$\overrightarrow{OA}$垂直;

(2) 过点 $(3,0,-1)$ 且与平面 $3x-7y+5z-12=0$ 平行;

(3) 过点 $(1,0,-1)$ 且同时平行于向量 $\boldsymbol{a}=2\boldsymbol{i}+\boldsymbol{j}+\boldsymbol{k}$ 和 $\boldsymbol{b}=\boldsymbol{i}-\boldsymbol{j}$;

(4) 过点 $(1,1,1)$ 和点 $(0,1,-1)$ 且与平面 $x+y+z=0$ 相垂直;

(5) 过点 $(1,1,-1)$、$(-2,-2,2)$ 和 $(1,-1,2)$;

(6) 过点 $(-3,1,-2)$ 和 z 轴;

(7) 过点 $(4,0,-2)$、$(5,1,7)$ 且平行于 x 轴;

(8) 平面 $x-2y+2z+21=0$ 与平面 $7x+24z-5=0$ 之间的两面角的平分面.

3. 求平面 $2x-2y+z+5=0$ 与各坐标面的夹角的余弦.

4. 求两平行平面 $Ax+By+Cz+D_1=0$ 与 $Ax+By+Cz+D_2=0$ 之间的距离.

第五节 直 线

一、直线的方程

1. 直线的参数方程与对称式方程

平行于直线的任一非零向量称为该直线的方向向量(或简称为直线的方向).由于过空间一点可作且只能作一条直线与已知直线平行,故当直线 L 上的一点 $M_0(x_0,y_0,z_0)$ 及其方向向量 $\boldsymbol{s}=(m,n,p)$ 为已知时(m,n,p 称为直线 L 的一组方向数),直线 L 的位置就完全确定.按上述条件,由于空间一点 $M(x,y,z)$ 在直线 L 上的充分必要条件是向量 $\overrightarrow{M_0M}\parallel\boldsymbol{s}$,即 $\overrightarrow{M_0M}=t\boldsymbol{s}(t\in\mathbf{R})$,现 $\overrightarrow{M_0M}=(x-x_0,y-y_0,z-z_0)$,$t\boldsymbol{s}=(tm,tn,tp)$,从而有 $x-x_0=tm$,$y-y_0=tn$,$z-z_0=tp$,即得

过 $M_0(x_0,y_0,z_0)$ 且以 $\boldsymbol{s}=(m,n,p)$ 为方向向量的直线 L 的方程为

$$\begin{cases}x=x_0+tm,\\ y=y_0+tn,\\ z=z_0+tp,\end{cases}\tag{1}$$

或者

$$\frac{x-x_0}{m}=\frac{y-y_0}{n}=\frac{z-z_0}{p}.\tag{2}$$

方程组(1)叫做直线的参数方程(其中 t 为参数),方程组(2)叫做直线的对称式方程或点向式方程.在方程(2)中,若 m、n、p 中有某个数为零,则它对应的分子应理解为零(详见下一小节中的说明).

例 1 求过点$(1,-1,2)$且与平面 $x+2y-z=0$ 垂直的直线方程.

解 由于所求直线与平面 $x+2y-z=0$ 垂直,故可取平面的法向量作为直线的方向向量,即取 $\boldsymbol{s}=\boldsymbol{n}=(1,2,-1)$,由公式(1)和公式(2),得所求直线的参数方程:

$$\begin{cases}x=1+t,\\ y=-1+2t,\\ z=2-t\end{cases}$$

和对称式方程

$$\frac{x-1}{1}=\frac{y+1}{2}=\frac{z-2}{-1}.$$

例2 求过两点 $M_1(3,4,-7)$ 和 $M_2(2,7,-6)$ 的直线的对称式方程.

解 $\overrightarrow{M_1M_2}=(2-3,7-4,-6-(-7))=(-1,3,1)$,
取所求直线的方向向量 $\boldsymbol{s}=\overrightarrow{M_1M_2}=(-1,3,1)$,得直线的对称式方程

$$\frac{x-3}{-1}=\frac{y-4}{3}=\frac{z+7}{1}.$$

一般的,过两点 $M_1(x_1,y_1,z_1)$ 和 $M_2(x_2,y_2,z_2)$ 的直线方程为

$$\frac{x-x_1}{x_2-x_1}=\frac{y-y_1}{y_2-y_1}=\frac{z-z_1}{z_2-z_1}. \tag{3}$$

方程组(3)叫做直线的两点式方程.

2. 直线的一般方程

直线 L 可以看做是两个平面 $\Pi_1:A_1x+B_1y+C_1z+D_1=0$ 与 $\Pi_2:A_2x+B_2y+C_2z+D_2=0$ 的交线.空间一点 $M(x,y,z)$ 在直线 L 上,当且仅当它的坐标 x、y、z 同时满足 Π_1 与 Π_2 的方程,由此得

直线的一般方程为 $$\begin{cases}A_1x+B_1y+C_1z+D_1=0,\\A_2x+B_2y+C_2z+D_2=0,\end{cases} \tag{4}$$

其中$\dfrac{A_1}{A_2}=\dfrac{B_1}{B_2}=\dfrac{C_1}{C_2}$不成立.

如果直线由对称式方程(2)给出,只需把(2)式分列成

$$\begin{cases}\dfrac{x-x_0}{m}-\dfrac{y-y_0}{n}=0,\\[2mm]\dfrac{x-x_0}{m}-\dfrac{z-z_0}{p}=0,\end{cases}$$

就得直线的一般方程了.

需要指出,在对称式方程$\dfrac{x-x_0}{m}=\dfrac{y-y_0}{n}=\dfrac{z-z_0}{p}$中,若 m、n、p 中有一个为零,如$m=0$,则对称式方程应理解为一般方程

$$\begin{cases}x-x_0=0,\\[2mm]\dfrac{y-y_0}{n}=\dfrac{z-z_0}{p};\end{cases}$$

若 m、n、p 中有两个为零,如 $m=n=0$,则对称式方程应理解为一般方程

$$\begin{cases}x-x_0=0,\\y-y_0=0.\end{cases}$$

如果直线 L 由一般方程(4)给出,由于 L 是平面 $\Pi_1:A_1x+B_1y+C_1z+D_1=0$

与 $\Pi_2: A_2x+B_2y+C_2z+D_2=0$ 的交线，故 L 应同时垂直于 Π_1 与 Π_2 的法向量 $\boldsymbol{n}_1$ 与 $\boldsymbol{n}_2$，于是可取 L 的方向向量

$$\boldsymbol{s}=\boldsymbol{n}_1\times\boldsymbol{n}_2$$

（图 5－33），再任取满足方程组(4)的一组数 x_0、y_0、z_0，这样，由点 (x_0,y_0,z_0) 与 $\boldsymbol{s}$ 就可写出直线的参数方程或对称式方程了.

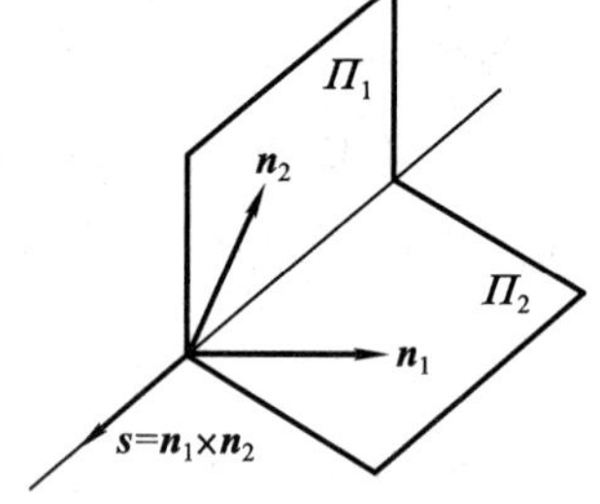

图 5－33

例 3 用参数方程和对称式方程表示直线

$$\begin{cases}x+y+z+2=0,\\2x-y+3z+1=0.\end{cases}$$

解 方程组中两个方程所表示的平面之法向量分别是 $\boldsymbol{n}_1=(1,1,1)$，$\boldsymbol{n}_2=(2,-1,3)$，取直线的方向向量

$$\boldsymbol{s}=\boldsymbol{n}_1\times\boldsymbol{n}_2=\begin{vmatrix}\boldsymbol{i}&\boldsymbol{j}&\boldsymbol{k}\\1&1&1\\2&-1&3\end{vmatrix}=4\boldsymbol{i}-\boldsymbol{j}-3\boldsymbol{k}.$$

再取直线上一点 (x_0,y_0,z_0)，不妨取 $z_0=0$，代入方程组，得

$$\begin{cases}x_0+y_0=-2,\\2x_0-y_0=-1.\end{cases}$$

进而解得 $x_0=-1, y_0=-1$. 根据公式(1)和公式(2)，得直线的参数方程

$$\begin{cases}x=-1+4t,\\y=-1-t,\\z=-3t\end{cases}$$

和直线的对称式方程

$$\frac{x+1}{4}=\frac{y+1}{-1}=\frac{z}{-3}.$$

二、两直线的夹角、直线与平面的夹角

1. 两直线的夹角

两直线的方向向量的夹角叫做两直线的夹角（通常不取钝角）.

如果直线 L_1 与 L_2 的方向向量分别是 $\boldsymbol{s}_1=(m_1,n_1,p_1)$ 与 $\boldsymbol{s}_2=(m_2,n_2,p_2)$，由于 L_1 与 L_2 的夹角 φ 是 $\boldsymbol{s}_1$ 与 $\boldsymbol{s}_2$ 的夹角并且不取钝角，故直线 L_1 和 L_2 的夹角由公式

$$\cos\varphi=\left|\frac{\boldsymbol{s}_1\cdot\boldsymbol{s}_2}{|\boldsymbol{s}_1||\boldsymbol{s}_2|}\right|=\frac{|m_1m_2+n_1n_2+p_1p_2|}{\sqrt{m_1^2+n_1^2+p_1^2}\sqrt{m_2^2+n_2^2+p_2^2}} \tag{5}$$

确定.

从两向量垂直或平行的充要条件立即可推得：

直线 L_1 和 L_2 互相垂直的充要条件是 $m_1m_2+n_1n_2+p_1p_2=0$；

直线 L_1 和 L_2 互相平行的充要条件是 $\frac{m_1}{m_2}=\frac{n_1}{n_2}=\frac{p_1}{p_2}$.

2. 直线与平面的夹角

直线 L 与平面 Π 的法线之间的夹角 θ 的余角 φ 称为直线与平面的夹角（图 5－34）.

如果直线 L 的方向向量为 $\boldsymbol{s}=(m,n,p)$，平面 Π 的法线的方向向量为 $\boldsymbol{n}=(A,B,C)$，因为 θ 不取钝角，故 $\varphi=\frac{\pi}{2}-\theta$.

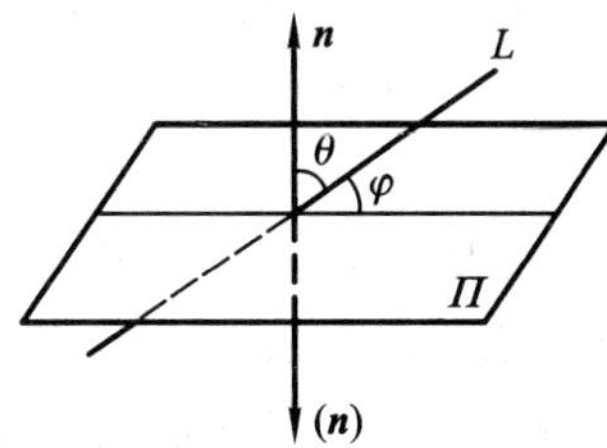

图 5－34

于是有

$$\sin\varphi=\sin\left(\frac{\pi}{2}-\theta\right)=\cos\theta,$$

而由（5）式知，

$$\cos\theta=\frac{|\boldsymbol{n}\cdot\boldsymbol{s}|}{|\boldsymbol{n}||\boldsymbol{s}|},$$

因此，直线与平面的夹角由公式

$$\boxed{\sin\varphi=\frac{|\boldsymbol{n}\cdot\boldsymbol{s}|}{|\boldsymbol{n}||\boldsymbol{s}|}=\frac{|Am+Bn+Cp|}{\sqrt{A^2+B^2+C^2}\sqrt{m^2+n^2+p^2}}} \tag{6}$$

确定.

容易推得：

直线 L 与平面 Π 垂直的充要条件是 $\frac{A}{m}=\frac{B}{n}=\frac{C}{p}$；

直线 L 与平面 Π 平行的充要条件是 $Am+Bn+Cp=0$.

例 4　求直线 $\frac{x-2}{1}=\frac{y-3}{1}=\frac{z-4}{2}$ 与平面 $2x+y+z-6=0$ 的交点与夹角.

解　直线的参数方程为

$$x=2+t, y=3+t, z=4+2t,$$

代入平面方程得

$$2(2+t)+(3+t)+(4+2t)-6=0.$$

解上述方程得 $t=-1$，把 $t=-1$ 代入直线的参数方程，即得所求交点为（1，2，2）.

其次，因为直线的方向向量 $\boldsymbol{s}=(1,1,2)$，平面的法向量 $\boldsymbol{n}=(2,1,1)$，由公

式(6),

$$\sin\varphi=\frac{|2\times1+1\times1+1\times2|}{\sqrt{1^2+1^2+2^2}\sqrt{2^2+1^2+1^2}}=\frac{5}{6},$$

故直线与平面的夹角 $\varphi=\arcsin\frac{5}{6}$.

三、过直线的平面束

用平面束方法处理直线或平面问题,有时会带来方便,现在来介绍这一概念. 设直线 L 由一般方程(4)确定,作含有参数 λ 的方程

$$A_1x+B_1y+C_1z+D_1+\lambda(A_2x+B_2y+C_2z+D_2)=0,$$

即

$$(A_1+\lambda A_2)x+(B_1+\lambda B_2)y+(C_1+\lambda C_2)z+(D_1+\lambda D_2)=0. \tag{7}$$

对任一取定的实数 λ,方程(7)表示一个平面. 若点 $M(x,y,z)$ 在 L 上,则 x、y、z 满足方程组(4),从而满足方程(7),故方程(7)表示通过直线 L 的平面. 对于不同的 λ 值,方程(7)表示通过 L 的不同平面. 反之,通过直线 L 的任一平面(除平面 $A_2x+B_2y+C_2z+D_2=0$ 以外)都包含在方程(7)所示的一族平面内. 据此,我们把(7)式叫做通过直线 L 的平面束(族)方程.

例 5　求直线 $L:\begin{cases}x+y-z-1=0,\\x-y+z+1=0\end{cases}$ 在平面 $\Pi:x+y+z=0$ 上的投影直线[①]的方程.

解　过直线 L 的平面束方程为

$$(x+y-z-1)+\lambda(x-y+z+1)=0,$$

即

$$(1+\lambda)x+(1-\lambda)y+(-1+\lambda)z+(-1+\lambda)=0.$$

现确定常数 λ,使其对应的平面与所给平面 $\Pi:x+y+z=0$ 垂直,就是使法向量 $(1+\lambda,1-\lambda,-1+\lambda)$ 与平面 Π 的法向量 $(1,1,1)$ 正交,由此得

$$(1+\lambda)\times1+(1-\lambda)\times1+(-1+\lambda)\times1=0,$$

解得 $\lambda=-1$,将 $\lambda=-1$ 代入平面束方程,即得过 L 且垂直于平面 Π 的平面方程为

$$y-z-1=0,$$

因此投影直线的一般方程为

$$\begin{cases}y-z-1=0,\\x+y+z=0.\end{cases}$$

---

① 过 L 作平面 Π_1 垂直于平面 Π,称平面 Π 与 Π_1 的交线为 L 在平面 Π 上的投影直线.

例6　求过点(2,1,3)且与直线$\frac{x+1}{3}=\frac{y-1}{2}=\frac{z}{-1}$垂直相交的直线的方程.

解　先作一平面 Π_1,使它通过点(2,1,3)且垂直于已知直线. 为此取已知直线的方向向量(3,2,-1)作为 Π_1 的法向量,得 Π_1 的点法式方程

$$3(x-2)+2(y-1)-(z-3)=0,$$

即

$$3x+2y-z-5=0.$$

再作一平面 Π_2,使它过点(2,1,3)且通过已知直线. 为此,先将已知直线的对称式方程改写成一般方程

$$\begin{cases}2x-3y+5=0,\\ x+3z+1=0,\end{cases}$$

并写出过已知直线的平面束方程

$$(2x-3y+5)+\lambda(x+3z+1)=0,$$

再以点(2,1,3)的坐标代入上述方程,解得 $\lambda=-\frac{1}{2}$,并将 $\lambda=-\frac{1}{2}$代入平面束方程,就得 Π_2 的方程

$$x-2y-z+3=0.$$

显然平面 Π_1 和 Π_2 的交线即为所求的直线,因此所求直线的方程是

$$\begin{cases}3x+2y-z-5=0,\\ x-2y-z+3=0.\end{cases}$$

习题 5-5

1. 写出下列直线的对称式方程及参数方程:

(1) $\begin{cases}x-y+z=1,\\ 2x+y+z=4;\end{cases}$　　(2) $\begin{cases}2x+5z+3=0,\\ x-3y+z+2=0.\end{cases}$

2. 求满足下列条件的直线方程:

(1) 过点(4,-1,3)且平行于直线$\frac{x-3}{2}=\frac{y}{1}=\frac{z-1}{5}$;

(2) 过点(0,2,4)且同时平行于平面 $x+2z=1$ 和 $y-3z=2$;

(3) 过点(2,-3,1)且垂直于平面 $2x+3y+z+1=0$;

(4) 过点(0,1,2)且与直线$\frac{x-1}{1}=\frac{y-1}{-1}=\frac{z}{2}$垂直相交.

3. 求下列投影点的坐标:

(1) 点(-1,2,0)在平面 $x+2y-z+1=0$ 上的投影点;

(2) 点(2,3,1)在直线$\frac{x+7}{1}=\frac{y+2}{2}=\frac{z+2}{3}$上的投影点.

4. 求下列投影直线的方程:

(1) 直线$\begin{cases}2x-4y+z=0,\\ 3x-y-2z-9=0\end{cases}$在三个坐标面上的投影直线;

(2) 直线$\begin{cases}4x-y+3z-1=0,\\x+5y-z+2=0\end{cases}$在平面 $2x-y+5z-3=0$ 上的投影直线.

5. 求直线$\begin{cases}5x-3y+3z-9=0,\\3x-2y+z-1=0\end{cases}$与直线$\begin{cases}2x+2y-z+23=0,\\3x+8y+z-18=0\end{cases}$之间的夹角.

6. 求直线$\dfrac{x-1}{2}=\dfrac{y}{-1}=\dfrac{z+1}{2}$与平面 $x-y+2z=3$ 之间的夹角.

7. 设 M_0 是直线 L 外的一点,M 是直线 L 上的任意一点,且直线 L 的方向向量为 $\boldsymbol{s}$,证明:点 M_0 到直线 L 的距离为 $d=\dfrac{|\overrightarrow{M_0M}\times\boldsymbol{s}|}{|\boldsymbol{s}|}$,由此计算:

(1) 点 $M_0(3,-4,4)$ 到直线$\dfrac{x-4}{2}=\dfrac{y-5}{-2}=\dfrac{z-2}{1}$的距离;

(2) 点 $M_0(3,-1,2)$ 到直线$\begin{cases}x+y-z+1=0,\\2x-y+z-4=0\end{cases}$的距离.

8. 求点$(3,-1,-1)$关于平面 $6x+2y-9z+96=0$ 的对称点的坐标.

9. 已知入射光线的路径为$\dfrac{x-1}{4}=\dfrac{y-1}{3}=\dfrac{z-2}{1}$,求该光线经平面 $x+2y+5z+17=0$ 反射后的反射光线方程.

第六节　曲面与曲线

本节先讨论曲面中的柱面和旋转曲面. 由于这两类曲面具有显著的几何特征,因此我们将从图形出发来建立方程. 至于二次曲面的讨论则放到下一节进行. 本节还将介绍空间曲线的一般方程和参数方程.

一、柱面与旋转曲面

1. 柱面

平行于定直线 L 并沿定曲线 C 移动的直线所形成的曲面叫做柱面(cylinder)(图 5-35),定曲线 C 叫做柱面的准线,动直线叫做柱面的母线.

设柱面 Σ 的母线平行于 z 轴,准线 C 是 xOy 平面上的一条曲线,其方程为 $F(x,y)=0$. 由于在空间直角坐标系 $Oxyz$ 中,点 $M(x,y,z)$ 位于柱面 Σ 上的充分必要条件就是它在 xOy 面上的投影点 $M_1(x,y,0)$ 位于准线 C 上,即 x、y 满足方程 $F(x,y)=0$,因此柱面 Σ 的方程也就是

$$F(x,y)=0. \qquad (1)$$

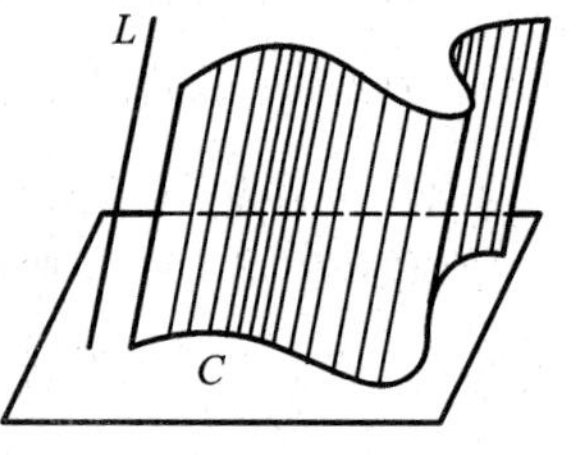

图 5-35

一般的讲,不完全三元方程(即 x、y、z 不同时出

现的方程)在空间直角坐标系中表示柱面. 只含 x、y 而缺 z 的方程 $F(x,y)=0$ 表示母线平行于 z 轴的柱面. 其准线为 xOy 面上的曲线 $F(x,y)=0$. 只含 x、z 而缺 y 的方程 $G(x,z)=0$ 与只含 y、z 而缺 x 的方程 $H(y,z)=0$ 则分别表示母线平行于 y 轴和 x 轴的柱面.

例如, $\frac{x^2}{a^2}+\frac{y^2}{b^2}=1$ 表示母线平行于 z 轴的椭圆柱面(图 5-36(a)); $x^2=2pz$ 表示母线平行于 y 轴的抛物柱面(图 5-36(b)).

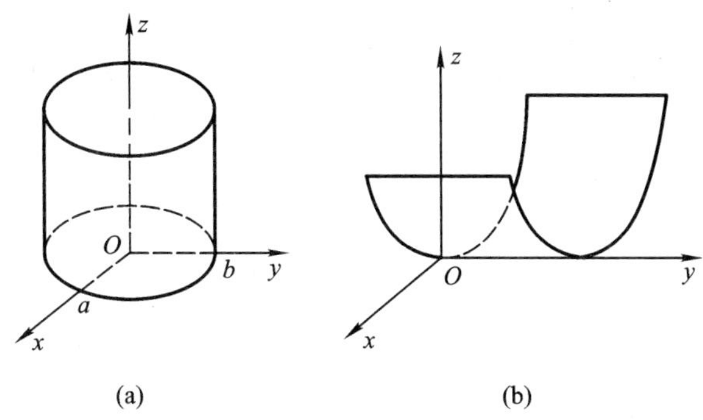

图 5-36

2. 旋转曲面

平面上的曲线 C 绕该平面上一条定直线 l 旋转而形成的曲面叫做旋转曲面(surface of revolution),该平面曲线 C 叫做旋转曲面的母线,定直线 l 叫做旋转曲面的轴.

设 C 为 yOz 面上的已知曲线,其方程为 $f(y,z)=0$, C 围绕 z 轴旋转一周得一旋转曲面(图 5-37). 在此旋转面上任取一点 $P(x,y,z)$,则点 P 必位于由 C 上一点 $P_0(0,y_0,z)$ 绕 z 轴旋转一周而得的圆周上,故 P_0 与 P 到 z 轴有相同的距离,即有

$$|y_0|=\sqrt{x^2+y^2} \quad 或 \quad y_0=\pm\sqrt{x^2+y^2}.$$

又因为 $P_0(0,y_0,z)$ 是 C 上的点,满足 $f(y_0,z)=0$,因此得

$$f(\pm\sqrt{x^2+y^2},z)=0. \qquad (2)$$

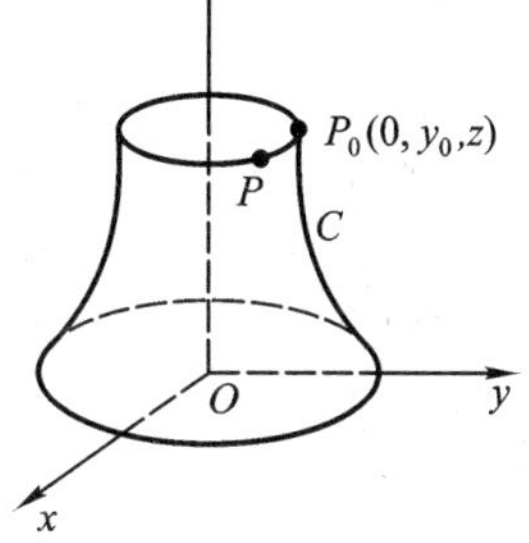

图 5-37

显然,若点 $M(x,y,z)$ 不在此旋转曲面上,则其坐标 x、y、z 不满足(2)式,所以(2)式是此旋转曲面的方程. 一般的

若在曲线 C 的方程 $f(y,z)=0$ 中 z 保持不变而将 y 改写成 $\pm\sqrt{x^2+y^2}$，就得到曲线 C 绕 z 轴旋转而成的曲面的方程 $f\left(\pm\sqrt{x^2+y^2},z\right)=0$；

若在 $f(y,z)=0$ 中 y 保持不变，将 z 改成 $\pm\sqrt{x^2+z^2}$，就得到曲线 C 绕 y 轴旋转而成的曲面的方程

$$f\left(y,\pm\sqrt{x^2+z^2}\right)=0.$$

其他情况可由读者自己类推得出.

例 1 （1）yOz 面上的抛物线 $y^2=2pz$ 绕 z 轴旋转而成的曲面的方程是

$$x^2+y^2=2pz,$$

该曲面叫做旋转抛物面（图 5－38（a））；

（2）yOz 面上的椭圆 $\frac{y^2}{a^2}+\frac{z^2}{b^2}=1$ 绕 y 轴旋转而成的曲面的方程是

$$\frac{y^2}{a^2}+\frac{x^2+z^2}{b^2}=1,$$

该曲面叫做旋转椭球面（图 5－38（b））；

（3）zOx 面上的双曲线 $\frac{x^2}{a^2}-\frac{z^2}{b^2}=1$ 绕 z 轴和绕 x 轴而成的曲面的方程分别是

$$\frac{x^2+y^2}{a^2}-\frac{z^2}{b^2}=1 \qquad 与 \qquad \frac{x^2}{a^2}-\frac{y^2+z^2}{b^2}=1,$$

两曲面分别叫做单叶旋转双曲面（图 5－38（c））与双叶旋转双曲面（图5－38（d））.

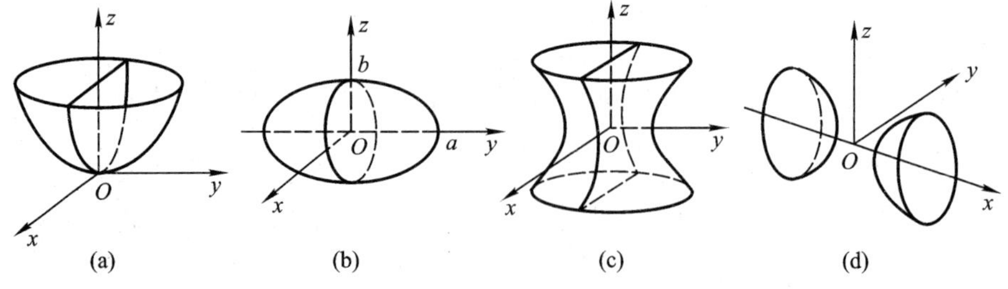

图 5－38

例 2 直线 L 绕另一条与它相交的直线 l 旋转一周，所得曲面叫圆锥面（right cone），两直线的交点叫做圆锥面的顶点. 试建立顶点在原点，旋转轴为 z 轴的圆锥面（图 5－39）的方程.

解 设在 yOz 平面上，直线 L 的方程为 $z=ky(k>0)$，因为旋转轴是 z 轴，故得圆锥面方程为

$$z = \pm k\sqrt{x^2+y^2},$$

即

$$z^2 = k^2(x^2+y^2).$$

图 5－39 中所示 $\alpha = \arctan\dfrac{1}{k}$ 叫做圆锥面半顶角.

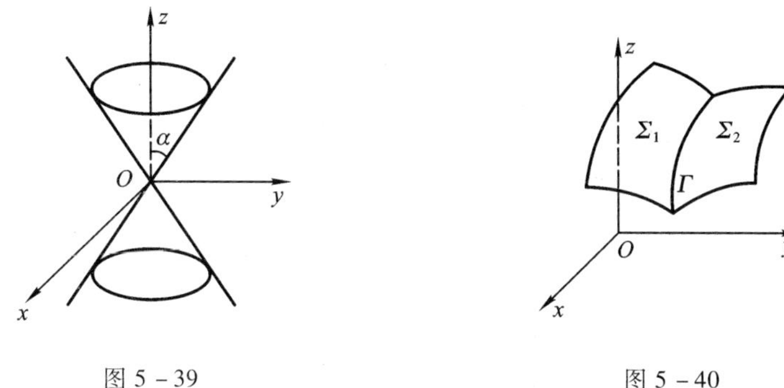

图 5－39　　图 5－40

二、空间曲线的方程

1．曲线的一般方程

空间曲线 Γ 可以看成是两个曲面 Σ_1 与 Σ_2 的交线(图 5－40)．设 Σ_1 与 Σ_2 的方程分别是

$$F(x,y,z)=0 \quad 与 \quad G(x,y,z)=0,$$

则点 $M(x,y,z)$ 位于曲线 Γ 上的充分必要条件是它的坐标 x、y、z 同时满足曲面 Σ_1 的方程和曲面 Σ_2 的方程，即满足方程组

$$\begin{cases} F(x,y,z)=0, \\ G(x,y,z)=0. \end{cases} \tag{3}$$

因此曲线 Γ 可以用方程组(3)来表示，称方程组(3)是曲线 Γ 的一般方程.

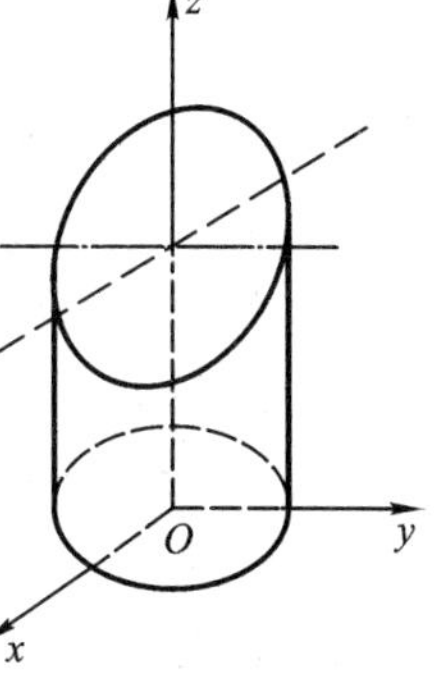

图 5－41

例如，方程组 $\begin{cases} x^2+y^2=1, \\ 2x+3y+3z=6 \end{cases}$ 表示柱面 $x^2+y^2=1$ 与平面 $2x+3y+3z=6$ 的交线(图 5－41).

例 3　方程组 $\begin{cases} z=\sqrt{a^2-x^2-y^2}, \\ \left(x-\dfrac{a}{2}\right)^2+y^2=\left(\dfrac{a}{2}\right)^2 \end{cases}$ 表示怎样的曲线?

解　方程组中第一个方程表示中心在原点，半径为 a 的上半球面；第二个方程表示母线平行于 z 轴，准线是 xOy 面上以点 $\left(\dfrac{a}{2},0\right)$ 为中心，半径为 $\dfrac{a}{2}$ 的圆周的柱面，该方程组表示这两个曲面的交线(图 5－42).

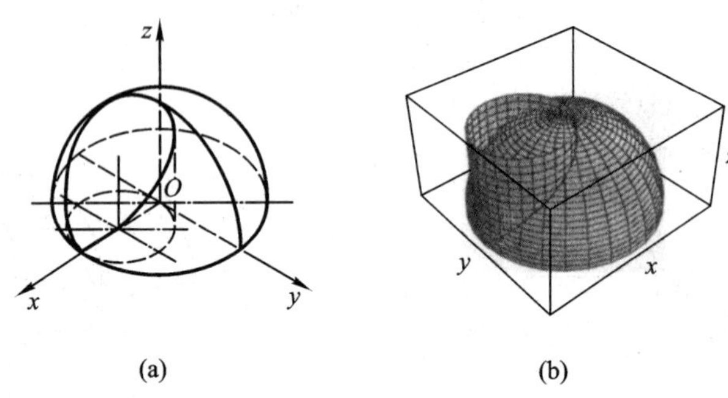

图 5－42

2. 曲线的参数方程

空间曲线也可以用参数方程来表示，即把曲线上动点的坐标 x、y、z 分别表示成参数 t 的函数

$$\begin{cases} x = x(t), \\ y = y(t), \\ z = z(t). \end{cases} \tag{4}$$

当给定 $t=t_1$ 时，由(4)式就得到曲线上的一个点 $(x(t_1),y(t_1),z(t_1))$；随着 t 的变动，就可得到曲线上的全部点. 方程组(4)叫做曲线的参数方程.

例 4　如果空间一点 M 在圆柱面 $x^2+y^2=a^2$ 上以角速率 ω 绕 z 轴旋转，同时又以线速率 v 沿平行于 z 轴的正方向上升(其中 ω、v 都是常数)，那么点 M 的轨迹叫做螺旋线，试建立其参数方程.

解　取时间 t 为参数. 设当 $t=0$ 时，动点位于点 $A(a,0,0)$ 处. 经过时间 t，动点运动到 $M(x,y,z)$(图 5－43). 记 M 在 xOy 面上的投影点为 M'，则 M' 的坐标为 $(x,y,0)$. 由于动点在圆柱面上以角速度 ω 绕 z 轴旋转，故经过时间 t，$\angle AOM'=\omega t$. 从而

$$x = |OM'|\cos\angle AOM' = a\cos\omega t,$$

$$y = |OM'|\sin\angle AOM' = a\sin\omega t.$$

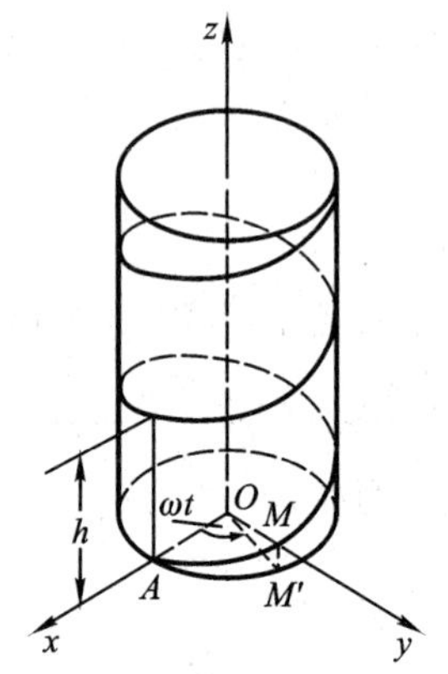

图 5－43

又因为动点同时以线速度 v 沿平行于 z 轴的正向上升，故

$$z = M'M = vt.$$

因此螺旋线的参数方程为

$$\begin{cases} x = a\cos \omega t, \\ y = a\sin \omega t, \\ z = vt. \end{cases}$$

如果令参数 $\theta = \omega t$,并记 $b = \frac{v}{\omega}$,则螺旋线的参数方程可写作

$$\begin{cases} x = a\cos \theta, \\ y = a\sin \theta, \\ z = b\theta. \end{cases}$$

螺旋线是一种常见的曲线. 比如机用螺丝的外缘曲线就是螺旋线. 当 θ 从 θ_0 变到 $\theta_0 + 2\pi$ 时,点 M 沿螺旋线上升了高度 $h = 2\pi b$. 这一高度在工程技术上叫做螺距.

三、空间曲线在坐标面上的投影

以空间曲线 Γ 为准线,母线垂直于 xOy 面的柱面叫做 Γ 对 xOy 面的投影柱面. 投影柱面与 xOy 面的交线叫做 Γ 在 xOy 面上的投影曲线,或简称投影(图 5-44).

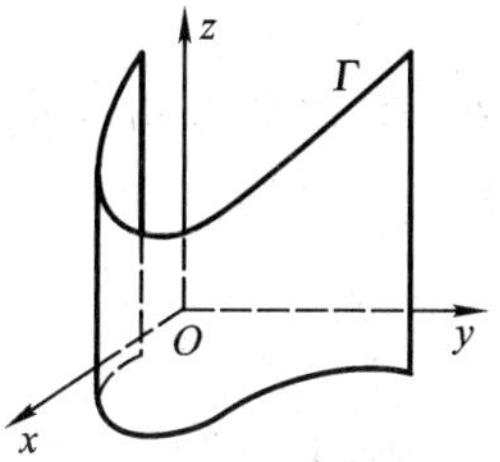

图 5-44

设空间曲线 Γ 的一般方程是

$$\begin{cases} F(x,y,z) = 0, \\ G(x,y,z) = 0. \end{cases} \tag{5}$$

现在来研究由方程组(5)消去变量 z 后所得的方程

$$H(x,y) = 0. \tag{6}$$

由于方程(6)是由方程组(5)消去 z 后所得的结果,因此当 x、y 和 z 满足方程组(5)时,前两个数 x、y 必定满足方程(6),这说明曲线 Γ 上的所有点都在由方程(6)表示的曲面上.

由本节第一目知,方程(6)表示一个母线平行于 z 轴的柱面. 上面的讨论表明,该柱面包含了曲线 Γ,从而也包含了 Γ 对 xOy 面的投影柱面. 由此可知,Γ 在 xOy 面上的投影曲线必满足方程:

$$\begin{cases} H(x,y) = 0, \\ z = 0. \end{cases}$$

类似地,消去方程组(5)中的变量 x,得 $R(y,z) = 0$,再与 $x = 0$ 联立,就得到 Γ 在 yOz 面上的投影曲线所满足的方程

$$\begin{cases} R(y,z) = 0, \\ x = 0; \end{cases}$$

消去方程组(5)中的变量 y,得 $T(x,z) = 0$,再与 $y = 0$ 联立,就得到 Γ 在 zOx 面

上的投影曲线所满足的方程

$$\begin{cases} T(x,z)=0, \\ y=0. \end{cases}$$

例 5 求两个球面的交线

$$\begin{cases} x^2+y^2+z^2=1, \\ x^2+(y-1)^2+(z-1)^2=1 \end{cases}$$

在 xOy 面和 yOz 面上的投影曲线的方程.

解 先由所给方程组消去 z. 为此将两方程相减,得到

$$z=1-y.$$

再将上式代入两方程中的任一个,得

$$x^2+2y^2-2y=0.$$

结合曲线的图形容易判断出曲线在 xOy 面上的投影曲线方程就是

$$\begin{cases} x^2+2y^2-2y=0, \\ z=0. \end{cases}$$

再由所给方程组消去 x. 为此将两方程相减,得到

$$y+z-1=0,$$

它在 yOz 面上表示一条直线. 但是容易判断所给曲线在 yOz 面上的投影只是该直线的一部分,即

$$\begin{cases} y+z-1=0 \quad (0\leqslant y\leqslant 1), \\ x=0. \end{cases}$$

例 6 设一个立体由上半球面 $z=\sqrt{4-x^2-y^2}$ 和锥面 $z=\sqrt{3(x^2+y^2)}$ 所围成(图 5-45),求它在 xOy 面上的投影区域①.

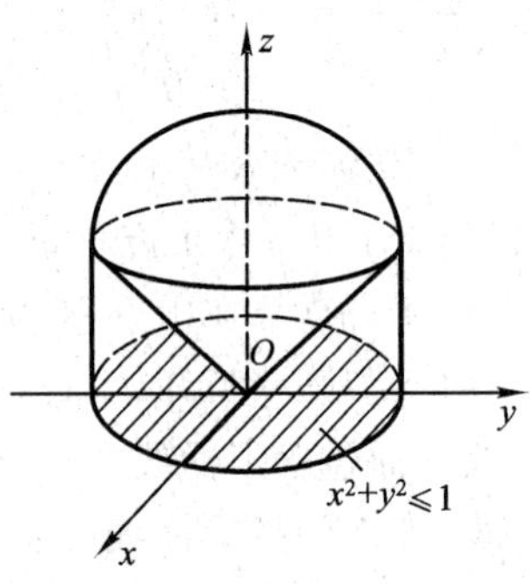

图 5-45

解 上半球面和锥面的交线为

$$\Gamma:\begin{cases} z=\sqrt{4-x^2-y^2}, \\ z=\sqrt{3(x^2+y^2)}. \end{cases}$$

由方程组消去 z,得到 $x^2+y^2=1$. 于是交线 Γ 在 xOy 面上的投影曲线就是

$$\begin{cases} x^2+y^2=1, \\ z=0. \end{cases}$$

这是 xOy 面上的一个圆,圆在 xOy 面上所围的部分

① 所谓一个立体在坐标面上的投影区域,是指该立体内的所有点在该坐标面上的投影点所组成的平面点集. 投影区域有时也简称为投影.

$$\begin{cases} x^2 + y^2 \leqslant 1, \\ z = 0 \end{cases}$$

就是该立体在 xOy 面上的投影区域.

习题 5－6

1. 指出下列方程在平面解析几何与空间解析几何中分别表示什么几何图形:

(1) $x-y=1$;　　(2) $x^2-2y^2=1$;

(3) $x^2-2y=1$;　　(4) $2x^2+y^2=1$.

2. 写出下列曲线绕指定轴旋转所生成的旋转曲面的方程:

(1) zOx 面上的抛物线 $z^2=5x$ 绕 x 轴旋转;

(2) xOy 面上的双曲线 $4x^2-9y^2=36$ 绕 y 轴旋转;

(3) xOy 面上的圆 $(x-2)^2+y^2=1$ 绕 y 轴旋转;

(4) yOz 面上的直线 $2y-3z+1=0$ 绕 z 轴旋转.

3. 指出下列方程所表示的曲面哪些是旋转曲面,这些旋转曲面是怎样形成的?

(1) $x+y^2+z^2=1$;　　(2) $x^2+y+z=1$;

(3) $x^2-y^2+z^2=1$;　　(4) $x^2+y^2-z^2+2z=1$.

4. 写出满足下列条件的动点的轨迹方程,它们分别表示什么曲面?

(1) 动点到坐标原点的距离等于它到平面 $z=4$ 的距离;

(2) 动点到坐标原点的距离等于它到点 $(2,3,4)$ 的距离的一半;

(3) 动点到点 $(0,0,5)$ 的距离等于它到 x 轴的距离;

(4) 动点到 x 轴的距离等于它到 yOz 面的距离的两倍.

5. 画出下列曲线在第一卦限内的图形:

(1) $\begin{cases} z=\sqrt{1-x^2-y^2}, \\ y=x; \end{cases}$　　(2) $\begin{cases} z=x^2+y^2, \\ x+y=1; \end{cases}$

(3) $\begin{cases} z=\sqrt{x^2+y^2}, \\ x=1; \end{cases}$　　(4) $\begin{cases} x^2+y^2=1, \\ x^2+z^2=1. \end{cases}$

6. 试把下列曲线方程转换成母线平行于坐标轴的柱面的交线方程:

(1) $\begin{cases} 2x^2+y^2+z^2=16, \\ x^2-y^2+z^2=0; \end{cases}$　　(2) $\begin{cases} 2y^2+z^2+4x-4z=0, \\ y^2+3z^2-8x-12z=0. \end{cases}$

7. 求下列曲线在 xOy 面上的投影曲线的方程:

(1) $\begin{cases} x^2+y^2+z^2=1, \\ x+z=1; \end{cases}$　　(2) $\begin{cases} z=x^2+y^2, \\ x+y+z=1; \end{cases}$

(3) $\begin{cases} x^2+2y^2=1, \\ z=x^2; \end{cases}$　　(4) $\begin{cases} x=\cos\theta, \\ y=\sin\theta, \\ z=2\theta. \end{cases}$

8. 将下列曲线的一般方程转化为参数方程:

(1) $\begin{cases} x^2+y^2+z^2=1, \\ x+y=0; \end{cases}$ (2) $\begin{cases} z=\sqrt{4-x^2-y^2}, \\ (x-1)^2+y^2=1. \end{cases}$

9. 求下列曲面所围成的立体在 xOy 面上的投影区域：

(1) $z=x^2+y^2$ 与 $z=2-x^2-y^2$； (2) $z=\sqrt{x^2+y^2-1}$，$x^2+y^2=4$ 与 $z=0$.

第七节 二次曲面

一、二次曲面的方程与图形

与平面解析几何中的二次曲线相类似，在空间解析几何中，把三元二次方程所表示的曲面叫做二次曲面(quadric surfaces). 上一节中例 1 与例 2 给出的旋转曲面就是二次曲面，本节将讨论几个特殊的二次曲面. 我们将根据方程来研究它的图形，采用的方法是用坐标面或特殊的平面与二次曲面相截，考察其截痕的形状，然后对那些截痕加以综合，得出曲面的全貌，这种方法叫做截痕法.

1. 椭球面(ellipsoid)

方程

$$\frac{x^2}{a^2}+\frac{y^2}{b^2}+\frac{z^2}{c^2}=1(a>0,b>0,c>0) \tag{1}$$

表示的曲面叫做椭球面. 下面我们根据所给出的方程，用截痕法来考察椭球面的形状.

由方程可知

$$\frac{x^2}{a^2}\leqslant 1,\frac{y^2}{b^2}\leqslant 1,\frac{z^2}{c^2}\leqslant 1,$$

即

$$|x|\leqslant a,|y|\leqslant b,|z|\leqslant c,$$

这说明椭球面包含在由平面 $x=\pm a$、$y=\pm b$、$z=\pm c$ 围成的长方体内.

先考虑椭球面与三个坐标面的截痕：

$$\begin{cases} \dfrac{x^2}{a^2}+\dfrac{y^2}{b^2}=1, \\ z=0, \end{cases} \quad \begin{cases} \dfrac{y^2}{b^2}+\dfrac{z^2}{c^2}=1, \\ x=0, \end{cases} \quad \begin{cases} \dfrac{x^2}{a^2}+\dfrac{z^2}{c^2}=1, \\ y=0, \end{cases}$$

这些截痕都是椭圆.

再用平行于 xOy 面的平面 $z=h(0<|h|<c)$ 去截这个曲面，所得截痕的方程是

$$\begin{cases} \dfrac{x^2}{a^2}+\dfrac{y^2}{b^2}=1-\dfrac{h^2}{c^2}, \\ z=h. \end{cases}$$

这些截痕也都是椭圆. 易见,当 $|h|$ 由 0 变到 c 时,椭圆由大变小,最后缩成一点 $(0,0,\pm c)$. 同样地用平行于 yOz 面或 zOx 面的平面去截这个曲面,也有类似的结果(图 5-46(a)). 如果连续地取这样的截痕,那么可以想象,这些截痕就组成了一张如图 5-46 所示的椭球面.

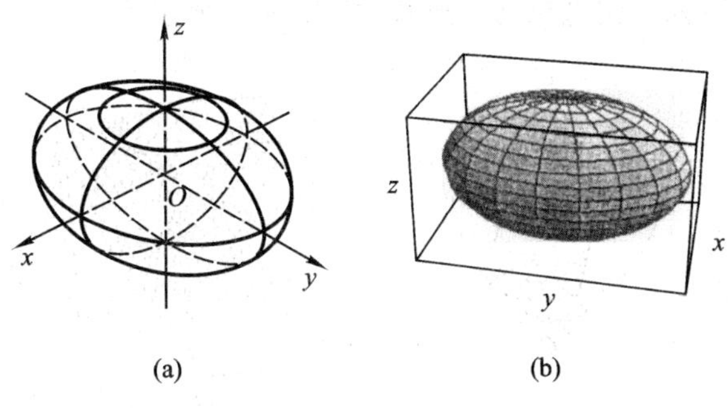

图 5-46

在椭球面方程中,a、b、c 按其大小,分别叫做椭球面的长半轴、中半轴、短半轴. 如果有两个半轴相等,如 $a=b$,则方程表示的是由平面上的椭圆 $\frac{y^2}{b^2}+\frac{z^2}{c^2}=1$ 绕 z 轴而成的旋转椭球面. 如果 $a=b=c$,则方程 $x^2+y^2+z^2=a^2$ 表示一个球面.

2. 抛物面(paraboloid)

抛物面分椭圆抛物面与双曲抛物面两种. 方程

$$\frac{x^2}{a^2}+\frac{y^2}{b^2}=\pm z \tag{2}$$

所表示的曲面叫做椭圆抛物面. 设方程右端取正号,现在来考察它的形状.

(1) 用 xOy 面($z=0$)去截这曲面,截痕为原点.

用平面 $z=h(h>0)$ 去截这曲面,截痕为椭圆

$$\begin{cases}\frac{x^2}{a^2}+\frac{y^2}{b^2}=h,\\ z=h.\end{cases}$$

当 $h\to 0$ 时,截痕退缩为原点;当 $h<0$ 时,截痕不存在. 原点叫做椭圆抛物面的顶点.

(2) 用 zOx 面($y=0$)去截这曲面,截痕为抛物线

$$\begin{cases}x^2=a^2z,\\ y=0.\end{cases}$$

用平面 $y=k$ 去截这曲面,截痕也为抛物线

$$\begin{cases} x^2 = a^2\left(z - \dfrac{k^2}{b^2}\right), \\ y = k. \end{cases}$$

（3）用 yOz 面（$x=0$）及平面 $x=l$ 去截这曲面，其结果与（2）是类似的. 综合以上分析结果，可知椭圆抛物面的形状如图 5－47 所示.

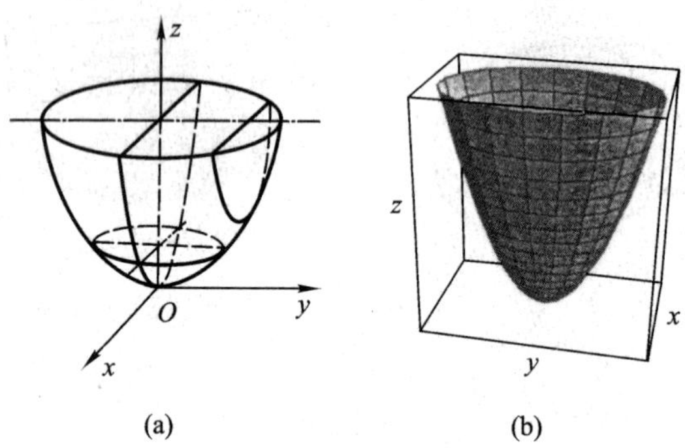

图 5－47

方程

$$\frac{x^2}{a^2} - \frac{y^2}{b^2} = \pm z \tag{3}$$

所表示的曲面叫做双曲抛物面. 设方程右端取正号，现在来考察它的形状.

（1）用平面 $z=h$ 去截这曲面，截痕方程是

$$\begin{cases} \dfrac{x^2}{a^2} - \dfrac{y^2}{b^2} = h, \\ z = h. \end{cases}$$

当 $h>0$ 时，截痕是双曲线，其实轴平行于 x 轴. 当 $h=0$ 时，截痕是 xOy 平面上两条相交于原点的直线

$$\frac{x}{a} \pm \frac{y}{b} = 0 \quad (z=0).$$

当 $h<0$ 时，截痕也是双曲线，但其实轴平行于 y 轴.

（2）用平面 $x=k$ 去截这曲面，截痕方程是

$$\begin{cases} \dfrac{y^2}{b^2} = \dfrac{k^2}{a^2} - z, \\ x = k. \end{cases}$$

当 $k=0$ 时，截痕是 yOz 平面上顶点在原点的抛物线且张口朝下. 当 $k\neq 0$ 时，截痕都是张口朝下的抛物线，且抛物线的顶点随 $|k|$ 增大而升高.

（3）用平面 $y=l$ 去截这曲面，截痕均是张口朝上的抛物线

$$\begin{cases}\dfrac{x^2}{a^2}=z+\dfrac{l^2}{b^2},\\ y=l.\end{cases}$$

综合以上分析结果可知，双曲抛物面的形状如图 5－48 所示. 因其形状与马鞍相似，故也叫它鞍形面.[①]

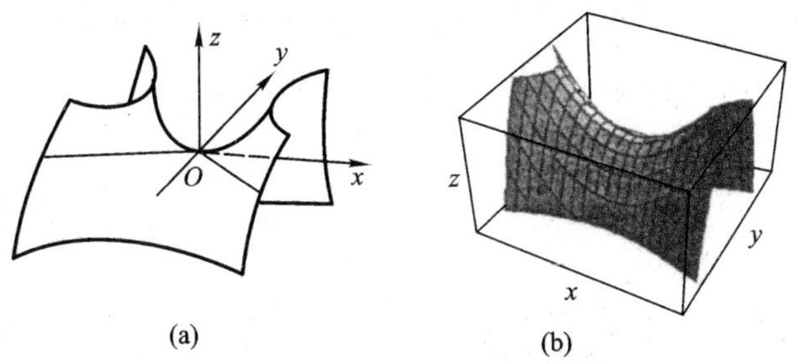

(a)　(b)

图 5－48

3. 双曲面(hyperboloid)

双曲面分单叶双曲面与双叶双曲面两种. 其中方程

$$\frac{x^2}{a^2}+\frac{y^2}{b^2}-\frac{z^2}{c^2}=1 \tag{4}$$

所表示的曲面叫做单叶双曲面. 用截痕法所得结果如下表所示：

平　　面	截　　痕
xOy 面及平行于它的平面	椭圆
zOx 面及平行于它的平面	双曲线
yOz 面及平行于它的平面	双曲线

由此可得出单叶双曲面的形状如图 5－49(a)、(b)所示.

方程

$$\frac{x^2}{a^2}+\frac{y^2}{b^2}-\frac{z^2}{c^2}=-1 \tag{5}$$

所表示的曲面叫做双叶双曲面. 用截痕法所得结果如下页表所示：

① 另外，通过截痕法可知，方程 $z=xy$ 的图形也是一个鞍形面，它实际上可由鞍形面 $z=\dfrac{x^2}{2}-\dfrac{y^2}{2}$ 绕 z 轴旋转 $\dfrac{\pi}{4}$ 而得出.

平　　面	截　　痕
xOy 面及平行于它的平面	无截痕、一点或椭圆
zOx 面及平行于它的平面	双曲线
yOz 面及平行于它的平面	双曲线

由此可得双叶双曲面的形状如图 5－49(c)、(d)所示.

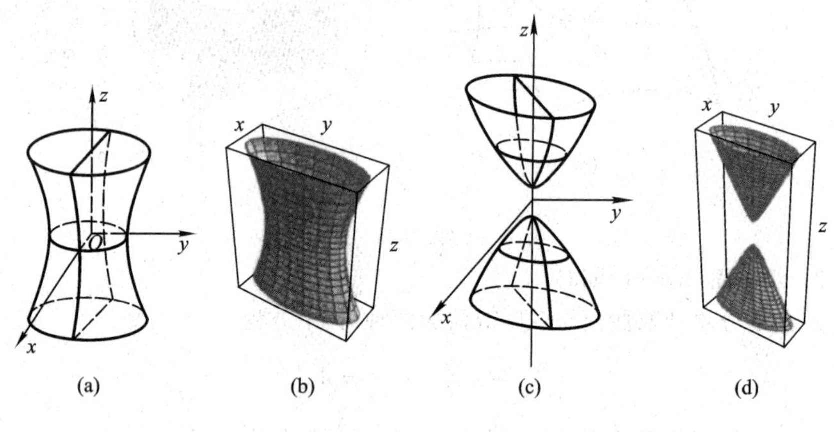

图 5－49

4. 椭圆锥面

方程

$$\frac{x^2}{a^2}+\frac{y^2}{b^2}-\frac{z^2}{c^2}=0$$

所表示的曲面叫做椭圆锥面. 用截痕法所得结果如下表所示：

平　　面	截　　痕
xOy 面及平行于它的平面	一点或椭圆
zOx 面及平行于它的平面	两相交直线或双曲线
yOz 面及平行于它的平面	两相交直线或双曲线

由此可得椭圆锥面的形状如图 5－50 所示.

以上所讨论的三元二次方程都属于二次曲面的标准方程. 对于非标准方程，可通过坐标轴的平移和旋转化为标准方程. 这方面的一般性讨论已超出本书范围，这里不作介绍. 下面只举一个涉及坐标轴平移的简单例子. 设有方程

$$x^2+2y^2+2x-4y-z=0,$$

经过配方可得

$$(x+1)^2+2(y-1)^2=z+3,$$

作坐标轴的平移

$$X=x+1,\ Y=y-1,\ Z=z+3,$$

原方程就化为标准型：

$$X^2+2Y^2=Z.$$

由此可知原方程的图形是开口朝上的椭圆抛物面，在坐标系 $Oxyz$ 中，其顶点的坐标为 $(-1,1,-3)$.

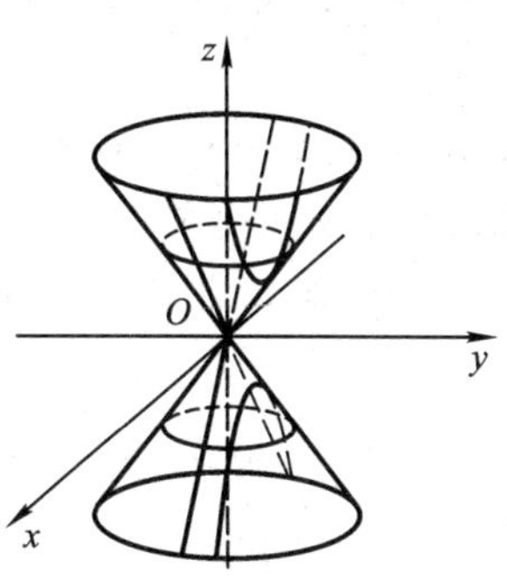

图 5－50

值得提出的是，在根据方程讨论曲面的形状时，如能根据方程的特点来分析曲面所具有的对称性，则对认识曲面的形状很有帮助. 一般说来，如果在曲面方程 $F(x,y,z)=0$ 中，用 $-z$ 代替 z 而方程不变，则曲面关于 xOy 面对称；如果用 $-x$、$-y$ 分别代替 x、y 而方程不变，则曲面关于 z 轴对称；如果用 $-x$、$-y$、$-z$ 分别代替 x、y、z 而方程不变，则曲面关于原点对称. 其他的对称情况可类似推出. 按此规则可知椭球面 $\frac{x^2}{a^2}+\frac{y^2}{b^2}+\frac{z^2}{c^2}=1$ 和双曲面 $\frac{x^2}{a^2}+\frac{y^2}{b^2}-\frac{z^2}{c^2}=\pm1$ 关于各坐标面、各坐标轴及原点都对称，而抛物面 $\frac{x^2}{a^2}\pm\frac{y^2}{b^2}=z$ 关于 z 轴是对称的.

二、曲面的参数方程及其计算机作图法

曲面的参数方程　在直角坐标系 $Oxyz$ 中，曲面除了可用三元方程 $F(x,y,z)=0$ 表示外，也可用参数方程来表示. 先看一个例子.

设 Σ 是一个中心在原点、半径为 R 的球面. $M(x,y,z)$ 是球面 Σ 上任意一点. 向径 $\overrightarrow{OM}$ 的长度 $|\overrightarrow{OM}|=R$，记 θ 是 $\overrightarrow{OM}$ 与 z 轴正向的夹角. φ 为从 x 轴到 $\overrightarrow{OM}$ 在 xOy 平面上的投影向量 $\overrightarrow{OM'}$ 的转角. 由图 5－51 可以看到点 $M(x,y,z)$ 的坐标与 θ、φ 有如下关系：

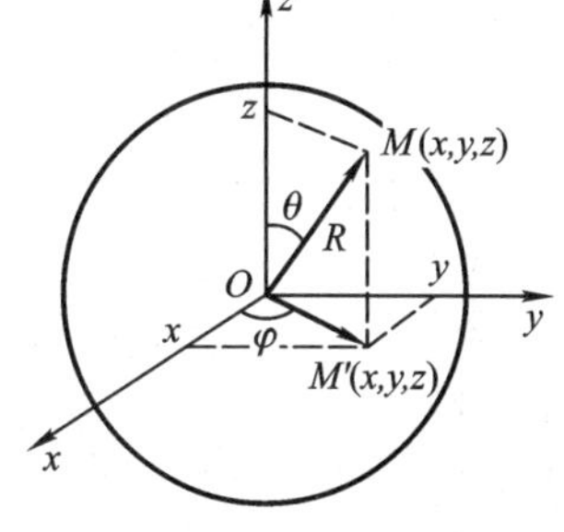

图 5－51

$$\begin{cases} x = R\sin\theta\cos\varphi, \\ y = R\sin\theta\sin\varphi, \\ z = R\cos\theta \end{cases} \quad (0\leqslant\theta\leqslant\pi, 0\leqslant\varphi\leqslant 2\pi). \tag{6}$$

反过来,任取一组数 θ、$\varphi(0\leqslant\theta\leqslant\pi,0\leqslant\varphi\leqslant 2\pi)$,由关系式(6)确定了一组数 x、y、z,因为

$$\begin{aligned}(x-0)^2+(y-0)^2+(z-0)^2 &= R^2\sin^2\theta\cos^2\varphi + R^2\sin^2\theta\sin^2\varphi + R^2\cos^2\theta \\ &= R^2,\end{aligned}$$

表明点 $M(x,y,z)$ 到原点的距离为 R,即 M 在球面 Σ 上,所以关系式(6)是球面 Σ 上的点满足的充分必要条件,我们把(6)式叫做球面 Σ 的参数方程.

一般的,对于曲面 Σ 和方程组

$$\begin{cases} x = \varphi(u,v), \\ y = \psi(u,v), u\in I_u, v\in I_v, \\ z = \xi(u,v), \end{cases} \tag{7}$$

其中 $\varphi(u,v)$、$\psi(u,v)$、$\xi(u,v)$ 是 u、v 的算式,I_u 与 I_v 是两个区间,如果点 $M(x,y,z)$ 位于曲面 Σ 上的充分必要条件是有确定的一组数 u、$v(u\in I_u,v\in I_v)$,使得

$$\varphi(u,v) = x,\ \psi(u,v) = y,\ \xi(u,v) = z,$$

那么方程组(7)就叫做曲面 Σ 的参数方程,方程中的 u、v 叫做参数.用微分理论研究曲面的几何问题,有时使用曲面的参数方程是比较方便的.在借助 Mathematica 软件作曲面图形时,使用曲面的参数方程也常能取得较好的效果.

下面对照直角坐标方程给出二次曲面的参数方程(各方程中的常数 $a>0$,$b>0$,$c>0$).

曲面名称		直角坐标方程	参数方程
椭球面		$\frac{x^2}{a^2}+\frac{y^2}{b^2}+\frac{z^2}{c^2}=1$	$x=a\sin\theta\cos\varphi, y=b\sin\theta\sin\varphi, z=c\cos\theta$, $\theta\in[0,\pi],\varphi\in[0,2\pi]$
抛物面	椭圆抛物面	$\frac{x^2}{a^2}+\frac{y^2}{b^2}=z$	$x=av\cos u, y=bv\sin u, z=v^2$ $u\in[0,2\pi], v\in[0,+\infty)$
	双曲抛物面	$\frac{x^2}{a^2}-\frac{y^2}{b^2}=z$	$x=a(u+v), y=b(u-v), z=4uv$ 或 $x=au, y=bv, z=u^2-v^2$ $u\in\mathbf{R}, v\in\mathbf{R}$

续表

<table>
<tr><th colspan="2">曲面名称</th><th>直角坐标方程</th><th>参数方程</th></tr>
<tr><td rowspan="2">双曲面</td><td>单叶双曲面</td><td>$\frac{x^2}{a^2}+\frac{y^2}{b^2}-\frac{z^2}{c^2}=1$</td><td>$x=a\cosh u\cos v, y=b\cosh u\sin v, z=c\sinh u$
$u\in\mathbf{R}, v\in[0,2\pi]$</td></tr>
<tr><td>双叶双曲面</td><td>$\frac{x^2}{a^2}+\frac{y^2}{b^2}-\frac{z^2}{c^2}=-1$</td><td>$x=a\sqrt{u^2-1}\cos v, y=b\sqrt{u^2-1}\sin v, z=cu$
$u\in(-\infty,-1]\cup[1,+\infty), v\in[0,2\pi]$</td></tr>
<tr><td colspan="2">椭圆锥面</td><td>$\frac{x^2}{a^2}+\frac{y^2}{b^2}=\frac{z^2}{c^2}$</td><td>$x=av\cos u, y=bv\sin u, z=cv$
$u\in[0,2\pi], v\in\mathbf{R}$</td></tr>
</table>

顺便指出，以上给出的二次曲面的参数方程是比较常见的形式，而曲面的参数方程不是惟一的，故读者也可以自行设计.

最后，说明如何用 Mathematica 软件绘制曲面的图形.

Mathematica 中作立体图形的基本命令为"**Plot3D**"，例如要作出曲面 $z=\sin(xy)$ 在 $[0,4]\times[0,4]$ 的图形可键入：

Plot3D[Sin[x * y],{x,0,4},{y,0,4}]

运行后即得到了该曲面的图形(如图 5－52). 但直接地这样作图经常会出现作出的图形不理想或者有时还会报错，例如要作上半球面 $y=\sqrt{1-x^2-y^2}$，键入

Plot3D[Sqrt[1－x^2－y^2],{x,－1,1},{y,－1,1}]

运行后会出现红色的报错信息，而且其图形不完整(如图 5－53)，原因是函数 $\sqrt{1-x^2-y^2}$ 在作图范围 $[-1,1]\times[-1,1]$ 内的某些点处无定义.

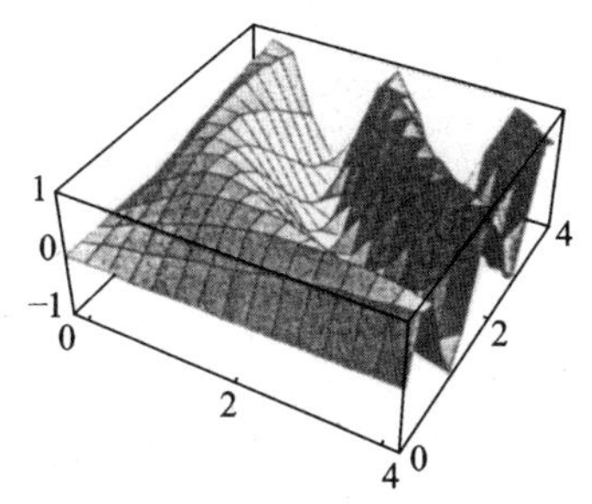

图 5－52

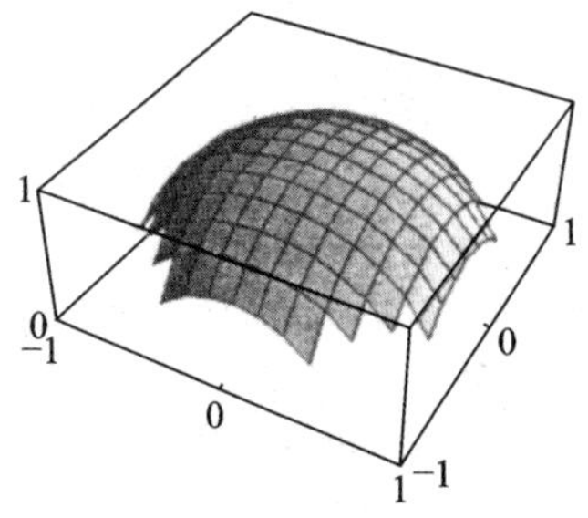

图 5－53

为了得到满意的曲面图形，可采用适当的参数方程，使其在参数域内每一点都有定义. 利用球面的参数方程$\begin{cases} x=\cos u\sin v, \\ y=\sin u\sin v, u\in[0,2\pi], v\in[0,\pi], \\ z=\cos v, \end{cases}$可键入

ParametricPlot3D[{Cos[u] * Sin[v], Sin[u] * Sin[v], Cos[v]}, {u,0,2Pi}, {v,0,Pi}, PlotPoints - >50]

运行后即得完整的球面的图形(图 5 - 54)，这里的"**PlotPoints - >50**"是为了使图形显示更精细.

利用参数方程也可作曲线的图形，例如要作出环面螺线

$$x=[4+\sin(8t)]\cos t, y=[4+\sin(8t)]\sin t, z=\cos(8t),$$

的图形，可键入

ParametricPlot3D[{(4 + Sin[8t]) Cos[t], (4 + Sin[8t]) Sin[t], Cos[8t]}, {t,0,2π}, PlotPoints - >100]

运行得到图 5 - 55.

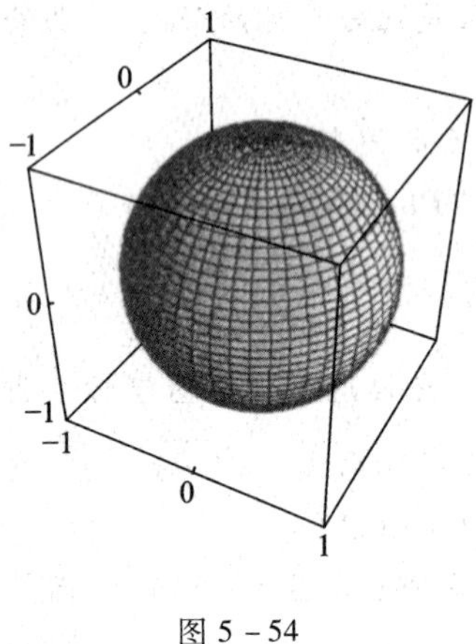

图 5 - 54

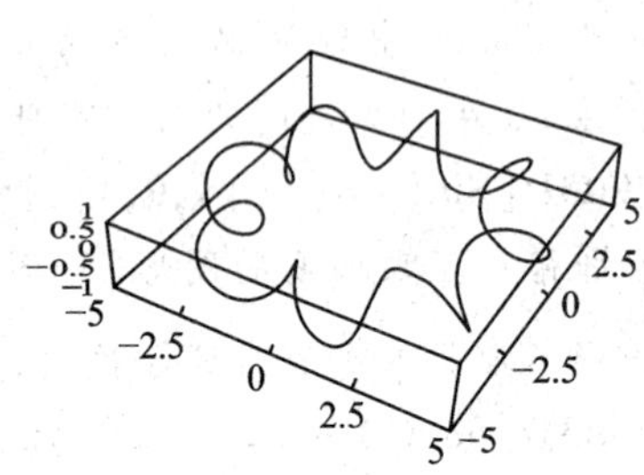

图 5 - 55

习题 5 - 7

1. 画出下列方程所表示的二次曲面的图形：

(1) $x^2+4y^2+9z^2=1$;　　(2) $3x^2+4y^2-z^2=12$;

(3) $x^2+y^2+z^2-2x+4y+2z=0$;　　(4) $2x^2+3y^2-z=1$.

2. 画出下列各曲面所围成的立体的图形：

(1) $x=0, y=0, z=0, x=2, y=1, 3x+4y+2z-12=0$;

(2) $x=0, y=0, z=0, x^2+y^2=1, y^2+z^2=1$(在第一卦限内)；

(3) $z=\sqrt{x^2+y^2}, z=\sqrt{1-x^2-y^2}$;

(4) $y=x^2, x+y+z=1, z=0$.

总 习 题 五

1. 简答题

(1) 怎样建立向量 $\boldsymbol{a}$ 与有序数组 a_x、a_y、a_z 之间的一一对应关系？数 a_x、a_y、a_z 的几何意义是什么？

(2) 分别叙述两个向量 $\boldsymbol{a}$、$\boldsymbol{b}$ 平行和垂直的充要条件，并给出充要条件的坐标表示式.

(3) 叙述三个向量 $\boldsymbol{a}$、$\boldsymbol{b}$、$\boldsymbol{c}$ 共面的充要条件，并给出充要条件的坐标表示式.

(4) 写出平面的点法式方程和一般方程，并说明方程中各常数的几何意义.

(5) 写出直线的对称性方程和参数方程，并说明方程中各常数的几何意义.

(6) 旋转曲面和柱面是怎样生成的，其方程有什么特点？椭球面、抛物面和双曲面的标准方程分别是怎样的？

2. 设 $\boldsymbol{a}\neq\boldsymbol{0}$，试问：

(1) 若 $\boldsymbol{a}\cdot\boldsymbol{b}=\boldsymbol{a}\cdot\boldsymbol{c}$，能否推知 $\boldsymbol{b}=\boldsymbol{c}$？

(2) 若 $\boldsymbol{a}\times\boldsymbol{b}=\boldsymbol{a}\times\boldsymbol{c}$，能否推知 $\boldsymbol{b}=\boldsymbol{c}$？

(3) 若 $\boldsymbol{a}\cdot\boldsymbol{b}=\boldsymbol{a}\cdot\boldsymbol{c}$ 且 $\boldsymbol{a}\times\boldsymbol{b}=\boldsymbol{a}\times\boldsymbol{c}$，能否推知 $\boldsymbol{b}=\boldsymbol{c}$？

3. 以向量 $\boldsymbol{a}$ 与 $\boldsymbol{b}$ 为边作平行四边形，试用 $\boldsymbol{a}$ 与 $\boldsymbol{b}$ 表示 $\boldsymbol{a}$ 边上的高向量.

4. 在边长为 1 的立方体中，设 OM 为对角线，OA 为棱，求 $\overrightarrow{OA}$ 在 $\overrightarrow{OM}$ 上的投影.

5. 设 $|\boldsymbol{a}|=\sqrt{3}, |\boldsymbol{b}|=1, (\widehat{\boldsymbol{a},\boldsymbol{b}})=\dfrac{\pi}{6}$，计算：

(1) $\boldsymbol{a}+\boldsymbol{b}$ 与 $\boldsymbol{a}-\boldsymbol{b}$ 之间的夹角；

(2) 以 $\boldsymbol{a}+2\boldsymbol{b}$ 与 $\boldsymbol{a}-3\boldsymbol{b}$ 为邻边的平行四边形的面积.

6. 设 $(\boldsymbol{a}+3\boldsymbol{b})\perp(7\boldsymbol{a}-5\boldsymbol{b}), (\boldsymbol{a}-4\boldsymbol{b})\perp(7\boldsymbol{a}-2\boldsymbol{b})$，求 $(\widehat{\boldsymbol{a},\boldsymbol{b}})$.

7. 设 $\boldsymbol{c}=|\boldsymbol{a}|\boldsymbol{b}+|\boldsymbol{b}|\boldsymbol{a}$，且 $\boldsymbol{a}$、$\boldsymbol{b}$、$\boldsymbol{c}$ 都为非零向量，证明：$\boldsymbol{c}$ 平分 $\boldsymbol{a}$ 与 $\boldsymbol{b}$ 的夹角.

8. 设 $\boldsymbol{a}=(2,-3,1)$、$\boldsymbol{b}=(1,-2,3)$、$\boldsymbol{c}=(2,1,2)$，向量 $\boldsymbol{r}$ 满足条件：$\boldsymbol{r}\perp\boldsymbol{a}, \boldsymbol{r}\perp\boldsymbol{b}, \mathrm{Prj}_c\boldsymbol{r}=14$，求 $\boldsymbol{r}$.

9. 证明三个向量共面的充要条件是其中一个向量可以表示为另两个向量的线性组合.

10. 求通过点 $A(3,0,0)$ 和 $B(0,0,1)$ 且与 xOy 面成 $\dfrac{\pi}{3}$ 角的平面方程.

11. 设一平面通过从点 $(1,-1,1)$ 到直线 $\begin{cases}y-z+1=0,\\ x=0\end{cases}$ 的垂线，且与平面 $z=0$ 垂直，求此平面的方程.

12. 求过点 $(-1,0,4)$ 且平行于平面 $3x-4y+z-10=0$，又与直线 $x+1=y-3=\dfrac{z}{2}$ 相交的直线的方程.

13. 已知点 $A(1,0,0)$ 和 $B(0,2,1)$，试在 z 轴上求一点 C，使 $\triangle ABC$ 的面积最小.

14. 求直线$\begin{cases} x=b, \\ y=\dfrac{b}{c}z \end{cases}$ $(bc\neq 0)$绕 z 轴旋转所得旋转面的方程,它表示什么曲面?

15. 在求直线 l 与平面 Π 的交点时,可将 l 的参数方程 $x=x_0+mt, y=y_0+nt, z=z_0+pt$代入 Π 的方程 $Ax+By+Cz+D=0$,求出相应的 t 值. 试问什么条件下,t 有惟一解、无穷多解或无解? 并从几何上对所得结果加以说明.

16. 求抛物面 $z=3-x^2-2y^2$ 和 $z=2x^2+y^2$ 所围立体在 xOy 面上的投影区域.

17. 画出下列各曲面所围立体的图形:

(1) 抛物柱面 $2y^2=x$,平面 $z=0$ 及$\dfrac{x}{4}+\dfrac{y}{2}+\dfrac{z}{2}=1$;

(2) 旋转抛物面 $z=x^2+y^2$,柱面 $x=y^2$,平面 $z=0$ 及 $x=1$.

18. 假设三个直角坐标面都镶上了反射镜,并将一束激光沿向量 $\boldsymbol{a}=(a_x,a_y,a_z)$ 的方向射向 zOx 面(图 5-56),试用反射定律证明:反射光束的方向向量 $\boldsymbol{b}=(a_x,-a_y,a_z)$;进而推出:入射光束经三个镜面连续反射后,最后所得的反射光束平行于入射光束.(航天工程师利用此原理,在月球上安装了反射镜面组,并从地球向镜面组发射激光束,从而精确测得了地球到月球的距离.)

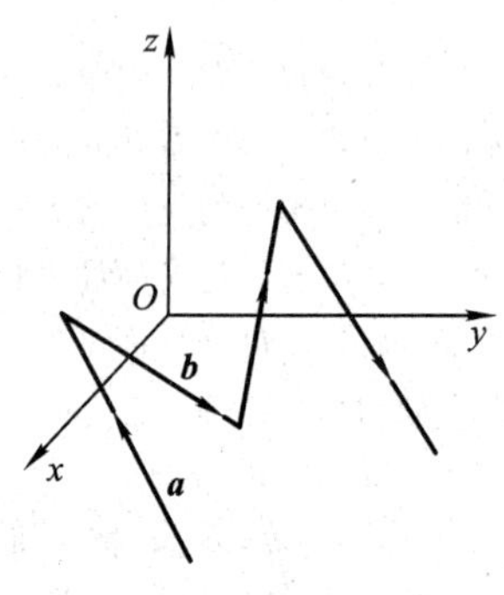

图 5-56

19. 利用 Mathematica 在计算机屏幕上显示下列曲面的图形:

(1) $z=3x^2-5y^2$;　　(2) $8x^2+15y^2+5z^2=100$;

(3) $z^2=x^2+4y^2$;　　(4) $z=y^2+xy$;

(5) $z=\sin x+\sin y$;　　(6) $z=\dfrac{\sin x\sin y}{xy}$.

20. 利用 Mathematica 在计算机屏幕上显示下列空间曲线的图形:

(1) 环面螺线$\begin{cases} x=(4+\sin 20t)\cos t, \\ y=(4+\sin 20t)\sin t, \\ z=\cos 20t; \end{cases}$

(2) 三叶线$\begin{cases} x=(2+\cos 1.5t)\cos t, \\ y=(2+\cos 1.5t)\sin t, \\ z=\sin 1.5t. \end{cases}$

21. 利用计算机观察二次曲面族 $z=x^2+y^2+kxy$ 的图形. 特别注意确定 k 的这样一些值,当 k 经过这些值时,曲面从一种类型的二次曲面变成了另一种类型.

第六章
多元函数微分学

DIFFERENTIAL CALCULUS OF MULTIVARIABLE FUNCTIONS

我们已经讨论了一元函数的微分与积分,由于现实世界中许多量之间的关系要用多元函数来描述,因而还需要研究多元函数的微积分,这一章先来讨论多元函数微分学.本章大致分为三部分:

第一部分为基本概念以及各基本概念之间的联系,这些概念主要包括:多元函数的极限与连续,多元函数的偏导数与全微分,多元函数的方向导数与梯度.这些概念虽然是微分学基本思想从一元到多元的一种自然延伸与发展,但由于涉及的变元从一个变为多个,变量之间的关系变得更为复杂,从而产生出一些与一元函数微分学显著不同的性质和特点,把握这些新的特点是学习时应当特别注意的地方.

第二部分是多元函数的偏导数与方向导数的计算.在偏导数的计算中,多元复合函数的链式法则处于中心地位,熟练运用这一法则是学习多元函数微分学必须掌握的一种基本运算技能.

第三部分是多元函数微分学的应用.主要包括空间曲线的切线方程,空间曲面的切平面方程以及多元函数的无条件极值与条件极值.与一元函数微分学相仿,我们从这些应用中可以看到多元函数微分学作为一种数学工具在解决与多元函数有关的问题中所起的作用.

为了简明起见,本章对于基本概念的阐述主要限于二元函数,实际上这些概念不需要做任何本质上的改变,都能容易地推广到二元以上的多元函数中去.

第一节　多元函数的基本概念

一、多元函数

无论在理论上还是在实践中,我们经常会看到,许多量的变化、计算与测定不是由单个因素决定的,而是受到多个因素的影响. 例如,圆柱体的体积 V 与底半径 r 及高度 h 有关,所以 V 是两个变量 r 和 h 的函数,若将这两个变量排个序,那么 V 就是二元有序实数组 (r,h) 的函数. 又如,地表的温度 T 与测量温度时的位置及时间 t 有关,由于地表各处的位置可以用经度 x 与纬度 y 来刻画,因而 T 就是三个变量 x、y 和 t 的函数,或者说 T 是三元有序实数组 (x,y,t) 的函数. 一般的,我们用 $\mathbf{R}^n$ 表示 n 元有序实数组的全体构成的集合,即

$$\mathbf{R}^n = \{(x_1,x_2,\cdots,x_n) \mid x_k \in \mathbf{R};k = 1,2,\cdots,n\}.$$

为了在集合 $\mathbf{R}^n$ 的元素之间建立联系,我们将在第二目中定义 $\mathbf{R}^n$ 中的线性运算. 定义了线性运算的集合 $\mathbf{R}^n$ 称为n 维(实)空间(n-space). 为了方便,$\mathbf{R}^n$ 中的元素 $(x_1,x_2,\cdots,x_n)$ 有时也用单个字母 x 来记之,即 $\boldsymbol{x} = (x_1,x_2,\cdots,x_n)$. 当所有的 x_k 都为零时,称这样的元素为 $\mathbf{R}^n$ 中的零元,记为 $\mathbf{0}$. 在解析几何中,通过建立直角坐标系,$\mathbf{R}^2$(或 $\mathbf{R}^3$)中的元素分别与平面(或空间)中的点的坐标或向量的坐标式成一一对应,由此 $\mathbf{R}^n$ 中的元素 $\boldsymbol{x} = (x_1,x_2,\cdots,x_n)$ 也称为 n 维空间 $\mathbf{R}^n$ 中的一个点或一个 n 维向量(n-dimensional vector). 与此相适应,称 x_k 为 $\mathbf{R}^n$ 中点 x 的第 k 个坐标或 n 维向量 $\boldsymbol{x}$ 的第 k 个分量($k=1,2,\cdots,n$). 特别地,$\mathbf{R}^n$ 中零元 $\mathbf{0}$ 称为 $\mathbf{R}^n$ 中的坐标原点或n 维零向量.

定义　设 D 是 $\mathbf{R}^n$ 的一个非空子集,从 D 到实数集 $\mathbf{R}$ 的任一映射 f 称为定义在 D 上的一个n 元(实值)函数(function of n(real) variables),记作

$$f:\ D\subset\mathbf{R}^n\to\mathbf{R},$$

或

$$y = f(x_1,x_2,\cdots,x_n),(x_1,x_2,\cdots,x_n) \in D.$$

其中 x_1、x_2、$\cdots$、x_n 称为自变量,y 称为因变量,习惯上也常称y 是 x_1、x_2、$\cdots$、x_n 的函数. D 称为函数 f 的定义域,$f(D) = \{f(x_1,x_2,\cdots,x_n) \mid (x_1,x_2,\cdots,x_n) \in D\}$ 称为函数 f 的值域.

在 n 等于 2 与 3 时,习惯上将点 (x_1,x_2) 与点 (x_1,x_2,x_3) 分别写成 (x,y) 与 (x,y,z). 这时若用字母表示 $\mathbf{R}^2$ 或 $\mathbf{R}^3$ 中的点,则通常写成 $P(x,y)$ 或 $M(x,y,z)$ 等等. 相应的,二元函数及三元函数也可简记为 $z = f(P)$ 或 $u = f(M)$.

一个二元函数 $z=f(x,y),(x,y)\in D$ 的图像是空间点集

$$\{(x,y,f(x,y))\mid (x,y)\in D\},$$

它在几何上表示了空间中的一张曲面.在直角坐标系下,这张曲面在 xOy 坐标面上的投影区域就是函数 $f(x,y)$ 的定义域 D(图 6－1).例如函数 $z=\sqrt{1-x^2-y^2}$,$x^2+y^2\leqslant 1$ 的图像是一张半球面,它在 xOy 坐标面上的投影区域是圆域 $D=\{(x,y)\mid x^2+y^2\leqslant 1\}$,$D$ 就是函数 $z=\sqrt{1-x^2-y^2}$ 的定义域.

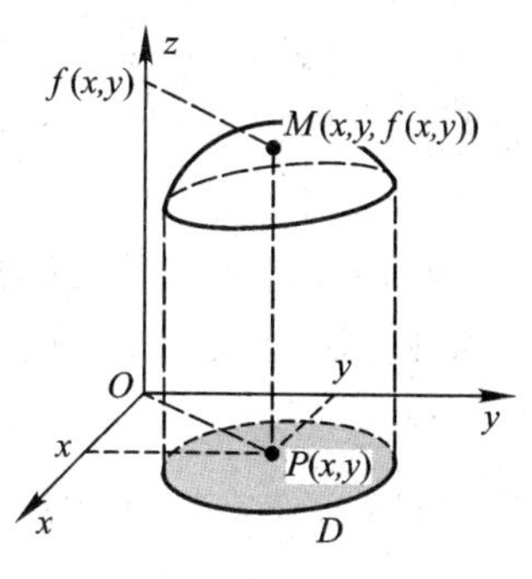

图 6－1

与一元函数相类似,当我们用某个算式表达多元函数时,凡是使算式有意义的自变量所组成的点集称为这个多元函数的自然定义域.例如,二元函数 $z=\ln(x+y)$ 的自然定义域为

$$\{(x,y)\mid x+y>0\}$$

(图 6－2).又如,二元函数 $z=\arcsin(x^2+y^2)$ 自然定义域为

$$\{(x,y)\mid x^2+y^2\leqslant 1\}$$

(图 6－3).我们约定,凡用算式表达的多元函数,除另有说明外,其定义域都是指的自然定义域.

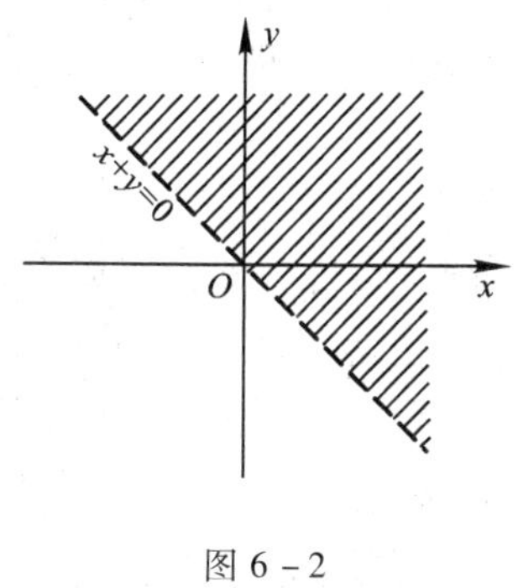

图 6－2

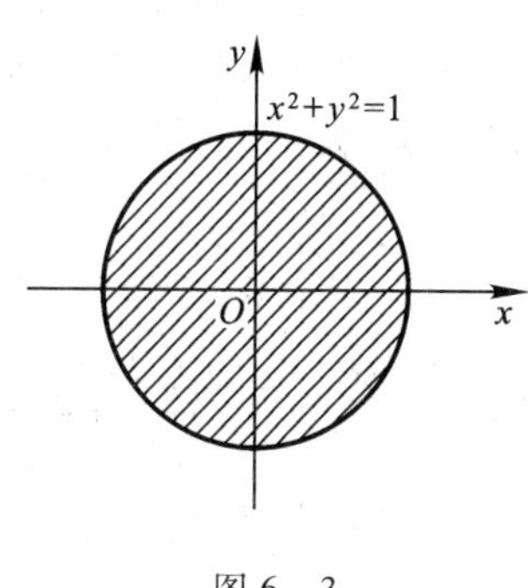

图 6－3

二、$\mathbf{R}^n$ 中的线性运算、距离及重要子集

设 $\boldsymbol{x}=(x_1,x_2,\cdots,x_n)$、$\boldsymbol{y}=(y_1,y_2,\cdots,y_n)\in\mathbf{R}^n$,$\lambda$、$\mu\in\mathbf{R}$,我们用下式定义 $\boldsymbol{x}$ 与 $\boldsymbol{y}$ 的线性运算 $\lambda\boldsymbol{x}+\mu\boldsymbol{y}$:

$$\lambda\boldsymbol{x}+\mu\boldsymbol{y}=(\lambda x_1+\mu y_1,\cdots,\lambda x_n+\mu y_n).$$

这就是说,两个 n 维向量 $\boldsymbol{x}$ 与 $\boldsymbol{y}$ 的线性运算的结果(称为线性组合)仍为一个 n 维向量,它的各个分量恰为向量 $\boldsymbol{x}$ 与 $\boldsymbol{y}$ 的对应分量的同一线性组合.$\mathbf{R}^n$ 中引入了上述线性运算后,通常就说 $\mathbf{R}^n$ 有了一种线性结构,并把具备线性结构的集合 $\mathbf{R}^n$ 称为 n 维(实)空间.

$\mathbf{R}^n$ 中两个元素 $\boldsymbol{x}$ 和 $\boldsymbol{y}$ 之间的距离，记作 $\|\boldsymbol{x}-\boldsymbol{y}\|$（或 $\rho(\boldsymbol{x},\boldsymbol{y})$），为如下规定的一个数：

$$\|\boldsymbol{x}-\boldsymbol{y}\| = \sqrt{(x_1-y_1)^2+(x_2-y_2)^2+\cdots+(x_n-y_n)^2}. \tag{1}$$

显然，n 等于 2 或 3 时，$\|\boldsymbol{x}-\boldsymbol{y}\|$ 与直角坐标下平面与空间中两点间的实际距离相一致.

$\mathbf{R}^n$ 中元素 $\boldsymbol{x}$ 与零元 $\mathbf{0}$ 之间的距离 $\|\boldsymbol{x}-\mathbf{0}\|$ 称为向量 $\boldsymbol{x}$ 的模，记作 $\|\boldsymbol{x}\|$（在 $\mathbf{R}^2$ 和 $\mathbf{R}^3$ 中通常将 $\|\boldsymbol{x}\|$ 记成 $|\boldsymbol{x}|$），即

$$\|\boldsymbol{x}\| = \sqrt{x_1^2+x_2^2+\cdots+x_n^2}.$$

如果 $\|\boldsymbol{x}-\boldsymbol{a}\|\to 0$，我们称变元 $\boldsymbol{x}=(x_1,x_2,\cdots,x_n)$ 在 $\mathbf{R}^n$ 中趋于定元 $\boldsymbol{a}=(a_1,a_2,\cdots,a_n)$，记作 $\boldsymbol{x}\to\boldsymbol{a}$.

不难看出：

> 变元 $\boldsymbol{x}\to\boldsymbol{a}$ 的充要条件是 $\boldsymbol{x}$ 的 n 个分量同时满足
>
> $$x_1\to a_1, x_2\to a_2, \cdots, x_n\to a_n.$$

线性运算与距离的引入，使得 n 维空间 $\mathbf{R}^n$ 中的元素之间产生了联系，$\mathbf{R}^n$ 已不单纯是一个由全体 n 元有序实数组所组成的简单集合了. 一些原本在平面 $\mathbf{R}^2$ 与空间 $\mathbf{R}^3$ 中所作的带有明显几何背景的讨论，可以被模拟到 $\mathbf{R}^n(n>3)$ 中来. 下面我们叙述与距离及线性运算相关的一些概念，这些概念稍后将经常用到. 为了方便，现以 $\mathbf{R}^2$ 为例叙述如下：

1. 邻域

设 $P_0(x_0,y_0)\in\mathbf{R}^2$，$\delta$ 为某一正数，在 $\mathbf{R}^2$ 中与点 $P_0(x_0,y_0)$ 的距离小于 δ 的点 $P(x,y)$ 的全体，称为点 $P_0(x_0,y_0)$ 的 δ 邻域（neighborhood），记作 $U(P_0,\delta)$，即

$$\begin{aligned} U(P_0,\delta) &= \{P\in\mathbf{R}^2 \mid \|P-P_0\| < \delta\} \\ &= \{(x,y) \mid \sqrt{(x-x_0)^2+(y-y_0)^2} < \delta\}. \end{aligned}$$

在几何上，$U(P_0,\delta)$ 就是平面上以点 $P_0(x_0,y_0)$ 为中心，以 δ 为半径的圆盘（不包括圆周）.

$U(P_0,\delta)$ 中除去点 $P_0(x_0,y_0)$ 后所剩部分，称为点 $P_0(x_0,y_0)$ 的去心 δ 邻域，记作 $\mathring{U}(P_0,\delta)$.

如果不需要强调邻域的半径，通常就用 $U(P_0)$ 或 $\mathring{U}(P_0)$ 分别表示点 P_0 的某个邻域或某个去心邻域.

2. 内点、边界点和聚点

设集合 $E\subset\mathbf{R}^2$，点 $P\in\mathbf{R}^2$，如果存在 $\delta>0$，使得 $U(P,\delta)\subset E$，则称 P 是 E 的

内点(interior point)(图 6-4).若在点 P 的任一邻域内,都既有集合 E 的点,又有余集 E^c 的点,则称 P 是 E 的边界点(boundary point)(图 6-5),E 的边界点的全体称为 E 的边界(boundary),记作 ∂E. 如果对任意给定的 $\delta>0$,P 的去心邻域 $\mathring{U}(P,\delta)$ 中总有 E 中的点(P 本身可属于 E,也可不属于 E),则称 P 是 E 的聚点(accumulation point).

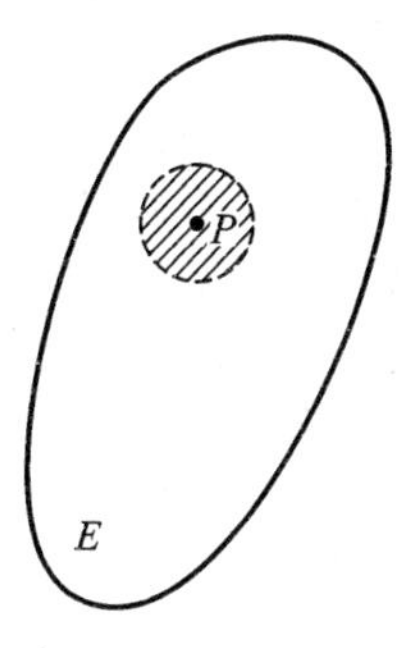

图 6-4

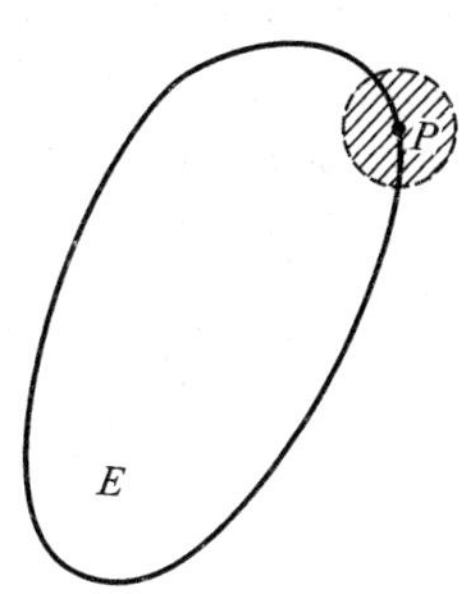

图 6-5

例如,设点集 $E=\{(x,y)\mid 1\leqslant x^2+y^2<2\}$, 点 $P(x_0,y_0)\in\mathbf{R}^2$,若 $1<x_0^2+y_0^2<2$,则点 P 为 E 的内点;若 $x_0^2+y_0^2=1$ 或 $x_0^2+y_0^2=2$,则点 P 为 E 的边界点,也是 E 的聚点. E 的边界 ∂E 为集合 $\{(x,y)\mid x^2+y^2=1\}\cup\{(x,y)\mid x^2+y^2=2\}$.

3. 开集与闭集

设集合 $E\subset\mathbf{R}^2$,如果 E 中每一点都是 E 的内点,则称 E 是 $\mathbf{R}^2$ 中的开集(open set);如果 E 的余集 E^c 是 $\mathbf{R}^2$ 中的开集,则称 E 是 $\mathbf{R}^2$ 中的闭集(closed set)[①].

例如,$\{(x,y)\mid 1<x^2+y^2<2\}$ 是 $\mathbf{R}^2$ 中的开集;$\{(x,y)\mid 1\leqslant x^2+y^2\leqslant 2\}$ 是 $\mathbf{R}^2$ 中的闭集;而 $\{(x,y)\mid 1\leqslant x^2+y^2<2\}$ 既不是 $\mathbf{R}^2$ 中的开集,也不是 $\mathbf{R}^2$ 中的闭集.

4. 有界集与无界集

设集合 $E\subset\mathbf{R}^2$,如果存在常数 $K>0$,使得对所有的 $P\in E$,都有 $\|P\|<K$,则称 E 是 $\mathbf{R}^2$ 中的有界集(bounded set). 一个集合如果不是有界集,就称为是无界集(unbounded set).

5. 区域、闭区域

设 E 是 $\mathbf{R}^2$ 中的非空开集,如果对于 E 中任意两点 P_1 与 P_2,总存在 E 中的

---

① 通常约定空集 $\varnothing$ 是开集,这样 $\varnothing$ 及 $\mathbf{R}^2$ 都既是 $\mathbf{R}^2$ 中的开集,也是 $\mathbf{R}^2$ 中的闭集.

折线把 P_1 与 P_2 联结起来，则称 E 是 $\mathbf{R}^2$ 中的区域(region)(或开区域). 可见，区域即为“连通”的开集. 开区域连同它的边界一起，称为闭区域(closed region).

例如，$\{(x,y)\mid x+y>0\}$ 以及 $\{(x,y)\mid 1<x^2+y^2<2\}$ 都是 $\mathbf{R}^2$ 中的开区域；$\{(x,y)\mid x+y\geqslant 0\}$ 以及 $\{(x,y)\mid 1\leqslant x^2+y^2\leqslant 2\}$ 都是 $\mathbf{R}^2$ 中的闭区域.

读者不难将上述这些概念逐一推广到 n 维空间 $\mathbf{R}^n$ 中去.

附　关于 $\mathbf{R}^n$ 中距离概念的进一步说明.

由(1)式定义的 $\mathbf{R}^n$ 中两点 x 和 y 之间的距离是平面和空间中两点间距离的自然推广，这种距离通常称为欧几里得距离，简称为欧氏距离，有时为了研究问题的需要，我们还可以在 $\mathbf{R}^n$ 中定义其他形式的距离. 当然，关于距离的任何定义都不能过于随意，它们应该满足一些基本的性质. 我们知道，欧几里得距离 $\rho(x,y)$ 满足如下三条基本性质：

1. $\forall x、y\in\mathbf{R}^n$，有 $\rho(x,y)\geqslant 0$，当且仅当 $x=y$ 时，$\rho(x,y)=0$；
2. $\forall x、y\in\mathbf{R}^n$，有 $\rho(x,y)=\rho(y,x)$；
3. $\forall x、y、z\in\mathbf{R}^n$，有 $\rho(x,z)\leqslant\rho(x,y)+\rho(y,z)$.

于是就把这三条基本性质用来作为定义距离的一般性标准(或称为距离公理). 比如说，由以下两式所定义的数 $d(x,y)$ 都满足以上三条基本性质，因此也都可作为 x 与 y 之间的“距离”：

$$d(x,y)=|x_1-y_1|+|x_2-y_2|+\cdots+|x_n-y_n|;$$

$$d(x,y)=\max\{|x_1-y_1|,|x_2-y_2|,\cdots,|x_n-y_n|\}.$$

这两类距离在一些问题中有其独特的应用价值.

把现实世界中的某些客观事实抽象为一般的数学公理，由此逻辑地导出一系列结果，这是数学研究中的一种重要方法.

三、多元函数的极限

现在来定义二元函数的极限.

定义　设二元函数 $f(P)=f(x,y)$ 的定义域为 D，$P_0(x_0,y_0)$ 是 D 的聚点，如果存在常数 A，使得对于任意给定的正数 ε，总存在正数 δ，只要点 $P(x,y)\in D\cap\mathring{U}(P_0,\delta)$，就有

$$|f(P)-A|=|f(x,y)-A|<\varepsilon.$$

则称 A 为函数 $f(x,y)$ 当 $P(x,y)$(在 D 上)趋于 $P_0(x_0,y_0)$ 时的极限，记作

$$\lim_{P\to P_0}f(P)=A,\quad \lim_{(x,y)\to(x_0,y_0)}f(x,y)=A,$$

或者　$f(P)\to A(P\to P_0)$，$f(x,y)\to A((x,y)\to(x_0,y_0))$.

为了区别于一元函数的极限，我们把二元函数的极限叫做二重极限(double

limit).

仿此可以定义 n 元函数的极限.

例 1　设 $f(x,y)=\dfrac{x^2y}{x^2+y^2}$, 证明 $\lim\limits_{(x,y)\to(0,0)}f(x,y)=0$.

证　用 P 与 O 分别表示点 (x,y) 与 $(0,0)$,因为

$$|f(x,y)-0|=\left|\frac{x^2y}{x^2+y^2}\right|\leqslant|y|\leqslant\sqrt{x^2+y^2}=\rho(P,O),$$

故对于任给 $\varepsilon>0$,取 $\delta=\varepsilon$,则当 $P\in\mathring{U}(O,\delta)$ 时,就有

$$|f(x,y)-0|<\varepsilon,$$

所以结论成立.

这里应当指出,按照二重极限的定义,必须当动点 $P(x,y)$ 在 D 上以任何方式趋于定点 $P_0(x_0,y_0)$ 时, $f(x,y)$ 都以常数 A 为极限,才有

$$\lim_{(x,y)\to(x_0,y_0)}f(x,y)=A.$$

如果仅当 $P(x,y)$ 在 D 上以某种特殊方式趋于 $P_0(x_0,y_0)$ 时, $f(x,y)$ 趋于常数 A,那么还不能断定 $f(x,y)$ 存在极限. 但是如果当 $P(x,y)$ 在 D 上以不同方式趋于 $P_0(x_0,y_0)$ 时, $f(x,y)$ 趋于不同的常数,那么便能断定 $f(x,y)$ 的极限不存在.

例 2　设 $f(x,y)=\dfrac{xy}{x^2+y^2}$, 证明: 当 $(x,y)\to(0,0)$ 时 $f(x,y)$ 的极限不存在.

证　记 $E_1=\{(x,0)\mid x\in\mathbf{R},x\neq0\}$, $E_2=\{(x,x)\mid x\in\mathbf{R},x\neq0\}$,则在 E_1 上 $(x,y)\to(0,0)$ 时, $f(x,y)=f(x,0)=0\to0$, 又在 E_2 上 $(x,y)\to(0,0)$ 时, $f(x,y)=f(x,x)=\dfrac{1}{2}\to\dfrac{1}{2}$. 由于 $f(x,y)$ 趋于两个不同的常数, 故当 $(x,y)\to(0,0)$ 时, $f(x,y)$ 的极限不存在.

多元函数极限的定义与一元函数极限的定义有着完全相同的形式,这使得有关一元函数的极限运算法则都可以平行地推广到多元函数上来,对此这里不多说了.

例 3　求 $\lim\limits_{(x,y)\to(1,0)}\dfrac{\ln(1+xy)}{y}$.

解　令 $f(x,y)=\dfrac{\ln(1+xy)}{y}$, 则函数 $f(x,y)$ 的定义域 $D=\{(x,y)\mid y\neq0,xy>-1\}$, $P_0(1,0)$ 为 D 的聚点.

由乘积的极限运算法则得

$$\lim_{(x,y)\to(1,0)}\frac{\ln(1+xy)}{y}=\lim_{(x,y)\to(1,0)}\left[\frac{\ln(1+xy)}{xy}\cdot x\right]$$

$$= \lim_{xy \to 0} \frac{\ln(1+xy)}{xy} \cdot \lim_{x \to 1} x = 1 \cdot 1 = 1.$$

四、多元函数的连续性

有了多元函数的极限概念，就可以定义多元函数的连续性.

定义 设二元函数 $f(P) = f(x,y)$ 的定义域为 D，$P_0(x_0,y_0)$ 是 D 的聚点，且 $P_0(x_0,y_0) \in D$，如果

$$\lim_{(x,y)\to(x_0,y_0)} f(x,y) = f(x_0,y_0),$$

则称函数 $f(x,y)$ 在点 $P_0(x_0,y_0)$ 处连续，如果 $f(x,y)$ 在 $P_0(x_0,y_0)$ 不连续，则称 $f(x,y)$ 在 $P_0(x_0,y_0)$ 处间断（P_0 称为 $f(x,y)$ 的间断点）.

如果 D 是区域且 $f(x,y)$ 在 D 的每一点处都连续，则称 $f(x,y)$ 在 D 上连续，或者称 $f(x,y)$ 是 D 上的连续函数，记作 $f \in C(D)$.

仿此可以定义 n 元函数的连续性.

和一元函数一样，利用多元函数的极限运算法则可以证明：**多元连续函数的和、差、积、商（在分母不为零处）仍是连续函数，多元连续函数的复合函数也是连续函数.**

与一元初等函数相类似，一个多元初等函数是指能用一个算式表示的多元函数，这个算式由常量及具有不同自变量的一元基本初等函数经过有限次的四则运算和复合运算而得到，例如 $x+y^2$、$\dfrac{x-y}{1+x^2}$、e^{xy^2}、$\sin(x^2+y^2+z)$ 等都是多元初等函数.

对多元初等函数的连续性，也有与一元初等函数相类似的结论，这就是：**一切多元初等函数在其定义域内的任一区域或闭区域上是连续的.**

例如初等函数 $f(x,y) = \ln(x^2-y)$ 的定义域是区域 $D = \{(x,y) \mid y < x^2\}$，由上述结论知 $f(x,y)$ 在 D 内连续.

在求多元初等函数 $f(P)$ 在点 P_0 处的极限时，如果点 P_0 是函数定义域的内点，则由函数的连续性，该极限值就等于函数在点 P_0 的函数值，即

$$\lim_{P \to P_0} f(P) = f(P_0).$$

例如，设 $f(x,y) = \dfrac{2+\sqrt{xy+2}}{xy}$，则

$$\lim_{(x,y)\to(1,2)} f(x,y) = f(1,2) = 2.$$

最后我们列举有界闭区域上多元连续函数的几个性质，这些性质分别与有界闭区间上一元连续函数的性质相对应.

性质 1 有界闭区域 D 上的多元连续函数是 D 上的有界函数.

性质 2[①] 有界闭区域 D 上的多元连续函数在 D 上存在最大值和最小值.

性质 3 有界闭区域 D 上的多元连续函数必取得介于最大值和最小值之间的任何值.

习题 6-1

1. 根据已知条件,写出下列各函数的表达式:

(1) $f(x,y)=x^y+y^x$, 求 $f(xy,x+y)$;

(2) $f\left(\dfrac{y}{x}\right)=\dfrac{\sqrt{x^2+y^2}}{|x|}$, 求 $f(x)$;

(3) $f(x,y)=x+2y$, 求 $f(xy,f(x,y))$;

(4) $f\left(x+y,\dfrac{y}{x}\right)=x^2-y^2$, 求 $f(x,y)$.

2. 求下列各函数的定义域,并绘出定义域的图形:

(1) $f(x,y)=\dfrac{1}{\sqrt{1-x^2}}$; (2) $f(x,y)=\dfrac{\sqrt{1-x^2-y^2}}{x+y}$;

(3) $f(x,y)=\ln x+\ln\sin y$; (4) $f(x,y)=\ln(1-|x|-|y|)$.

3. 求下列各极限:

(1) $\lim\limits_{(x,y)\to(0,1)}\dfrac{1-x+xy}{x^2+y^2}$; (2) $\lim\limits_{(x,y)\to(0,0)}\dfrac{2-\sqrt{xy+4}}{xy}$;

(3) $\lim\limits_{(x,y)\to(0,0)}\dfrac{(2+x)\sin(x^2+y^2)}{x^2+y^2}$; (4) $\lim\limits_{(x,y)\to(0,0)}\sqrt{x^2+y^2}\sin\dfrac{1}{x^2+y^2}$.

4. 证明下列函数当 $(x,y)\to(0,0)$ 时极限不存在:

(1) $f(x,y)=\dfrac{xy^2}{x^2+y^4}$; (2) $f(x,y)=\dfrac{xy}{x+y}$.

5. 证明如下连续函数的局部保号性:设函数 $f(x,y)$ 在点 $P(x_0,y_0)$ 处连续, 且 $f(x_0,y_0)>0$(或 $f(x_0,y_0)<0$), 则在点 P 的某个邻域内, $f(x,y)>0$(或 $f(x,y)<0$).

第二节 偏 导 数

一、偏导数

大家知道,一元函数的导数定义为函数增量与自变量增量的比值的极限,它

① 性质 1 与 2 对于有界闭集上的多元连续函数也是成立的.

刻画了函数对于自变量的变化率.对于多元函数来说,由于自变量个数的增多,函数关系就更为复杂,但是我们仍然可以考虑函数对于某一个自变量的变化率,也就是在其中一个自变量发生变化,而其余自变量都保持不变的情形下,考虑函数对于该自变量的变化率.例如由物理学知,一定量理想气体的体积 V,压强 P 与绝对温度 T 之间存在着某种联系,我们可以观察在等温条件下(T 视为常数)体积对于压强的变化率,也可以分析在等压过程中(P 视为常数)体积对于温度的变化率.多元函数对于某一个自变量的变化率引出了多元函数的偏导数概念.

定义　设函数 $z=f(x,y)$ 在点 (x_0,y_0) 的某邻域内有定义,当 y 固定在 y_0,而 x 在 x_0 处取得增量 Δx 时,函数相应的取得增量 $f(x_0+\Delta x,y_0)-f(x_0,y_0)$,如果

$$\lim_{\Delta x\to 0}\frac{f(x_0+\Delta x,y_0)-f(x_0,y_0)}{\Delta x}\tag{1}$$

存在,则称此极限为函数 $z=f(x,y)$ 在点 (x_0,y_0) 对 x 的偏导数,记作

$$\left.\frac{\partial z}{\partial x}\right|_{(x_0,y_0)},\left.z_x\right|_{(x_0,y_0)},\left.\frac{\partial f}{\partial x}\right|_{(x_0,y_0)}\text{ 或 }f_x(x_0,y_0).$$

类似地固定 $x=x_0$,如果

$$\lim_{\Delta y\to 0}\frac{f(x_0,y_0+\Delta y)-f(x_0,y_0)}{\Delta y}\tag{2}$$

存在,则称此极限为函数 $z=f(x,y)$ 在点 (x_0,y_0) 对 y 的偏导数,记作

$$\left.\frac{\partial z}{\partial y}\right|_{(x_0,y_0)},\left.z_y\right|_{(x_0,y_0)},\left.\frac{\partial f}{\partial y}\right|_{(x_0,y_0)}\text{ 或 }f_y(x_0,y_0).$$

当函数 $z=f(x,y)$ 在点 (x_0,y_0) 同时存在对 x 与对 y 的偏导数时,简称 $f(x,y)$ 在点 (x_0,y_0) 可偏导.

如果函数 $z=f(x,y)$ 在某平面区域 D 内的任一点 (x,y) 处都存在对 x 或对 y 的偏导数,那么这些偏导数仍然是 x、y 的函数,我们称它们为 $f(x,y)$ 的偏导函数,记作 $\frac{\partial f}{\partial x}$、$\frac{\partial f}{\partial y}$、$f_x(x,y)$、$f_y(x,y)$、$z_x$、$z_y$ 等.在不致产生误解时,偏导函数也简称为偏导数(partial derivative).

从偏导数的定义可以看出,计算多元函数的偏导数并不需要新的方法.例如当我们计算 $f(x,y)$ 对 x 的偏导数时,因为已将 y 视为常数,故若令 $\varphi(x)=f(x,y)$,那么

$$f_x(x,y)=\varphi'(x).$$

所以 $f(x,y)$ 对 x 的偏导数就是 $\varphi(x)$ 的导数,这样,一元函数的求导公式和求导法则都可沿用到多元函数偏导数的计算上来,

例 1　求 $z=x^2+3xy$ 的偏导数 $\left.z_x\right|_{(1,2)}$ 与 $\left.z_y\right|_{(1,2)}$.

解　按定义,$\left.z_x\right|_{(1,2)}$ 就是函数 z 在固定 $y=2$ 后即 $z=x^2+6x$ 在 $x=1$ 处的导

数，故

$$z_x\Big|_{(1,2)}=(x^2+6x)'\Big|_{x=1}=2x+6\Big|_{x=1}=8;$$

同理，$z_y\Big|_{(1,2)}$就是函数 z 在固定 $x=1$ 后，即 $z=1+3y$ 在 $y=2$ 处的导数，故

$$z_y\Big|_{(1,2)}=(1+3y)'\Big|_{y=2}=3.$$

通常也可以先求出偏导函数 z_x 与 z_y，然后计算 $z_x\Big|_{(1,2)}$与 $z_y\Big|_{(1,2)}$，解法如下：

将 y 视为常量，对 x 求导，得

$$z_x = 2x+3y;$$

同样将 x 视为常量，对 y 求导，得

$$z_y = 3x,$$

所以 $z_x\Big|_{(1,2)} = 8, z_y\Big|_{(1,2)} = 3.$

例 2　求 $r=\sqrt{x^2+y^2+z^2}$的偏导数.

解　将 y 和 z 都视为常量，对 x 求导，得

$$\frac{\partial r}{\partial x}=\frac{x}{\sqrt{x^2+y^2+z^2}}=\frac{x}{r},$$

根据自变量 x、y、z 在表达式中的对称性，立即可写出

$$\frac{\partial r}{\partial y}=\frac{y}{r},\frac{\partial r}{\partial z}=\frac{z}{r}.$$

例 3　已知一定量理想气体的状态方程为 $PV=RT$（R 为常数），证明

$$\frac{\partial P}{\partial V}\cdot\frac{\partial V}{\partial T}\cdot\frac{\partial T}{\partial P}=-1.$$

证　因

$$P=\frac{RT}{V},\ \frac{\partial P}{\partial V}=-\frac{RT}{V^2},$$

$$V=\frac{RT}{P},\ \frac{\partial V}{\partial T}=\frac{R}{P},$$

$$T=\frac{PV}{R},\ \frac{\partial T}{\partial P}=\frac{V}{R},$$

所以

$$\frac{\partial P}{\partial V}\cdot\frac{\partial V}{\partial T}\cdot\frac{\partial T}{\partial P}=-\frac{RT}{V^2}\cdot\frac{R}{P}\cdot\frac{V}{R}=-\frac{RT}{PV}=-1.$$

例 3 表明，用作偏导数记号的$\frac{\partial P}{\partial V}$、$\frac{\partial V}{\partial T}$与$\frac{\partial T}{\partial P}$应当作为整体记号来看待，不能看作分子与分母之商. 在偏导数记号$\frac{\partial z}{\partial x}$中，单独的分子与分母并未赋予独立的含义.

偏导数的几何意义　设二元函数 $z=f(x,y)$ 在点 (x_0,y_0) 有偏导数.

如图 6－6 所示，设 $M_0(x_0,y_0,f(x_0,y_0))$ 为曲面 $z=f(x,y)$ 上的一点，过点 M_0 作平面 $y=y_0$，此平面与曲面相交得一曲线，曲线的方程为

$$\begin{cases} z=f(x,y), \\ y=y_0. \end{cases}$$

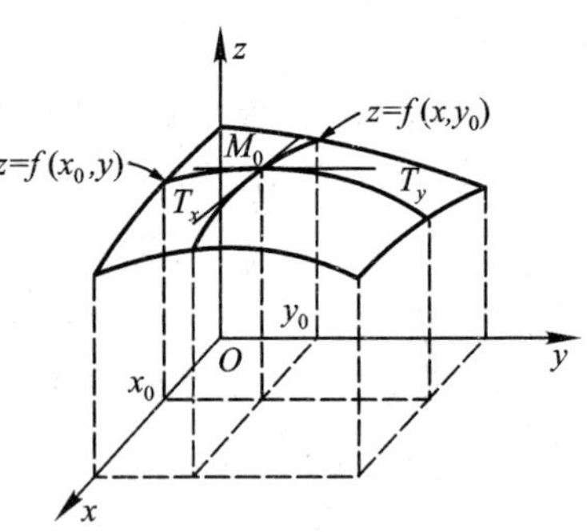

图 6－6

由于偏导数 $f_x(x_0,y_0)$ 等于一元函数 $f(x,y_0)$ 的导数 $f'(x,y_0)\Big|_{x=x_0}$，故由一元函数导数的几何意义可知：

> 偏导数 $f_x(x_0,y_0)$ 在几何上表示曲线 $\begin{cases} z=f(x,y), \\ y=y_0 \end{cases}$ 在点 $M(x_0,y_0,f(x_0,y_0))$ 处的切线 T_x 对 x 轴的斜率；
>
> 偏导数 $f_y(x_0,y_0)$ 在几何上表示曲线 $\begin{cases} z=f(x,y), \\ x=x_0 \end{cases}$ 在点 $M(x_0,y_0,f(x_0,y_0))$ 处的切线 T_y 对 y 轴的斜率.

我们知道，一元函数如果在某一点可导，那么函数在该点一定连续，但是对于多元函数来说，**如果它在某一点可偏导，则并不能保证它在该点连续**. 这是因为按照偏导数定义，(1) 式与 (2) 式的极限是否存在仅与函数 $f(x,y)$ 在直线 $y=y_0$ 上的点 (x_0+h,y_0) 与在直线 $x=x_0$ 上的点 (x_0,y_0+h) 处的取值有关（见图 6－7），而在点 (x_0,y_0) 的任意小的邻域内总有其他的点存在，改变函数在这些点上的值对于 (1) 式与 (2) 式没有任何影响，但却可以影响到函数在点 (x_0,y_0) 是否连续. 当然，当 $f(x,y)$ 在点 (x_0,y_0) 可偏导时，作为一元函数的 $f(x,y_0)$ 与 $f(x_0,y)$ 分别在点 x_0 与 y_0 处是连续的.

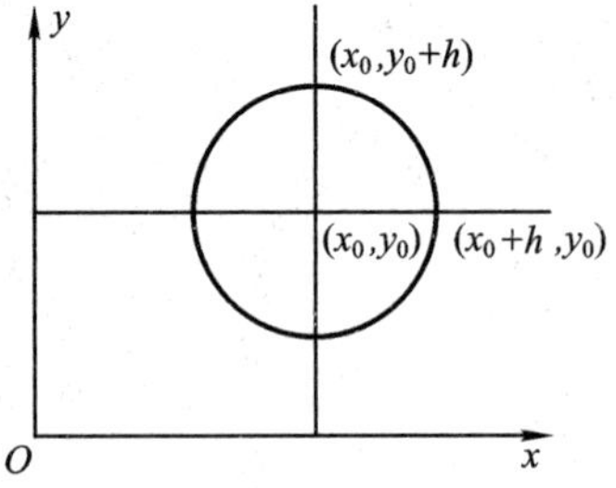

图 6－7

例 4　设

$$f(x,y)=\begin{cases} \dfrac{xy}{x^2+y^2} & 当(x,y)\neq(0,0), \\ 0 & 当(x,y)=(0,0). \end{cases}$$

求 $f(x,y)$ 在 $(0,0)$ 处的偏导数.

解 按偏导数的定义得

$$f_x(0,0)=\lim_{\Delta x\to 0}\frac{f(\Delta x,0)-f(0,0)}{\Delta x}=\lim_{\Delta x\to 0}\frac{0}{\Delta x}=0,$$

$$f_y(0,0)=\lim_{\Delta y\to 0}\frac{f(0,\Delta y)-f(0,0)}{\Delta y}=\lim_{\Delta y\to 0}\frac{0}{\Delta y}=0.$$

由此可见 $f(x,y)$ 在点 $(0,0)$ 处可偏导. 但由第一节的例 2,我们知道函数 $f(x,y)$ 在点 $(0,0)$ 处不存在极限,因而在该点处不连续.

二、高阶偏导数

设函数 $z=f(x,y)$ 在平面区域 D 内处处存在偏导数 $f_x(x,y)$ 与 $f_y(x,y)$,如果这两个偏导函数仍可偏导,则称它们的偏导数为函数 $z=f(x,y)$ 的二阶偏导数,按照求导次序的不同,有下列四种不同的二阶偏导数.

函数 $z=f(x,y)$ 关于 x 的二阶偏导数,记作 $\frac{\partial^2 z}{\partial x^2}$、$f_{xx}(x,y)$、$z_{xx}$ 等,由下式定义:

$$\frac{\partial^2 z}{\partial x^2}\left(\text{或} f_{xx}(x,y)\right)=\frac{\partial}{\partial x}\left(\frac{\partial z}{\partial x}\right).$$

类似地可定义其他三种二阶偏导数,其记号和定义分别为:

$$\frac{\partial^2 z}{\partial x\partial y}\left(\text{或}\frac{\partial^2 f}{\partial x\partial y}\text{或 } z_{xy}\text{ 或 } f_{xy}(x,y)\right)=\frac{\partial}{\partial y}\left(\frac{\partial z}{\partial x}\right),$$

$$\frac{\partial^2 z}{\partial y\partial x}\left(\text{或}\frac{\partial^2 f}{\partial y\partial x}\text{或 } z_{yx}\text{ 或 } f_{yx}(x,y)\right)=\frac{\partial}{\partial x}\left(\frac{\partial z}{\partial y}\right),$$

$$\frac{\partial^2 z}{\partial y^2}\left(\text{或}\frac{\partial^2 f}{\partial y^2}\text{或 } z_{yy}\text{ 或 } f_{yy}(x,y)\right)=\frac{\partial}{\partial y}\left(\frac{\partial z}{\partial y}\right),$$

其中偏导数 $\frac{\partial^2 z}{\partial x\partial y}$ 和 $\frac{\partial^2 z}{\partial y\partial x}$ 称为函数 $z=f(x,y)$ 的二阶混合偏导数. 仿此可继续定义多元函数的更高阶的偏导数,并且可仿此引入相应的记号.

例 5 求 $z=x^3y^2+xy$ 的四个二阶偏导数.

解 $\frac{\partial z}{\partial x}=3x^2y^2+y,\frac{\partial^2 z}{\partial x^2}=6xy^2,\frac{\partial^2 z}{\partial x\partial y}=6x^2y+1;$

$\frac{\partial z}{\partial y}=2x^3y+x,\frac{\partial^2 z}{\partial y^2}=2x^3,\frac{\partial^2 z}{\partial y\partial x}=6x^2y+1.$

例 6 设
$$f(x,y)=\begin{cases}\dfrac{x^3y}{x^2+y^2} & \text{当}(x,y)\neq(0,0),\\ 0 & \text{当}(x,y)=(0,0).\end{cases}$$

求 $f_{xy}(0,0)$ 和 $f_{yx}(0,0)$.

解 当 $(x,y)\neq(0,0)$ 时,我们有

$$f_x(x,y)=\frac{3x^2y(x^2+y^2)-x^3y\cdot 2x}{(x^2+y^2)^2}=\frac{3x^2y}{x^2+y^2}-\frac{2x^4y}{(x^2+y^2)^2},$$

$$f_y(x,y)=\frac{x^3}{x^2+y^2}-\frac{2x^3y^2}{(x^2+y^2)^2}.$$

当 $(x,y)=(0,0)$ 时,按定义得

$$f_x(0,0)=\lim_{\Delta x\to 0}\frac{f(\Delta x,0)-f(0,0)}{\Delta x}=0,$$

$$f_y(0,0)=\lim_{\Delta y\to 0}\frac{f(0,\Delta y)-f(0,0)}{\Delta y}=0.$$

于是

$$f_{xy}(0,0)=\lim_{\Delta y\to 0}\frac{f_x(0,\Delta y)-f_x(0,0)}{\Delta y}=0,$$

$$f_{yx}(0,0)=\lim_{\Delta x\to 0}\frac{f_y(\Delta x,0)-f_y(0,0)}{\Delta x}=1.$$

我们看到,在例 5 中混合偏导数 $\frac{\partial^2 z}{\partial x\partial y}=\frac{\partial^2 z}{\partial y\partial x}$,但在例 6 中两者不相等,这说明混合偏导数与求偏导数的次序有关. 但是就通常所遇到的函数而言,这种情况不会发生,这是因为我们有如下定理:

定理 如果函数 $z=f(x,y)$ 的两个二阶混合偏导数 $f_{xy}(x,y)$ 与 $f_{yx}(x,y)$ 在区域 D 内连续,那么在该区域内

$$f_{xy}(x,y)=f_{yx}(x,y).$$

定理的证明从略. 对于更为高阶的混合偏导数,也有类似的结论成立,即若函数 $f(x,y)$ 在区域 D 内处处存在直到 q 阶的所有偏导数,并且所有这些偏导数都在 D 内连续, 那么 $f(x,y)$ 在 D 内的 q 阶混合偏导数与求偏导数的次序无关,例如 $\frac{\partial^3 f}{\partial x^2\partial y}=\frac{\partial^3 f}{\partial x\partial y\partial x}=\frac{\partial^3 f}{\partial y\partial x^2}$.

多元函数的偏导数常常用于建立某些偏微分方程. 偏微分方程是描述自然现象、反映自然规律的一种重要手段. 例如方程

$$\frac{\partial^2 z}{\partial y^2}=a^2\frac{\partial^2 z}{\partial x^2}$$

(a 是常数)称为波动方程,它可用来描述各类波的运动. 又如方程

$$\frac{\partial^2 z}{\partial x^2}+\frac{\partial^2 z}{\partial y^2}=0$$

称为拉普拉斯(Laplace)方程,它在热传导、流体运动等问题中有着重要的应用.

例 7 验证函数 $z=\sin(x-ay)$ 满足波动方程.

证 因

$$\frac{\partial z}{\partial x}=\cos(x-ay),\ \frac{\partial^2 z}{\partial x^2}=-\sin(x-ay),$$

$$\frac{\partial z}{\partial y}=-a\cos(x-ay),\ \frac{\partial^2 z}{\partial y^2}=-a^2\sin(x-ay),$$

故有

$$\frac{\partial^2 z}{\partial y^2}=a^2\frac{\partial^2 z}{\partial x^2}.$$

例 8 验证函数 $z=\ln\sqrt{x^2+y^2}$满足拉普拉斯方程.

证 因

$$\frac{\partial z}{\partial x}=\frac{x}{x^2+y^2},\ \frac{\partial^2 z}{\partial x^2}=\frac{(x^2+y^2)-x\cdot 2x}{(x^2+y^2)^2}=\frac{y^2-x^2}{(x^2+y^2)^2},$$

由 x、y 在函数表达式中的对称性,立即可写出

$$\frac{\partial z}{\partial y}=\frac{y}{x^2+y^2},\frac{\partial^2 z}{\partial y^2}=\frac{x^2-y^2}{(x^2+y^2)^2},$$

从而有

$$\frac{\partial^2 z}{\partial x^2}+\frac{\partial^2 z}{\partial y^2}=0.$$

习题 6－2

1. 求下列函数在指定点处的一阶偏导数:

(1) $z=x+(y-1)\sin xy$, 点(0,1);

(2) $z=x^2e^y+(x-1)\arctan\dfrac{y}{x}$, 点(1,0).

2. 求下列函数的一阶偏导数:

(1) $z=\dfrac{x}{y}+\dfrac{y}{x}$;　　(2) $z=e^{\frac{x}{y}}+e^{-\frac{x}{y}}$;

(3) $z=\ln(x+\sqrt{x^2+y^2})$;　　(4) $z=x^y\cdot y^x$;

(5) $u=\arctan(x-y)^z$;　　(6) $u=\int_{xz}^{yz}e^{t^2}dt$.

3. 设

$$f(x,y)=\begin{cases}\dfrac{xy}{\sqrt{x^2+y^2}} & 当(x,y)\neq(0,0),\\ 0 & 当(x,y)=(0,0).\end{cases}$$

证明:$f(x,y)$在点(0,0)处连续且可偏导, 并求出$f_x(0,0)$和$f_y(0,0)$的值.

4. 求旋转曲面 $z=\sqrt{1+x^2+y^2}$与平面 $x=1$ 的交线在点$(1,1,\sqrt{3})$处的切线与 y 轴正向之间的夹角.

5. 求下列函数的所有二阶偏导数:

(1) $z=x^2y+x\sqrt{y}$;　　(2) $z=x\arcsin\sqrt{y}$;

(3) $z=\cos^2(x+2y)$;　　(4) $z=e^{xy^2}$.

6. 是否存在一个函数 $f(x,y)$，使得 $f_x(x,y)=x+4y$，$f_y(x,y)=3x-y$？

7. 求下列函数的指定的高阶偏导数：

(1) $u=x\ln(xy)$，u_{xxy}，u_{xyy}；　　(2) $u=\dfrac{x-y}{x+y}$，u_{xxy}.

8. 验证函数 $u=\mathrm{e}^{-kn^2t}\sin nx$ 满足热传导方程 $u_t=ku_{xx}$.

9. 验证下列函数满足波动方程 $u_{tt}=a^2u_{xx}$：

(1) $u=\sin(kx)\sin(akt)$；　　(2) $u=\ln(x+at)$；

(3) $u=\sin(x-at)$.

10. 验证下列函数满足拉普拉斯方程 $u_{xx}+u_{yy}=0$：

(1) $u=\arctan\dfrac{x}{y}$；　　(2) $u=\mathrm{e}^{-x}\cos y-\mathrm{e}^{-y}\cos x$.

第三节　全　微　分

在定义二元函数 $f(x,y)$ 的偏导数时，我们曾经考虑了函数的下述两个增量：

$$f(x_0+\Delta x,y_0)-f(x_0,y_0),$$
$$f(x_0,y_0+\Delta y)-f(x_0,y_0).$$

它们分别称为函数 $z=f(x,y)$ 在点 (x_0,y_0) 处对 x 与对 y 的偏增量. 当 $f(x,y)$ 在点 (x_0,y_0) 可偏导时，这两个偏增量可以分别表示为

$$f(x_0+\Delta x,y_0)-f(x_0,y_0)=f_x(x_0,y_0)\cdot\Delta x+o(\Delta x),$$
$$f(x_0,y_0+\Delta y)-f(x_0,y_0)=f_y(x_0,y_0)\cdot\Delta y+o(\Delta y).$$

两式右端的第一项分别称为函数 $z=f(x,y)$ 在点 (x_0,y_0) 处对 x 与对 y 的偏微分. 在许多实际问题中，我们还需要研究 $f(x,y)$ 的形如

$$f(x_0+\Delta x,y_0+\Delta y)-f(x_0,y_0)$$

的全增量，例如设一圆柱体的底半径为 r，高为 h，当底半径与高各自获得增量 Δr 与 Δh 时，为了了解圆柱体体积 V 的改变量，就要计算如下的全增量

$$\begin{aligned}\Delta V&=\pi(r+\Delta r)^2\cdot(h+\Delta h)-\pi r^2h\\&=2\pi rh\Delta r+\pi r^2\Delta h+2\pi r\Delta r\Delta h+\pi h(\Delta r)^2+\pi(\Delta r)^2\Delta h.\end{aligned}$$

一般说来，多元函数全增量的计算是比较复杂的，但是从上面这个例子我们看到，当 Δr 与 Δh 很小时，圆柱体体积的全增量 ΔV 可以用 $2\pi rh\Delta r+\pi r^2\Delta h$ 来近似地表示，它是自变量增量 Δr 与 Δh 的二元一次齐次多项式（这里 r、h 视为常数），而其余部分当 $(\Delta r,\Delta h)\to(0,0)$ 时是 $\sqrt{(\Delta r)^2+(\Delta h)^2}$ 的高阶无穷小，因而 ΔV 可以写成

$$\Delta V = 2\pi rh\Delta r + \pi r^2\Delta h + o(\sqrt{(\Delta r)^2 + (\Delta h)^2}).$$

多元函数全增量的这种局部线性近似性质引出了多元函数的可微性概念.

定义　设函数 $z = f(x,y)$ 在点 (x_0,y_0) 的某邻域内有定义,如果函数在点 (x_0,y_0) 处的全增量

$$\Delta z = f(x_0 + \Delta x, y_0 + \Delta y) - f(x_0,y_0)$$

可以表示为

$$\Delta z = A\Delta x + B\Delta y + o(\rho), \tag{1}$$

其中 A、B 是不依赖于 Δx、Δy 的两个常数(但一般与点 (x_0,y_0) 有关),$\rho = \sqrt{(\Delta x)^2 + (\Delta y)^2}$,则称函数 $z = f(x,y)$ 在点 (x_0,y_0) 可微,并称 $A\Delta x + B\Delta y$ 为函数 $z = f(x,y)$ 在点 (x_0,y_0) 的全微分(total differential),记作 $\mathrm{d}z$,即

$$\mathrm{d}z = A\Delta x + B\Delta y.$$

习惯上,自变量的增量 Δx 与 Δy 常写成 $\mathrm{d}x$ 与 $\mathrm{d}y$,并分别称为自变量 x、y 的微分,所以 $\mathrm{d}z$ 也常写成

$$\mathrm{d}z = A\mathrm{d}x + B\mathrm{d}y.$$

当函数 $z = f(x,y)$ 在某平面区域 D 内处处可微时,称 $z = f(x,y)$ 为 D 内的可微函数.

从多元函数可微性的定义,我们容易得到下述结果.

定理 1(可微的必要条件)　若函数 $z = f(x,y)$ 在点 (x_0,y_0) 可微,则

(1) $f(x,y)$ 在点 (x_0,y_0) 处连续;

(2) $f(x,y)$ 在点 (x_0,y_0) 处可偏导,且有 $A = f_x(x_0,y_0)$, $B = f_y(x_0,y_0)$,即 $z = f(x,y)$ 在点 (x_0,y_0) 的全微分为

$$\mathrm{d}z = f_x(x_0,y_0)\mathrm{d}x + f_y(x_0,y_0)\mathrm{d}y.$$

证　(1)　由假设,在(1)式中令 $\rho \to 0$,得

$$\lim_{\rho\to 0}\Delta z = 0,$$

即

$$\lim_{(\Delta x,\Delta y)\to(0,0)} f(x_0 + \Delta x, y_0 + \Delta y) = f(x_0,y_0),$$

所以 $f(x,y)$ 在点 (x_0,y_0) 处连续.

为了证明(2),特别地取 $\Delta y = 0$,也就是取 $\rho = |\Delta x|$,则(1)式变为

$$f(x_0 + \Delta x, y_0) - f(x_0,y_0) = A\Delta x + o(|\Delta x|),$$

等式两边同除以 Δx,并令 $\Delta x \to 0$,得

$$\lim_{\Delta x\to 0}\frac{f(x_0 + \Delta x, y_0) - f(x_0,y_0)}{\Delta x} = A.$$

同理可得

$$\lim_{\Delta y\to 0}\frac{f(x_0,y_0+\Delta y)-f(x_0,y_0)}{\Delta y}=B.$$

所以 $f(x,y)$ 在点 (x_0,y_0) 可偏导，且 $f_x(x_0,y_0)=A, f_y(x_0,y_0)=B$. 证毕.

根据这一结果,我们得到

> 若函数 $z=f(x,y)$ 在区域 D 内每一点 (x,y) 处都可微,则 $f(x,y)$ 在每点处连续且可偏导,其全微分为
>
> $$\mathrm{d}z=f_x(x,y)\mathrm{d}x+f_y(x,y)\mathrm{d}y, \tag{2}$$
>
> 或
>
> $$\mathrm{d}z=\frac{\partial z}{\partial x}\mathrm{d}x+\frac{\partial z}{\partial y}\mathrm{d}y. \tag{2'}$$

定理 1 给出了函数在一点可微应满足的必要条件,这些条件对于保证函数的可微性并不是充分的. 事实上,当函数 $z=f(x,y)$ 在点 (x_0,y_0) 处连续且可偏导时,未必有

$$\Delta z-[f_x(x_0,y_0)\Delta x+f_y(x_0,y_0)\Delta y]=o(\rho)\quad(\rho\to 0).$$

例如 函数

$$z=f(x,y)=\begin{cases}\dfrac{xy}{\sqrt{x^2+y^2}} & \text{当}(x,y)\neq(0,0),\\ 0 & \text{当}(x,y)=(0,0)\end{cases}$$

在点(0,0)处连续并且有偏导数 $f_x(0,0)=f_y(0,0)=0$(习题 6-2 第 3 题), 但由于

$$\Delta z-[f_x(0,0)\Delta x+f_y(0,0)\Delta y]=\frac{\Delta x\Delta y}{\sqrt{(\Delta x)^2+(\Delta y)^2}},$$

而
$$\frac{\Delta x\Delta y}{\sqrt{(\Delta x)^2+(\Delta y)^2}}\Bigg/\rho=\frac{\Delta x\Delta y}{(\Delta x)^2+(\Delta y)^2},$$

当 $\rho\to 0$,即 $(\Delta x,\Delta y)\to(0,0)$ 时,由第一节的例 2 可知,上式并不趋于零,这说明 $\Delta z-[f_x(0,0)\Delta x+f_y(0,0)\Delta y]$ 不是 $o(\rho)$. 因此 $z=f(x,y)$ 在点(0,0) 不可微. 这个例子表明多元函数在一点可微与在该点连续且可偏导是不等价的. 在这一点上,多元函数与一元函数是不相同的.

但是,如果把条件加强为偏导数连续,则函数就必可微了.

定理 2(可微的充分条件) **若函数 $z=f(x,y)$ 在点 (x_0,y_0) 具有连续偏**

导数①,则 $f(x,y)$ 在点 (x_0,y_0) 处可微.

证　将函数的全增量写成

$$\begin{aligned}\Delta z &= f(x_0+\Delta x,y_0+\Delta y)-f(x_0,y_0)\\ &= [f(x_0+\Delta x,y_0+\Delta y)-f(x_0,y_0+\Delta y)]+[f(x_0,y_0+\Delta y)-f(x_0,y_0)].\end{aligned}$$

按假设,在每一个方括号内,由一元微分中值定理及偏导数的连续性可得

$$\begin{aligned}\Delta z &= f_x(x_0+\theta\Delta x,y_0+\Delta y)\Delta x+f_y(x_0,y_0+\eta\Delta y)\Delta y \qquad (0<\theta,\eta<1)\\ &= [f_x(x_0,y_0)+\alpha]\Delta x+[f_y(x_0,y_0)+\beta]\Delta y\\ &= f_x(x_0,y_0)\Delta x+f_y(x_0,y_0)\Delta y+\alpha\Delta x+\beta\Delta y. \end{aligned}\tag{3}$$

这里 α 和 β 是当 $\rho\to 0$ 时的无穷小.

由于 $\left|\dfrac{\alpha\Delta x+\beta\Delta y}{\rho}\right|\leqslant\left|\dfrac{\alpha\Delta x}{\rho}\right|+\left|\dfrac{\beta\Delta y}{\rho}\right|\leqslant|\alpha|+|\beta|\to 0(\rho\to 0)$,

故
$$\alpha\Delta x+\beta\Delta y=o(\rho).$$

所以 $f(x,y)$ 在点 (x_0,y_0) 可微.

根据这一定理可知,如果 $z=f(x,y)$ 在某区域 D 内具有连续的偏导数,那么 $z=f(x,y)$ 是 D 内的可微函数.

以上所作的讨论可以完全类似地推广到二元以上的多元函数. 比如说,如果三元函数 $u=f(x,y,z)$ 在点 (x_0,y_0,z_0) 处的全增量

$$\Delta u=f(x_0+\Delta x,y_0+\Delta y,z_0+\Delta z)-f(x_0,y_0,z_0)$$

可以表示为

$$\Delta u=A\Delta x+B\Delta y+C\Delta z+o(\rho),$$

其中 A、B、C 是不依赖于 Δx、Δy、Δz 的三个常数(但一般与点 (x_0,y_0,z_0) 有关),$\rho=\sqrt{(\Delta x)^2+(\Delta y)^2+(\Delta z)^2}$,则称函数 $u=f(x,y,z)$ 在点 (x_0,y_0,z_0) 处可微,并称 $A\Delta x+B\Delta y+C\Delta z$ 为函数 $z=f(x,y,z)$ 在点 (x_0,y_0,z_0) 处的全微分,记作 $\mathrm{d}u$,即

$$\mathrm{d}u=A\Delta x+B\Delta y+C\Delta z=A\mathrm{d}x+B\mathrm{d}y+C\mathrm{d}z.$$

若 $u=f(x,y,z)$ 在空间区域 D 的每一点 (x,y,z) 处可微,则 $f(x,y,z)$ 在每点处连续且可偏导,而且全微分

$$\mathrm{d}u=f_x(x,y,z)\mathrm{d}x+f_y(x,y,z)\mathrm{d}y+f_z(x,y,z)\mathrm{d}z,\tag{4}$$

或
$$\mathrm{d}u=\frac{\partial u}{\partial x}\mathrm{d}x+\frac{\partial u}{\partial y}\mathrm{d}y+\frac{\partial u}{\partial z}\mathrm{d}z.\tag{4'}$$

例 1　计算函数 $z=x^2+\mathrm{e}^{xy}$ 在点 $(1,2)$ 的全微分.

---

① 多元函数在某点具有连续偏导数,是指函数在该点的某邻域内处处可偏导,并且各偏导函数都在该点连续.

解 因 $z_x=2x+ye^{xy}, z_y=xe^{xy}$,所以

$$dz = z_x\Big|_{(1,2)}dx + z_y\Big|_{(1,2)}dy = 2(1+e^2)dx + e^2dy.$$

例 2 计算函数 $u=xy^2+\sin z$ 的全微分.

解 因 $u_x=y^2$、$u_y=2xy$、$u_z=\cos z$,所以

$$du = y^2dx + 2xydy + \cos zdz.$$

例 3 设 $z=x^2+3xy-y^2$,x 从 2 变到 2.05、y 从 3 变到 2.96,求 Δz 与 dz 的值.

解 $\Delta z = (2.05^2+3\times 2.05\times 2.96-2.96^2)-(2^2+3\times 2\times 3-3^2)$

$=0.644\ 9$,

$dz = z_x\Big|_{(2,3)}\times 0.05 + z_y\Big|_{(2,3)}\times(-0.04)$

$=13\times 0.05+0\times(-0.04)=0.65.$

例 4 计算 $(1.04)^{2.02}$ 的近似值.

解 设 $z=f(x,y)=x^y$,利用函数 $f(x,y)=x^y$ 在点(1,2)处的可微性,可得

$$\begin{aligned}(1.04)^{2.02} &= f(1.04,2.02)=f(1,2)+\Delta z\approx f(1,2)+dz\\ &= f(1,2)+f_x(1,2)\Delta x+f_y(1,2)\Delta y = 1+2\times 0.04+0\times 0.02\\ &= 1.08.\end{aligned}$$

最后我们就二元函数可微的几何意义作一点说明.

设二元函数 $z=f(x,y)$ 在点(x_0,y_0)处可微,则在(x_0,y_0)的某邻域内有

$$f(x,y)-f(x_0,y_0)\approx f_x(x_0,y_0)(x-x_0)+f_y(x_0,y_0)(y-y_0),$$

即

$$f(x,y)\approx f(x_0,y_0)+f_x(x_0,y_0)(x-x_0)+f_y(x_0,y_0)(y-y_0).$$

记上式的右端为

$$z=f(x_0,y_0)+f_x(x_0,y_0)(x-x_0)+f_y(x_0,y_0)(y-y_0),$$

它表示通过点$(x_0,y_0,f(x_0,y_0))$并以$(f_x(x_0,y_0),f_y(x_0,y_0),-1)$为法向量的一张平面.由本章第七节可知,这张平面就是曲面 $z=f(x,y)$ 在该点处的切平面.这说明如果 $z=f(x,y)$ 在点(x_0,y_0)处可微,则曲面 $z=f(x,y)$ 在点$(x_0,y_0,f(x_0,y_0))$近旁的一小部分可以用曲面在该点的切平面来近似(见图6-8).

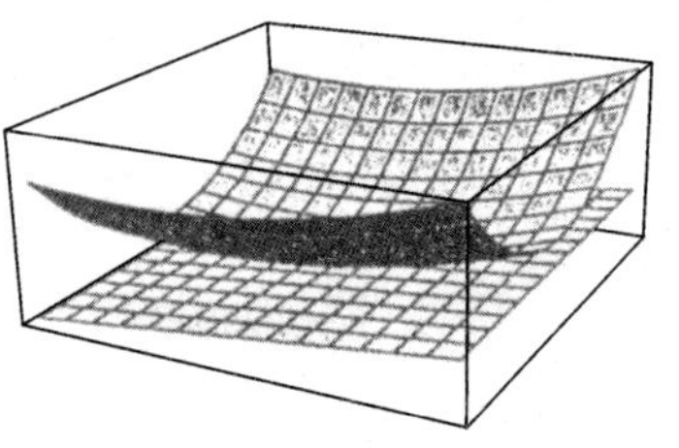

图 6-8

习题 6－3

1. 求函数 $z=\frac{y}{x}$ 当 $x=2$、$y=1$、$\Delta x=0.1$、$\Delta y=-0.2$ 时的全增量和全微分.

2. 求函数 $z=5x^2+y^2$ 当 $x=1$、$y=2$、$\Delta x=0.05$、$\Delta y=0.1$ 时的全增量和全微分.

3. 求下列函数的全微分：

(1) $z=xy+\frac{x}{y}$；　　(2) $z=e^{xy}\ln x$；

(3) $z=\arctan\frac{x+y}{x-y}$；　　(4) $u=x\sin yz$.

4. 设 $f(x,y)=\begin{cases}\frac{xy}{x^2+y^2} & 当(x,y)\neq(0,0),\\ 0 & 当(x,y)=(0,0),\end{cases}$ 试用函数可微的必要条件证明 $f(x,y)$ 在点 $(0,0)$ 处不可微.

5. 设 $f(x,y)=\begin{cases}(x^2+y^2)\sin\frac{1}{x^2+y^2} & 当(x,y)\neq(0,0),\\ 0 & 当(x,y)=(0,0),\end{cases}$ 试用定义证明 $f(x,y)$ 在点 $(0,0)$ 处可微.

6. 利用全微分求下述函数在给定点的近似值：

(1) $\ln(x-3y)$，$(6.9,2.06)$；　　(2) $x^2y^3z^4$，$(1.05,0.9,3.01)$.

7. 利用全微分求下述各数的近似值：

(1) $\sin 29^\circ\tan 46^\circ$；　　(2) $\sqrt{3.02^2+1.97^2+5.99^2}$.

8. 已知边长为 $x=6$ m 与 $y=8$ m 的矩形，当 x 边增加 5 cm 而 y 边减少 10 cm 时，求这个矩形的对角线的长度变化的近似值.

9. 设圆锥体的底半径 R 由 30 cm 增加到 30.1 cm、高 H 由 60 cm 减少到 59.5 cm，试求圆锥体体积变化的近似值.

10. 一扇形的中心角为 60°，半径为 20 m，如果将中心角增加 1°，为了使扇形面积保持不变，应将扇形半径减少多少 m（计算到小数点后三位）？

第四节　复合函数的求导法则

一元复合函数有如下的链式求导法则：若函数 $x=g(t)$ 在点 t 可导，函数 $y=f(x)$ 在对应点 x 可导，则复合函数 $y=f(g(t))$ 在点 t 可导，且有

$$\frac{dy}{dt}=\frac{dy}{dx}\cdot\frac{dx}{dt}. \tag{1}$$

现在将链式求导法则推广到多元复合函数. 这一法则在不同的复合情形下有不同的表达形式，为了便于掌握，我们将其归纳为两种基本情形，并对每种情形举

几个代表性的例子来说明结果，读者不难由此及彼，掌握各种形式下的链式法则.

情形 1 ——复合函数的中间变量均为一元函数的情形.

> 如果函数 $u=\varphi(t)$、$v=\psi(t)$ 都在点 t 可导，函数 $z=f(u,v)$ 在对应点 (u,v) 具有连续偏导数，则复合函数 $z=f[\varphi(t),\psi(t)]$ 在点 t 可导，且有
>
> $$\frac{\mathrm{d}z}{\mathrm{d}t}=\frac{\partial z}{\partial u}\cdot\frac{\mathrm{d}u}{\mathrm{d}t}+\frac{\partial z}{\partial v}\cdot\frac{\mathrm{d}v}{\mathrm{d}t}. \tag{2}$$

证　给 t 以增量 Δt，相应的使函数 $u=\varphi(t)$、$v=\psi(t)$ 获得了增量 Δu 与 Δv，从而也使复合函数 $z=f(\varphi(t),\psi(t))$ 获得了增量 Δz. 由假设，函数 $z=f(u,v)$ 在对应点 (u,v) 处具有连续偏导数，故由第三节（3）式可得

$$\Delta z=\frac{\partial z}{\partial u}\cdot\Delta u+\frac{\partial z}{\partial v}\cdot\Delta v+\alpha\Delta u+\beta\Delta v,$$

其中 α,β 为 $\rho=\sqrt{(\Delta u)^2+(\Delta v)^2}\to 0$ 时的无穷小量. 在上式两端同除以 Δt，得

$$\frac{\Delta z}{\Delta t}=\frac{\partial z}{\partial u}\cdot\frac{\Delta u}{\Delta t}+\frac{\partial z}{\partial v}\cdot\frac{\Delta v}{\Delta t}+\alpha\frac{\Delta u}{\Delta t}+\beta\frac{\Delta v}{\Delta t}.$$

由于 $u=\varphi(t)$、$v=\psi(t)$ 都在点 t 可导，所以当 $\Delta t\to 0$ 时，$\frac{\Delta u}{\Delta t}\to\frac{\mathrm{d}u}{\mathrm{d}t},\frac{\Delta v}{\Delta t}\to\frac{\mathrm{d}v}{\mathrm{d}t}$，又由于 $\Delta t\to 0$ 时，$\Delta u\to 0,\Delta v\to 0$，从而 $\rho\to 0$，于是 $\alpha\frac{\Delta u}{\Delta t}+\beta\frac{\Delta v}{\Delta t}\to 0$. 这就得到

$$\lim_{\Delta t\to 0}\frac{\Delta z}{\Delta t}=\frac{\partial z}{\partial u}\cdot\frac{\mathrm{d}u}{\mathrm{d}t}+\frac{\partial z}{\partial v}\cdot\frac{\mathrm{d}v}{\mathrm{d}t},$$

从而证明了复合函数 $z=f(\varphi(t),\psi(t))$ 在点 t 可微，且有公式（2）成立.

在公式（2）中的导数 $\frac{\mathrm{d}z}{\mathrm{d}t}$ 称为全导数.

例 1　设 $z=u^2v+3uv^4,u=\mathrm{e}^t,v=\sin t$，求全导数 $\frac{\mathrm{d}z}{\mathrm{d}t}$.

解　$$\begin{aligned}\frac{\mathrm{d}z}{\mathrm{d}t}&=\frac{\partial z}{\partial u}\cdot\frac{\mathrm{d}u}{\mathrm{d}t}+\frac{\partial z}{\partial v}\cdot\frac{\mathrm{d}v}{\mathrm{d}t}=(2uv+3v^4)\mathrm{e}^t+(u^2+12uv^3)\cos t\\&=(2\mathrm{e}^t\sin t+3\sin^4 t)\mathrm{e}^t+(\mathrm{e}^{2t}+12\mathrm{e}^t\sin^3 t)\cos t.\end{aligned}$$

这里我们最终将 $\frac{\mathrm{d}z}{\mathrm{d}t}$ 表示成了 t 的函数，但对于某些目的来说，这一步并非总是需要的. 例如当我们要计算 $\frac{\mathrm{d}z}{\mathrm{d}t}$ 在 $t=0$ 处的值时，那么只需注意到 $t=0$ 时，$u=1,v=0$，则由倒数第二步即可得

$$\left.\frac{\mathrm{d}z}{\mathrm{d}t}\right|_{t=0}=0\cdot\mathrm{e}^0+1\cdot\cos 0=1.$$

例 2　利用全导数公式(2),求幂指函数 $y = u(x)^{v(x)}\ (u(x) > 0)$ 的导数$\dfrac{\mathrm{d}y}{\mathrm{d}x}$.

解　由公式(2),

$$\frac{\mathrm{d}y}{\mathrm{d}x}=\frac{\partial y}{\partial u}\frac{\mathrm{d}u}{\mathrm{d}x}+\frac{\partial y}{\partial v}\frac{\mathrm{d}v}{\mathrm{d}x}=vu^{v-1}\cdot u'+u^{v}\ln u\cdot v'$$

$$=u^{v}\left(\frac{v}{u}u'+v'\ln u\right).$$

在上册第二章第三节,我们用对数求导法曾得到过这一结果.

例 3　设 $z = uv + \sin w, u = \mathrm{e}^t, v = \cos t, w = t$,求全导数$\dfrac{\mathrm{d}z}{\mathrm{d}t}$.

解　$$\frac{\mathrm{d}z}{\mathrm{d}t}=\frac{\partial z}{\partial u}\cdot\frac{\mathrm{d}u}{\mathrm{d}t}+\frac{\partial z}{\partial v}\cdot\frac{\mathrm{d}v}{\mathrm{d}t}+\frac{\partial z}{\partial w}\cdot\frac{\mathrm{d}w}{\mathrm{d}t}$$

$$=v\cdot\mathrm{e}^{t}+u\cdot(-\sin t)+\cos t\cdot 1=\mathrm{e}^{t}(\cos t-\sin t)+\cos t.$$

情形 2 ——复合函数的中间变量均为多元函数的情形.

> 如果函数 $u = \varphi(x,y)$、$v = \psi(x,y)$ 都在点(x,y)处可微,函数 $z = f(u,v)$ 在对应点(u,v) 具有连续偏导数,则复合函数 $z = f[\varphi(x,y),\psi(x,y)]$ 在点(x,y)处可微,且有
>
> $$\frac{\partial z}{\partial x}=\frac{\partial z}{\partial u}\cdot\frac{\partial u}{\partial x}+\frac{\partial z}{\partial v}\cdot\frac{\partial v}{\partial x},\quad \frac{\partial z}{\partial y}=\frac{\partial z}{\partial u}\cdot\frac{\partial u}{\partial y}+\frac{\partial z}{\partial v}\cdot\frac{\partial v}{\partial y}. \tag{3}$$

这一结论的证明可以直接按照二元函数可微的定义来进行,这里从略. 如果单就偏导数的计算而言,(3)式也可以从(2)式直接推得. 事实上,由于求$\dfrac{\partial z}{\partial x}$时是将 y 视为常数,求$\dfrac{\partial z}{\partial y}$时是将 x 视为常数,因而(2)式中的链式法则在现在的情形下也同样适用. 不过由于现在的复合函数与中间函数都是二元函数,因而需要将(2)式中的 d 改写成∂,并将其中的 t 换成现在的 x 或 y,这样就得到了(3)式.

例 4　设 $z = \mathrm{e}^u\sin v$、$u = xy$、$v = x + y$,求$\dfrac{\partial z}{\partial x}$和$\dfrac{\partial z}{\partial y}$.

解　$$\frac{\partial z}{\partial x}=\frac{\partial z}{\partial u}\cdot\frac{\partial u}{\partial x}+\frac{\partial z}{\partial v}\cdot\frac{\partial v}{\partial x}=(\mathrm{e}^{u}\sin v)\cdot y+(\mathrm{e}^{u}\cos v)\cdot 1$$

$$=\mathrm{e}^{xy}[y\sin(x+y)+\cos(x+y)].$$

$$\frac{\partial z}{\partial y}=\frac{\partial z}{\partial u}\cdot\frac{\partial u}{\partial y}+\frac{\partial z}{\partial v}\cdot\frac{\partial v}{\partial y}=(\mathrm{e}^{u}\sin v)\cdot x+(\mathrm{e}^{u}\cos v)\cdot 1$$

$$=\mathrm{e}^{xy}[x\sin(x+y)+\cos(x+y)].$$

例 5　设 $z = f(x^2 - y^2, y^2 - x^2)$,$f$ 具有连续偏导数,证明:

$$y\frac{\partial z}{\partial x}+x\frac{\partial z}{\partial y}=0.$$

证　函数 $f(x^2-y^2,y^2-x^2)$ 由函数 $z=f(u,v)$、$u=x^2-y^2$、$v=y^2-x^2$ 复合而成，于是

$$\frac{\partial z}{\partial x}=\frac{\partial f}{\partial u}\frac{\partial u}{\partial x}+\frac{\partial f}{\partial v}\frac{\partial v}{\partial x}=2x\frac{\partial f}{\partial u}-2x\frac{\partial f}{\partial v}=2x\left(\frac{\partial f}{\partial u}-\frac{\partial f}{\partial v}\right),$$

$$\frac{\partial z}{\partial y}=\frac{\partial f}{\partial u}\frac{\partial u}{\partial y}+\frac{\partial f}{\partial v}\frac{\partial v}{\partial y}=-2y\frac{\partial f}{\partial u}+2y\frac{\partial f}{\partial v}=2y\left(\frac{\partial f}{\partial v}-\frac{\partial f}{\partial u}\right),$$

所以

$$y\frac{\partial z}{\partial x}+x\frac{\partial z}{\partial y}=2xy\left(\frac{\partial f}{\partial u}-\frac{\partial f}{\partial v}\right)+2xy\left(\frac{\partial f}{\partial v}-\frac{\partial f}{\partial u}\right)=0.$$

有些复合函数的中间变量既有一元函数，又有多元函数，例如：

设 $z=f(x,y)$，$x=\varphi(s,t)$，$y=\psi(t)$ 复合成二元函数 $z=f[\varphi(s,t),\psi(t)]$，那么在满足与情形 2 类似的条件下，复合函数 z 可微，且有

$$\frac{\partial z}{\partial s}=\frac{\partial f}{\partial x}\frac{\partial x}{\partial s},$$

$$\frac{\partial z}{\partial t}=\frac{\partial f}{\partial x}\frac{\partial x}{\partial t}+\frac{\partial f}{\partial y}\frac{\mathrm{d}y}{\mathrm{d}t}. \tag{4}$$

只需注意到变量 y 与变量 s 无关，并在遇到一元函数求导时，将∂改作 d，就能从(3)式得到(4)式.

例 6　设 $z=\arcsin(xy)$、$x=se^t$、$y=t^2$，求$\dfrac{\partial z}{\partial s}$和$\dfrac{\partial z}{\partial t}$.

解　$\dfrac{\partial z}{\partial s}=\dfrac{\partial z}{\partial x}\dfrac{\partial x}{\partial s}=\dfrac{y}{\sqrt{1-x^2y^2}}\mathrm{e}^t=\dfrac{t^2\mathrm{e}^t}{\sqrt{1-s^2t^4\mathrm{e}^{2t}}}$;

$$\frac{\partial z}{\partial t}=\frac{\partial z}{\partial x}\frac{\partial x}{\partial t}+\frac{\partial z}{\partial y}\frac{\mathrm{d}y}{\mathrm{d}t}=\frac{y}{\sqrt{1-x^2y^2}}s\mathrm{e}^t+\frac{x}{\sqrt{1-x^2y^2}}2t=\frac{(t+2)st\mathrm{e}^t}{\sqrt{1-s^2t^4\mathrm{e}^{2t}}}.$$

在多元复合函数中，有时会出现一些变量，它们既作为中间变量，又作为复合后的函数的自变量，这时应用求导公式，要注意防止记号的混淆，我们通过例子来说明.

例 7　设 $u=f(x,y,z)$、$z=x^2\sin y$，求$\dfrac{\partial u}{\partial x}$和$\dfrac{\partial u}{\partial y}$.

解　把 $z=x^2\sin y$ 代入 $f(x,y,z)$ 得复合函数 $f(x,y,x^2\sin y)$，可见变量 x 和 y 既是复合函数的自变量，又是中间变量. 由链式法则，

$$\frac{\partial u}{\partial x}=\frac{\partial f}{\partial x}+\frac{\partial f}{\partial z}\frac{\partial z}{\partial x}=\frac{\partial f}{\partial x}+\frac{\partial f}{\partial z}\cdot 2x\sin y,$$

$$\frac{\partial u}{\partial y}=\frac{\partial f}{\partial y}+\frac{\partial f}{\partial z}\frac{\partial z}{\partial y}=\frac{\partial f}{\partial y}+\frac{\partial f}{\partial z}\cdot x^2\cos y.$$

注意,以上等式两端的$\frac{\partial u}{\partial x}$与$\frac{\partial f}{\partial x}$是不同的,左端的$\frac{\partial u}{\partial x}$是把复合后的函数 $u=f(x,y,x^2\sin y)$ 中的 y 看成常数而对 x 的偏导数,右端的$\frac{\partial f}{\partial x}$是在未经复合的函数 $u=f(x,y,z)$ 中把 y 和 z 看成常数而对 x 的偏导数. 同样,$\frac{\partial u}{\partial y}$与$\frac{\partial f}{\partial y}$也有类似的区别.

多元复合函数的链式法则在多元微分学中起着重要的作用. 下面再举一个利用链式法则求二阶偏导数的例子.

例 8　设 $w=f(x+y+z,xyz)$,f 具有二阶连续偏导数,求$\frac{\partial w}{\partial x}$和$\frac{\partial^2 w}{\partial x\partial z}$.

解　令 $u=x+y+z,v=xyz$,则复合函数$f(x+y+z,xyz)$ 由 $w=f(u,v)$、$u=x+y+z,v=xyz$ 复合而成.

为表达简便起见,记

$$f_1'=\frac{\partial f}{\partial u},f_2'=\frac{\partial f}{\partial v},f_{11}''=\frac{\partial^2 f}{\partial u^2},$$

$$f_{12}''=\frac{\partial^2 f}{\partial u\partial v},f_{21}''=\frac{\partial^2 f}{\partial v\partial u},f_{22}''=\frac{\partial^2 f}{\partial v^2},$$

这里下标 1 表示 f 对第一个变量 u 的偏导数,下标 2 表示 f 对第二个变量 v 的偏导数.

由复合函数求导法则,有

$$\frac{\partial w}{\partial x}=\frac{\partial f}{\partial u}\cdot\frac{\partial u}{\partial x}+\frac{\partial f}{\partial v}\cdot\frac{\partial v}{\partial x}=f_1'+yzf_2',$$

$$\frac{\partial^2 w}{\partial x\partial z}=\frac{\partial}{\partial z}(f_1'+yzf_2')=\frac{\partial f_1'}{\partial z}+yf_2'+yz\frac{\partial f_2'}{\partial z}.$$

接着求$\frac{\partial f_1'}{\partial z}$和$\frac{\partial f_2'}{\partial z}$时,应注意 f_1'和 f_2'仍旧是以 u、v 为中间变量的复合函数,因此有

$$\frac{\partial f_1'}{\partial z}=\frac{\partial f_1'}{\partial u}\frac{\partial u}{\partial z}+\frac{\partial f_1'}{\partial v}\frac{\partial v}{\partial z}=f_{11}''+xyf_{12}'',$$

$$\frac{\partial f_2'}{\partial z}=\frac{\partial f_2'}{\partial u}\frac{\partial u}{\partial z}+\frac{\partial f_2'}{\partial v}\frac{\partial v}{\partial z}=f_{21}''+xyf_{22}''.$$

由于 $f(u,v)$ 的二阶偏导数连续,因此 $f_{12}''=f_{21}''$,于是

$$\begin{aligned}\frac{\partial^2 w}{\partial x\partial z}&=f_{11}''+xyf_{12}''+yf_2'+yzf_{21}''+xy^2zf_{22}''\\&=f_{11}''+y(x+z)f_{12}''+xy^2zf_{22}''+yf_2'.\end{aligned}$$

例 9 设函数 $u=f(x,y)$ 具有连续偏导数,试将表达式 $\left(\frac{\partial u}{\partial x}\right)^2+\left(\frac{\partial u}{\partial y}\right)^2$ 转换成极坐标下的形式.

解 直角坐标与极坐标间的关系为

$$x=\rho\cos\varphi,\ y=\rho\sin\varphi.$$

作复合,$u=f(x,y)=f(\rho\cos\varphi,\rho\sin\varphi)$,则

$$\begin{cases}\dfrac{\partial u}{\partial\rho}=\dfrac{\partial u}{\partial x}\dfrac{\partial x}{\partial\rho}+\dfrac{\partial u}{\partial y}\dfrac{\partial y}{\partial\rho}=\dfrac{\partial u}{\partial x}\cdot\cos\varphi+\dfrac{\partial u}{\partial y}\cdot\sin\varphi,\\ \dfrac{\partial u}{\partial\varphi}=\dfrac{\partial u}{\partial x}\dfrac{\partial x}{\partial\varphi}+\dfrac{\partial u}{\partial y}\dfrac{\partial y}{\partial\varphi}=-\dfrac{\partial u}{\partial x}\cdot\rho\sin\varphi+\dfrac{\partial u}{\partial y}\cdot\rho\cos\varphi.\end{cases}$$

将 $\frac{\partial u}{\partial x}$、$\frac{\partial u}{\partial y}$ 作为未知量,解此线性方程组得

$$\begin{cases}\dfrac{\partial u}{\partial x}=\cos\varphi\cdot\dfrac{\partial u}{\partial\rho}-\dfrac{\sin\varphi}{\rho}\cdot\dfrac{\partial u}{\partial\varphi},\\ \dfrac{\partial u}{\partial y}=\sin\varphi\cdot\dfrac{\partial u}{\partial\rho}+\dfrac{\cos\varphi}{\rho}\cdot\dfrac{\partial u}{\partial\varphi}.\end{cases}$$

所以

$$\begin{aligned}\left(\frac{\partial u}{\partial x}\right)^2+\left(\frac{\partial u}{\partial y}\right)^2&=\left(\cos\varphi\cdot\frac{\partial u}{\partial\rho}-\frac{\sin\varphi}{\rho}\cdot\frac{\partial u}{\partial\varphi}\right)^2+\left(\sin\varphi\cdot\frac{\partial u}{\partial\rho}+\frac{\cos\varphi}{\rho}\cdot\frac{\partial u}{\partial\varphi}\right)^2\\&=\left(\frac{\partial u}{\partial\rho}\right)^2+\frac{1}{\rho^2}\left(\frac{\partial u}{\partial\varphi}\right)^2.\end{aligned}$$

附 复合函数求导法则的矩阵表示

如果利用矩阵①这个数学工具,就可把多元复合函数的求导法则表达得更加紧凑,更具一般性.

比如(2)式可表示成

$$\frac{\mathrm{d}z}{\mathrm{d}t}=\begin{pmatrix}\dfrac{\partial z}{\partial u} & \dfrac{\partial z}{\partial v}\end{pmatrix}\begin{pmatrix}\dfrac{\mathrm{d}u}{\mathrm{d}t}\\ \dfrac{\mathrm{d}v}{\mathrm{d}t}\end{pmatrix},\tag{5}$$

(3)式则可表示成

$$\begin{pmatrix}\dfrac{\partial z}{\partial x} & \dfrac{\partial z}{\partial y}\end{pmatrix}=\begin{pmatrix}\dfrac{\partial z}{\partial u} & \dfrac{\partial z}{\partial v}\end{pmatrix}\begin{pmatrix}\dfrac{\partial u}{\partial x} & \dfrac{\partial u}{\partial y}\\ \dfrac{\partial v}{\partial x} & \dfrac{\partial v}{\partial y}\end{pmatrix}.\tag{6}$$

对本节的例 4,若按(6)式写出求解过程,即为

① 关于矩阵及其乘积的定义,参阅本书的附录.

$$\begin{pmatrix}\frac{\partial z}{\partial x} & \frac{\partial z}{\partial y}\end{pmatrix} = (e^u \sin v \quad e^u \cos v)\begin{pmatrix} y & x \\ 1 & 1\end{pmatrix}$$
$$= (ye^u \sin v + e^u \cos v \quad xe^u \sin v + e^u \cos v),$$

由矩阵相等的定义即得

$$\frac{\partial z}{\partial x} = ye^u \sin v + e^u \cos v = e^{xy}[y\sin(x+y) + \cos(x+y)],$$

$$\frac{\partial z}{\partial y} = xe^u \sin v + e^u \cos v = e^{xy}[x\sin(x+y) + \cos(x+y)].$$

下面考虑更加一般的情形.如果函数 $x_1 = \varphi_1(t_1, \cdots, t_m), \cdots, x_n = \varphi_n(t_1, \cdots, t_m)$ 都在点$(t_1, \cdots, t_m)$处可微，函数 $z = f(x_1, \cdots, x_n)$ 在对应点$(x_1, \cdots, x_n)$具有连续偏导数,则复合函数 $z = f[\varphi_1(t_1, \cdots, t_m), \cdots, \varphi_n(t_1, \cdots, t_m)]$ 在点$(t_1, \cdots, t_m)$处可微,且有

$$\frac{\partial z}{\partial t_k} = \frac{\partial z}{\partial x_1}\frac{\partial x_1}{\partial t_k} + \cdots + \frac{\partial z}{\partial x_n}\frac{\partial x_n}{\partial t_k} \ (k = 1, 2, \cdots, m).$$

利用矩阵,可把上列 m 个式子表达在一个式子中：

$$\left(\frac{\partial z}{\partial t_1} \cdots \frac{\partial z}{\partial t_m}\right) = \left(\frac{\partial z}{\partial x_1} \cdots \frac{\partial z}{\partial x_n}\right)\begin{pmatrix}\frac{\partial x_1}{\partial t_1} & \cdots & \frac{\partial x_1}{\partial t_m} \\ \vdots & & \vdots \\ \frac{\partial x_n}{\partial t_1} & \cdots & \frac{\partial x_n}{\partial t_m}\end{pmatrix}. \quad (7)$$

如果把一个数看成一行一列的矩阵,那么可以看到公式(1)与(5)、(6)、(7)诸式右端的形式是很一致的:都是两个矩阵的乘积.

另外我们知道,一元函数的导数可解释为变化率,那么将(7)式与(1)式相对照,就启发我们思考这样的问题:(7)式右端的两个矩阵是否也具有变化率那样的实际意义呢?在本章第六节第二目介绍的梯度向量以及第七章第二节第三目介绍的雅可比行列式,可使我们看到它们确实带有那样的实际意义.

习题 6-4

1. 求下列复合函数的一阶导数：

(1) $z = xe^{\frac{x}{y}}, x = \cos t, y = e^{2t}$;

(2) $z = \arcsin(x-y), x = 3t, y = t^3$;

(3) $u = \frac{x}{y} + \frac{y}{z}, x = \sqrt{t}, y = \cos 2t, z = e^{-3t}$;

(4) $u = e^{2x}(y+z), y = \sin x, z = 2\cos x$.

2. 求下列复合函数的一阶偏导数：

(1) $z=x^3y-xy^2, x=s\cos t, y=s\sin t$;

(2) $z=x^2\ln y, x=\frac{s}{t}, y=3s-2t$;

(3) $z=x\arctan(xy), x=t^2, y=se^t$;

(4) $z=xe^y+ye^{-x}, x=e^t, y=st^2$.

3. 求下列复合函数的一阶偏导数(f具有连续的导数或偏导数):

(1) $z=f(x^2-y^2, e^{xy})$;　　(2) $z=\frac{y}{f(x^2-y^2)}$;

(3) $u=f(x, xy, xyz)$;　　(4) $u=xy+zf\left(\frac{y}{x}\right)$.

4. 设函数f具有连续的二阶导数或二阶偏导数,求下列复合函数的指定的偏导数:

(1) $z=f(x^2+y^2), \frac{\partial^2 z}{\partial x\partial y}$;

(2) $z=f(ax, by), \frac{\partial^2 z}{\partial x^2}, \frac{\partial^2 z}{\partial x\partial y}$;

(3) $z=f\left(x, \frac{y}{x}\right), \frac{\partial^2 z}{\partial x^2}, \frac{\partial^2 z}{\partial y^2}$;

(4) $z=f(x^2+y^2, 2xy), \frac{\partial^2 z}{\partial x^2}, \frac{\partial^2 z}{\partial x\partial y}$.

5. 设有一圆柱体,它的底半径以 0.1 cm/s 的速率在增大,而高度以0.2 cm/s 的速率在减少. 试求当底半径为 100 cm,高为 120 cm 时

(1) 圆柱体体积的变化率;

(2) 圆柱体表面积的变化率.

6. 设函数$f(x)$、$g(x)$具有连续的二阶导数,证明:函数$u=f(s+at)+g(s-at)$满足波动方程

$$\frac{\partial^2 u}{\partial t^2}=a^2\frac{\partial^2 u}{\partial s^2}.$$

7. 设函数$u=f(x,y)$具有连续的偏导数,又$x=e^s\cos t, y=e^s\sin t$,证明:

$\left(\frac{\partial u}{\partial x}\right)^2+\left(\frac{\partial u}{\partial y}\right)^2=e^{-2s}\left[\left(\frac{\partial u}{\partial s}\right)^2+\left(\frac{\partial u}{\partial t}\right)^2\right]$.

8. 设函数$f(x,y)$具有连续的偏导数, 并且满足$f(tx,ty)=t^nf(x,y)$,证明:

$x\frac{\partial f}{\partial x}+y\frac{\partial f}{\partial y}=nf(x,y)$.

第五节　隐函数的求导公式

一、一个方程的情形

在一元微分学中我们已经提出了隐函数的概念,并且通过举例的方式指出了不经过显化直接由方程

$$F(x,y)=0$$

求出它所确定的隐函数的导数的方法. 现在我们来继续讨论这一问题:在什么条件下方程 $F(x,y)=0$ 可以惟一地确定函数 $y=y(x)$，并且 $y(x)$ 是可导的? 以下定理对此作了回答.

隐函数存在定理 1　**设二元函数 $F(x,y)$ 在区域 D 内具有连续偏导数，点 $(x_0,y_0)\in D$ 且满足：$F(x_0,y_0)=0, F_y(x_0,y_0)\neq 0$，则方程 $F(x,y)=0$ 在点 (x_0,y_0) 的某邻域内惟一确定了一个有连续导数的一元函数 $y=y(x)$，它满足条件 $y_0=y(x_0)$，且有**

$$\frac{\mathrm{d}y}{\mathrm{d}x}=-\frac{F_x}{F_y}. \tag{1}$$

定理的证明比较细致而繁复,这里从略,我们仅推导(1)式.

根据定理前半部分的结论,设方程 $F(x,y)=0$ 在点(x_0,y_0) 的某个邻域内确定了一个具有连续导数的隐函数 $y=y(x)$,则对于 $y(x)$ 定义域中的所有 x,有

$$F[x,y(x)]\equiv 0,$$

根据链式法则,在方程两端对 x 求导,得

$$\frac{\partial F}{\partial x}+\frac{\partial F}{\partial y}\cdot\frac{\mathrm{d}y}{\mathrm{d}x}=0.$$

由于 F_y 连续,且 $F_y(x_0,y_0)\neq 0$，所以存在(x_0,y_0) 的某个邻域,在该邻域内 $F_y\neq 0$,于是得

$$\frac{\mathrm{d}y}{\mathrm{d}x}=-\frac{F_x}{F_y}.$$

例 1　验证方程 $x^2+y^2-1=0$,在点 $(0,1)$ 的某邻域内能惟一确定一个有连续导数的隐函数 $y=y(x)$，并求 $y'(0)$ 与 $y''(0)$ 的值.

解　设 $F(x,y)=x^2+y^2-1$. $F(x,y)$ 有连续偏导数，$F(0,1)=0$、$F_y(0,1)=2\neq 0$,因此由隐函数存在定理 1 知,方程 $x^2+y^2-1=0$ 在点 $(0,1)$ 的某邻域内能惟一确定一个有连续导数的隐函数 $y=y(x)$，它满足条件 $y(0)=1$，且

$$y'(x)=-\frac{F_x}{F_y}=-\frac{x}{y}.$$

由 $y'(x)$ 的表达式可知它在点$(0,1)$ 的某个邻域内可继续求导：

$$y''(x)=\frac{\mathrm{d}}{\mathrm{d}x}\left(-\frac{x}{y}\right)=-\frac{y-xy'}{y^2}=-\frac{y-x\left(-\dfrac{x}{y}\right)}{y^2}=-\frac{y^2+x^2}{y^3}=-\frac{1}{y^3},$$

所以 $y'(0)=0, y''(0)=-1$.

在隐函数存在定理 1 中,条件 $F_y(x_0,y_0)\neq 0$ 对保证隐函数 $y=y(x)$ 的存在性有重要作用. 对此我们稍作解释. 在这一条件下,由于 F_y 的连续性,使得在点 (x_0,y_0) 的某个邻域内的每一点 (x,y) 处都有 $F_y(x,y)\neq 0$. 于是对 x_0 近旁的每一固定的 x 值,以"适合方程 $F(x,y)=0$"为对应法则,必对应惟一的 y 值. 若不然,设某一 $\bar{x}$ 对应了两个值 y_1 与 y_2,即 $F(\bar{x},y_1)=0$ 且 $F(\bar{x},y_2)=0$, 则由罗尔定理,就有介于 y_1 和 y_2 之间的值 η,使得 $F_y(\bar{x},\eta)=0$,这与 $F_y\neq 0$ 相矛盾. 因此这种对应法则就确定了隐函数 $y=y(x)$. 相反,如果 $F_y(x_0,y_0)=0$,则可能使方程在点 (x_0,y_0) 的任何邻域内都不能惟一地确定隐函数.

例 2 设 (x_0,y_0) 为方程 $x^3+y^3-3xy=0$ 的任一解且 x_0、y_0 不全为零. 验证在点 (x_0,y_0) 的某邻域内,都能惟一地确定隐函数 $y=y(x)$ 或 $x=x(y)$.

证 设 $F(x,y)=x^3+y^3-3xy$. $F(x,y)$ 有连续的偏导数,根据隐函数存在定理 1,只要考察适合方程 $F(x,y)=0$ 的哪些点使得 $F_y\neq 0$ 或 $F_x\neq 0$. 为此,先解方程组

$$\begin{cases}F(x,y)=x^3+y^3-3xy=0,\\ F_y(x,y)=3y^2-3x=0,\end{cases}$$

得解 $(0,0)$ 与 $(\sqrt[3]{4},\sqrt[3]{2})$. 除了这两点以外,在方程 $F(x,y)=0$ 的其余任何解 (x_0,y_0) 的某邻域内,方程都能惟一地确定函数 $y=y(x)$ 并满足 $y_0=y(x_0)$. 再解方程组

$$\begin{cases}F(x,y)=x^3+y^3-3xy=0,\\ F_x(x,y)=3x^2-3y=0,\end{cases}$$

得解 $(0,0)$ 与 $(\sqrt[3]{2},\sqrt[3]{4})$,除了这两点以外,在方程 $F(x,y)=0$ 的其余任何解 (x_0,y_0) 的某邻域内,方程都能惟一地确定隐函数 $x=x(y)$ 并满足 $x_0=x(y_0)$.

综上可知,除了点 $(0,0)$ 外,在方程 $F(x,y)=0$ 的其余解 (x,y) 处,F_x 与 F_y 至少有一个不等于 0,因此由隐函数存在定理 1 知结论成立,验证完毕.

方程 $x^3+y^3-3xy=0$ 所表示的平面曲线称为叶形线,如图 6-9(a) 所示. 读者从图中可以看到,在点 $(0,0)$ 的任一邻域内,方程 $x^3+y^3-3xy=0$ 的图形由三个函数 $y=y_1(x)$、$y=y_2(x)$ 与 $y=y_3(x)$ 的图形组成(图 6-9(b)、(c)、(d)),这说明在点 $(0,0)$ 的任一邻域内,方程 $x^3+y^3-3xy=0$ 都不能惟一地确定一个(单值的)隐函数.

以上隐函数存在定理 1 还可以推广到三元以及三元以上方程的情形.

隐函数存在定理 2 **设三元函数** $F(x,y,z)$ **在区域** Ω **内具有连续偏导数,点** $(x_0,y_0,z_0)\in\Omega$ **且满足:** $F(x_0,y_0,z_0)=0$, $F_z(x_0,y_0,z_0)\neq 0$ **,则方程** $F(x,y,z)=0$ **在点** (x_0,y_0,z_0) **的某邻域内惟一确定了一个有连续偏导数的二元函数**

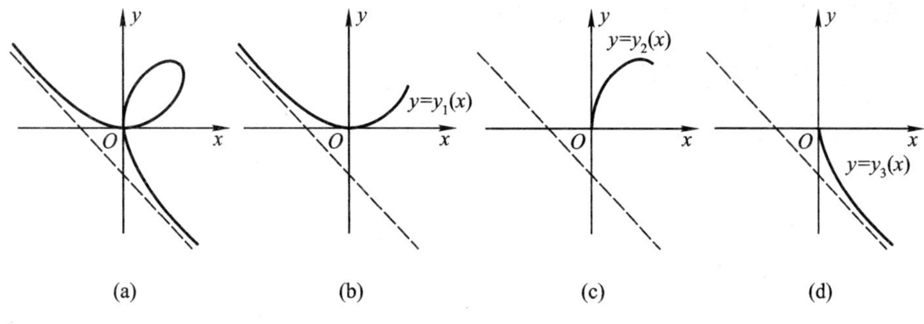

图 6-9

$z=z(x,y)$，**它满足条件** $z_0=z(x_0,y_0)$，**且有**

$$\frac{\partial z}{\partial x}=-\frac{F_x}{F_z},\frac{\partial z}{\partial y}=-\frac{F_y}{F_z}. \tag{2}$$

我们同样在隐函数存在的前提下(证略)，对(2)式给出如下的推导：

设方程 $F(x,y,z)=0$ 隐式地确定了二元可微函数 $z=z(x,y)$，那么在恒等式

$$F(x,y,z(x,y))\equiv 0$$

的两端分别对 x 和对 y 求偏导，由链式法则得

$$\frac{\partial F}{\partial x}+\frac{\partial F}{\partial z}\cdot\frac{\partial z}{\partial x}=0,\frac{\partial F}{\partial y}+\frac{\partial F}{\partial z}\cdot\frac{\partial z}{\partial y}=0.$$

因为 F_z 连续，且 $F_z(x_0,y_0,z_0)\neq 0$，所以存在点 (x_0,y_0,z_0) 的某个邻域，在该邻域内 $F_z\neq 0$，于是得

$$\frac{\partial z}{\partial x}=-\frac{F_x}{F_z},\frac{\partial z}{\partial y}=-\frac{F_y}{F_z}.$$

例 3　设 $x^2+y^2+z^2-4z=0$，求 $\frac{\partial^2 z}{\partial x^2}$.

解　记方程左端的函数为 $F(x,y,z)$，则当 $F_z=2z-4\neq 0$ 时，

$$\frac{\partial z}{\partial x}=-\frac{F_x}{F_z}=-\frac{2x}{2z-4}=\frac{x}{2-z},$$

$$\frac{\partial^2 z}{\partial x^2}=\frac{\partial}{\partial x}\left(\frac{x}{2-z}\right)=\frac{(2-z)+xz_x}{(2-z)^2}=\frac{(2-z)^2+x^2}{(2-z)^3}.$$

我们指出，在很多情况下，直接从方程 $F(x,y)=0$ 中解出 $y=y(x)$ 或者直接从方程 $F(x,y,z)=0$ 中解出 $z=z(x,y)$ (即所谓隐函数的显化)是一件十分困难的事，正因为如此，使人们对隐函数的认识与研究陷入了困境. 然而，隐函数定理(请注意：它根本不涉及隐函数的显化)却从理论上解决了隐函数的存在性问题，同时还给出了隐函数导数的计算公式，这使人大有柳暗花明之感，所以这

个定理在函数理论的研究中有着很重要的意义.

二、方程组的情形

隐函数不仅产生于单个方程,也可以产生于方程组中.例如设有方程组

$$\begin{cases} x+y+z=0, \\ x+2y+3z=0, \end{cases}$$

将其视为 y、z 的二元一次方程组,则可解得 $y=-2x, z=x$. 若视 x 为自变量,我们称这一对函数是由这个方程组所确定的隐函数.由于在一般情形下,由方程组确定的隐函数未必能容易地显化,甚至根本无法显化,因此同样需要在不涉及到显化的前提下,讨论方程组 $\begin{cases} F(x,y,z)=0, \\ G(x,y,z)=0 \end{cases}$ 在什么条件下可以惟一地确定一对隐函数 $\begin{cases} y=y(x), \\ z=z(x), \end{cases}$ 并且给出直接从方程组出发求出它们的导数的方法.

隐函数存在定理 3 **设三元函数** $F(x,y,z)$、$G(x,y,z)$ **在区域** Ω **内具有连续偏导数,点** $(x_0,y_0,z_0)\in\Omega$ **且满足:**

$$F(x_0,y_0,z_0)=0, G(x_0,y_0,z_0)=0, \left.\frac{\partial(F,G)}{\partial(y,z)}\right|_{(x_0,y_0,z_0)}=\begin{vmatrix} F_y & F_z \\ G_y & G_z \end{vmatrix}_{(x_0,y_0,z_0)}\neq 0,$$

则方程组 $\begin{cases} F(x,y,z)=0, \\ G(x,y,z)=0 \end{cases}$ 在点 (x_0,y_0,z_0) **的某邻域内惟一确定了一对有连续导数的一元函数** $\begin{cases} y=y(x), \\ z=z(x), \end{cases}$ **它们满足条件** $y_0=y(x_0), z_0=z(x_0)$,**且有**

$$\frac{\mathrm{d}y}{\mathrm{d}x}=-\frac{\dfrac{\partial(F,G)}{\partial(x,z)}}{\dfrac{\partial(F,G)}{\partial(y,z)}}, \quad \frac{\mathrm{d}z}{\mathrm{d}x}=-\frac{\dfrac{\partial(F,G)}{\partial(y,x)}}{\dfrac{\partial(F,G)}{\partial(y,z)}}. \tag{3}$$

同样略去定理的证明而仅对(3)式作如下推导:设方程组 $F(x,y,z)=0$、$G(x,y,z)=0$ 隐式地确定了一对一元可微函数 $y=y(x)$、$z=z(x)$,则可得一对恒等式

$$\begin{cases} F[x,y(x),z(x)]\equiv 0, \\ G[x,y(x),z(x)]\equiv 0. \end{cases}$$

在每个等式的两边对 x 求导,根据链式法则可得

$$\begin{cases} F_x+F_y\dfrac{\mathrm{d}y}{\mathrm{d}x}+F_z\dfrac{\mathrm{d}z}{\mathrm{d}x}=0, \\ G_x+G_y\dfrac{\mathrm{d}y}{\mathrm{d}x}+G_z\dfrac{\mathrm{d}z}{\mathrm{d}x}=0. \end{cases}$$

这是关于$\frac{dy}{dx}$、$\frac{dz}{dx}$的线性方程组,如果其系数行列式(也称为 F、G 关于 y、z 的雅可比(Jacobi)行列式)

$$J=\frac{\partial(F,G)}{\partial(y,z)}=\begin{vmatrix}F_y & F_z\\ G_y & G_z\end{vmatrix}\neq 0,$$

那么就可以解得 $$\frac{dy}{dx}=-\frac{\frac{\partial(F,G)}{\partial(x,z)}}{\frac{\partial(F,G)}{\partial(y,z)}},\quad \frac{dz}{dx}=-\frac{\frac{\partial(F,G)}{\partial(y,x)}}{\frac{\partial(F,G)}{\partial(y,z)}}.$$

隐函数存在定理 3 可以再作如下的推广:

隐函数存在定理 4　设四元函数 $F(x,y,u,v)$、$G(x,y,u,v)$ 在包含点 (x_0,y_0,u_0,v_0) 的某区域内有连续偏导数,它们满足:

$$F(x_0,y_0,u_0,v_0)=0,G(x_0,y_0,u_0,v_0)=0,\frac{\partial(F,G)}{\partial(u,v)}\bigg|_{(x_0,y_0,u_0,v_0)}\neq 0,$$

则方程组 $\begin{cases}F(x,y,u,v)=0,\\ G(x,y,u,v)=0\end{cases}$ **在点 (x_0,y_0,u_0,v_0) 的某个邻域内惟一确定了一对有连续偏导数的二元函数** $\begin{cases}u=u(x,y),\\ v=v(x,y),\end{cases}$ **它们满足条件 $u_0=u(x_0,y_0)$,$v_0=v(x_0,y_0)$,且有**

$$\frac{\partial u}{\partial x}=-\frac{\frac{\partial(F,G)}{\partial(x,v)}}{\frac{\partial(F,G)}{\partial(u,v)}},\quad \frac{\partial v}{\partial x}=-\frac{\frac{\partial(F,G)}{\partial(u,x)}}{\frac{\partial(F,G)}{\partial(u,v)}};$$

$$\frac{\partial u}{\partial y}=-\frac{\frac{\partial(F,G)}{\partial(y,v)}}{\frac{\partial(F,G)}{\partial(u,v)}},\quad \frac{\partial v}{\partial y}=-\frac{\frac{\partial(F,G)}{\partial(u,y)}}{\frac{\partial(F,G)}{\partial(u,v)}}.\tag{4}$$

公式(4)的推导与公式(3)是类似的,请读者自己进行.

隐函数存在定理 3 可以推广到更加一般的由 m 个 $n+m$ 元方程所组成的方程组的情形,对此我们不再叙述.

例 4　设 $y=y(x)$,与 $z=z(x)$是由方程组$\begin{cases}z=x^2+2y^2,\\ y=2x^2+z^2\end{cases}$所确定的函数,求$\frac{dy}{dx}$与$\frac{dz}{dx}$.

解　设 $F(x,y,z)=z-x^2-2y^2$,$G(x,y,z)=y-2x^2-z^2$,根据隐函数存在定理 3,在

$$\begin{vmatrix}F_y & F_z\\ G_y & G_z\end{vmatrix}=\begin{vmatrix}-4y & 1\\ 1 & -2z\end{vmatrix}=8yz-1\neq 0$$

处，方程组$\begin{cases}F(x,y,z)=0,\\G(x,y,z)=0\end{cases}$确定了有连续导数的隐函数 $y=y(x)$ 与 $z=z(x)$. 下面，我们不套用公式(3)来计算，而直接从方程组出发求隐函数的导数.

在方程组

$$\begin{cases}z=x^2+2y^2\\y=2x^2+z^2\end{cases}$$

在每个等式的两边对 x 求导(注意，其中 $y=y(x)$ 与 $z=z(x)$)，可得

$$\begin{cases}\dfrac{\mathrm{d}z}{\mathrm{d}x}=2x+4y\cdot\dfrac{\mathrm{d}y}{\mathrm{d}x},\\[2ex]\dfrac{\mathrm{d}y}{\mathrm{d}x}=4x+2z\cdot\dfrac{\mathrm{d}z}{\mathrm{d}x},\end{cases}$$

即

$$\begin{cases}4y\cdot\dfrac{\mathrm{d}y}{\mathrm{d}x}-\dfrac{\mathrm{d}z}{\mathrm{d}x}=-2x,\\[2ex]\dfrac{\mathrm{d}y}{\mathrm{d}x}-2z\cdot\dfrac{\mathrm{d}z}{\mathrm{d}x}=4x,\end{cases}$$

解得

$$\frac{\mathrm{d}y}{\mathrm{d}x}=\frac{4x(z+1)}{1-8yz},\quad\frac{\mathrm{d}z}{\mathrm{d}x}=\frac{2x(8y+1)}{1-8yz}\quad(\text{其中 }1-8yz\neq 0).$$

例 5 设$\begin{cases}xu-yv=0,\\yu+xv=1,\end{cases}$求$\dfrac{\partial u}{\partial x},\dfrac{\partial u}{\partial y},\dfrac{\partial v}{\partial x},\dfrac{\partial v}{\partial y}$.

解 将 u 与 v 都视为 x、y 的二元函数，在所给方程的两边对 x 求偏导，经移项后得

$$\begin{cases}x\dfrac{\partial u}{\partial x}-y\dfrac{\partial v}{\partial x}=-u,\\[2ex]y\dfrac{\partial u}{\partial x}+x\dfrac{\partial v}{\partial x}=-v.\end{cases}$$

当系数行列式$\begin{vmatrix}x&-y\\y&x\end{vmatrix}=x^2+y^2\neq 0$ 时，解此方程组得

$$\frac{\partial u}{\partial x}=-\frac{xu+yv}{x^2+y^2},\quad\frac{\partial v}{\partial x}=\frac{yu-xv}{x^2+y^2}.$$

类似地在所给方程的两边对 y 求偏导，用同样的方法可得

$$\frac{\partial u}{\partial y}=\frac{xv-yu}{x^2+y^2},\quad\frac{\partial v}{\partial y}=-\frac{xu+yv}{x^2+y^2}.$$

隐函数存在定理是多元函数微分学中的一个基础性定理. 由于定理的结论仅局限于(单个方程或方程组的)解点近旁的某一小范围内，因此这类定理属于局部存在性定理，但即便这样，隐函数存在定理在多元函数微分学的应用中仍然

起着重要的作用.

习题 6－5

1. 求下列方程所确定的隐函数 $y=y(x)$ 的一阶导数：

(1) $x^2+xy-\mathrm{e}^y=0$；　　(2) $x\cos y+y\cos x=1$；

(3) $x^y=y^x$；　　(4) $\ln\sqrt{x^2+y^2}=\arctan\dfrac{y}{x}$.

2. 求下列方程所确定的隐函数 $z=z(x,y)$ 的一阶偏导数：

(1) $z^3-2xz+y=0$；　　(2) $3\sin(x+2y+z)=x+2y+z$；

(3) $\dfrac{x}{z}=\ln\dfrac{z}{y}$；　　(4) $y^2z\mathrm{e}^{x+y}-\sin(xyz)=0$.

3. 求下列方程所确定的隐函数的指定偏导数：

(1) $\mathrm{e}^z-xyz=0$, $\dfrac{\partial^2 z}{\partial x^2}$；　　(2) $z^3-3xyz=1$, $\dfrac{\partial^2 z}{\partial x\partial y}$；

(3) $\mathrm{e}^{x+y}\sin(x+z)=1$, $\dfrac{\partial^2 z}{\partial x\partial y}$；　　(4) $z+\ln z-\displaystyle\int_y^x \mathrm{e}^{-t^2}\mathrm{d}t=0$, $\dfrac{\partial^2 z}{\partial x\partial y}$.

4. 设 $u=xy^2z^3$.

(1) 若 $z=z(x,y)$ 是由方程 $x^2+y^2+z^2=3xyz$ 所确定的隐函数，求 $\left.\dfrac{\partial u}{\partial x}\right|_{(1,1,1)}$；

(2) 若 $y=y(z,x)$ 是由同一方程所确定的隐函数，求 $\left.\dfrac{\partial u}{\partial x}\right|_{(1,1,1)}$.

5. 求由下列方程组所确定的隐函数的导数或偏导数：

(1) $\begin{cases}x+y+z=0,\\ xyz=1,\end{cases}$ $\dfrac{\mathrm{d}y}{\mathrm{d}x},\dfrac{\mathrm{d}z}{\mathrm{d}x}$；

(2) $\begin{cases}z=x^2+y^2,\\ x^2+2y^2+3z^2=20,\end{cases}$ $\dfrac{\mathrm{d}y}{\mathrm{d}x},\dfrac{\mathrm{d}z}{\mathrm{d}x}$；

(3) $\begin{cases}x+y=u+v,\\ \dfrac{x}{y}=\dfrac{\sin u}{\sin v},\end{cases}$ $\dfrac{\partial u}{\partial x},\dfrac{\partial u}{\partial y},\dfrac{\partial v}{\partial x},\dfrac{\partial v}{\partial y}$；

(4) $\begin{cases}x=\mathrm{e}^u+u\sin v,\\ y=\mathrm{e}^u-u\cos v,\end{cases}$ $\dfrac{\partial u}{\partial x},\dfrac{\partial u}{\partial y},\dfrac{\partial v}{\partial x},\dfrac{\partial v}{\partial y}$.

6. 设 $x=\mathrm{e}^u\cos v$、$y=\mathrm{e}^u\sin v$、$z=uv$，求 $\dfrac{\partial z}{\partial x},\dfrac{\partial z}{\partial y}$.

7. 证明：在变换 $u=x$、$v=x^2+y^2$ 下方程 $y\dfrac{\partial z}{\partial x}-x\dfrac{\partial z}{\partial y}=0$ 可转化为 $\dfrac{\partial z}{\partial u}=0$.

第六节　方向导数与梯度

一、方向导数

现在我们来讨论多元函数在一点处沿某一方向的变化率问题，这种变化率在一些实际问题中也是常常需要考虑的. 比如讨论热量在空间流动的问题时，就需要确定温度在各个方向上的变化率. 下面我们先就二元函数来讨论这个问题.

设 $\boldsymbol{e}=\cos\alpha\boldsymbol{i}+\cos\beta\boldsymbol{j}$ 为一单位向量，l 是 xOy 面上通过点 $P(x_0,y_0)$ 且以 $\boldsymbol{e}$ 为方向向量的有向直线，它的参数方程为

$$\begin{cases} x=x_0+t\cos\alpha, \\ y=y_0+t\cos\beta, \end{cases} \quad -\infty<t<+\infty.$$

设 $Q(x,y)$ 是 l 上任意一点，则由参数方程可得

$$\overrightarrow{PQ}=(x-x_0,y-y_0)=(t\cos\alpha,t\cos\beta)=t\boldsymbol{e},$$

因此，若将 l 看成以 $P(x_0,y_0)$ 为原点，以 $\boldsymbol{e}$ 为正方向的数轴，则参数 t 就是点 Q 在 l 轴上的坐标，且 $|t|=|\overrightarrow{PQ}|$，故也称 t 是点 P 到点 Q 的有向距离（图 6-10）.

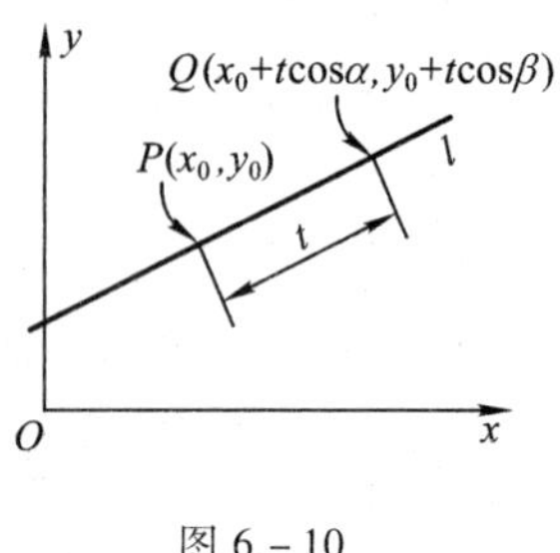

图 6-10

现设函数 $z=f(x,y)$ 在点 $P(x_0,y_0)$ 的某个邻域内有定义，为了研究函数 $z=f(x,y)$ 在点 $P(x_0,y_0)$ 处沿着方向 $\boldsymbol{e}$ 的变化情况，我们考虑函数的增量 $f(Q)-f(P)$ 与 P 到 Q 的有向距离 t 的比值

$$\frac{f(Q)-f(P)}{t},$$

如果当点 Q 沿着直线 l 趋于 P（即 $t\to 0$）时，上述比值的极限存在，那么该极限就表示了函数 $z=f(x,y)$ 在点 P 处沿着方向 $\boldsymbol{e}$ 的变化率.

定义　设函数 $z=f(x,y)$ 在点 $P(x_0,y_0)$ 的某个邻域内有定义，$\boldsymbol{l}$ 是一非零向量，$\boldsymbol{e}_l=(\cos\alpha,\cos\beta)$ 是与 $\boldsymbol{l}$ 同方向的单位向量，如果极限

$$\lim_{t\to 0}\frac{f(x_0+t\cos\alpha,y_0+t\cos\beta)-f(x_0,y_0)}{t}$$

存在，则称此极限为函数 $z=f(x,y)$ 在点 P 处沿方向 $\boldsymbol{l}$ 的方向导数（directional derivative），记作 $\left.\dfrac{\partial f}{\partial l}\right|_{(x_0,y_0)}$，即

$$\left.\frac{\partial f}{\partial l}\right|_{(x_0,y_0)}=\lim_{t\to 0}\frac{f(x_0+t\cos\alpha,y_0+t\cos\beta)-f(x_0,y_0)}{t}.\tag{1}$$

从方向导数的定义可知，方向导数$\left.\frac{\partial f}{\partial l}\right|_{(x_0,y_0)}$就是函数 $z=f(x,y)$ 在点 $P(x_0,y_0)$ 处沿方向 $\boldsymbol{l}$ 的变化率. 我们还可以看到，如果取 $\boldsymbol{e}_l=\boldsymbol{i}=(1,0)$，则

$$\left.\frac{\partial f}{\partial l}\right|_{(x_0,y_0)}=\lim_{t\to 0}\frac{f(x_0+t,y_0)-f(x_0,y_0)}{t}=\left.\frac{\partial f}{\partial x}\right|_{(x_0,y_0)};$$

又如果取 $\boldsymbol{e}_l=\boldsymbol{j}=(0,1)$，则

$$\left.\frac{\partial f}{\partial l}\right|_{(x_0,y_0)}=\lim_{t\to 0}\frac{f(x_0,y_0+t)-f(x_0,y_0)}{t}=\left.\frac{\partial f}{\partial y}\right|_{(x_0,y_0)},$$

所以方向导数是偏导数概念的推广.

尽管偏导数只是函数沿两个特定方向的方向导数，然而下述定理表明，当函数可微时，其方向导数可以通过偏导数来计算.

定理　设函数 $z=f(x,y)$ 在点 (x_0,y_0) 可微，则对于任一单位向量 $\boldsymbol{e}_l=(\cos\alpha,\cos\beta)$，函数 $f(x,y)$ 在点 (x_0,y_0) 沿方向 $\boldsymbol{l}$ 的方向导数存在，且有

$$\left.\frac{\partial f}{\partial l}\right|_{(x_0,y_0)}=f_x(x_0,y_0)\cos\alpha+f_y(x_0,y_0)\cos\beta.\tag{2}$$

证　由假设，$f(x,y)$ 在点 (x_0,y_0) 可微，故有

$$\begin{aligned}&f(x_0+\Delta x,y_0+\Delta y)-f(x_0,y_0)\\=&f_x(x_0,y_0)\Delta x+f_y(x_0,y_0)\Delta y+o(\sqrt{\Delta x^2+\Delta y^2}).\end{aligned}$$

现取 $\Delta x=t\cos\alpha$、$\Delta y=t\cos\beta$，则

$$\begin{aligned}&f(x_0+t\cos\alpha,y_0+t\cos\beta)-f(x_0,y_0)\\=&f_x(x_0,y_0)t\cos\alpha+f_y(x_0,y_0)t\cos\beta+o(|t|),\end{aligned}$$

将等式两边同除以 t，并令 $t\to 0$，得

$$\lim_{t\to 0}\frac{f(x_0+t\cos\alpha,y_0+t\cos\beta)-f(x_0,y_0)}{t}=f_x(x_0,y_0)\cos\alpha+f_y(x_0,y_0)\cos\beta.$$

所以$\left.\frac{\partial f}{\partial l}\right|_{(x_0,y_0)}$存在，且有(2)式成立.

例 1　求 $f(x,y)=xy+\sin(x+2y)$ 在点$(0,0)$沿方向 $\boldsymbol{l}=(1,2)$ 的方向导数.

解　与 $\boldsymbol{l}$ 同方向的单位向量为 $\boldsymbol{e}_l=\left(\frac{1}{\sqrt{5}},\frac{2}{\sqrt{5}}\right)$，由于函数可微，所以

$$\left.\frac{\partial f}{\partial l}\right|_{(0,0)}=f_x(0,0)\frac{1}{\sqrt{5}}+f_y(0,0)\frac{2}{\sqrt{5}}=1\cdot\frac{1}{\sqrt{5}}+2\cdot\frac{2}{\sqrt{5}}=\sqrt{5}.$$

方向导数的几何意义　设 l 是 xOy 面上经过点 (x_0,y_0) 并以 $\boldsymbol{e}_l=(\cos\alpha,\cos\beta)$ 为方向向量的直线，则它的方程为

$$\cos\beta(x-x_0)-\cos\alpha(y-y_0)=0,$$

这个方程在空间则表示经过直线 l 且平行于 z 轴的铅直平面,我们把该平面与曲面 $z=f(x,y)$ 的交线记作 Γ_l(图 6-11). 由于方向导数 $\left.\frac{\partial f}{\partial l}\right|_{(x_0,y_0)}$ 是函数 $f(x,y)$ 在点 (x_0,y_0) 处沿方向 $\boldsymbol{e}_l$ 的变化率,因此 $\left.\frac{\partial f}{\partial l}\right|_{(x_0,y_0)}$ 在几何上表示曲线 Γ_l 在点 $(x_0,y_0,f(x_0,y_0))$ 处的切线相对于 $\boldsymbol{e}_l$ 的斜率 $\tan\theta$,从而 $\left.\frac{\partial f}{\partial l}\right|_{(x_0,y_0)}$ 的绝对值则反映了该切线关于 xOy 面的倾斜程度. 容易看出,如果 $\boldsymbol{e}_l$ 是基本单位向量 $\boldsymbol{i}$ 或 $\boldsymbol{j}$,就得到第二节所指出的偏导数的几何意义.

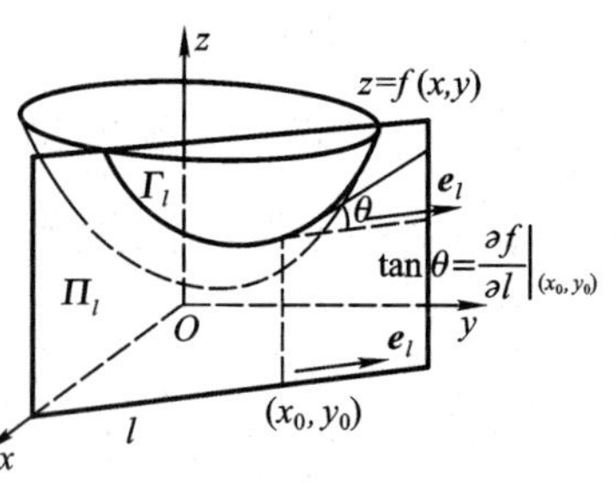

图 6-11

二、梯度

一般说来,一个二元函数在给定的点处沿不同方向的方向导数是不一样的. 在许多实际问题中需要讨论:函数沿什么方向的方向导数为最大? 为此,我们引入下面的梯度概念.

定义 设函数 $z=f(x,y)$ 在点 (x_0,y_0) 处可微,称向量

$$f_x(x_0,y_0)\boldsymbol{i}+f_y(x_0,y_0)\boldsymbol{j}$$

为函数 $z=f(x,y)$ 在点 (x_0,y_0) 处的梯度(gradient),记作 $\mathbf{grad}f(x_0,y_0)$ 或 $\nabla f(x_0,y_0)$(符号"∇"读作 nabla),即

$$\mathbf{grad}f(x_0,y_0)\,(\text{或 }\nabla f(x_0,y_0))=f_x(x_0,y_0)\boldsymbol{i}+f_y(x_0,y_0)\boldsymbol{j}.$$

利用梯度概念,我们可以将方向导数计算公式(2)写成

$$\left.\frac{\partial f}{\partial l}\right|_{(x_0,y_0)}=\nabla f(x_0,y_0)\cdot\boldsymbol{e}_l,\tag{3}$$

由(3)式可知,如果 $\nabla f(x_0,y_0)\neq\mathbf{0}$,则由于 $\left.\frac{\partial f}{\partial l}\right|_{(x_0,y_0)}=|\nabla f(x_0,y_0)|\cos\theta$(其中 θ 是 $\nabla f(x_0,y_0)$ 与 $\boldsymbol{e}_l$ 的夹角),故当 $\theta=0$,即 $\boldsymbol{e}_l$ 取沿梯度方向时,方向导数 $\left.\frac{\partial f}{\partial l}\right|_{(x_0,y_0)}$ 取得最大值,这个最大值就是梯度的模 $|\nabla f(x_0,y_0)|$. 这就是说

> 函数在一点的梯度是这样一个向量:它的方向是函数在这点的方向导数取得最大值的方向,它的模就等于该点处方向导数的最大值.

例 2　设 $z=f(x,y)=xe^y$.

(1) 求出 f 在点 $P(2,0)$ 处沿从 P 到 $Q\left(\frac{1}{2},2\right)$ 方向的变化率.

(2) f 在点 $P(2,0)$ 处沿什么方向具有最大的增长率,最大增长率为多少?

解　(1) 设 $\boldsymbol{e}_l$ 是与 $\overrightarrow{PQ}$ 同方向的单位向量,则 $\boldsymbol{e}_l=\left(-\frac{3}{5},\frac{4}{5}\right)$,又

$$\nabla f(x,y)=(e^y,xe^y).$$

所以

$$\left.\frac{\partial f}{\partial l}\right|_{(2,0)}=\nabla f(2,0)\cdot\boldsymbol{e}_l=(1,2)\cdot\left(-\frac{3}{5},\frac{4}{5}\right)=1.$$

(2) $f(x,y)$ 在点 $P(2,0)$ 处沿 $\nabla f(2,0)=(1,2)$ 方向具有最大的增长率,最大增长率为

$$|\nabla f(2,0)|=\sqrt{5}.$$

图 6-12 画出了梯度 $\nabla f(2,0)$. 在 $P(2,0)$ 处,$f(x,y)$ 沿这个方向增加得最快,其增长率等于 $|\nabla f(2,0)|=\sqrt{5}$. 从图中可注意到向量 $\nabla f(2,0)$ 垂直于函数 $f(x,y)$ 的过点 $P(2,0)$ 的等量线(等量线的概念请见下一节).

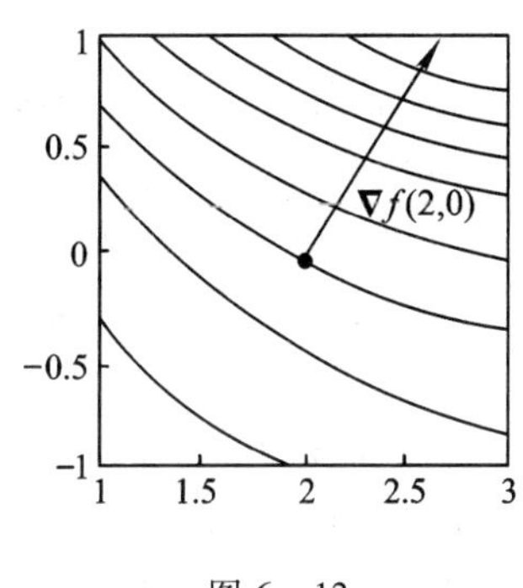

图 6-12

方向导数与梯度的概念可以推广到二元以上的函数.

设函数 $u=f(x,y,z)$ 在点 $P(x_0,y_0,z_0)$ 的某个邻域中有定义,$\boldsymbol{l}$ 是一非零向量,$\boldsymbol{e}_l=(\cos\alpha,\cos\beta,\cos\gamma)$ 是与 $\boldsymbol{l}$ 同方向的单位向量,如果极限

$$\lim_{t\to0}\frac{f(x_0+t\cos\alpha,y_0+t\cos\beta,z_0+t\cos\gamma)-f(x_0,y_0,z_0)}{t}$$

存在,则称此极限为函数 $u=f(x,y,z)$ 在点 P 处沿方向 $\boldsymbol{l}$ 的方向导数,记作 $\left.\frac{\partial f}{\partial l}\right|_{(x_0,y_0,z_0)}$.

若三元函数 $u=f(x,y,z)$ 在点 $P(x_0,y_0,z_0)$ 可微,则向量

$$f_x(x_0,y_0,z_0)\boldsymbol{i}+f_y(x_0,y_0,z_0)\boldsymbol{j}+f_z(x_0,y_0,z_0)\boldsymbol{k}$$

就称为函数 $u=f(x,y,z)$ 在点 $P(x_0,y_0,z_0)$ 处的梯度,记作 $\mathbf{grad}f(x_0,y_0,z_0)$ 或 $\nabla f(x_0,y_0,z_0)$,并且方向导数与梯度也有如下关系,即 $u=f(x,y,z)$ 在点 $P(x_0,y_0,z_0)$ 处沿 $\boldsymbol{l}$ 方向的方向导数

$$\left.\frac{\partial f}{\partial l}\right|_{(x_0,y_0,z_0)}=f_x(x_0,y_0,z_0)\cos\alpha+f_y(x_0,y_0,z_0)\cos\beta+f_z(x_0,y_0,z_0)\cos\gamma$$

$$=\nabla f(x_0,y_0,z_0)\cdot\boldsymbol{e}_l.$$

因此三元函数的梯度也是这样的一个向量,它的方向与取得最大方向导数的方向一致,而它的模为方向导数的最大值.

例 3　求 $f(x,y,z)=x\sin yz$ 在点$(1,3,0)$处沿方向 $\boldsymbol{l}=(1,2,-1)$的方向导数.

解　先求出 $\nabla f(1,3,0)=(f_x,f_y,f_z)\Big|_{(1,3,0)}=(0,0,3)$,再将 $\boldsymbol{l}$ 单位化得 $\boldsymbol{e}_l=\left(\frac{1}{\sqrt{6}},\frac{2}{\sqrt{6}},\frac{-1}{\sqrt{6}}\right)$,于是

$$\left.\frac{\partial f}{\partial l}\right|_{(1,3,0)}=\nabla f(1,3,0)\cdot\boldsymbol{e}_l=0\times\frac{1}{\sqrt{6}}+0\times\frac{2}{\sqrt{6}}+3\times\frac{-1}{\sqrt{6}}=-\frac{\sqrt{6}}{2}.$$

有势场与梯度场　函数的梯度除了与方向导数相联系外,它还经常出现在其他一些问题中.例如下一节讨论的空间曲面或平面曲线的法线方向就与梯度密切相关,其他如物理学中对场的分析研究也与梯度有联系.所谓场(field)就是指某种物理量在空间(或平面)某区域内的一种分布.按照该物理量是数量还是向量,场可以分为数量场(如温度场)与向量场(如引力场).场量的分布情况在数学上可以用多元数量值函数或多元向量值函数①来描述.

如果空间区域 Ω 上定义了数量值函数 $f(M)$,则称 $f(M)$在 Ω 上确定了一个数量场,或简称 $f(M)$是一个数量场.

如果空间区域 Ω 上定义了向量值函数 $\boldsymbol{F}(M)=P(M)\boldsymbol{i}+Q(M)\boldsymbol{j}+R(M)\boldsymbol{k}$,其中 $P(M)$、$Q(M)$和 $R(M)$是点 M 的数量值函数,则称 $\boldsymbol{F}(M)$在 Ω 上确定了一个向量场,或简称 $\boldsymbol{F}(M)$是一个向量场.

$f(M)$与 $\boldsymbol{F}(M)$通常是时空坐标 x、y、z、t 的四元函数,当时间 t 的影响可以忽略不计时,这样的场称之为静场或稳恒场.

一个由数量值函数 $f(M)$产生的向量值函数 $\nabla f(M)$称为数量场 $f(M)$的梯度场.反之,当一向量场 $\boldsymbol{F}(M)$是某数量值函数 $f(M)$的梯度场,即 $\boldsymbol{F}(M)=\nabla f(M)$时,这个向量场 $\boldsymbol{F}(M)$称为有势场(或势场),而该数量值函数 $f(M)$称为是势场 $\boldsymbol{F}(M)$的势函数.

---

①　多元向量值函数为从 $\mathbf{R}^n$ 中的非空集合 D 到 $\mathbf{R}^3$(或 $\mathbf{R}^2$)的一个映射,记作 $\boldsymbol{F}(M)$,$M\in D$.一个三维的向量值函数可表示为

$$\boldsymbol{F}(M)=P(M)\boldsymbol{i}+Q(M)\boldsymbol{j}+R(M)\boldsymbol{k},$$

其中 $P(M)$、$Q(M)$、$R(M)$为向量 $\boldsymbol{F}(M)$的分量,均为 D 上的数量值函数.

例 4　求数量场$\frac{m}{r}$的梯度场,其中 m 是一正的常数,$r=\sqrt{x^2+y^2+z^2}$为原点 O 到点 $M(x,y,z)$间的距离.

解　容易算得

$$\frac{\partial}{\partial x}\left(\frac{m}{r}\right)=-\frac{mx}{r^3},\frac{\partial}{\partial y}\left(\frac{m}{r}\right)=-\frac{my}{r^3},\frac{\partial}{\partial z}\left(\frac{m}{r}\right)=-\frac{mz}{r^3},$$

因而

$$\nabla\left(\frac{m}{r}\right)=\left(\frac{-mx}{r^3},\frac{-my}{r^3},\frac{-mz}{r^3}\right).$$

如果记 $\boldsymbol{e}_r$ 为与$\overrightarrow{OM}$同方向的单位向量,即 $\boldsymbol{e}_r=\left(\frac{x}{r},\frac{y}{r},\frac{z}{r}\right)$,那么

$$\nabla\left(\frac{m}{r}\right)=-\frac{m}{r^2}\boldsymbol{e}_r.$$

上式右端在力学上可解释为位于原点 O、质量为 m 的质点对位于点 M、质量为 1 的质点的引力,所以引力场 $-\frac{m}{r^2}\boldsymbol{e}_r$ 是有势场,函数$\frac{m}{r}$称为引力势.

例 5　假设在房间里置一热源,那么在同一时刻,房间里每个位置都对应着一个确定的温度.我们就说在房间里分布着一个温度场

$$T=\varphi(x,y,z),$$

其中 $\varphi(x,y,z)$表示点(x,y,z)处的温度.

为了描述温度场里热的流动,就需弄清两点:第一是热的流动方向,第二是热的流动量.试验结果说明:在场内任一点处,热是向着温度降落最大的方向流动的.利用梯度,此方向就可表示为 $-\nabla\varphi$;又,单位时间内流过单位截面积的热量 q 与温度 T 的变化率成正比.利用梯度,可将此关系表达为 $q=k|\nabla\varphi|$,其中比例系数 k 称为热导率.

以上两点可合并表达为一个向量等式:

$$\boldsymbol{q}=-k\nabla\varphi(\boldsymbol{q}\text{ 称为热流量向量}),$$

这就是傅里叶热传导定律.此定律在数学物理方程中有重要应用.

习题 6-6

1. 求下列函数在指定点 M_0 处沿指定方向 $\boldsymbol{l}$ 的方向导数:

(1) $z=x^2+y^2,M_0(1,2)$,$\boldsymbol{l}$ 为从点$(1,2)$到点$(2,2+\sqrt{3})$的方向;

(2) $z=xe^{xy},M_0(-3,0)$,$\boldsymbol{l}$ 为从点$(-3,0)$到点$(-1,3)$的方向;

(3) $u=xyz,M_0(5,1,2)$,$\boldsymbol{l}=(4,3,12)$;

(4) $u=x\arctan\frac{y}{z},M_0(1,2,-2)$,$\boldsymbol{l}=(1,1,-1)$.

2. 求出函数 $z=x^2-y^2$ 在点 $p_0(1,3)$ 处沿椭圆 $4x^2+y^2=13$ 在这点的外法向量的方向导数.

3. 设函数 $f(x,y)$ 具有连续偏导数，已给四个点 $A(1,3)$、$B(3,3)$、$C(1,7)$、$D(6,15)$，若 $f(x,y)$ 在点 A 处沿 $\overrightarrow{AB}$ 方向的方向导数等于 3，而沿 $\overrightarrow{AC}$ 方向的方向导数等于 26，求 $f(x,y)$ 在点 A 处沿 $\overrightarrow{AD}$ 方向的方向导数.

4. 设一金属球体内各点处的温度与该点离球心的距离成反比，证明：球体内任意（异于球心的）一点处沿着指向球心的方向温度上升得最快.

5. 设某金属板上的电压分布为 $V=50-2x^2-4y^2$，

(1) 在点 $(1,-2)$ 处，沿哪个方向电压升高得最快？

(2) 沿哪个方向电压下降得最快？

(3) 上升或下降的速率各为多少？

(4) 沿哪个方向电压变化得最慢？

6. 求函数 $u=\dfrac{x^2}{a^2}+\dfrac{y^2}{b^2}+\dfrac{z^2}{c^2}$ 在点 $M(x,y,z)$ 处沿该点向径 $\boldsymbol{r}=\overrightarrow{OM}$ 方向的方向导数，若对所有的点 M 均有 $\left.\dfrac{\partial u}{\partial r}\right|_M=|\nabla u(M)|$，问 a、b、c 之间有何关系？

7. 设函数 $u(x,y)$、$v(x,y)$ 都具有连续偏导数，证明：

(1) $\nabla(au+bv)=a\nabla u+b\nabla v$，其中 a、b 为常数；

(2) $\nabla(uv)=u\nabla v+v\nabla u$；

(3) $\nabla\left(\dfrac{u}{v}\right)=\dfrac{v\nabla u-u\nabla v}{v^2}$；

(4) $\nabla(u^n)=nu^{n-1}\nabla u$，其中 n 是正整数.

第七节　多元函数微分学的几何应用

一、空间曲线的切线与法平面

设空间曲线 Γ 的参数方程是

$$x=x(t),y=y(t),z=z(t)\quad(\alpha\leqslant t\leqslant\beta),$$

其中 $x(t)$、$y(t)$ 与 $z(t)$ 都是可导函数，如果 $x'(t)$、$y'(t)$、$z'(t)$ 连续且不同时为零，这时称 Γ 是光滑曲线.

设 $M_0(x_0,y_0,z_0)$ 是 Γ 上对应于 $t=t_0$ 的一点，$M(x_0+\Delta x,y_0+\Delta y,z_0+\Delta z)$ 是 Γ 上对应于 $t=t_0+\Delta t$ 的一点. 根据解析几何，割线 M_0M 的方向向量可取为 $\boldsymbol{s}=\left(\dfrac{\Delta x}{\Delta t},\dfrac{\Delta y}{\Delta t},\dfrac{\Delta z}{\Delta t}\right)$. 由于当 M 沿 Γ 趋向于 M_0 时，割线的极限位置 M_0T 就是曲线 Γ 在点 M_0 处的切线（图 6－13），故令 $M\to M_0$（即 $\Delta t\to 0$），割线 M_0M 的方向向量 $\boldsymbol{s}$ 就趋于切线 M_0T 的方向向量 $\boldsymbol{\tau}$. 由于当 $\Delta t\to 0$ 时，$\dfrac{\Delta x}{\Delta t},\dfrac{\Delta y}{\Delta t},\dfrac{\Delta z}{\Delta t}$ 分别趋于 $x'(t_0)$，

$y'(t_0)$，$z'(t_0)$，由此得到切线 M_0T 的方向向量（称为曲线 Γ 在点 M_0 处的切向量）

$$\boldsymbol{\tau}=(x'(t_0),y'(t_0),z'(t_0)), \tag{1}$$

再由直线的对称式方程就可得到曲线 Γ 在点 M_0 处的切线方程为

$$\frac{x-x_0}{x'(t_0)}=\frac{y-y_0}{y'(t_0)}=\frac{z-z_0}{z'(t_0)}①. \tag{2}$$

过 M_0 且垂直于切线的平面称为曲线 Γ 在点 M_0 处的法平面，由此定义即得法平面的方程为

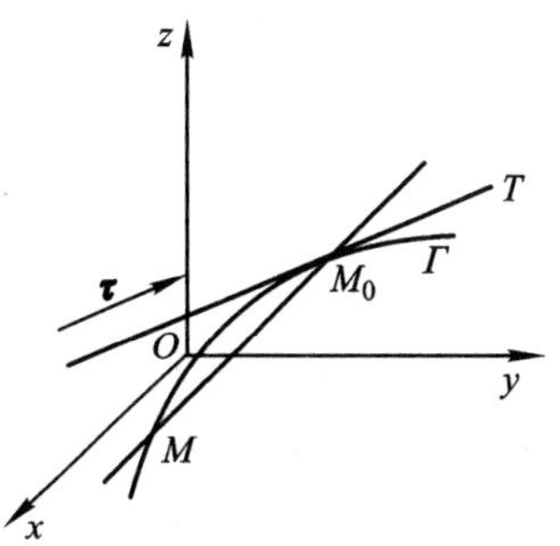

图 6－13

$$x'(t_0)(x-x_0)+y'(t_0)(y-y_0)+z'(t_0)(z-z_0)=0.$$

例 1　求曲线 $x=t,y=t^2,z=t^3$ 在点 $(1,1,1)$ 处的切线与法平面方程.

解　因向量 $(x'(t),y'(t),z'(t))=(1,2t,3t^2)$，而点 $(1,1,1)$ 对应于参量 $t=1$，所以曲线在点 $(1,1,1)$ 处的切向量

$$\boldsymbol{\tau}=(x'(1),y'(1),z'(1))=(1,2,3),$$

于是切线方程为

$$\frac{x-1}{1}=\frac{y-1}{2}=\frac{z-1}{3},$$

法平面方程为

$$(x-1)+2(y-1)+3(z-1)=0,$$

即

$$x+2y+3z=6.$$

我们指出，当光滑曲线 Γ 由参数方程 $x=x(t)$、$y=y(t)$、$z=z(t)$ 给出时，由于 $x'(t)$、$y'(t)$、$z'(t)$ 连续且不同时为零，因此，从几何上看，曲线上的每点处都有切线，并且切线随着切点的移动而连续地转动，这符合我们对光滑曲线的直观理解.

当空间曲线 Γ 以方程

$$y=y(x)、z=z(x)\quad(a\leqslant x\leqslant b)$$

的形式给出时（其中 $y'(x)$、$z'(x)$ 连续），可取 x 为参数，Γ 就有参数方程

$$x=x,\quad y=y(x),z=z(x)\quad(a\leqslant x\leqslant b),$$

① 如果式子中某个分母为 0，则应按空间解析几何中对直线的对称式方程的说明来理解.

对于 Γ 上的点 M_0（M_0 对应于 $x=x_0$），根据（1）式，则曲线 Γ 在点 M_0 处有切线，且

$$\boldsymbol{\tau}=(1,y'(x_0),z'(x_0)) \tag{3}$$

是 Γ 在点 M_0 处的一个切向量.

例如，设空间曲线 Γ 的方程为 $y=x^2$、$z=\sqrt{1+x^2}$，点 $M(1,1,\sqrt{2})\in\Gamma$，M 对应于 $x=1$，则 Γ 在点 M 处的切向量是

$$\boldsymbol{\tau}=\left(1,2x,\frac{x}{\sqrt{1+x^2}}\right)\bigg|_{x=1}=\left(1,2,\frac{\sqrt{2}}{2}\right),$$

从而得切线方程 $x-1=\dfrac{y-1}{2}=\sqrt{2}(z-\sqrt{2})$.

附　曲线的向量方程和切向量

空间曲线 Γ 的参数方程有时也写成形式更为紧凑的向量方程

$$\boldsymbol{r}=\boldsymbol{r}(t),$$

其中 $\boldsymbol{r}(t)=x(t)\boldsymbol{i}+y(t)\boldsymbol{j}+z(t)\boldsymbol{k}$ 是点 $(x(t),y(t),z(t))$ 的向径（见图 6－14）. 在向量方程下，空间曲线 Γ 就是变向径 $\boldsymbol{r}(t)$ 的终点的轨迹，故也称 Γ 为向量值函数 $\boldsymbol{r}(t)$ 的矢端曲线.

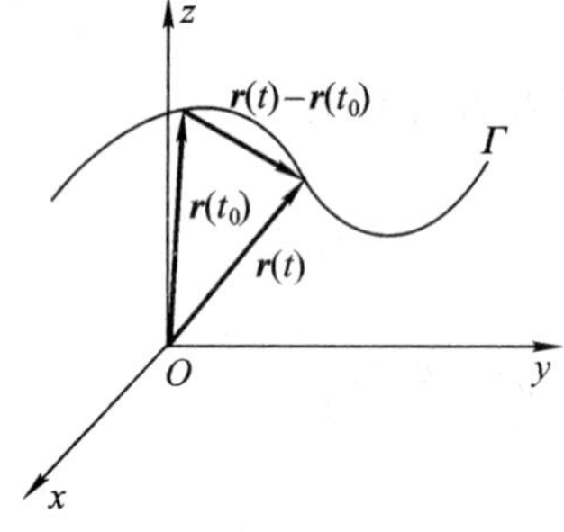

图 6－14

根据 $\mathbf{R}^3$ 中的向量模的概念与向量的线性运算法则，可以定义一元向量值函数 $\boldsymbol{r}(t)$ 的连续性与可导性，即：设 $\boldsymbol{r}(t)$ 在点 t_0 的某邻域内有定义，如果

$$\lim_{t\to t_0}|\boldsymbol{r}(t)-\boldsymbol{r}(t_0)|=0,$$

则称 $\boldsymbol{r}(t)$ 在 t_0 处连续；又若存在常向量 $\boldsymbol{\tau}=(a,b,c)$，使得

$$\lim_{t\to t_0}\left|\frac{\boldsymbol{r}(t)-\boldsymbol{r}(t_0)}{t-t_0}-\boldsymbol{\tau}\right|=0,$$

则称 $\boldsymbol{r}(t)$ 在 t_0 处可导，并且称 $\boldsymbol{\tau}$ 为 $\boldsymbol{r}(t)$ 在 t_0 处的导数（或导向量），记作 $\boldsymbol{r}'(t_0)$，即 $\boldsymbol{r}'(t_0)=\boldsymbol{\tau}$.

容易验证，向量值函数 $\boldsymbol{r}(t)$ 在 t_0 处连续的充要条件是：$\boldsymbol{r}(t)$ 的三个分量函数 $x(t)$、$y(t)$、$z(t)$ 同时在 t_0 处连续. $\boldsymbol{r}(t)$ 在 t_0 处可导的充要条件是：$\boldsymbol{r}(t)$ 的三个分量函数同时在 t_0 处可导. $\boldsymbol{r}(t)$ 可导时，其导数为

$$\boldsymbol{r}'(t_0)=x'(t_0)\boldsymbol{i}+y'(t_0)\boldsymbol{j}+z'(t_0)\boldsymbol{k}.$$

采用向量方程的形式，则以上关于曲线 Γ 的切线的相关结果可以叙述如下：

> 若向量值函数 $\boldsymbol{r}(t)$ 在 t_0 处可导，且 $\boldsymbol{r}'(t_0)\neq\boldsymbol{0}$，则 $\boldsymbol{r}(t)$ 的矢端曲线 Γ 在 $\boldsymbol{r}(t_0)$ 的终点处存在切线，$\boldsymbol{r}'(t_0)$ 就是切线的方向向量，切线方程为
> $$\boldsymbol{T}(t)=\boldsymbol{r}(t_0)+t\boldsymbol{r}'(t_0).$$

二、曲面的切平面与法线

设曲面 Σ 的一般方程是

$$F(x,y,z)=0,$$

$F(x,y,z)$ 的偏导数 F_x、F_y、F_z 连续且不同时为零，这时称 Σ 是光滑曲面.

设 $M(x_0,y_0,z_0)$ 是 Σ 上一点，从几何上看，平面 Π 能够称为曲面 Σ 在点 M 处的切平面，它应该满足条件：Π 过点 M，并且当 Σ 上的动点 M' 沿着 Σ 上任何一条光滑曲线 C 趋于 M 时，割线 MM' 与 Π 法向量的夹角的极限为 $\dfrac{\pi}{2}$，换句话说：Σ 上过点 M 的任何一条光滑曲线 C 在 M 处的切线 MT 与平面 Π 的法向量 $\boldsymbol{n}$ 相垂直（图 6－15）. 根据以上分析，我们来求平面 Π 的法向量 $\boldsymbol{n}$ 的表达式.

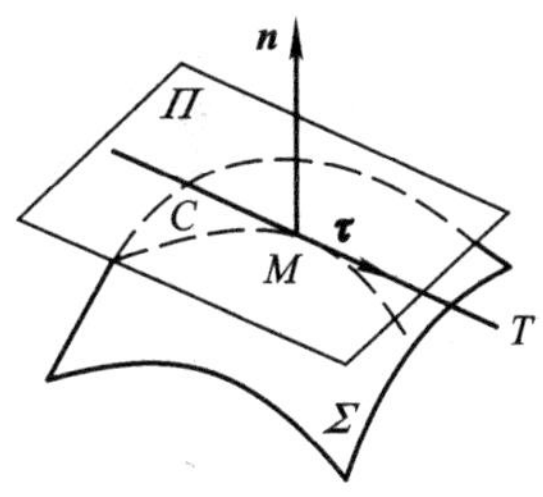

图 6－15

设 C 是 Σ 上过点 M 的任何一条光滑曲线，它的参数方程为

$$x=x(t),y=y(t),z=z(t),$$

点 M 对应于 $t=t_0$，C 在点 M 的切向量

$$\boldsymbol{\tau}=(x'(t_0),y'(t_0),z'(t_0)).$$

由于曲线 C 在曲面 Σ 上，故有恒等式

$$F[x(t),y(t),z(t)]\equiv 0,$$

在此恒等式的两端对 t 求导并取 $t=t_0$ 处的导数，得

$$F_x(x_0,y_0,z_0)x'(t_0)+F_y(x_0,y_0,z_0)y'(t_0)+F_z(x_0,y_0,z_0)z'(t_0)=0, \tag{4}$$

记

$$\boldsymbol{n}=(F_x(x_0,y_0,z_0),F_y(x_0,y_0,z_0),F_z(x_0,y_0,z_0)), \tag{5}$$

则(4)式表示切向量 $\boldsymbol{\tau}\perp\boldsymbol{n}$.

因此(5)式所表示的向量 $\boldsymbol{n}$ 即为所求的平面 Π 的一个法向量. 我们把过点 M 并以 $\boldsymbol{n}$ 为法向量的平面称为曲线 Σ 在点 M 处的切平面(tanget plane)，并把 $\boldsymbol{n}$ 称为曲面 Σ 在点 M 处的法向量(normal vector). 可见，切平面 Π 的方程是

$$F_x(x_0,y_0,z_0)(x-x_0)+F_y(x_0,y_0,z_0)(y-y_0)+F_z(x_0,y_0,z_0)(z-z_0)=0.$$

过 M 点且与切平面 Π 垂直的直线称为曲面 Σ 在点 M_0 处的法线,它以法向量 $\boldsymbol{n}$ 作为方向向量,因此它的方程是

$$\frac{x-x_0}{F_x(x_0,y_0,z_0)}=\frac{y-y_0}{F_y(x_0,y_0,z_0)}=\frac{z-z_0}{F_z(x_0,y_0,z_0)}.$$

由(5)式可见,函数 $F(x,y,z)$ 在点 M_0 处的梯度 $\nabla F(x_0,y_0,z_0)$ 恰是曲面 $F(x,y,z)=0$ 在点 M_0 处的一个法向量 $\boldsymbol{n}$.

例 2 求椭球面 $x^2+2y^2+3z^2=6$ 在点(1,1,1)处的切平面方程及法线方程.

解 记 $F(x,y,z)=x^2+2y^2+3z^2-6$,则

$$\boldsymbol{n}=\nabla F(1,1,1)=(2,4,6),$$

故所求切平面方程为

$$2(x-1)+4(y-1)+6(z-1)=0,$$

即

$$x+2y+3z=6.$$

法线方程为

$$\frac{x-1}{1}=\frac{y-1}{2}=\frac{z-1}{3}.$$

从切平面的定义看到,曲线 Σ 上任何一条过点 M 的光滑曲线在 M 处的切线都位于切平面 Π 上,因此也可以说,切平面 Π 是曲面上过点 M 的一切光滑曲线在 M 处的切线所形成的平面. 此外,我们还指出,当光滑曲面 Σ 由方程 $F(x,y,z)=0$ 给出时,由于偏导数 F_x、F_y、F_z 在每点处连续且不同时为零,因此,从几何上看,光滑曲面上每点处都存在切平面和法线,并且切平面与法线随着切点的移动而连续移(转)动,这与我们直观上对光滑曲面的理解相符合.

当光滑曲面 Σ 用显式方程

$$z=z(x,y)$$

表示时,如果**函数** $z(x,y)$ **在点** (x_0,y_0) **处可微,则曲面** Σ **在点** $M_0(x_0,y_0,z(x_0,y_0))$ **处存在切平面并有法向量**。

$$\boldsymbol{n}=(z_x(x_0,y_0),z_y(x_0,y_0),-1). \tag{6}$$

事实上,如果我们把 Σ 的方程 $z=z(x,y)$ 改写成 $z(x,y)-z=0$,并令 $F(x,y,z)=z(x,y)-z$,这时就有 $F_x=z_x,F_y=z_y,F_z=-1$,由(5)式就得到(6)式.

例 3 求旋转抛物面 $z=x^2+y^2-1$ 在点(2,1,4)处的切平面方程及法线方程.

解 因 $\boldsymbol{n}=(z_x,z_y,-1)|_{(2,1,4)}=(4,2,-1)$,

故所求切平面方程为

$$4(x-2)+2(y-1)-(z-4)=0,$$

即
$$4x+2y-z-6=0.$$
法线方程为
$$\frac{x-2}{4}=\frac{y-1}{2}=\frac{z-4}{-1}.$$

设曲面 Σ 的方程为下列参数方程：
$$\begin{cases}x=x(u,v),\\ y=y(u,v),\\ z=z(u,v),\end{cases}$$
Σ 上一点 $M_0(x_0,y_0,z_0)$ 对应于 (u_0,v_0)，如果 $x(u,v)$、$y(u,v)$、$z(u,v)$ 都有连续偏导数，并且在 (u_0,v_0) 处
$$\frac{\partial(y,z)}{\partial(u,v)},\frac{\partial(z,x)}{\partial(u,v)},\frac{\partial(x,y)}{\partial(u,v)}$$
不同时为零，则曲面 Σ 在点 M_0 处存在切平面并有法向量
$$\boldsymbol{n}=\begin{vmatrix}\boldsymbol{i}&\boldsymbol{j}&\boldsymbol{k}\\ x_u&y_u&z_u\\ x_v&y_v&z_v\end{vmatrix}_{(u_0,v_0)}=\left(\frac{\partial(y,z)}{\partial(u,v)},\frac{\partial(z,x)}{\partial(u,v)},\frac{\partial(x,y)}{\partial(u,v)}\right)_{(u_0,v_0)}.\tag{7}$$

证明从略.

例 4　求螺旋面
$$\begin{cases}x=u\cos v,\\ y=u\sin v,\quad (u\geqslant 0,v\in\mathbf{R})\\ z=v\end{cases}$$
在点 $M_0(1,0,0)$ 处的切平面方程及法线方程.

解　点 M_0 对应于 $(u,v)=(1,0)$，又
$$\boldsymbol{n}=\begin{vmatrix}\boldsymbol{i}&\boldsymbol{j}&\boldsymbol{k}\\ x_u&y_u&z_u\\ x_v&y_v&z_v\end{vmatrix}_{(1,0)}=\begin{vmatrix}\boldsymbol{i}&\boldsymbol{j}&\boldsymbol{k}\\ \cos v&\sin v&0\\ -u\sin v&u\cos v&1\end{vmatrix}_{(1,0)}=\begin{vmatrix}\boldsymbol{i}&\boldsymbol{j}&\boldsymbol{k}\\ 1&0&0\\ 0&1&1\end{vmatrix}=(0,-1,1),$$
故所求切平面方程为
$$0(x-1)-y+z=0,$$
即
$$y=z.$$
法线方程为
$$\frac{x-1}{0}=\frac{y}{-1}=\frac{z}{1},$$

利用曲面的切平面概念，我们可以讨论用一般方程表示的空间曲线的切线. 事实上，如果空间曲线 Γ 用一般方程
$$F(x,y,z)=0,\quad G(x,y,z)=0$$

(其中 F 与 G 都有连续偏导数,且偏导数不同时为零)表示,由于 Γ 是两张曲面 $\Sigma_1(F(x,y,z)=0)$ 和 $\Sigma_2(G(x,y,z)=0)$ 的交线,故在 Γ 上的点 $M(x_0,y_0,z_0)$ 处,Γ 的切线 T 既位于 Σ_1 在 M 处的切平面 Π_1 上,又位于 Σ_2 在 M 处的切平面 Π_2 上,因此

$$T=\Pi_1\cap\Pi_2,$$

从而切线 T 的方程就是切平面 Π_1 的方程和 Π_2 的方程的联列式,而切向量 τ 可取 Σ_1 与 Σ_2 在点 M 处的法向量 $\boldsymbol{n}_1$、$\boldsymbol{n}_2$ 的向量积,即 $\tau=\boldsymbol{n}_1\times\boldsymbol{n}_2$(图 6-16).

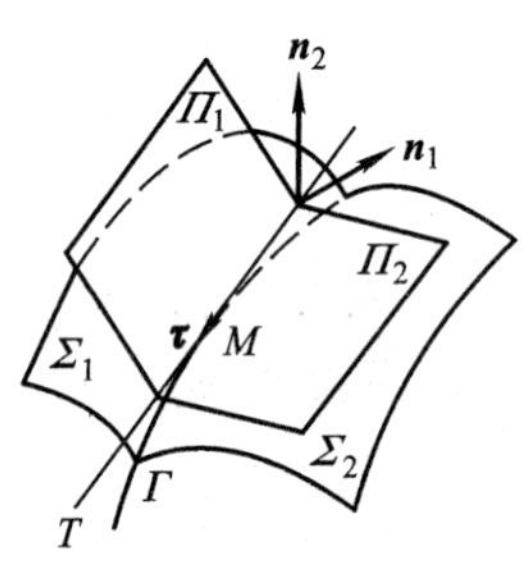

图 6-16

例 5　求曲线 $\begin{cases}x^2+y^2+z^2=6,\\x^2+y+z^2=0\end{cases}$ 在点 $(1,-2,1)$ 处的切线方程和切向量.

解　记 $F(x,y,z)=x^2+y^2+z^2-6$, $G(x,y,z)=x^2+y+z^2$,则在点 $(1,-2,1)$ 处,

$$\boldsymbol{n}_1=(F_x,F_y,F_z)\Big|_{(1,-2,1)}=(2x,2y,2z)\Big|_{(1,-2,1)}=(2,-4,2),$$

$$\boldsymbol{n}_2=(G_x,G_y,G_z)\Big|_{(1,-2,1)}=(2x,1,2z)\Big|_{(1,-2,1)}=(2,1,2).$$

故所求切线的方程为

$$\begin{cases}2(x-1)-4(y+2)+2(z-1)=0,\\2(x-1)+(y+2)+2(z-1)=0,\end{cases}$$

即

$$\begin{cases}x-2y+z-6=0,\\2x+y+2z-2=0.\end{cases}$$

切向量

$$\tau=\boldsymbol{n}_1\times\boldsymbol{n}_2=\begin{vmatrix}\boldsymbol{i}&\boldsymbol{j}&\boldsymbol{k}\\1&-2&1\\2&1&2\end{vmatrix}=(-5,0,5).$$

三、等量面与等高线

在上一节中我们曾经提到,一个三元数值函数 $F(x,y,z)$ 可以看成是一个空间数量场的数学表示. 为了研究场的分布特征,通常采用等量面(level surface)的描述方法. 所谓等量面就是指空间中由方程

$$F(x,y,z)=C$$

所表示的曲面,这里 C 是一个常数. 在此曲面上,场量都取同一个值 C. 显然,数量场 $F(x,y,z)$ 通过场内一点 $M_0(x_0,y_0,z_0)$ 的等量面的方程为

$$F(x,y,z)=F(x_0,y_0,z_0)$$

或

$$F(x,y,z)-F(x_0,y_0,z_0)=0.$$

由本节第一目可知,若 $F(x,y,z)$ 具有连续偏导数,并且 $\nabla F(M_0)$ 不为零向量时,$\nabla F(M_0)$ 就是 $F(x,y,z)$ 通过点 M_0 的等量面在点 M_0 处的一个法向量.又由于 $F(x,y,z)$ 在点 M_0 处沿 $\nabla F(M_0)$ 方向具有最大的增长率,因而 $\nabla F(M_0)$ 指向 F 的等量面的高值方向.

在平面数量场 $F(x,y)$ 的情形,方程 $F(x,y)=C$(C 为常数)表示的曲线称为等量线.由于等量线 $F(x,y)=C$ 是曲面 $z=F(x,y)$ 与平面 $z=C$ 的交线在 xOy 面上的投影曲线,在此投影曲线上,任意一点 (x,y) 所对应的曲面上的点均具有相同的竖标 C,或者说具有相同的"高度" C,因此等量线也常被称作等高线(level curve)(图 6-17).容易想象,如果每两条等高线的高差均相等,则 xOy 平面上等高线越密的地方所对应的那部分曲面就越"陡".

类似于空间数量场,平面数量场 $F(x,y)$ 的梯度 $\nabla F(x_0,y_0)=F_x(x_0,y_0)\boldsymbol{i}+F_y(x_0,y_0)\boldsymbol{j}$ 为等量线 $F(x,y)=C$ 上点 (x_0,y_0) 处一个的法向量,并且指向 $F(x,y)$ 的等量线的高值方向.例如设 $F(x,y)=x^2+2y^2$,$F(x,y)$ 通过点 $(1,2)$ 的等量线的方程为

$$x^2+2y^2=9,$$

这是一个椭圆方程,$\nabla F(1,2)=2\boldsymbol{i}+8\boldsymbol{j}$ 就是椭圆在点 $(1,2)$ 处的法向量,并且指向等量线的高值方向,即指向椭圆的外部(图 6-18).

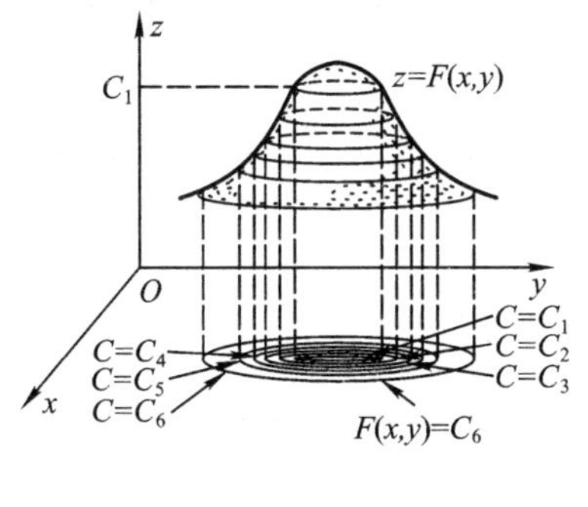

图 6-17

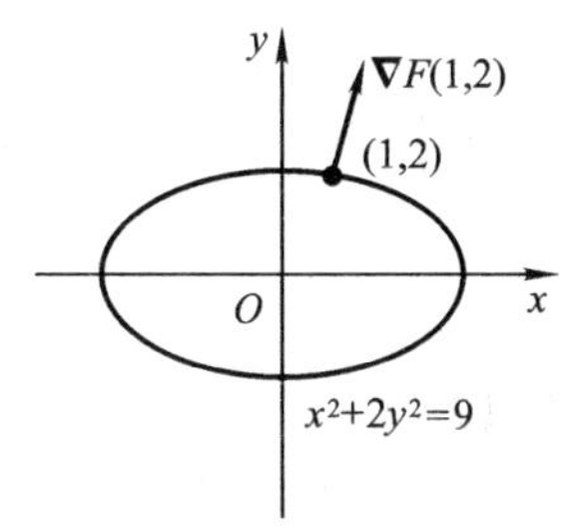

图 6-18

习题 6-7

1. 求下列曲线在指定点处的切线与法平面方程:

(1) $\begin{cases} x = t - \sin t, \\ y = 1 - \cos t, \\ z = 4\sin \dfrac{t}{2}, \end{cases}$ 点 $\left(\dfrac{\pi}{2} - 1, 1, 2\sqrt{2}\right)$;

(2) $\begin{cases} x = \dfrac{t}{1+t}, \\ y = \dfrac{1+t}{t}, \\ z = t^2, \end{cases}$ 点 $\left(\dfrac{1}{2}, 2, 1\right)$;

(3) $\begin{cases} y^2 = 2mx, \\ z^2 = m - x, \end{cases}$ 点 (x_0, y_0, z_0);

(4) $\begin{cases} x^2 + y^2 + z^2 - 3x = 0, \\ 2x - 3y + 5z - 4 = 0, \end{cases}$ 点 $(1,1,1)$.

2. 求下列曲面在指定点处的切平面与法线方程:

(1) $x^2 + 2y^2 + 3z^2 = 21$,点 $(1,2,2)$;

(2) $xyz = 6$,点 $(1,2,3)$;

(3) $e^z - z + xy = 3$,点 $(2,1,0)$;

(4) $\dfrac{z}{c} = \dfrac{x^2}{a^2} + \dfrac{y^2}{b^2}$,点 (x_0, y_0, z_0).

3. 设 $f(x,y) = 2x^2 + y^2$,求 $\nabla f(1,2)$,并用它来求等量线 $f(x,y) = 6$ 在点 $(1,2)$ 处的切线方程. 画出 $f(x,y)$ 的等高线、切线与梯度向量的草图.

4. 求椭球面 $x^2 + 2y^2 + z^2 = 1$ 上平行于平面 $x - y + 2z = 0$ 的切平面方程.

5. 求出曲面 $z = xy$ 上的点,使这点处的法线垂直于平面 $x + 3y + z + 9 = 0$,并写出这法线的方程.

6. 求由曲线 $\begin{cases} 3x^2 + 2y^2 = 12, \\ z = 0 \end{cases}$ 绕 y 轴旋转一周所得的旋转曲面在点 $(0, \sqrt{3}, \sqrt{2})$ 处的指向外侧的单位法向量.

7. 证明:与锥面 $z^2 = x^2 + y^2$ 相切的平面通过坐标原点.

8. 证明:曲面 $xyz = c^3$ 上任何点处的切平面在各坐标轴上的截距之积为常值.

9. 证明:曲面 $\sqrt{x} + \sqrt{y} + \sqrt{z} = \sqrt{a}\ (a > 0)$ 上任何点处的切平面在各坐标轴上的截距之和为常值.

10. 证明:螺旋线 $\begin{cases} x = a\cos t, \\ y = a\sin t, \\ z = bt \end{cases}$ 的切线与 z 轴成定角.

11. 两曲面称为是正交的,如果它们在交线上的任一点处的两个法向量互相垂直. 证明:曲面 $z^2 = x^2 + y^2$ 与曲面 $x^2 + y^2 + z^2 = 1$ 正交.

12. 求旋转椭球面 $3x^2 + y^2 + z^2 = 16$ 上点 $(-1, -2, 3)$ 处的切平面与 xOy 面的夹角的余弦.

第八节　多元函数的极值

一、极大值与极小值

在实际问题中，常常会遇到多元函数的最大、最小值问题. 与一元函数相类似，多元函数的最大、最小值与极大、极小值之间有着密切的联系. 作为多元微分学的主要应用之一，我们来研究如何运用偏导数寻求多元函数的极值与最大、最小值，下面就二元函数来讨论这个问题.

定义　设点(x_0,y_0)是函数$z=f(x,y)$的定义域的内点. 如果存在(x_0,y_0)的某邻域，使得对于该邻域内的异于点(x_0,y_0)的任一点(x,y)，都有

$$f(x,y)<f(x_0,y_0),$$

则称函数$f(x,y)$在点(x_0,y_0)有极大值(local maximum)$f(x_0,y_0)$，点(x_0,y_0)称为函数$f(x,y)$的极大值点.

如果对于该邻域内的异于点(x_0,y_0)的任一点(x,y)，都有

$$f(x,y)>f(x_0,y_0),$$

则称函数$f(x,y)$在点(x_0,y_0)有极小值(local minimum)$f(x_0,y_0)$，点(x_0,y_0)称为函数$f(x,y)$的极小值点. 极大值与极小值统称为极值，使函数取得极值的点称为极值点.

举例来说，函数$z=x^2+y^2$在点$(0,0)$有极小值0，它同时是函数的最小值(图6-19(a))；函数$z=1-\sqrt{x^2+y^2}$在点$(0,0)$有极大值1，它同时也是函数的最大值(图6-19(b))；函数$z=xy$在点$(0,0)$处的值为0，而在该点的任意小的邻域内总能取到正值和负值，所以点$(0,0)$不是它的极值点(图6-19(c)).

以上关于二元函数的极值概念很容易推广到一般的n元函数.

定理1(函数有极值的必要条件)　如果函数$z=f(x,y)$在点(x_0,y_0)处有极值，并且$f(x,y)$在点(x_0,y_0)处可偏导，则有$f_x(x_0,y_0)=0$，$f_y(x_0,y_0)=0$.

证　因为函数$f(x,y)$在点(x_0,y_0)处有极值，固定$y=y_0$，则一元函数$f(x,y_0)$在点$x=x_0$处有极值，由于$f(x,y_0)$在点x_0处有导数$f_x(x_0,y_0)$，按照一元函数取得极值的必要性定理，此时必有

$$f_x(x_0,y_0)=0.$$

类似可证

$$f_y(x_0,y_0)=0.$$

若函数$z=f(x,y)$可微，此必要条件也可写作

$$\nabla f(x_0,y_0)=\mathbf{0}.$$

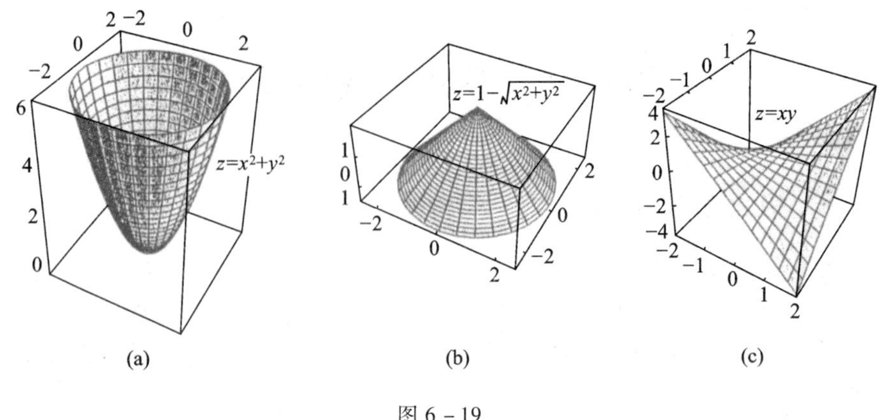

图 6－19

从几何上看，这时曲面 $z=f(x,y)$ 在点 (x_0,y_0,z_0)（其中 $z_0=f(x_0,y_0)$）处的法向量为 $\boldsymbol{n}=(0,0,1)$，即该点处的切平面平行于 xOy 面.

使 $f(x,y)$ 的两个偏导数 $f_x(x,y)$、$f_y(x,y)$ 等于零的点 (x_0,y_0) 称为函数 $f(x,y)$ 的驻点（或临界点）(critical point).

函数 $z=f_1(x,y)=x^2+y^2$ 的极值点 $(0,0)$ 是驻点；函数 $z=f_2(x,y)=1-\sqrt{x^2+y^2}$ 的极值点 $(0,0)$ 不是驻点，因为在点 $(0,0)$ 处 z_x、z_y 都不存在；函数 $z=f_3(x,y)=xy$ 虽然有驻点 $(0,0)$，但它却不是极值点. 这说明：**函数 $f(x,y)$ 的驻点与 $f_x(x,y)$、$f_y(x,y)$ 中至少有一个不存在的点都是 $f(x,y)$ 的可疑极值点**. 当然，可疑极值点未必一定是极值点. 下面我们给出验证二元函数的驻点是否为函数极值点的一个充分条件.

定理 2（函数有极值的充分条件）　设函数 $z=f(x,y)$ 在包含点 (x_0,y_0) 的区域 D 内有二阶连续偏导数，(x_0,y_0) 是 $f(x,y)$ 的驻点，记

$$A=f_{xx}(x_0,y_0),B=f_{xy}(x_0,y_0),C=f_{yy}(x_0,y_0),$$

那么

(1) 当 $AC-B^2>0$ 时，$f(x_0,y_0)$ 是极值，且当 $A>0$ 时，$f(x_0,y_0)$ 是极小值，当 $A<0$ 时，$f(x_0,y_0)$ 是极大值；

(2) 当 $AC-B^2<0$ 时，$f(x_0,y_0)$ 不是极值；

(3) 当 $AC-B^2=0$ 时，$f(x_0,y_0)$ 是否为极值还需另作讨论.

定理 2 的证明从略. 下面我们说明求二元函数 $z=f(x,y)$ 极值的步骤：

(1) 解方程组 $\begin{cases} f_x(x,y)=0, \\ f_y(x,y)=0 \end{cases}$ 求得 $f(x,y)$ 的所有驻点；

(2) 求 $f(x,y)$ 的二阶导数 $f_{xx}(x,y)$、$f_{xy}(x,y)$、$f_{yy}(x,y)$，并在每一驻点处计算 A、B、C 和 $AC-B^2$ 的值；

(3) 用定理 2 判定驻点是否为极值点并计算函数的极值.

例 1　求函数 $f(x,y)=-x^4-y^4+4xy-1$ 的极值.

解　解方程组

$$\begin{cases}f_x(x,y)=-4x^3+4y=0,\\ f_y(x,y)=-4y^3+4x=0,\end{cases}$$

求得三个驻点(0,0)、(1,1)、(-1,-1),又

$$f_{xx}(x,y)=-12x^2,\ f_{xy}(x,y)=4,f_{yy}(x,y)=-12y^2,$$

所以

(x,y)	$(0,0)$	$(1,1)$	$(-1,-1)$
A	0	-12	-12
$AC-B^2$	-16	128	128

因此 $f(1,1)=1,f(-1,-1)=1$ 都是极大值,而 $f(x,y)$ 在点(0,0)没有极值.

图 6-20 是由计算机画出的函数 $z=f(x,y)$ 的图形. 可以看出在点(1,1)处和点(-1,-1)处曲面有两个“峰”,其高度均为 1,但是在点(0,0)处曲面却没有“谷”,实际上在该点的近旁曲面呈马鞍形.

我们知道,可导且只有有限多个驻点的一元函数,在它的两个极大值点之间必定有极小值点,而例 1 表明,这一结论对多元函数未必成立.

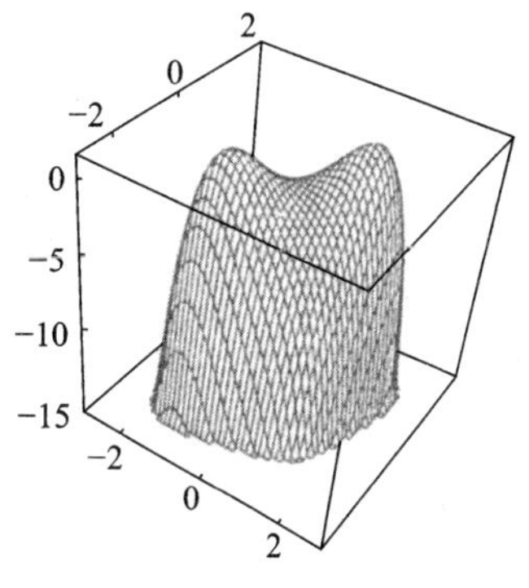

图 6-20

二、条件极值

上面讨论的是函数在其定义域内的极值.
在这类极值问题中,由于极值点是函数定义域的内点,函数的自变量在极值点的某个邻域内的取值是完全自由的,所以我们称这种类型的极值为无条件极值. 但实际问题往往要求我们讨论另一种类型的极值问题——当自变量的变化受到某种制约时,函数是否存在极值以及如何去寻找极值. 例如求表面积为定值时长方体体积的最大值,求空间一点到一已知曲线或已知曲面的最短距离等等. 这种带有约束条件的函数极值称为条件极值. 从应用的角度看,这类极值无疑更有实际价值.

例 2　某工厂要用铁板做成一个体积为 2 m^3 的有盖长方体水箱,问当长、宽、高各取多少尺寸时,可以使得用料最省?

解　设水箱的长为 x m，宽为 y m，高为 z m，则此水箱所用材料的面积 A 为

$$A=2(xy+yz+zx)\quad(x>0,y>0,z>0).\tag{1}$$

(1)式称为本问题的目标函数.又，依所给条件有 $xyz=2$（称为本问题的约束条件）.

可见本问题是一个条件极值问题：求目标函数(1)在约束条件 $xyz=2$ 下的极值.解决这类问题的基本思想是将条件极值转化为无条件极值来处理.我们从约束条件中可解出 $z=\dfrac{2}{xy}$，代入(1)式得

$$A=2\left(xy+\frac{2}{x}+\frac{2}{y}\right)\quad(x>0,y>0),$$

这就把原问题转化为求上面这个二元函数的无条件极值了.

解方程组

$$\begin{cases}A_x=2\left(y-\dfrac{2}{x^2}\right)=0,\\ A_y=2\left(x-\dfrac{2}{y^2}\right)=0,\end{cases}$$

求得惟一驻点 $x=\sqrt[3]{2}$、$y=\sqrt[3]{2}$.根据题意，水箱所用材料面积的最小值一定存在，并且最小值肯定在 $D=\{(x,y)\mid x>0,y>0\}$ 内部取到，而函数在 D 内只有一个可疑极值点$(\sqrt[3]{2},\sqrt[3]{2})$，故可断定 $x=\sqrt[3]{2}$、$y=\sqrt[3]{2}$时，A 取得最小值，也就是当水箱的长、宽、高同为$\sqrt[3]{2}$ m 时，水箱所用的材料最省.

容易想到，如同例 2 这样从约束方程中解出隐函数代入目标函数的做法并非总是可行的，但例 2 处理问题的基本思想还是值得借鉴的.下面我们介绍一种直接从约束方程出发，求解函数的条件极值的方法——拉格朗日乘子法.先看最简单的情形——求函数

$$z=f(x,y)\text{（目标函数）}$$

在约束条件

$$\varphi(x,y)=0\text{（约束方程）}$$

下的条件极值，分析一下函数 $z=f(x,y)$ 在点(x_0,y_0)取得条件极值的必要条件.

因为(x_0,y_0)是条件极值点，所以有

$$\varphi(x_0,y_0)=0.\tag{2}$$

设函数 $f(x,y)$ 与 $\varphi(x,y)$ 都在点(x_0,y_0)的某个邻域内具有连续的偏导数，并且 $\varphi_y(x_0,y_0)\neq0$.由隐函数存在定理可知，方程 $\varphi(x,y)=0$ 确定了一个具有连续导数的函数 $y=y(x)$，把它代入目标函数后就得到

$$z=f[x,y(x)].$$

由于$f(x,y)$在(x_0,y_0)处取得条件极值，这就相当于一元函数$f[x,y(x)]$在$x=x_0$处取得极值，由一元可导函数取得极值的必要条件可知，必有

$$\left.\frac{\mathrm{d}z}{\mathrm{d}x}\right|_{x=x_0}=f_x(x_0,y_0)+f_y(x_0,y_0)\left.\frac{\mathrm{d}y}{\mathrm{d}x}\right|_{x=x_0}=0,$$

而由隐函数求导公式，有$\left.\frac{\mathrm{d}y}{\mathrm{d}x}\right|_{x=x_0}=-\frac{\varphi_x(x_0,y_0)}{\varphi_y(x_0,y_0)}$，将其代入上式就得

$$f_x(x_0,y_0)-\frac{f_y(x_0,y_0)\varphi_x(x_0,y_0)}{\varphi_y(x_0,y_0)}=0. \tag{3}$$

(2)式和(3)式就是函数$z=f(x,y)$在点(x_0,y_0)取得条件极值的必要条件.

若记

$$\lambda=-\frac{f_y(x_0,y_0)}{\varphi_y(x_0,y_0)},$$

则上述必要条件(2)、(3)就可写成

$$\begin{cases}f_x(x_0,y_0)+\lambda\varphi_x(x_0,y_0)=0,\\ f_y(x_0,y_0)+\lambda\varphi_y(x_0,y_0)=0,\\ \varphi(x_0,y_0)=0.\end{cases} \tag{4}$$

根据以上分析的结果，我们引进如下函数

$$L(x,y,\lambda)=f(x,y)+\lambda\varphi(x,y),$$

叫做拉格朗日函数，其中参数λ叫做拉格朗日乘子(Lagrange multiplier)，从(4)式不难看出(x_0,y_0)正适合方程组$L_x=0$、$L_y=0$、$L_\lambda=0$，即$x=x_0$、$y=y_0$是拉格朗日函数$L(x,y,\lambda)$的驻点的坐标. 于是就有了如下结论：

拉格朗日乘子法

> 设函数$f(x,y)$与$\varphi(x,y)$具有连续的偏导数，作拉格朗日函数
>
> $$L(x,y,\lambda)=f(x,y)+\lambda\varphi(x,y),$$
>
> 如果$x=x_0$、$y=y_0$是方程组$L_x=0,L_y=0,L_\lambda=0$即
>
> $$\begin{cases}f_x(x,y)+\lambda\varphi_x(x,y)=0,\\ f_y(x,y)+\lambda\varphi_y(x,y)=0,\\ \varphi(x,y)=0\end{cases} \tag{5}$$
>
> 的解，那么点(x_0,y_0)是目标函数$f(x,y)$在约束条件$\varphi(x,y)=0$下的可疑极值点.

这样，要找目标函数$f(x,y)$在约束条件$\varphi(x,y)=0$下的极值，可按上述方法先写出拉格朗日函数L，然后列出方程组(5)，求得方程组的解即获得了条件极值问题的可疑极值点. 至于这些点是否是极值点，在实际问题中可以根据问题的性质来判定.

现在用拉格朗日乘子法把例 2 再解一遍. 先作拉格朗日函数

$$L(x,y,z,\lambda)=2(xy+yz+zx)+\lambda(xyz-2),$$

然后求出 L 的驻点,即求解方程组

$$\begin{cases}L_x=2(y+z)+\lambda yz=0,\\L_y=2(z+x)+\lambda zx=0,\\L_z=2(x+y)+\lambda xy=0,\\xyz-2=0.\end{cases}$$

将前三个方程的两边依次乘以 x、y 和 z,并消去 λxyz,从而解得

$$x=y=z,$$

再由最后一个方程即得 $x=y=z=\sqrt[3]{2}$. 由于本问题的最小面积必定存在,于是必在这惟一的可疑条件极值点处取得. 即当水箱的长、宽、高均为$\sqrt[3]{2}$m 时,所用材料最省.

拉格朗日乘子法还可以推广到二元以上的函数以及多个约束条件的情形. 例如,要求三元函数

$$u=f(x,y,z)$$

在约束条件

$$\varphi(x,y,z)=0 \quad 和 \quad \psi(x,y,z)=0$$

下的极值,可以先作拉格朗日函数

$$L(x,y,z,\lambda,\mu)=f(x,y,z)+\lambda\varphi(x,y,z)+\mu\psi(x,y,z),$$

其中 λ、μ 是参数,然后求解方程组

$$L_x=0,L_y=0,L_z=0,L_\lambda=0,L_\mu=0,$$

所得到的解(x_0,y_0,z_0)即是条件极值的可疑极值点.

例 3　求从原点到曲面$(x-y)^2-z^2=1$ 的最短距离.

解　本题即在约束条件$(x-y)^2-z^2-1=0$ 下,求三元函数 $\sqrt{x^2+y^2+z^2}$的最小值. 为方便起见,可设目标函数为$f(x,y,z)=x^2+y^2+z^2$.

作拉格朗日函数

$$L(x,y,z,\lambda)=x^2+y^2+z^2+\lambda[(x-y)^2-z^2-1].$$

求解方程组

$$\begin{cases}L_x=2x+2\lambda(x-y)=0,\\L_y=2y-2\lambda(x-y)=0,\\L_z=2z-2\lambda z=0,\\(x-y)^2-z^2=1.\end{cases}$$

由第三个方程得 $z=0$ 或 $\lambda=1$.

当 $\lambda=1$ 时,由前两个方程可得 $x=y=0$. 再由最后一个方程得 $z^2=-1$,故 z 无实数解.

由 $z=0$,从最后一个方程得 $(x-y)^2=1$. 又由前两个方程可得 $x=-y$,从而解得 $x=\pm\frac{1}{2}$、$y=\mp\frac{1}{2}$,于是得两个可能的极值点 $M_1\left(\frac{1}{2},-\frac{1}{2},0\right)$ 和 $M_2\left(-\frac{1}{2},\frac{1}{2},0\right)$,由于本问题的最短距离必然存在,于是必在 M_1 或 M_2 处取得. 经计算 $|OM_1|=|OM_2|=\sqrt{\left(\pm\frac{1}{2}\right)^2+\left(\mp\frac{1}{2}\right)^2+0^2}=\frac{1}{\sqrt{2}}$,这就是所求的最短距离.

下面讨论如何求二元函数在有界闭区域上的最大值和最小值. 我们知道,如果函数 $z=f(x,y)$ 在有界闭区域 D 上连续且可微,则由连续函数的最大值最小值定理可知 $f(x,y)$ 在 D 上必存在最大值和最小值. 如果最大值或最小值在 D 的内部取到,那么这些最大值点或最小值点必然是驻点. 据此我们可以先求出 $f(x,y)$ 在 D 的内部所有驻点的函数值. 然后利用求解条件极值的方法求出 $f(x,y)$ 在 D 的边界上的最大值和最小值. 最后将上面所得到的这些值加以比较,其中最大的就是最大值,最小的就是最小值.

例 4　求 $f(x,y)=2x^2+y^2$ 在闭区域 $D=\{(x,y)\mid 2(x-1)^2+(y-1)^2\leqslant 12\}$ 上的最大值和最小值.

解　先用拉格朗日乘子法求出 $f(x,y)$ 在 D 的边界 $2(x-1)^2+(y-1)^2=12$ 上可能的极值点. 作 $L(x,y,\lambda)=2x^2+y^2+\lambda[2(x-1)^2+(y-1)^2-12]$,求解方程组

$$\begin{cases}L_x=4x+4\lambda(x-1)=0, & (6)\\ L_y=2y+2\lambda(y-1)=0, & (7)\\ L_\lambda=2(x-1)^2+(y-1)^2-12=0. & (8)\end{cases}$$

首先,由方程组可知 $\lambda\neq 0$. 否则由(6)、(7)得 $x=y=0$,而这与方程(8)矛盾. 于是从方程(6)和(7)可推得 $x=y$,代入方程(8)得 $3(x-1)^2=12$,于是有

$$x=y=3\quad 和\quad x=y=-1.$$

这样得到 $f(x,y)$ 在椭圆 $2(x-1)^2+(y-1)^2=12$ 上的 2 个可能极值点 $M_1(3,3)$,$M_2(-1,-1)$.

再求 $f(x,y)$ 在 D 的内部 $\{(x,y)\mid 2(x-1)^2+(y-1)^2<12\}$ 的可能极值点. 由于

$$f_x=4x,f_y=2y,$$

因此由 $f_x=f_y=0$ 解得惟一驻点 $M_3(0,0)$.

由于 $f(3,3)=27$,$f(-1,-1)=3$,$f(0,0)=0$,因此 $f(x,y)$ 在 D 上的最大值

为 27，在 D 上的边界点 M_1 处取得；最小值为 0，在 D 的内点 M_3 处取得.

图 6－21 为曲面 $z=2x^2+y^2$ 与柱面 $2(x-1)^2+(y-1)^2=12$ 的图形. 从图中可看出，$f(x,y)=2x^2+y^2$ 在约束条件 $2(x-1)^2+(y-1)^2=12$ 下的最大值和最小值分别为两个曲面的交线上的最高点和最低点的竖坐标.

在本节最后，我们以二元函数的条件极值为例，给拉格朗日乘子法一个几何解释. 设要求 $f(x,y)$ 在约束条件 $\varphi(x,y)=0$ 下的极大值，用几何语言说，就是要在约束曲线 $\varphi(x,y)=0$ 上求出一点 (x_0,y_0)，使 $f(x_0,y_0)$ 成为 $f(x,y)$ 的极大值. 图 6－22 画出了约束曲线 $\varphi(x,y)=0$ 和 $f(x,y)$ 的几条等量线 $f(x,y)=C$. 现在的问题就是要在约束曲线 $\varphi(x,y)=0$ 与诸等量线的交点中，求出这样的点 (x_0,y_0)，它位于 C 值最大的等量线上. 略作分析可以知道，这一点必须位于约束曲线与等量线相切的切点处，也就是说，这两条曲线在 (x_0,y_0) 处的法线必重合. 于是由梯度的几何意义，这时有

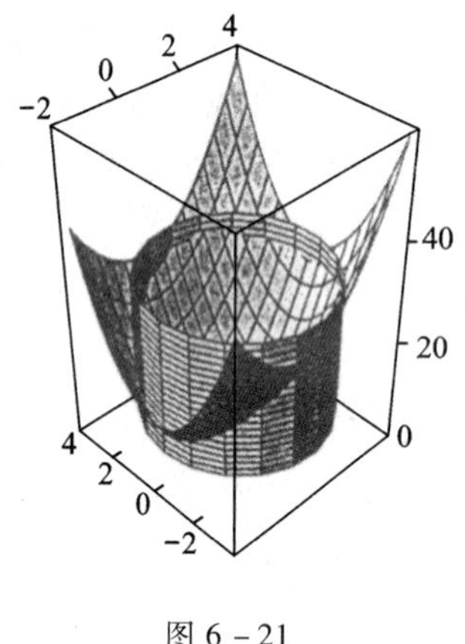

图 6－21

图 6－22

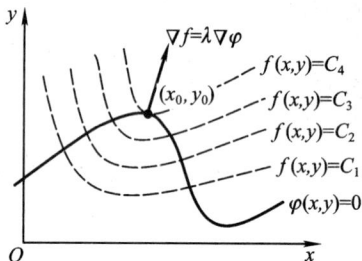

$$\nabla f(x_0,y_0)=\lambda\ \nabla\varphi(x_0,y_0),$$

写成分量形式，即为

$$f_x(x_0,y_0)=\lambda\varphi_x(x_0,y_0),$$
$$f_y(x_0,y_0)=\lambda\varphi_y(x_0,y_0),$$

这就是条件极值点 (x_0,y_0) 和拉格朗日乘子 λ 要满足的条件.

习题 6－8

1. 求下列函数的极值：

(1) $f(x,y)=(6x-x^2)(4y-y^2)$； (2) $f(x,y)=e^x(x+y^2+2y)$；

(3) $f(x,y)=xy-\dfrac{8}{y}+\dfrac{1}{x}$； (4) $f(x,y)=3x^2y+y^3-3x^2-3y^2+2$.

2. 求下列函数在约束方程下的最大最小值：

(1) $f(x,y)=2x+y, x^2+4y^2=1$；

(2) $f(x,y,z)=xyz, x^2+2y^2+3z^2=6$.

3. 求下列函数在指定区域 D 上的最大最小值：

(1) $f(x,y)=x^2+2xy+3y^2$，D 是以点 $(-1,1)$、$(2,1)$、$(-1,2)$ 为顶点的闭三角形区域；

(2) $f(x,y)=\sin x+\sin y+\sin(x+y)$，$D$ 为 $0\leqslant x\leqslant 2\pi, 0\leqslant y\leqslant 2\pi$；

(3) $f(x,y)=1+xy-x-y$，D 是由曲线 $y=x^2$ 和直线 $y=4$ 所围的有界闭区域；

(4) $f(x,y)=\mathrm{e}^{-xy}$，D 为 $x^2+4y^2\leqslant 1$.

4. 求曲面 $xy-z^2+1=0$ 上离原点最近的点.

5. 从斜边之长为 l 的一切直角三角形中，求有最大周界的直角三角形.

6. 求曲线 $\begin{cases} z=x^2+2y^2, \\ z=6-2x^2-y^2 \end{cases}$ 上点的 z 坐标的最大、最小值.

7. 从平面 xOy 上求一点，使它到 $x=0$、$y=0$ 及 $x+2y-16=0$ 三直线的距离平方之和为最小.

8. 将周长为 $2p$ 的矩形绕它的一边旋转得一圆柱体，问矩形的边长各为多少时，所得圆柱体的体积为最大？

9. 抛物面 $z=x^2+y^2$ 被平面 $x+y+z=1$ 截成一椭圆，求原点到这椭圆的最长与最短距离.

10. 求表面积为 12 m^2 的无盖长方体水箱的最大容积.

总 习 题 六

1. 填空题

(1) 如果点 $P(x,y)$ 以不同的方式趋于 $P_0(x_0,y_0)$ 时，$f(x,y)$ 趋于不同的常数，则函数 $f(x,y)$ 在 $P_0(x_0,y_0)$ 处的二重极限______.

(2) 函数 $f(x,y)$ 在点 (x_0,y_0) 连续是函数在该点处可微的______条件，是函数在该点处可偏导的______条件.

(A) 充分而不必要　(B) 必要而不充分

(C) 必要且充分　(D) 既不必要又不充分

(3) 函数 $f(x,y)$ 的二阶偏导数 f_{xy} 与 f_{yx} 在区域 D 内相等的充分条件是______.

(4) 函数 $f(x,y)=\begin{cases} \dfrac{xy}{x^2+y^2}, & (x,y)\neq(0,0), \\ 0, & (x,y)=(0,0) \end{cases}$ 在点 $(0,0)$ 处______，函数 $g(x,y)=\begin{cases} \dfrac{xy}{\sqrt{x^2+y^2}}, & (x,y)\neq(0,0), \\ 0, & (x,y)=(0,0) \end{cases}$ 在点 $(0,0)$ 处______.

(A) 连续但不可偏导　(B) 可偏导但不连续

(C) 连续且可偏导但不可微分　(D) 可微分

(5) 若函数 $F(x,y)$ 具有连续偏导数,满足 $F(x_0,y_0)=0$ 且 $F_y(x_0,y_0)$______,则方程 $F(x,y)=0$在点(x_0,y_0)的某邻域内可确定可导的隐函数 $y=y(x)$.

(6) $\mathrm{grad}f(x_0,y_0)$的方向是函数$f(x,y)$在点(x_0,y_0)处取得______的方向;$\mathrm{grad}f(x_0,y_0)$是等量线$f(x,y)=f(x_0,y_0)$上点(x_0,y_0)处的______向量并指向等量线的高值方向.

2. 习题 6-3 的第 5 题指出函数$f(x,y)=\begin{cases}(x^2+y^2)\sin\dfrac{1}{x^2+y^2}, & 当(x,y)\neq(0,0),\\ 0, & 当(x,y)=(0,0)\end{cases}$在(0,0)处可微,试证明$f_x(x,y)$与$f_y(x,y)$在(0,0)处不连续,以此说明偏导数连续是可微的充分而不必要条件.

3. 设可微函数 $z=f(x,y)$满足方程

$$x\frac{\partial f}{\partial x}+y\frac{\partial f}{\partial y}=0,$$

证明:在极坐标系下,上述方程成为$\dfrac{\partial f}{\partial \rho}=0$.

4. 设 $z=z(x,y)$有二阶连续偏导数,且$\dfrac{\partial^2 z}{\partial y^2}=a^2\dfrac{\partial^2 z}{\partial x^2}$,证明在变换 $\xi=x-ay$、$\eta=x+ay$ 下,$\dfrac{\partial^2 z}{\partial\xi\partial\eta}=0$.

5. 设函数 $z=z(x,y)$由方程 $x^y+y^z+z^x=1$ 确定,求$\dfrac{\partial z}{\partial x}$与$\dfrac{\partial z}{\partial y}$.

6. 设函数 $y=f(x,t)$,而 t 是由方程 $F(x,y,t)=0$ 所确定的 x、y 的函数,这里f、F 均有连续的偏导数,求$\dfrac{\mathrm{d}y}{\mathrm{d}x}$.

7. 求下列隐函数的指定偏导数:

(1) 设函数 $u=f(x,y,z)$由方程 $u^2+z^2+y^2-x=0$ 确定,其中 $z=xy^2+y\ln y-y$,求$\dfrac{\partial u}{\partial x}$;

(2) 设函数 $u=u(x,y,z)$由方程 $u=f(x,y,z,v)$及 $g(y,z,v)=0$ 确定,其中f、g 具有连续偏导数,求$\dfrac{\partial u}{\partial y}$、$\dfrac{\partial v}{\partial y}$.

8. 设 $u=f(x,z)$,而 $z=z(x,y)$是由方程 $z=x+y\varphi(z)$所确定的隐函数,其中f有连续偏导数,而 φ 有连续导数,求 $\mathrm{d}u$.

9. 设 x 轴正向到方向 l 的转角为 φ,求函数

$$f(x,y)=x^2-xy+y^2$$

在点(1,1)沿方向 l 的方向导数,并分别确定转角 φ,使得方向导数有(1)最大值,(2)最小值,(3)等于0.

10. 设$f(x,y,z)=x^2+y^2+z^2$,求$f(x,y,z)$在椭球面$\dfrac{x^2}{a^2}+\dfrac{y^2}{b^2}+\dfrac{z^2}{c^2}=1$ 上点$M_0(x_0,y_0,z_0)$处沿外法线方向的方向导数.

11. 求常数 a、b、c 的值,使函数

$$f(x,y,z)=axy^2+byz+cx^3z^2$$

在点$(1,2,-1)$处沿z轴正方向的方向导数成为各方向的方向导数中的最大者,且此最大值为64.

12. 设有一平面温度场$T(x,y)=100-x^2-2y^2$,场内一粒子从$A(4,2)$处出发始终沿着温度上升最快的方向运动,试建立粒子运动所应满足的微分方程,并求出粒子运动的路径方程.

13. 证明:曲线$\begin{cases}x^2-z=0,\\3x+2y+1=0\end{cases}$上点$(1,-2,1)$处的法平面与直线$\begin{cases}9x-7y-21z=0,\\x-y-z=0\end{cases}$平行.

14. 设$P(x_1,y_1)$是椭圆$\dfrac{x^2}{a^2}+\dfrac{y^2}{b^2}=1$外的一点,若$Q(x_2,y_2)$是椭圆上离$P$最近的一点,试用拉格朗日乘子法证明:$PQ$是椭圆的法线.

15. 试求正数λ的值,使得曲面$xyz=\lambda$与曲面$\dfrac{x^2}{a^2}+\dfrac{y^2}{b^2}+\dfrac{z^2}{c^2}=1$在某一点相切.

16. 证明:函数$f(x,y)=(1+e^y)\cos x-ye^y$有无穷多个极大值,但无极小值.

17. 在过点$P\left(2,1,\dfrac{1}{3}\right)$的所有平面中,哪一个平面与三个坐标面在第一卦限内围成的四面体体积最小?

18. 用计算机作出下列二元函数的图形以及它们的等高线图:

(1) $f(x,y)=-xye^{-x^2-y^2}$;　　(2) $f(x,y)=\dfrac{-3y}{x^2+y^2+1}$;

(3) $f(x,y)=\sin\sqrt{x^2+y^2}$.

19. 在同一屏幕上显示曲面$z=2x^2+y^2$以及该曲面在点$(1,1,3)$处的切平面和法线,注意选取恰当的视角以清楚地显示这些图形.

第七章
重　积　分

MULTIPLE INTEGRATS

我们分两章(第七章和第八章)介绍多元函数的积分学.在一元函数积分学中,定积分定义为某种确定形式(函数值与小区间长度之积)的和的极限,这类极限自然可以推广到定义于不同类型的几何形体上的多元函数上来,从而得到多元函数的重积分、曲线积分与曲面积分.多元函数积分的多样性使得多元函数积分学有着更丰富的内容.

这一章首先讨论二重积分与三重积分的概念与性质.学习时,应将这部分内容与定积分的概念和性质加以对比,弄清两者的共性与区别,这样做有利于从总体上把握积分概念.本章接着重点讨论了二重积分与三重积分的计算,计算二重与三重积分的基本途径是将它们化为二次与三次积分.由于在直角坐标下计算二次与三次积分有时会有一些困难,所以还需要考虑采用其他的坐标,我们分别讨论了最常见的平面极坐标、空间柱面坐标与球面坐标下重积分的计算方法.此外我们还在一般变换的观点下简单介绍了二重积分的换元计算公式.

本章最后部分采用元素法介绍重积分在几何与物理问题中的某些应用,这些应用也可以看成是重积分概念产生的客观背景,其中用二重积分来计算空间曲面的面积为下一章曲面积分概念的引入作了准备.

第一节 重积分的概念与性质

本节我们将从实例引入二重积分的概念,三重积分的概念作为二重积分概念的推广只作简要叙述.

一、重积分的概念

m 元函数($m \geqslant 2$)在 m 维空间某区域上的积分称为 m 重积分,简称为重积分. 例如二重积分就是二元函数在二维空间某区域(即平面区域)上的积分,三重积分就是三元函数在三维空间某区域(即通常的空间区域)上的积分. 下面先介绍两个产生二重积分概念的实际例子.

1. 曲顶柱体的体积

所谓曲顶柱体是指这样的一种立体,它的底是 xOy 面上的有界闭区域 D①,它的侧面是以 D 的边界曲线为准线而母线平行于 z 轴的柱面,它的顶是曲面 $z=f(x,y),(x,y)\in D$,这里 $f(x,y)\geqslant 0$ 且在 D 上连续(图 7-1). 现在我们来讨论如何计算上述曲顶柱体的体积 V.

我们知道,平顶柱体的高是不变的,它的体积可以用公式

$$\text{体积}=\text{高}\times\text{底面积}$$

来计算. 但对曲顶柱体,当点 (x,y) 在区域 D 上变动时,高度 $f(x,y)$ 是个变量,因此它的体积不能直接用上式来计算. 但如果回忆起求曲边梯形面积的问题,就不难想到,那里所采用的思路和办法,也可以用来解决目前的问题.

第一步:划分 用一组曲线网把 D 分成 n 个小闭区域

$$\Delta D_1,\Delta D_2,\cdots,\Delta D_n.$$

分别以这些小闭区域的边界曲线为准线,作母线平行于 z 轴的柱面,这些柱面把原来的曲顶柱体分为 n 个细曲顶柱体(图 7-2),设这些细曲顶柱体的体积为 $\Delta V_i(i=1,2,\cdots,n)$,则

$$V=\sum_{i=1}^{n}\Delta V_i.$$

第二步:近似 当小区域 $\Delta D_i(i=1,2,\cdots,n)$ 的直径②很小时,由于 $f(x,y)$

---

① 为简便起见,本章以后除特别说明者外,都将有界闭区域简称为闭区域,即都假定平面闭区域和空间闭区域是有界的,且平面闭区域有有限面积,空间闭区域有有限体积.

② 一个闭区域的直径是指区域上任意两点间距离的最大值.

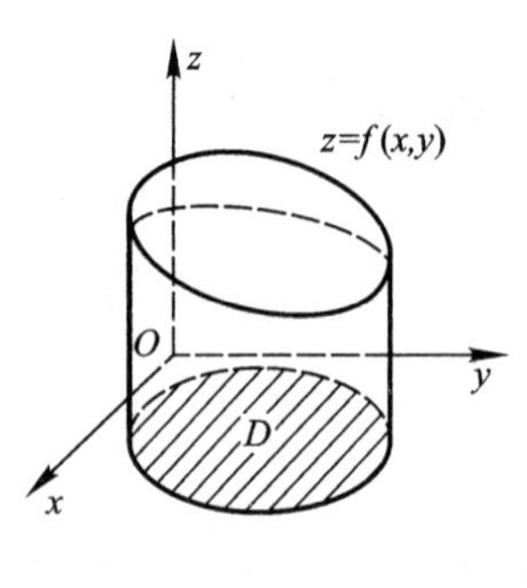

图 7－1

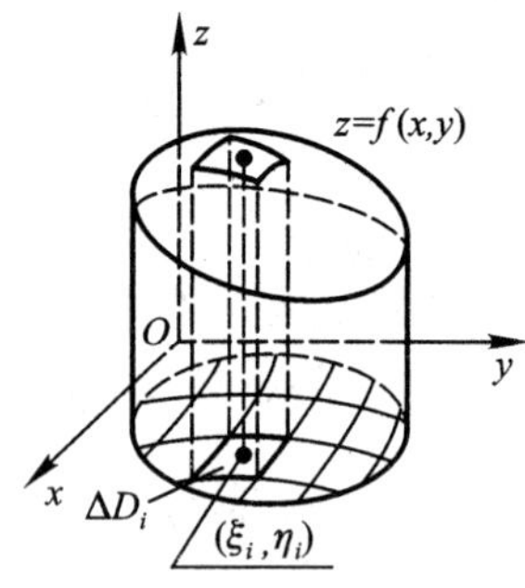

图 7－2

连续,在同一个小闭区域上,$f(x,y)$变化很小,这时细曲顶柱体可近似看作平顶柱体. 在 ΔD_i(其面积记作 $\Delta\sigma_i$)中任取一点(ξ_i,η_i),以$f(\xi_i,\eta_i)$为高而底为 ΔD_i 的平顶柱体的体积为$f(\xi_i,\eta_i)\Delta\sigma_i$,于是

$$\Delta V_i \approx f(\xi_i,\eta_i)\Delta\sigma_i \quad (i=1,2,\cdots,n).$$

第三步:求和 将这 n 个细平顶柱体体积相加,即得曲顶柱体体积的近似值:

$$V=\sum_{i=1}^{n}\Delta V_i \approx \sum_{i=1}^{n} f(\xi_i,\eta_i)\Delta\sigma_i.$$

第四步:逼近 令 n 个小闭区域的直径中的最大值(记作 λ)趋于零,取上述和式的极限,便得所求的曲顶柱体的体积 V,即

$$V=\lim_{\lambda\to 0}\sum_{i=1}^{n} f(\xi_i,\eta_i)\Delta\sigma_i.$$

2. 平面薄片的质量

设有一平面薄片占有 xOy 面上的闭区域 D,它在点(x,y)处的面密度为$\mu(x,y)$,这里$\mu(x,y)>0$且在 D 上连续. 现在来计算该薄片的质量 M.

我们知道,如果薄片是均匀的,即面密度是常数,那么薄片的质量可以用公式

$$质量 = 面密度 \times 面积$$

来计算. 现在面密度$\mu(x,y)$是变量,薄片的质量就不能直接用上式来计算. 但是上面用来处理曲顶柱体体积问题的方法完全适用于本问题.

先作划分. 把薄片分成 n 个小块后,由于$\mu(x,y)$连续,只要小块所占的闭区域 ΔD_i 的直径很小,这些小块就可以近似地看作均匀薄片. 在 ΔD_i 上任取一点(ξ_i,η_i),就可得每个小块的质量 ΔM_i 的近似值

$$\mu(\xi_i,\eta_i)\Delta\sigma_i \quad (i=1,2\cdots,n)$$

(图 7－3). 通过求和即得平面薄片的质量的近似值

$$M = \sum_{i=1}^{n} \Delta M_i \approx \sum_{i=1}^{n} \mu(\xi_i,\eta_i)\Delta\sigma_i,$$

最后通过取极限得到所求的平面薄片的质量

$$M = \lim_{\lambda\to 0} \sum_{i=1}^{n} \mu(\xi_i,\eta_i)\Delta\sigma_i.$$

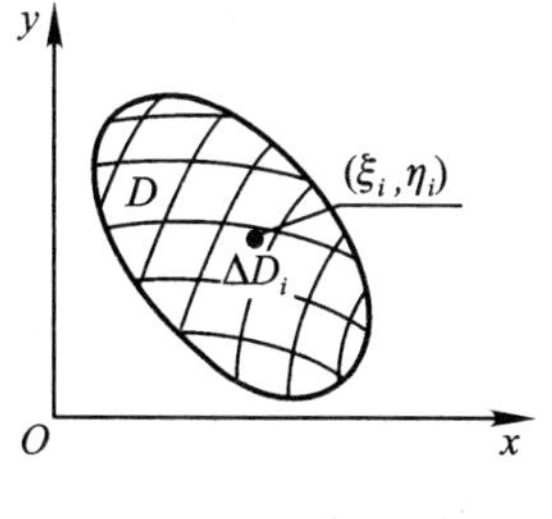

图 7－3

上面两个问题的实际意义虽然不同，但我们通过相同的步骤都把所求量归结为同一形式的和的极限. 在物理、力学、几何和工程技术中，有许多物理量或几何量都可归结为这一形式的和的极限. 因此我们要一般的研究这种和的极限，并抽象出下述二重积分的定义.

3. 二重积分的定义

定义　设 $f(x,y)$ 是有界闭区域 D 上的有界函数. 将闭区域 D 任意划分成 n 个小闭区域

$$\Delta D_1,\Delta D_2,\cdots,\Delta D_n,$$

并用 $\Delta\sigma_i$ 表示第 i 个小闭区域 ΔD_i 的面积. 在每个 ΔD_i 上任取一点 (ξ_i,η_i)，作乘积 $f(\xi_i,\eta_i)\Delta\sigma_i(i=1,2,\cdots,n)$，并作和 $\sum\limits_{i=1}^{n} f(\xi_i,\eta_i)\Delta\sigma_i$. 如果当各小闭区域的直径中的最大值 λ 趋于零时，这和的极限存在，则称此极限为函数 $f(x,y)$ 在闭区域 D 上的二重积分(double integral)，记作 $\iint\limits_D f(x,y)\,\mathrm{d}\sigma$，即

$$\iint\limits_D f(x,y)\,\mathrm{d}\sigma = \lim_{\lambda\to 0}\sum_{i=1}^{n} f(\xi_i,\eta_i)\Delta\sigma_i, \tag{1}$$

其中 $f(x,y)$ 叫做被积函数，$f(x,y)\mathrm{d}\sigma$ 叫做被积表达式，$\mathrm{d}\sigma$ 叫做面积元素，x 与 y 叫做积分变量，D 叫做积分区域，$\sum\limits_{i=1}^{n} f(\xi_i,\eta_i)\Delta\sigma_i$ 叫做积分和(黎曼和).

很明显，二重积分是定积分在二元函数情形下的推广.

从定义不难看出，当 $f(x,y)\equiv 1$ 时，二重积分 $\iint\limits_D \mathrm{d}\sigma$ 表示区域 D 的面积.

二重积分记号 $\iint\limits_D f(x,y)\,\mathrm{d}\sigma$ 中的面积元素 $\mathrm{d}\sigma$ 象征着积分和中的 $\Delta\sigma_i$. 在二重积分的定义中对闭区域 D 的划分是任意的，如果在直角坐标系中用轴向矩形网络(即分别平行于两坐标轴的直线网络)来划分 D，那么除了包含边界点的一些小闭区域外，其余的小闭区域都是矩形闭区域. 设矩形闭区域 ΔD_i 的边长为 Δx_j 和 Δy_k，则 $\Delta\sigma_i=\Delta x_j\Delta y_k$. 因此在直角坐标系中，有时也把面积元素 $\mathrm{d}\sigma$ 记作 $\mathrm{d}x\mathrm{d}y$，而把二重积分记作

$$\iint_D f(x,y)\,\mathrm{d}x\mathrm{d}y,$$

其中 $\mathrm{d}x\mathrm{d}y$ 叫做直角坐标系中的面积元素.

我们不加证明地指出,当 $f(x,y)$ 在闭区域 D 上连续时,(1)式右端的和的极限必定存在,也就是说,**如果函数 $f(x,y)$ 在 D 上连续,那么它在 D 上的二重积分必定存在**(也称为 $f(x,y)$ 在 D 上可积). 并且可进一步证明,如果用一些分段光滑的曲线将 D 分成有限多个小区域,而 $f(x,y)$ 在每个小区域内均连续,则 $f(x,y)$ 在 D 上的二重积分也是存在的.

由二重积分的定义可知,曲顶柱体的体积是曲顶柱体的变高 $f(x,y)$ 在底 D 上的二重积分

$$V=\iint_D f(x,y)\,\mathrm{d}\sigma,$$

平面薄片的质量是它的面密度 $\mu(x,y)$ 在薄片所占闭区域 D 上的二重积分

$$M=\iint_D \mu(x,y)\,\mathrm{d}\sigma.$$

4. 三重积分的定义

二重积分作为和的极限的概念,可以很自然地推广到三重积分.

定义 设 $f(x,y,z)$ 是空间有界闭区域 Ω 上的有界函数,将 Ω 任意分成 n 个小闭区域

$$\Delta\Omega_1,\Delta\Omega_2,\cdots,\Delta\Omega_n,$$

并用 ΔV_i 表示第 i 个小闭区域 $\Delta\Omega_i$ 的体积. 在每个 $\Delta\Omega_i$ 上任取一点 (ξ_i,η_i,ζ_i),作乘积 $f(\xi_i,\eta_i,\zeta_i)\Delta V_i(i=1,2,\cdots,n)$,并作和 $\sum\limits_{i=1}^{n}f(\xi_i,\eta_i,\zeta_i)\Delta V_i$. 如果当各小闭区域直径中的最大值 λ 趋于零时,这和的极限存在,则称此极限为函数 $f(x,y,z)$ 在闭区域 Ω 上的三重积分(triple integral),记作 $\iiint\limits_{\Omega}f(x,y,z)\,\mathrm{d}V$, 即

$$\iiint_{\Omega}f(x,y,z)\,\mathrm{d}V=\lim_{\lambda\to 0}\sum_{i=1}^{n}f(\xi_i,\eta_i,\zeta_i)\Delta V_i, \tag{2}$$

$\mathrm{d}V$ 叫做体积元素.

显然,当 $f(x,y,z)\equiv 1$ 时, $\iiint\limits_{\Omega}\mathrm{d}V$ 表示 Ω 的体积.

体积元素 $\mathrm{d}V$ 象征着 ΔV_i. 在直角坐标系中,如果用平行于坐标面的平面来划分 Ω,那么除了包含 Ω 的边界点的一些不规则小闭区域外,得到的小闭区域 $\Delta\Omega_i$ 均为轴向长方体. 设长方体小闭区域 $\Delta\Omega_i$ 的边长为 Δx_j、Δy_k、Δz_l,则 $\Delta V_i=\Delta x_j\Delta y_k\Delta z_l$. 因此在直角坐标系中,有时也把体积元素 $\mathrm{d}V$ 记作 $\mathrm{d}x\mathrm{d}y\mathrm{d}z$,而把三重积分记作

$$\iiint\limits_{\Omega} f(x,y,z)\,\mathrm{d}x\mathrm{d}y\mathrm{d}z,$$

其中 $\mathrm{d}x\mathrm{d}y\mathrm{d}z$ 叫做直角坐标系中的体积元素.

可以证明,当函数 $f(x,y,z)$ 在闭区域 Ω 上连续时,(2)式右端的和的极限必定存在,也就是说,**如果函数 $f(x,y,z)$ 在闭区域 Ω 上连续,那么它在 Ω 上的三重积分必定存在**.并且可进一步证明,如果用一些分片光滑的曲面将 Ω 分成有限多个空间小区域,而 $f(x,y,z)$ 在每个小区域内均连续,则 $f(x,y,z)$ 在 Ω 上的三重积分也是存在的.关于二重积分的一些术语,例如被积函数、积分区域等,也可相应的用到三重积分上.

如果 $f(x,y,z)$ 表示某物体在点 (x,y,z) 处的体密度,Ω 是该物体所占有的空间闭区域,$f(x,y,z)$ 在 Ω 上连续,则 $\sum\limits_{i=1}^{n} f(\xi_i,\eta_i,\zeta_i)\Delta V_i$ 是该物体的质量 M 的近似值,这个和当 $\lambda \to 0$ 时的极限就是该物体的质量 M,即

$$M=\iiint\limits_{\Omega} f(x,y,z)\,\mathrm{d}V.$$

二、重积分的性质

比较重积分与定积分的定义可以看到,这两种积分是同一类型的和式的极限,所以重积分有着与定积分相类似的性质.现以二重积分为例将这些性质叙述于下,其中 D 是 xOy 平面上的一有界闭区域.

性质 1　如果函数 $f(x,y)$。$g(x,y)$ 都在 D 上可积,则对任意的常数 α、β,函数 $\alpha f(x,y)+\beta g(x,y)$ 也在 D 上可积,且

$$\iint\limits_{D}[\alpha f(x,y)+\beta g(x,y)]\,\mathrm{d}\sigma=\alpha\iint\limits_{D} f(x,y)\,\mathrm{d}\sigma+\beta\iint\limits_{D} g(x,y)\,\mathrm{d}\sigma.$$

这一性质称为重积分的线性性质.

性质 2　如果函数 $f(x,y)$ 在 D 上可积,用曲线将 D 分割成两个除边界外互不相交的闭区域 D_1 与 D_2,则 $f(x,y)$ 在 D_1 与 D_2 上也都可积,且

$$\iint\limits_{D} f(x,y)\,\mathrm{d}\sigma=\iint\limits_{D_1} f(x,y)\,\mathrm{d}\sigma+\iint\limits_{D_2} f(x,y)\,\mathrm{d}\sigma.$$

这一性质称为重积分的区域可加性.

性质 3　如果函数 $f(x,y)$ 在 D 上可积,并且在 D 上 $f(x,y)\geqslant 0$,则

$$\iint\limits_{D} f(x,y)\,\mathrm{d}\sigma\geqslant 0.$$

由性质 1 与 3 知,如果 $f(x,y)$、$g(x,y)$ 都在 D 上可积,且在 D 上 $f(x,y)\leqslant g(x,y)$,则

$$\iint_D f(x,y)\mathrm{d}\sigma \leqslant \iint_D g(x,y)\mathrm{d}\sigma.$$

以上不等式也称为重积分的单调性.

性质 4　如果函数$f(x,y)$在 D 上可积,则函数$|f(x,y)|$也在 D 上可积,且

$$\left|\iint_D f(x,y)\mathrm{d}\sigma\right| \leqslant \iint_D |f(x,y)|\mathrm{d}\sigma.$$

性质 5　设 M、m 分别是$f(x,y)$在闭区域 D 上的最大值和最小值,则

$$m\mu(D) \leqslant \iint_D f(x,y)\mathrm{d}\sigma \leqslant M\mu(D),$$

其中 $\mu(D)$表示 D 的面积,这一结果可用于估计二重积分的值.

例 1　估计二重积分$\iint_D \mathrm{e}^{\sin x\cos y}\mathrm{d}\sigma$ 的值,其中 D 为圆形区域 $x^2+y^2\leqslant 4$.

解　对任意的$(x,y)\in\mathbf{R}^2$,因 $-1\leqslant \sin x\cos y\leqslant 1$,故有

$$\frac{1}{\mathrm{e}}\leqslant \mathrm{e}^{\sin x\cos y}\leqslant \mathrm{e},$$

又 D 的面积 $\mu(D)=4\pi$,所以

$$\frac{4\pi}{\mathrm{e}}\leqslant \iint_D \mathrm{e}^{\sin x\cos y}\mathrm{d}\sigma \leqslant 4\pi\mathrm{e}.$$

性质 6　如果函数$f(x,y)$在 D 上连续,则在 D 上至少存在一点(ξ,η),使得

$$\iint_D f(x,y)\mathrm{d}\sigma = f(\xi,\eta)\mu(D),$$

其中 $\mu(D)$表示 D 的面积,这一性质称为重积分的中值定理.

习题 7－1

1. 将一平面薄板铅直浸没于水中,取 x 轴铅直向下,y 轴位于水面上,并设薄板占有 xOy 面上的闭区域 D,试用二重积分表示薄板的一侧所受到的水压力.

2. 设$f(x,y)$连续,$I_1=\iint_{D_1} f(x,y)\mathrm{d}x\mathrm{d}y$,$I_2=\iint_{D_2} f(x,y)\mathrm{d}x\mathrm{d}y$,其中 $D_1=[-a,a]\times[-b,b]$, $D_2=[0,a]\times[0,b]$,a、b 是两正常数,试用二重积分的几何意义说明:若

$$f(x,y)=f(-x,y)=f(x,-y),$$

则 $I_1=4I_2$.

3. 利用二重积分的性质,比较下列积分的大小:

(1) $\iint_D (x+y)^2\mathrm{d}x\mathrm{d}y$ 与$\iint_D (x+y)^3\mathrm{d}x\mathrm{d}y$.

(a) D 由直线 $x=0$,$y=0$ 及 $x+y=1$ 所围成的闭区域;

(b) D 由圆周$(x-2)^2+(y-1)^2=2$ 所围成的闭区域.

(2) $\iint\limits_D e^{xy}\mathrm{d}x\mathrm{d}y$ 与 $\iint\limits_D e^{2xy}\mathrm{d}x\mathrm{d}y$.

(a) $D=[0,1]\times[0,1]$;

(b) $D=[-1,0]\times[0,1]$.

4. 利用二重积分的性质,估计下列积分的值:

(1) $I=\iint\limits_D xy(x+y)\mathrm{d}x\mathrm{d}y$,其中 $D=[0,1]\times[0,1]$;

(2) $I=\iint\limits_D \sqrt{x^2+y^2}\mathrm{d}x\mathrm{d}y$,其中 $D=[0,1]\times[0,2]$;

(3) $I=\iint\limits_D e^{x^2+y^2}\mathrm{d}x\mathrm{d}y$,其中 D 为圆形闭区域 $x^2+y^2\leqslant 1$;

(4) $I=\iint\limits_D (x^2+4y^2+9)\mathrm{d}x\mathrm{d}y$,其中 D 为环形闭区域 $1\leqslant x^2+y^2\leqslant 4$.

5. 设 D 是平面有界闭区域,$f(x,y)$ 与 $g(x,y)$ 都在 D 上连续,且 $g(x,y)$ 在 D 上不变号,证明:存在 $(\xi,\eta)\in D$,使得

$$\iint\limits_D f(x,y)g(x,y)\mathrm{d}x\mathrm{d}y=f(\xi,\eta)\iint\limits_D g(x,y)\mathrm{d}x\mathrm{d}y.$$

6. 设 $f(x,y)$ 在区域 D 上连续,(x_0,y_0) 是 D 的一个内点,D_r 是以 (x_0,y_0) 为中心以 r 为半径的闭圆盘,试求极限 $\lim\limits_{r\to 0^+}\dfrac{1}{\pi r^2}\iint\limits_{D_r} f(x,y)\mathrm{d}x\mathrm{d}y$.

7. 设 D 是平面有界闭区域,$f(x,y)$ 在 D 上连续,证明:

若 $f(x,y)$ 在 D 上非负,且 $\iint\limits_D f(x,y)\mathrm{d}x\mathrm{d}y=0$,则在 D 上 $f(x,y)\equiv 0$;

第二节 二重积分的计算

本节讨论二重积分的计算法. 在被积函数连续的条件下,计算二重积分比较有效的一种方法是将二重积分化为两次单积分(即两次定积分)来进行计算. 在这样做的时候,根据积分区域和被积函数的具体情况,有时利用直角坐标比较方便,有时则利用极坐标比较方便. 下面我们分别加以讨论. 讨论时总假定被积函数 $f(x,y)$ 在积分区域 D 上是连续的.

一、利用直角坐标计算二重积分

我们仅从二重积分的几何意义出发来推导计算公式,而把严格的分析证明略去. 在推导中假定 $f(x,y)\geqslant 0$,但所得结果并不受此条件的限制.

设 D 是 xOy 平面上的一个有界闭区域,如果 D 能表示为

$$D=\{(x,y)\mid \varphi_1(x)\leqslant y\leqslant \varphi_2(x),a\leqslant x\leqslant b\},$$

则称 D 为 x 型平面区域，简称x 型区域. 如图 7－4 所示的平面区域就是 x 型区域. 容易看出，x 型区域的特点是，穿过 D 内部且垂直于 x 轴的直线与 D 的边界相交不多于两点.

根据二重积分的几何意义，当 $f(x,y)\geqslant 0,(x,y)\in D$ 时，$\iint\limits_D f(x,y)\mathrm{d}\sigma$ 等于以 D 为底、以曲面 $z=f(x,y)$ 为顶的曲顶柱体（图 7－5）的体积. 另一方面，这个曲顶柱体的体积又可按"平行截面面积为已知的立体的体积"的计算方法（见第三章第八节）求得：在区间$[a,b]$上任意取定一点 x，过点$(x,0,0)$作平行于 yOz 面的平面. 此平面截曲顶柱体得一曲边梯形（图 7－5 中阴影部分），其面积$A(x)$可用定积分计算如下（积分时把 x 看作常数）：

$$A(x)=\int_{\varphi_1(x)}^{\varphi_2(x)} f(x,y)\mathrm{d}y.$$

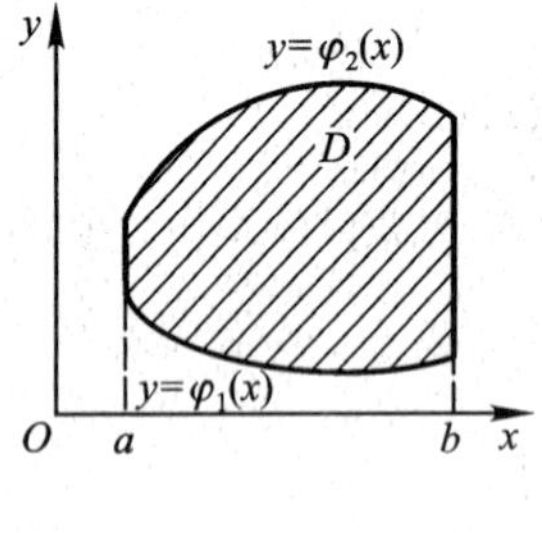

图 7－4

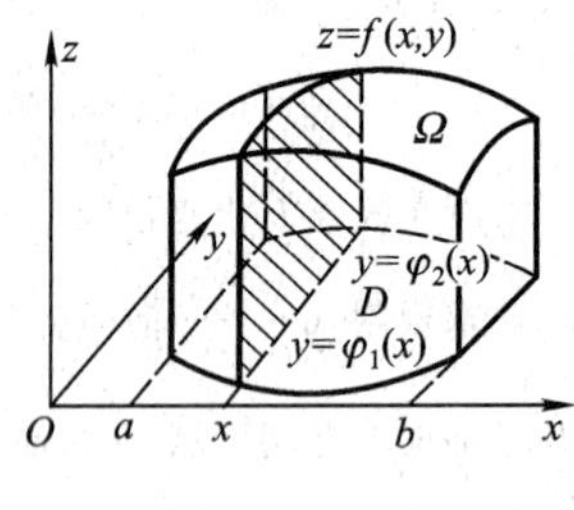

图 7－5

于是得曲顶柱体的体积 V 为

$$V=\int_a^b A(x)\mathrm{d}x=\int_a^b\left[\int_{\varphi_1(x)}^{\varphi_2(x)} f(x,y)\mathrm{d}y\right]\mathrm{d}x.$$

从而得等式

$$\iint\limits_D f(x,y)\mathrm{d}\sigma=\int_a^b\left[\int_{\varphi_1(x)}^{\varphi_2(x)} f(x,y)\mathrm{d}y\right]\mathrm{d}x.$$

上式右端的积分称为先对 y、后对 x 的二次积分. 就是说，先把 x 看作常数，把 $f(x,y)$只看作 y 的函数，并对 y 计算从 $\varphi_1(x)$到 $\varphi_2(x)$的定积分. 然后把算得的结果（不含 y，是 x 的函数）再对 x 计算从 a 到 b 的定积分. 这个二次积分也常记作

$$\int_a^b \mathrm{d}x\int_{\varphi_1(x)}^{\varphi_2(x)} f(x,y)\mathrm{d}y$$

$\Bigg($注意不要将上式误解为$\left(\int_a^b \mathrm{d}x\right)\cdot\left(\int_{\varphi_1(x)}^{\varphi_2(x)} f(x,y)\mathrm{d}y\right)\Bigg)$.

于是得

对 x 型区域 $D=\{(x,y)\mid\varphi_1(x)\leqslant y\leqslant\varphi_2(x),a\leqslant x\leqslant b\}$，有

$$\iint_D f(x,y)\,\mathrm{d}\sigma=\int_a^b\mathrm{d}x\int_{\varphi_1(x)}^{\varphi_2(x)}f(x,y)\,\mathrm{d}y. \tag{1}$$

这就是把二重积分化为先对 y、后对 x 的二次积分的计算公式.

类似地，如果积分区域 D 可以用不等式组

$$\psi_1(y)\leqslant x\leqslant\psi_2(y),c\leqslant y\leqslant d$$

来表示(图 7-6)，则称 D 为 y 型平面区域，简称y 型区域. 如图 7-6 所示的平面区域就是 y 型区域. 容易看出，y 型区域的特点是，穿过 D 内部且垂直于 y 轴的直线与 D 的边界相交不多于两点. 类似地，

对 y 型区域 $D=\{(x,y)\mid\psi_1(y)\leqslant x\leqslant\psi_2(y),c\leqslant y\leqslant d\}$，有

$$\iint_D f(x,y)\,\mathrm{d}\sigma=\int_c^d\mathrm{d}y\int_{\psi_1(y)}^{\psi_2(y)}f(x,y)\,\mathrm{d}x. \tag{2}$$

这就是把二重积分化为先对 x、后对 y 的二次积分的计算公式.

如果积分区域 D 既不是 x 型的，又不是 y 型的. 例如图7-7所示的区域，这时通常可以把 D 分成几部分，使每个部分是 x 型区域或 y 型区域(例如图 7-7 中分成三个 x 型区域)，从而在每个小区域上的二重积分都能利用(1)式或(2)式计算，再利用重积分的区域可加性，将这些小区域上的二重积分的计算结果相加，就可得到整个区域 D 上的二重积分.

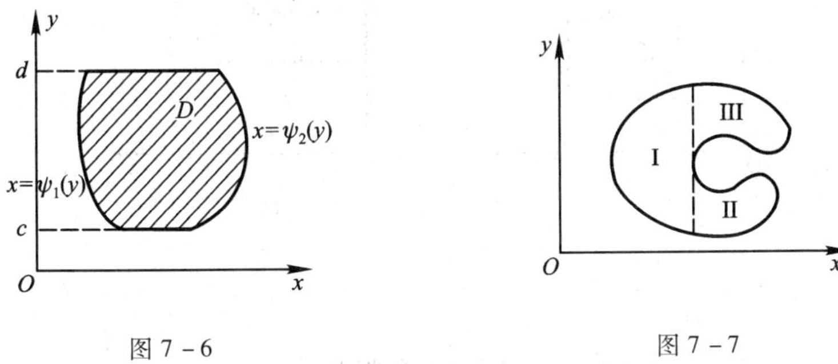

图 7-6　　图 7-7

将二重积分化为二次积分来计算时，采用不同的积分次序，往往会对计算过程带来不同的影响. 应注意根据具体情况，选择恰当的积分次序. 在计算时，确定二次积分的积分限是一个关键. 一般可以先画出积分区域的草图，然后根据区域的类型确定二次积分的次序并定出相应的积分限来. 下面结合例题来说明定限的方法.

例 1　计算 $\iint\limits_D x\mathrm{d}x\mathrm{d}y$，其中 D 是由直线 $y=1$、$x=2$ 及 $y=x$ 所围成的闭

区域.

解　如图 7－8 所示，D 既是 x 型区域，也是 y 型区域. 如按 x 型区域计算，则先确定 D 中的点的横坐标 x 的变化范围是区间 $[1,2]$. 然后任取一个 $x\in[1,2]$，过点 $(x,0)$ 作平行于 y 轴的直线，这条直线与 D 的下方边界的交点的纵坐标是 $y=1$，与 D 的上方边界曲线的交点的纵坐标是 $y=x$，即 y 从 1 变到 x（图 7－8(a)）. 从而知 D 可表示为

$$D=\{(x,y)\mid 1\leqslant y\leqslant x,1\leqslant x\leqslant 2\},$$

于是由(1)式得

$$\iint_D x\mathrm{d}x\mathrm{d}y=\int_1^2\mathrm{d}x\int_1^x x\mathrm{d}y=\int_1^2 x(x-1)\mathrm{d}x=\frac{5}{6}.$$

如按 y 型区域计算，则先确定 D 中的点的纵坐标 y 的变化范围是区间 $[1,2]$. 然后任取一个 $y\in[1,2]$，过点 $(0,y)$ 作平行于 x 轴的直线，这条直线与 D 的左方边界曲线的交点的横坐标是 $x=y$，与 D 的右方边界曲线的交点的横坐标是 $x=2$，即 x 从 y 变到 2（图 7－8(b)），从而知 D 可表示为

$$D=\{(x,y)\mid y\leqslant x\leqslant 2,1\leqslant y\leqslant 2\},$$

于是由(2)式得

$$\iint_D x\mathrm{d}x\mathrm{d}y=\int_1^2\mathrm{d}y\int_y^2 x\mathrm{d}x=\int_1^2\frac{1}{2}(4-y^2)\mathrm{d}y=\frac{5}{6}.$$

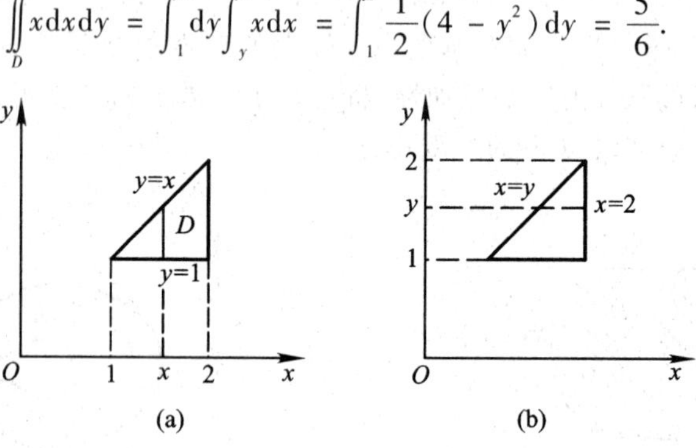

图 7－8

例 2　计算 $\iint_D(x+2y)\mathrm{d}x\mathrm{d}y$，其中 D 是由抛物线 $y=2x^2$ 及 $y=1+x^2$ 所围成的闭区域.

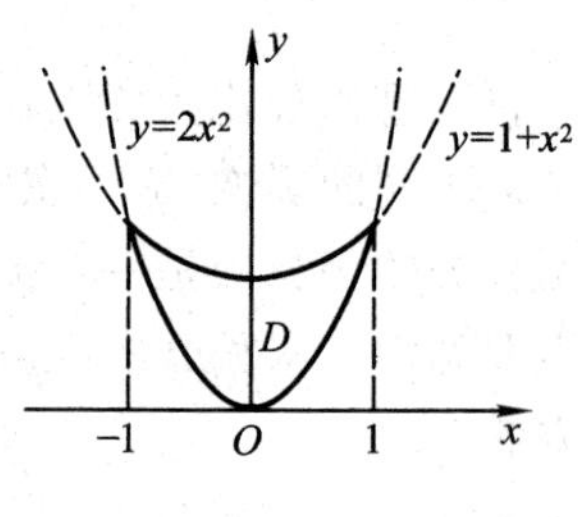

图 7－9

解　解联立方程 $y=2x^2,y=1+x^2$，求得两条抛物线的交点为 $(1,2)$ 与 $(-1,2)$. 如图 7－9 所示，D 是 x 型区域，但不是 y 型区域. 先确定 x 的变化范围是 $[-1,1]$. 然后任取一个 $x\in[-1,1]$，过点 $(x,0)$ 作平行于 y 轴的直线，这条直线与 D

的上、下边界曲线的交点的纵坐标分别是 $y=1+x^2$ 和 $y=2x^2$，即 y 从 $2x^2$ 变到 $1+x^2$. 从而知 D 可表示为

$$D=\{(x,y)\mid 2x^2\leqslant y\leqslant 1+x^2,\ -1\leqslant x\leqslant 1\},$$

于是

$$\begin{aligned}\iint\limits_D (x+2y)\,\mathrm{d}x\mathrm{d}y &= \int_{-1}^{1}\mathrm{d}x\int_{2x^2}^{1+x^2}(x+2y)\,\mathrm{d}y\\ &= \int_{-1}^{1}(-3x^4-x^3+2x^2+x+1)\,\mathrm{d}x=\frac{32}{15}.\end{aligned}$$

例 3　计算 $\iint\limits_D xy\,\mathrm{d}x\mathrm{d}y$，其中 D 是由直线 $y=x-1$ 和抛物线 $y^2=2x+6$ 所围成的闭区域.

解　求出直线与抛物线的交点为 $(-1,-2)$ 和 $(5,4)$，并画出积分区域 D 的草图，如图 7－10 所示，D 既是 x 型区域也是 y 型区域. 如按 x 型区域计算，则由于下方边界曲线 $y=\varphi_1(x)$ 在 $[-3,-1]$ 和 $[-1,5]$ 上的表达式不一致，所以要用经过交点 $(-1,-2)$ 且平行于 y 轴的直线 $x=-1$ 把 D 分成 D_1 和 D_2 两部分，并分别表示为

$$D_1=\{(x,y)\mid -\sqrt{2x+6}\leqslant y\leqslant \sqrt{2x+6},\ -3\leqslant x\leqslant -1\},$$

$$D_2=\{(x,y)\mid x-1\leqslant y\leqslant \sqrt{2x+6},\ -1\leqslant x\leqslant 5\},$$

于是得

$$\begin{aligned}\iint\limits_D xy\,\mathrm{d}x\mathrm{d}y &= \int_{-3}^{-1}\mathrm{d}x\int_{-\sqrt{2x+6}}^{\sqrt{2x+6}}xy\,\mathrm{d}y+\int_{-1}^{5}\mathrm{d}x\int_{x-1}^{\sqrt{2x+6}}xy\,\mathrm{d}y\\ &= \int_{-1}^{5}\left(-\frac{x^3}{2}+2x^2+\frac{5}{2}x\right)\mathrm{d}x=36.\end{aligned}$$

如按 y 型区域计算，则由于 D 的左右两侧的边界各自有着统一的表达式，故 D 可用一个不等式组表达出来，即

$$D=\left\{(x,y)\,\middle|\,\frac{1}{2}(y^2-6)\leqslant x\leqslant y+1,\ -2\leqslant y\leqslant 4\right\},$$

于是得

$$\iint\limits_D xy\,\mathrm{d}x\mathrm{d}y=\int_{-2}^{4}\mathrm{d}y\int_{\frac{1}{2}(y^2-6)}^{y+1}xy\,\mathrm{d}x=\int_{-2}^{4}\left(-\frac{y^5}{8}+2y^3+y^2-4y\right)\mathrm{d}y=36.$$

根据本题的具体情况，虽然两种解法均是可行的，但从确定二次积分限的角度看，将 D 作为 y 型区域更方便些.

例 4　计算 $\iint\limits_D \sin(y^2)\,\mathrm{d}x\mathrm{d}y$，其中 D 是由直线 $x=0$、$y=1$ 及 $y=x$ 所围成的闭区域.

解　如图 7－11 所示，按 x 型区域，得

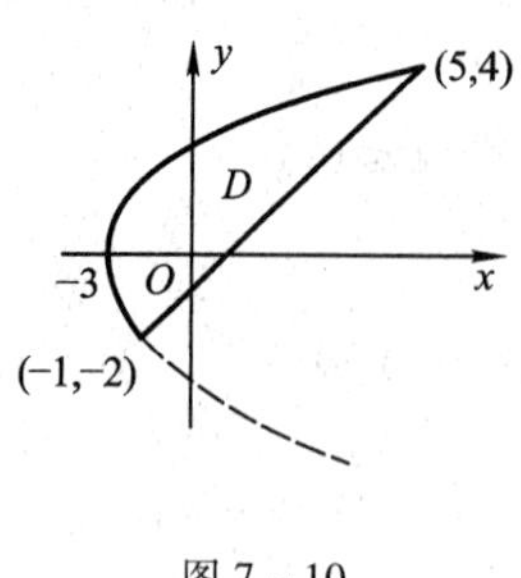

图 7-10

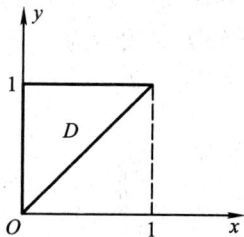

图 7-11

$$\iint_D \sin(y^2)\,\mathrm{d}x\mathrm{d}y = \int_0^1 \mathrm{d}x\int_x^1 \sin(y^2)\,\mathrm{d}y.$$

由于 $\sin(y^2)$ 的原函数不是初等函数，因而积分 $\int_x^1 \sin(y^2)\,\mathrm{d}y$ 无法用牛顿-莱布尼茨公式算出. 若按 y 型区域，则

$$\iint_D \sin(y^2)\,\mathrm{d}x\mathrm{d}y = \int_0^1 \mathrm{d}y\int_0^y \sin(y^2)\,\mathrm{d}x = \int_0^1 y\sin(y^2)\,\mathrm{d}y = \frac{1-\cos 1}{2}.$$

从例 4 我们可以看到，二次积分的次序选择得是否适当，有时直接关系到能否算出二重积分的结果.

> 化二重积分为二次积分时，要兼顾以下两个方面来选择适当的积分次序：
>
> 1. 考虑积分区域 D 的特点，对 D 划分的块数越少越好；
>
> 2. 考虑被积函数 $f(x,y)$ 的特点，使第一次积分容易积出，并能为第二次积分的计算创造有利条件.

习题 7-2(1)

1. 画出积分区域，并计算下列二重积分：

(1) $\iint_D (x+y)^2\,\mathrm{d}x\mathrm{d}y, D=[0,1]\times[0,1]$；

(2) $\iint_D \sqrt{x+y}\,\mathrm{d}x\mathrm{d}y, D=[0,1]\times[0,3]$；

(3) $\iint_D \frac{2y}{1+x}\mathrm{d}x\mathrm{d}y$, D 是由直线 $x=0$、$y=0$、$y=x-1$ 所围成的闭区域；

(4) $\iint_D y\mathrm{e}^x\,\mathrm{d}x\mathrm{d}y$, D 是顶点分别为 $(0,0)$、$(2,4)$ 和 $(6,0)$ 的三角形闭区域；

(5) $\iint\limits_D e^{x+y}\mathrm{d}x\mathrm{d}y$，$D$ 是由 $|x|+|y|\leqslant 1$ 所确定的闭区域；

(6) $\iint\limits_D (y^2-x)\mathrm{d}x\mathrm{d}y$，$D$ 是由抛物线 $x=y^2$ 和 $x=3-2y^2$ 所围成的闭区域；

(7) $\iint\limits_D x^2y\mathrm{d}x\mathrm{d}y$，$D$ 是由直线 $y=0$、$y=1$ 和双曲线 $x^2-y^2=1$ 所围成的闭区域；

(8) $\iint\limits_D \sin\dfrac{x}{y}\mathrm{d}x\mathrm{d}y$，$D$ 是由直线 $y=x$、$y=2$ 和曲线 $x=y^3$ 所围成的闭区域.

2. 设 $D=[a,b]\times[c,d]$，证明：

$$\iint\limits_D f(x)g(y)\mathrm{d}x\mathrm{d}y=\left(\int_a^b f(x)\mathrm{d}x\right)\left(\int_c^d g(y)\mathrm{d}y\right).$$

3. 设 $f(x,y)$ 在 $[a,b]\times[c,d]$ 上连续，$g(x,y)=\int_a^x \mathrm{d}u\int_c^y f(u,v)\mathrm{d}v$，证明：

$$g_{xy}(x,y)=g_{yx}(x,y)=f(x,y)\quad(a<x<b,c<y<d).$$

4. 按两种不同次序化二重积分 $\iint\limits_D f(x,y)\mathrm{d}x\mathrm{d}y$ 为二次积分，其中 D 为：

(1) 由直线 $y=x$ 及抛物线 $y^2=4x$ 所围成的闭区域；

(2) 由 $y=0$ 及 $y=\sin x(0\leqslant x\leqslant\pi)$ 所围成的闭区域；

(3) 由直线 $y=x$，$x=2$ 及双曲线 $y=\dfrac{1}{x}(x>0)$ 所围成的闭区域；

(4) 由 $(x-1)^2+(y+1)^2\leqslant 1$ 所确定的闭区域.

5. 通过交换积分次序计算下列二次积分：

(1) $\int_0^1 \mathrm{d}y\int_{3y}^3 e^{x^2}\mathrm{d}x$；　　(2) $\int_0^1 \mathrm{d}y\int_{\sqrt{y}}^1 \sqrt{x^3+1}\,\mathrm{d}x$；

(3) $\int_0^1 \mathrm{d}x\int_{x^2}^1 x^3\sin(y^3)\mathrm{d}y$；　　(4) $\int_0^1 \mathrm{d}y\int_{\arcsin y}^{\frac{\pi}{2}} \cos x\sqrt{1+\cos^2 x}\,\mathrm{d}x$.

6. 设边长为 a 的正方形平面薄板的各点处的面密度与该点到正方形中心的距离的平方成正比，求该薄片的质量.

二、利用极坐标计算二重积分

有些二重积分的积分区域 D 的边界曲线用极坐标方程来表示比较方便，且被积函数用极坐标变量 ρ、φ 表达比较简单. 这时，我们就可以考虑利用极坐标来计算二重积分 $\iint\limits_D f(x,y)\mathrm{d}\sigma$. 下面我们来找出被积表达式 $f(x,y)\mathrm{d}\sigma$ 在极坐标下的形式.

假定积分区域 D 满足这样的条件：从极点 O 出发且穿过闭区域 D 内部的射线与 D 的边界曲线相交不多于两点.

由于当二重积分存在时，不管对积分区域 D 采用何种分割方式，积分和的极限不会改变，我们根据 D 的特点，此时用极坐标曲线网，即以极点为中心的一族同心圆:ρ = 常数以及从极点出发的一族射线:φ = 常数把 D 分成许多小闭区域[①]. 考虑其中任一个小闭区域,即由 ρ、φ 各自取得微小增量 $d\rho$、$d\varphi$ 后所形成的曲边四边形区域(图 7-12). 在不计高阶无穷小的情况下,可把它看作是一个小矩形区域,矩形两边的长分别为 $d\rho$ 和 $\rho d\varphi$,因此曲边四边形区域的面积

$$\Delta\sigma \approx \rho d\rho d\varphi,$$

由此得到极坐标系中的面积元素

$$d\sigma = \rho d\rho d\varphi^{②}.$$

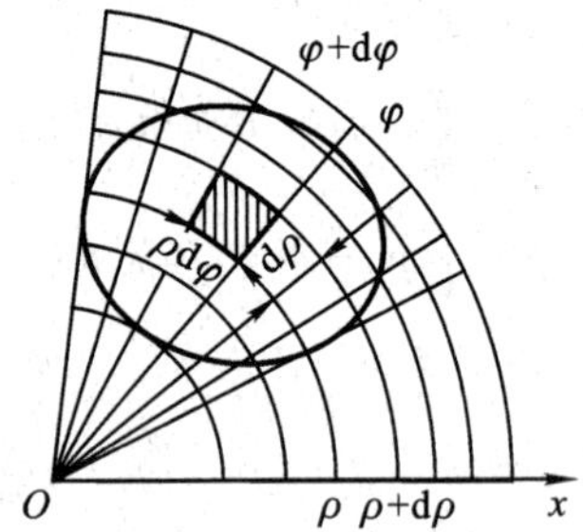

图 7-12

再由直角坐标和极坐标的关系 $x=\rho\cos\varphi, y=\rho\sin\varphi$,就得出了二重积分的被积表达式 $f(x,y)d\sigma$ 在极坐标下的形式为

$$f(\rho\cos\varphi,\rho\sin\varphi)\rho d\rho d\varphi,$$

于是有

$$\iint\limits_D f(x,y)d\sigma = \iint\limits_D f(\rho\cos\varphi,\rho\sin\varphi)\rho d\rho d\varphi.$$

由于在直角坐标系中,$\iint\limits_D f(x,y)d\sigma$ 也常记作 $\iint\limits_D f(x,y)dxdy$,所以得

二重积分的积分变量从直角坐标变换为极坐标的变换公式为

$$\iint\limits_D f(x,y)dxdy = \iint\limits_D f(\rho\cos\varphi,\rho\sin\varphi)\rho d\rho d\varphi. \tag{3}$$

公式(3)表明,要把二重积分中的积分变量从直角坐标变换为极坐标除了把被积函数中的 x、y 分别转换成 $\rho\cos\varphi$、$\rho\sin\varphi$ 外,还要把直角坐标系中的面积元素 $dxdy$ 换成极坐标系中的面积元素 $\rho d\rho d\varphi$.

极坐标系中的二重积分,同样可以化为二次积分来计算.

设积分区域 D 可以用不等式组

$$\rho_1(\varphi)\leqslant\rho\leqslant\rho_2(\varphi),\alpha\leqslant\varphi\leqslant\beta$$

来表示(图 7-13),其中函数 $\rho_1(\varphi)$、$\rho_2(\varphi)$ 在区间 $[\alpha,\beta]$ 上连续,$0\leqslant\rho_1(\varphi)\leqslant\rho_2(\varphi)$,且 $0\leqslant\beta-\alpha\leqslant 2\pi$.

---

① 包含边界点的一些小区域可以略去不计,这是因为在求和的极限时,这些小区域所对应的项的和的极限为零.

② 在二重积分的积分和式 $\sum\limits_{i=1}^{n} f(\xi_i,\eta_i)\Delta\sigma_i$ 中,若把 $\Delta\sigma_i$ 换成它的等价无穷小量 $\rho_i\Delta\rho_i\Delta\varphi_j$,不会影响此积分和式当 $\lambda\to0$ 时的极限. 此事的证明从略. 以上说明可类推到三重积分的变换公式的推导中去.

先在区间$[\alpha,\beta]$上任意取定一个φ值. 对应于这个φ值,D上的点(图7－14中这些点在线段EF上)的极径ρ从$\rho_1(\varphi)$变到$\rho_2(\varphi)$. 于是先以ρ为积分变量,在区间$[\rho_1(\varphi),\rho_2(\varphi)]$上作积分$F(\varphi)=\int_{\rho_1(\varphi)}^{\rho_2(\varphi)}f(\rho\cos\varphi,\rho\sin\varphi)\rho d\rho$. 又$\varphi$的变化范围是区间$[\alpha,\beta]$,于是再以$\varphi$为积分变量,作积分$\int_\alpha^\beta F(\varphi)d\varphi$. 这样就得出极坐标系中的二重积分化为二次积分的公式为

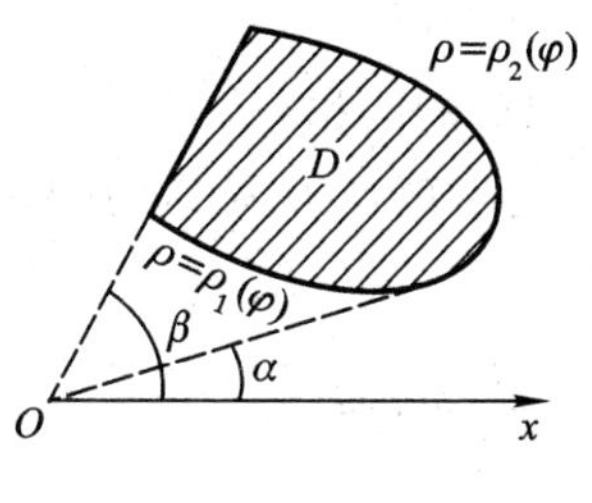

图 7－13

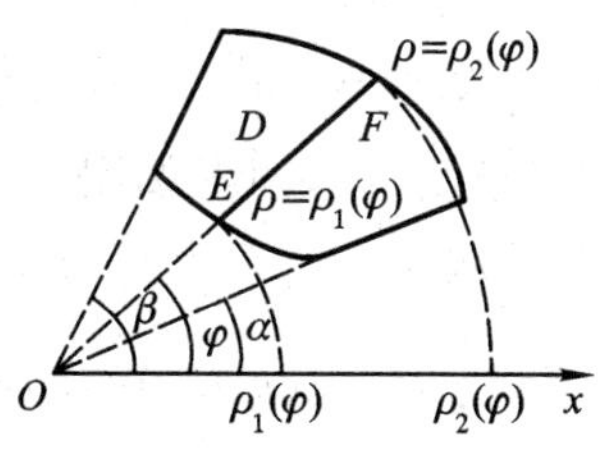

图 7－14

$$\iint_D f(\rho\cos\varphi,\rho\sin\varphi)\rho d\rho d\varphi=\int_\alpha^\beta\left[\int_{\rho_1(\varphi)}^{\rho_2(\varphi)}f(\rho\cos\varphi,\rho\sin\varphi)\rho d\rho\right]d\varphi.$$

或写成

$$\iint_D f(\rho\cos\varphi,\rho\sin\varphi)\rho d\rho d\varphi=\int_\alpha^\beta d\varphi\int_{\rho_1(\varphi)}^{\rho_2(\varphi)}f(\rho\cos\varphi,\rho\sin\varphi)\rho d\rho. \tag{4}$$

例 5　计算$\iint_D\sqrt{x^2+y^2}dxdy$,其中$D$是由$x^2+y^2=1$与$x^2+y^2=4$所围成的圆环形区域.

解　在极坐标下

$$D=\{(\rho,\varphi)\mid 1\leqslant\rho\leqslant 2,0\leqslant\varphi\leqslant 2\pi\},$$

且

$$\sqrt{x^2+y^2}=\rho,$$

所以

$$\iint_D\sqrt{x^2+y^2}dxdy=\iint_D\rho^2 d\rho d\varphi=\int_0^{2\pi}d\varphi\int_1^2\rho^2 d\rho$$

$$=\int_0^{2\pi}\frac{7}{3}d\varphi=\frac{14\pi}{3}.$$

例 6　计算$\iint_D x\sqrt{x^2+y^2}dxdy$,其中$D$为圆域$x^2+y^2\leqslant 2x$.

解 在极坐标下

$$D=\{(\rho,\varphi)\mid 0\leqslant\rho\leqslant 2\cos\varphi,\ -\frac{\pi}{2}\leqslant\varphi\leqslant\frac{\pi}{2}\},$$

且 $x=\rho\cos\varphi$，$\sqrt{x^2+y^2}=\rho$，所以

$$\iint\limits_D x\sqrt{x^2+y^2}\,dxdy=\iint\limits_D \rho^3\cos\varphi\,d\rho d\varphi=\int_{-\frac{\pi}{2}}^{\frac{\pi}{2}}d\varphi\int_0^{2\cos\varphi}\rho^3\cos\varphi\,d\rho$$

$$=4\int_{-\frac{\pi}{2}}^{\frac{\pi}{2}}\cos^5\varphi\,d\varphi=4\cdot 2\cdot\frac{4}{5}\cdot\frac{2}{3}=\frac{64}{15}.$$

例 7 求双纽线①$\rho^2=2a^2\cos 2\varphi(a>0)$所围图形的面积.

解 双纽线所围图形如图 7－15 所示. 图形关于极点 O 对称. 其右半支记作 D,则 D 在极坐标下可表示为

$$D=\{(\rho,\varphi)\mid 0\leqslant\rho\leqslant a\sqrt{2\cos 2\varphi},\ -\frac{\pi}{4}\leqslant\varphi\leqslant\frac{\pi}{4}\},$$

于是所求面积 A 为

$$A=2\iint\limits_D dxdy=2\int_{-\pi/4}^{\pi/4}d\varphi\int_0^{a\sqrt{2\cos 2\varphi}}\rho\,d\rho=\int_{-\pi/4}^{\pi/4}2a^2\cos 2\varphi\,d\varphi=2a^2.$$

例 8 (1) 计算 $\iint\limits_D e^{-x^2-y^2}dxdy$,其中 D 为圆域 $x^2+y^2\leqslant a^2(a>0)$;(2) 利用(1)的结果求反常积分 $\int_0^{+\infty}e^{-x^2}dx$.

解 (1) 在极坐标下

$$D=\{(\rho,\varphi)\mid 0\leqslant\rho\leqslant a,0\leqslant\varphi\leqslant 2\pi\},$$

因而

$$\iint\limits_D e^{-x^2-y^2}dxdy=\int_0^{2\pi}d\varphi\int_0^a e^{-\rho^2}\rho\,d\rho=\int_0^{2\pi}\frac{1}{2}(1-e^{-a^2})d\varphi=(1-e^{-a^2})\pi.$$

我们指出,由于 e^{-x^2} 和 e^{-y^2} 的原函数均非初等函数,故本积分在直角坐标下无法算出.

(2) 设

$$D_1=\{(x,y)\mid x^2+y^2\leqslant R^2\},$$

$$D_2=\{(x,y)\mid x^2+y^2\leqslant 2R^2\},$$

$$S=\{(x,y)\mid |x|\leqslant R,|y|\leqslant R\},$$

---

① 若平面上两定点的距离为 $2a(a>0)$,动点到这两点的距离之积为 a^2,则动点的轨迹称为双纽线. 在直角坐标系中,若两定点分别为 $(a,0)$ 与 $(-a,0)$,按双纽线的上述几何定义,容易得出双纽线的直角坐标方程为 $(x^2+y^2)^2-2a^2(x^2-y^2)=0$.

则 $D_1 \subset S \subset D_2$（图 7－16）. 由于被积函数 $e^{-x^2-y^2}$ 恒为正，所以

$$\iint\limits_{D_1} e^{-x^2-y^2}\mathrm{d}x\mathrm{d}y < \iint\limits_{S} e^{-x^2-y^2}\mathrm{d}x\mathrm{d}y < \iint\limits_{D_2} e^{-x^2-y^2}\mathrm{d}x\mathrm{d}y,$$

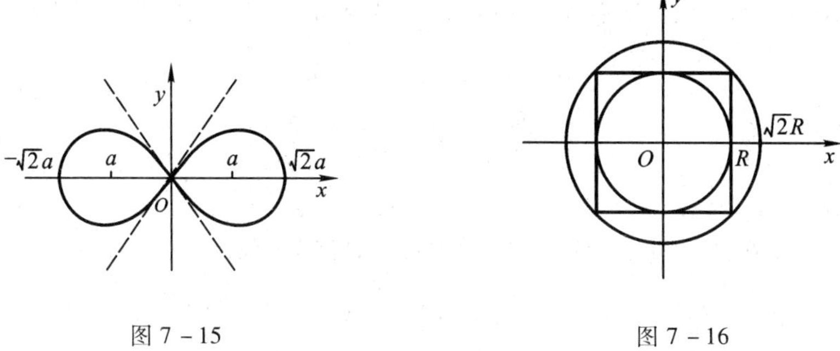

图 7－15　　　图 7－16

由(1)的结果得

$$\iint\limits_{D_1} e^{-x^2-y^2}\mathrm{d}x\mathrm{d}y = (1-e^{-R^2})\pi, \iint\limits_{D_2} e^{-x^2-y^2}\mathrm{d}x\mathrm{d}y = (1-e^{-2R^2})\pi,$$

而

$$\iint\limits_{S} e^{-x^2-y^2}\mathrm{d}x\mathrm{d}y = \int_{-R}^{R}\mathrm{d}x\int_{-R}^{R} e^{-x^2-y^2}\mathrm{d}y = \left(\int_{-R}^{R} e^{-x^2}\mathrm{d}x\right)\cdot\left(\int_{-R}^{R} e^{-y^2}\mathrm{d}y\right)$$

$$= \left(\int_{-R}^{R} e^{-x^2}\mathrm{d}x\right)^2 = 4\left(\int_{0}^{R} e^{-x^2}\mathrm{d}x\right)^2.$$

故得

$$\frac{1}{4}(1-e^{-R^2})\pi < \left(\int_0^R e^{-x^2}\mathrm{d}x\right)^2 < \frac{1}{4}(1-e^{-2R^2})\pi.$$

令 $R\to+\infty$，上式两端趋于同一极限 $\frac{\pi}{4}$，于是求得

$$\int_0^{+\infty} e^{-x^2}\mathrm{d}x = \frac{\sqrt{\pi}}{2}.$$

这一反常积分在概率论中有着重要的应用.

从以上各例可以看到，在计算某些二重积分时，采用极坐标可以带来很大方便，有时甚至可算出直角坐标下无法算出的积分. 当然，也不是所有的重积分都适宜用极坐标计算. 那么，在决定是否采用极坐标时，要考虑哪些因素呢？首先要看积分区域 D 的形状，看其边界曲线用极坐标方程表示是否比较简单. 一般说当 D 为圆域、圆环或扇形区域时，可考虑采用极坐标计算. 其次要看被积函数的特点，看使用极坐标后函数表达式能否简化并易于积分. 通常当被积函数中含

有 x^2+y^2 的因式时,也可考虑使用极坐标.

习题 7-2(2)

1. 画出积分区域,把积分 $\iint\limits_D f(x,y)\mathrm{d}x\mathrm{d}y$ 表示为极坐标形式下的二次积分,其中积分区域 D 为:

(1) $1\leqslant x^2+y^2\leqslant 4$;
(2) $x+y\leqslant 1, x\geqslant 0, y\geqslant 0$;
(3) $x^2+y^2\leqslant 2y$;
(4) $x^2+y^2\leqslant 2(x+y)$;
(5) $2x\leqslant x^2+y^2\leqslant 4$;
(6) $x^2\leqslant y\leqslant 1$.

2. 化下列二次积分为极坐标形式的二次积分,并计算积分值:

(1) $\int_0^2 \mathrm{d}x\int_0^{\sqrt{2x-x^2}}(x^2+y^2)\mathrm{d}y$;
(2) $\int_0^1 \mathrm{d}x\int_{x^2}^{x}(x^2+y^2)^{-\frac{1}{2}}\mathrm{d}y$;

(3) $\int_0^1 \mathrm{d}x\int_{1-x}^{\sqrt{1-x^2}}(x^2+y^2)^{-\frac{3}{2}}\mathrm{d}y$;
(4) $\int_1^2 \mathrm{d}x\int_0^{x}\frac{y\sqrt{x^2+y^2}}{x}\mathrm{d}y$.

3. 利用极坐标计算下列二重积分:

(1) $\iint\limits_D \ln(1+x^2+y^2)\mathrm{d}x\mathrm{d}y$,其中 D 是由圆周 $x^2+y^2=1$ 及坐标轴所围成的位于第一象限的闭区域;

(2) $\iint\limits_D \arctan\frac{y}{x}\mathrm{d}x\mathrm{d}y$,其中 D 是由圆周 $x^2+y^2=4$、$x^2+y^2=1$ 及直线 $y=0$、$y=x$ 所围成的在第一象限的闭区域.

4. 求下列图形的面积(图见上册附录二):

(1) 三叶玫瑰线 $\rho=\cos 3\varphi$ 的一叶;

(2) 位于圆周 $\rho=3\cos\varphi$ 的内部及心形线 $\rho=1+\cos\varphi$ 的外部的区域;

(3) 由双曲螺线 $\rho\varphi=1$、圆周 $\rho=1$、$\rho=3$ 及极轴所围成的较小的那个区域.

5. 设平面薄片所占的闭区域 D 是由螺线 $\rho=2\varphi$ 上一段弧 $\left(0\leqslant\varphi\leqslant\frac{\pi}{2}\right)$ 与射线 $\varphi=\frac{\pi}{2}$ 所围成,它的面密度为 $\mu(x,y)=x^2+y^2$,求这薄片的质量.

*三、二重积分的换元法

上一目得到的二重积分的积分变量从直角坐标变换为极坐标的变换公式,是二重积分换元法的一种特殊情形.在那里,对平面上同一个点 M,我们既用直角坐标 (x,y) 表示,又用极坐标 (ρ,φ) 表示,两者的关系为

$$\begin{cases}x=\rho\cos\varphi,\\ y=\rho\sin\varphi.\end{cases}\tag{5}$$

也就是说,由(5)式联系的点 (x,y) 和点 (ρ,φ) 看成是同一个平面上的同一个点,只是采用不同的坐标罢了.但对(5)式也可用另一种观点来加以解释,即把

它看成是从直角坐标平面 $\rho O\varphi$ 到直角坐标平面 xOy 的一种变换：对于 $\rho O\varphi$ 平面上的一点 $M'(\rho,\varphi)$，通过变换(5)，变成 xOy 平面上的一点 $M(x,y)$. 下面就采用这种观点来讨论二重积分换元法的一般情形.

定理　设 $f(x,y)$ 在 xOy 平面上的闭区域 D 上连续，如果变换

$$T: x=x(u,v),\ y=y(u,v) \tag{6}$$

将 uOv 平面上的闭区域 D' 变为 xOy 平面上的闭区域 D，且满足

(i) $x(u,v)$、$y(u,v)$ 在 D' 上具有一阶连续偏导数；

(ii) 在 D' 上雅可比行列式

$$J(u,v)=\frac{\partial(x,y)}{\partial(u,v)}\neq 0;$$

(iii) 变换 T 是 D' 与 D 之间的一个一一对应，

则有

$$\iint\limits_D f(x,y)\,\mathrm{d}x\mathrm{d}y=\iint\limits_{D'} f(x(u,v),y(u,v))\,|J(u,v)|\,\mathrm{d}u\mathrm{d}v. \tag{7}$$

(7)式称为二重积分的换元公式. 二重积分换元法的基本思想就是用与 uOv 平面上的轴向矩形网络相对应的 xOy 平面上的曲线网络来对积分区域 D 进行分割. 不难想见，由于坐标变换下平面区域形状的变化远比形状单一的一维区间的变化来得复杂，因而二重积分换元法的证明也远比定积分换元法的证明来得复杂，这是多维空间与一维空间的显著区别，这里我们仅简单分析一下公式(7)产生的大致过程.

如图 7－17 所示，设 S' 是 uOv 平面上的一轴向小矩形区域，S' 的左下角点为 $A'(u_0,v_0)$，两边边长分别为 Δu 和 Δv，经 T 变换后，S' 的象区域是 xOy 平面上的曲边四边形区域 S，点 $A'(u_0,v_0)$ 的象点是 $A(x_0,y_0)$，同时 S' 的下方边界 $A'B'$ 的象曲线 $\widehat{AB}$ 具有参数方程

$$\begin{cases} x=x(u,v_0), \\ y=y(u,v_0), \end{cases} u\in[u_0,u_0+\Delta u].$$

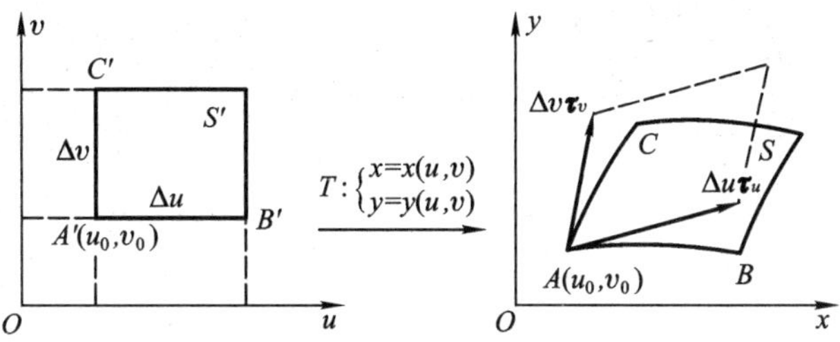

图 7－17

根据对 T 所作的假设，曲线段 $\overparen{AB}$ 在点 (x_0,y_0) 处存在切线，切向量为

$$\boldsymbol{\tau}_u=(x_u(u_0,v_0),y_u(u_0,v_0)).$$

并且 $\overparen{AB}$ 的长度为

$$\int_{u_0}^{u_0+\Delta u}\sqrt{x_u^2(u,v_0)+y_u^2(u,v_0)}\,\mathrm{d}u$$

$$=\sqrt{x_u^2(u_0+\theta\Delta u,v_0)+y_u^2(u_0+\theta\Delta u,v_0)}\,\Delta u\,(0<\theta<1)$$

$$\approx\sqrt{x_u^2(u_0,v_0)+y_u^2(u_0,v_0)}\,\Delta u=|\boldsymbol{\tau}_u|\Delta u.$$

类似地，S' 的左侧边界 $A'C'$ 的象曲线 $\overparen{AC}$ 在点 (x_0,y_0) 处也存在切线，切向量为

$$\boldsymbol{\tau}_v=(x_v(u_0,v_0),y_v(u_0,v_0)).$$

且 $\overparen{AC}$ 的长度近似于 $|\boldsymbol{\tau}_v|\Delta v$.

当 Δu、Δv 很小时，我们可以用向量 $\Delta u\boldsymbol{\tau}_u$ 与 $\Delta v\boldsymbol{\tau}_v$ 张成的平行四边形的面积来近似地表示曲边四边形 S 的面积. 利用向量积，这一平行四边形的面积为

$$|(\Delta u\boldsymbol{\tau}_u)\times(\Delta v\boldsymbol{\tau}_v)|=|\boldsymbol{\tau}_u\times\boldsymbol{\tau}_v|\Delta u\Delta v=\left|\frac{\partial(x,y)}{\partial(u,v)}\right|\Delta u\Delta v,$$

若记 S 与 S' 的面积分别为 $\Delta\sigma$ 和 $\Delta\sigma'$，那么就有

$$\Delta\sigma\approx\left|\frac{\partial(x,y)}{\partial(u,v)}\right|\Delta\sigma',$$

其中 $\dfrac{\partial(x,y)}{\partial(u,v)}$ 在 (u_0,v_0) 处取值.

现在对定理中的 D' 作轴向矩形网络分割，这一分割产生出 D 的曲线网络分割（见图 7 - 18）. 按照上面的分析，有

$$\sum f(x_i,y_j)\Delta\sigma_{ij}\approx\sum f(x(u_i,v_j),y(u_i,v_j))\left|\frac{\partial(x,y)}{\partial(u,v)}\right|\Delta\sigma'_{ij},$$

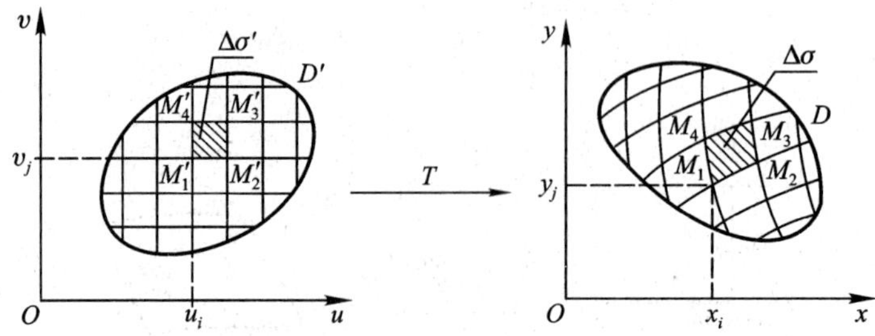

图 7 - 18

其中 $\dfrac{\partial(x,y)}{\partial(u,v)}$ 在 (u_i,v_j) 处取值，于是当各小矩形直径的最大值 λ 趋于零时，就得

到了(7)式.

由此可见,在变换 $T:\begin{cases}x=x(u,v),\\ y=y(u,v)\end{cases}$ 下,区域 D 的面积元素 $\mathrm{d}\sigma$ 与区域 D' 的面积元素 $\mathrm{d}\sigma'$ 之间有这样的关系:

$$\mathrm{d}\sigma=\left|\frac{\partial(x,y)}{\partial(u,v)}\right|\mathrm{d}\sigma'.$$

这里我们看到了 $\left|\dfrac{\partial(x,y)}{\partial(u,v)}\right|$ 作为面积变化率的实际意义,这是在第六章第四节中提到过的.

我们指出,如果雅可比行列式 $J(u,v)$ 只在 D' 内个别点上,或一条曲线上为零,而在其他点上不为零,那么换元公式(7)仍成立.

上目讨论的极坐标变换满足定理对变换所设的要求,并且

$$J(\rho,\varphi)=\begin{vmatrix}\dfrac{\partial x}{\partial\rho} & \dfrac{\partial x}{\partial\varphi}\\ \dfrac{\partial y}{\partial\rho} & \dfrac{\partial y}{\partial\varphi}\end{vmatrix}=\begin{vmatrix}\cos\varphi & -\rho\sin\varphi\\ \sin\varphi & \rho\cos\varphi\end{vmatrix}=\rho,$$

所以(3)式是(7)式的一个特例.

在具体运用(7)式计算二重积分 $\iint\limits_D f(x,y)\mathrm{d}x\mathrm{d}y$ 时,选择何种变换一般取决于积分区域 D 的形状和被积函数 $f(x,y)$ 的表达式,归根到底取决于变换后的二重积分是否易于计算.

例 9　求由直线 $x+y=c$、$x+y=d$、$y=ax$、$y=bx(0<c<d,0<a<b)$ 所围成的闭区域 D 的面积(图 7-19).

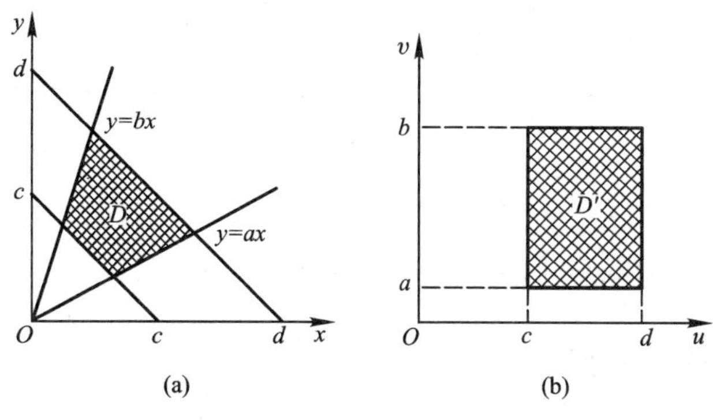

图 7-19

解　由题设,记 D 为

$$D=\{(x,y)\mid c\leqslant x+y\leqslant d, a\leqslant \frac{y}{x}\leqslant b\}.$$

令 $u=x+y, v=\frac{y}{x}$，解得 $x=\frac{u}{1+v}$、$y=\frac{uv}{1+v}$，在此变换下，与 D 对应的 D' 为

$$D'=\{(u,v)\mid c\leqslant u\leqslant d, a\leqslant v\leqslant b\},$$

又变换的雅可比行列式

$$\frac{\partial(x,y)}{\partial(u,v)}=\frac{u}{(1+v)^2}\neq 0,\quad (u,v)\in D'.$$

于是

$$\begin{aligned} D\text{ 的面积} &= \iint_D \mathrm{d}x\mathrm{d}y = \iint_{D'}\frac{u}{(1+v)^2}\mathrm{d}u\mathrm{d}v \\ &= \int_a^b \mathrm{d}v\int_c^d \frac{u}{(1+v)^2}\mathrm{d}u = \frac{(b-a)(d^2-c^2)}{2(1+a)(1+b)}. \end{aligned}$$

本例也可以直接将 $\iint\limits_D \mathrm{d}x\mathrm{d}y$ 化为关于 x 与 y 的二次积分来计算，或者更初等地利用梯形的面积公式来计算，但都不如上述做法来得方便.

例 10 计算 $\iint\limits_D (x+y)\mathrm{d}x\mathrm{d}y$，其中 D 为圆 $\left(x-\frac{1}{2}\right)^2+\left(y-\frac{1}{2}\right)^2=1$ 所围成的闭区域.

解 考虑到 D 的位置特点，令坐标系的平移

$$x=X+\frac{1}{2}, y=Y+\frac{1}{2}.$$

在此变换下，D 变为

$$D'=\{(X,Y)\mid X^2+Y^2\leqslant 1\},$$

又雅可比行列式 $J=\frac{\partial(x,y)}{\partial(X,Y)}=\begin{vmatrix}1&0\\0&1\end{vmatrix}=1$，可见在坐标系的平移变换下，面积元素之间有关系：

$$\mathrm{d}x\mathrm{d}y=\mathrm{d}X\mathrm{d}Y.$$

于是 $\iint\limits_D (x+y)\mathrm{d}x\mathrm{d}y = \iint\limits_{D'}(X+Y+1)\mathrm{d}X\mathrm{d}Y.$

因为 $\iint\limits_{D'} X\mathrm{d}X\mathrm{d}Y = \iint\limits_{D'} Y\mathrm{d}X\mathrm{d}Y = 0$，故

$$\iint_D (x+y)\mathrm{d}x\mathrm{d}y = \iint_{D'}\mathrm{d}X\mathrm{d}Y = \pi.$$

例 11 计算 $\iint\limits_D \sqrt{1-\frac{x^2}{a^2}-\frac{y^2}{b^2}}\mathrm{d}x\mathrm{d}y$，其中 D 为椭圆 $\frac{x^2}{a^2}+\frac{y^2}{b^2}=1$ 所围成的闭区

域$(a,b>0)$.

解　作变换 T

$$T:\begin{cases}x=a\rho\cos\varphi,\\ y=b\rho\sin\varphi\end{cases}(\rho\geqslant0,0\leqslant\varphi\leqslant2\pi),$$

此变换称为广义极坐标变换,在此变换下,与 D 对应的 D' 为

$$D'=\{(\rho,\varphi)\mid 0\leqslant\rho\leqslant1,0\leqslant\varphi\leqslant2\pi\},$$

又雅可比行列式

$$J=\frac{\partial(x,y)}{\partial(\rho,\varphi)}=ab\rho,$$

J 在 D' 内仅当 $\rho=0$ 处为零,故换元公式仍成立,从而有

$$\iint\limits_{D}\sqrt{1-\frac{x^2}{a^2}-\frac{y^2}{b^2}}\mathrm{d}x\mathrm{d}y=\iint\limits_{D'}\sqrt{1-\rho^2}\,ab\rho\mathrm{d}\rho\mathrm{d}\varphi=\frac{2}{3}\pi ab.$$

本例采用的广义极坐标变换可以看成是极坐标变换与伸缩变换的复合.

*习题 7-2(3)

1. 求下列闭区域 D' 在所给变换下的象区域 D,画出 D 的草图:

(1) $D'=\{(u,v)\mid 0\leqslant v\leqslant\sqrt{1-u^2},0\leqslant u\leqslant1\},x=u+v,y=u-v$;

(2) $D'=\{(u,v)\mid 0\leqslant v\leqslant2-u,0\leqslant u\leqslant2\},x=u+v,y=u^2-v$;

(3) $D'=\{(u,v)\mid 0\leqslant v\leqslant u,0\leqslant u\leqslant1\},x=u^2-v^2,y=2uv$;

(4) $D'=\{(u,v)\mid 0\leqslant u\leqslant1,0\leqslant v\leqslant\pi\},x=\mathrm{e}^u\cos v,y=\mathrm{e}^u\sin v$.

2. 作适当的变换,计算下列二重积分:

(1) $\iint\limits_{D}\mathrm{e}^{\frac{y}{x+y}}\mathrm{d}x\mathrm{d}y$,$D$ 是由直线 $x=0$、$y=0$ 及 $x+y=1$ 所围成的闭区域;

(2) $\iint\limits_{D}\sin(9x^2+4y^2)\mathrm{d}x\mathrm{d}y$,$D$ 是椭圆形闭区域 $9x^2+4y^2\leqslant1$ 位于第一象限的部分;

(3) $\iint\limits_{D}\cos\frac{y-x}{y+x}\mathrm{d}x\mathrm{d}y$,$D$ 是以点 $(1,0)$、$(2,0)$、$(0,2)$、$(0,1)$ 为顶点的梯形闭区域;

(4) $\iint\limits_{D}\mathrm{e}^{x^2+(y-1)^2}\mathrm{d}x\mathrm{d}y$,$D$:$x^2+y^2\leqslant2y,y\geqslant1$.

3. 求由下列曲线所围成的闭区域 D 的面积:

(1) D 是由直线 $ax+by=r_1$、$ax+by=r_2$、$cx+dy=s_1$、$cx+dy=s_2$ 所围的平行四边形闭区域,其中 $r_1<r_2,s_1<s_2,ad-bc\neq0$;

(2) D 是由曲线 $xy=4$、$xy=8$、$xy^3=5$、$xy^3=15$ 所围成的位于第一象限的闭区域.

4. 选取适当的变换,证明下列等式:

(1) $\iint\limits_{D}f(x+y)\mathrm{d}x\mathrm{d}y=\int_{-1}^{1}f(u)\mathrm{d}u$,$D$ 为闭区域 $|x|+|y|\leqslant1$;

(2) $\iint\limits_D f(xy)\,\mathrm{d}x\mathrm{d}y=\dfrac{\ln 2}{2}\int_1^2 f(u)\,\mathrm{d}u$，$D$ 是由直线 $y=x$，$y=2x$ 与双曲线 $xy=1$，$xy=2$ 所围的位于第一象限的闭区域.

第三节 三重积分的计算

在被积函数连续的条件下，计算三重积分 $\iiint\limits_{\Omega} f(x,y,z)\,\mathrm{d}V$ 的基本方法是将三重积分化为三次积分来计算. 本节将分别讨论在不同的坐标系下将三重积分化为三次积分的方法. 讨论时，总假定被积函数 $f(x,y,z)$ 在积分区域 Ω 上连续.

一、利用直角坐标计算三重积分

1. 坐标面投影法

如果将积分区域 Ω 向 xOy 面投影得投影区域 D_{xy}，且 Ω 能够表示为

$$\Omega=\{(x,y,z)\mid z_1(x,y)\leqslant z\leqslant z_2(x,y),(x,y)\in D_{xy}\},\tag{1}$$

则称 Ω 是xy 型空间区域. xy 型空间区域的特点是：任何一条垂直于 xOy 面且穿过 Ω 内部的直线与 Ω 的边界曲面 Σ 相交不多于两点(图 7－20). xy 型空间区域 Ω 对于 xOy 面的投影柱面把 Ω 的边界曲面 Σ 分出下边界曲面 Σ_1 与上边界曲面 Σ_2 两部分，它们的方程分别是

$$\Sigma_1: z=z_1(x,y) \quad 与 \quad \Sigma_2: z=z_2(x,y),$$

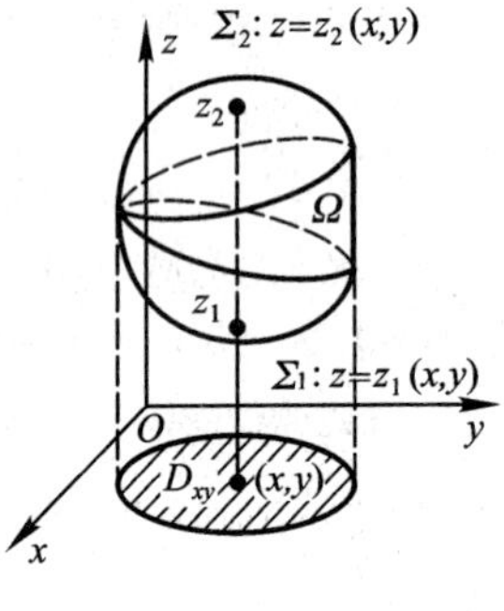

且 $z_1(x,y)\leqslant z_2(x,y)$. 过 D_{xy} 内任一点 (x,y) 作平行于 z 轴的直线，这直线通过 Σ_1 穿入 Ω，然后通过 Σ_2 穿出 Ω，穿入点与穿出点的竖坐标分别是 $z_1(x,y)$ 与 $z_2(x,y)$. 于是先对固定的 $(x,y)\in D_{xy}$，在区间 $[z_1(x,y),z_2(x,y)]$ 上作定积分 $\int_{z_1(x,y)}^{z_2(x,y)} f(x,y,z)\,\mathrm{d}z$(积分变量为 z)，当点 (x,y) 在 D_{xy} 上变动时则该定积分是 D_{xy} 上的二元函数

$$\Phi(x,y)=\int_{z_1(x,y)}^{z_2(x,y)} f(x,y,z)\,\mathrm{d}z,$$

图 7－20

然后将 $\Phi(x,y)$ 在 D_{xy} 上作二重积分

$$\iint\limits_{D_{xy}} \Phi(x,y)\,\mathrm{d}x\mathrm{d}y=\iint\limits_{D_{xy}}\left(\int_{z_1(x,y)}^{z_2(x,y)} f(x,y,z)\,\mathrm{d}z\right)\mathrm{d}x\mathrm{d}y,$$

上式右端常记作

$$\iint_{D_{xy}} \mathrm{d}x\mathrm{d}y \int_{z_1(x,y)}^{z_2(x,y)} f(x,y,z)\,\mathrm{d}z.$$

于是得

设 xy 型空间区域 Ω 由(1)式给出,则

$$\iiint_{\Omega} f(x,y,z)\,\mathrm{d}V = \iint_{D_{xy}} \mathrm{d}x\mathrm{d}y \int_{z_1(x,y)}^{z_2(x,y)} f(x,y,z)\,\mathrm{d}z. \tag{2}$$

用(2)式计算三重积分时,右端的二重积分还需进一步化为二次积分.例如当 D_{xy} 可表示为 $D_{xy}=\{(x,y)\mid y_1(x)\leqslant y\leqslant y_2(x),a\leqslant x\leqslant b\}$ 时,从(2)式可进一步得

$$\iiint_{\Omega} f(x,y,z)\,\mathrm{d}V = \int_a^b \mathrm{d}x \int_{y_1(x)}^{y_2(x)} \mathrm{d}y \int_{z_1(x,y)}^{z_2(x,y)} f(x,y,z)\,\mathrm{d}z,$$

这样三重积分最终化成了三次积分.

类似地,空间区域 Ω 还有 yz 型及 zx 型的.当 Ω 是 xy 型或 yz 型或 zx 型空间区域时,都可以把三重积分按先"单积分"后"二重积分"的步骤来计算.由于这一方法是先把积分区域 Ω 向坐标面作投影,且其中的二重积分是在 Ω 的投影区域上进行的,故称该方法为坐标面投影法.

例 1　计算 $\iiint_{\Omega} x\mathrm{d}x\mathrm{d}y\mathrm{d}z$,其中 Ω 是由三个坐标面及平面 $x+2y+z=1$ 所围成的有界闭区域.

解　将 Ω 作为 xy 型空间区域(图 7-21(a))

$$\Omega=\{(x,y,z)\mid 0\leqslant z\leqslant 1-x-2y,(x,y)\in D_{xy}\},$$

其中 D_{xy} 如图 7-21(b)所示,将 D_{xy} 按 x 型平面区域写成

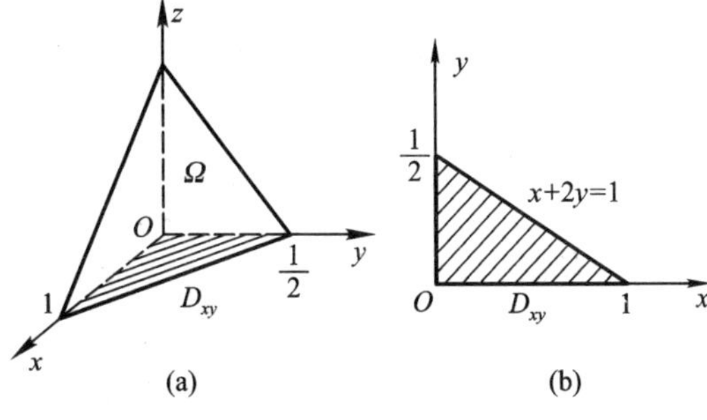

图 7-21

$$D_{xy}=\{(x,y)\mid 0\leqslant y\leqslant\frac{1-x}{2},0\leqslant x\leqslant 1\},$$

则得

$$\begin{aligned}\iiint_{\Omega}x\mathrm{d}x\mathrm{d}y\mathrm{d}z&=\iint_{D_{xy}}\mathrm{d}x\mathrm{d}y\int_0^{1-x-2y}x\mathrm{d}z=\iint_{D_{xy}}x(1-x-2y)\mathrm{d}x\mathrm{d}y\\&=\int_0^1\mathrm{d}x\int_0^{\frac{1-x}{2}}x(1-x-2y)\mathrm{d}y\\&=\int_0^1\frac{1}{4}x(1-x)^2\mathrm{d}x=\frac{1}{48}.\end{aligned}$$

2. 坐标轴投影法(截面法)

对有些三重积分,也可按先"二重积分"后"单积分"的步骤来计算.方法如下.

如果将空间区域 Ω 向 z 轴作投影得一投影区间 $[p,q]$,且 Ω 能表示为

$$\Omega=\{(x,y,z)\mid(x,y)\in D_z,p\leqslant z\leqslant q\},\tag{3}$$

其中 D_z 是过点 $(0,0,z)$ 且平行于 xOy 面的平面截 Ω 所得的平面区域(图 7-22),于是对固定的 $z\in[p,q]$,先在截面区域 D_z 上作二重积分 $\iint_{D_z}f(x,y,z)\mathrm{d}x\mathrm{d}y$,而 z 在区间 $[p,q]$ 上变动时,该二重积分是 z 的函数

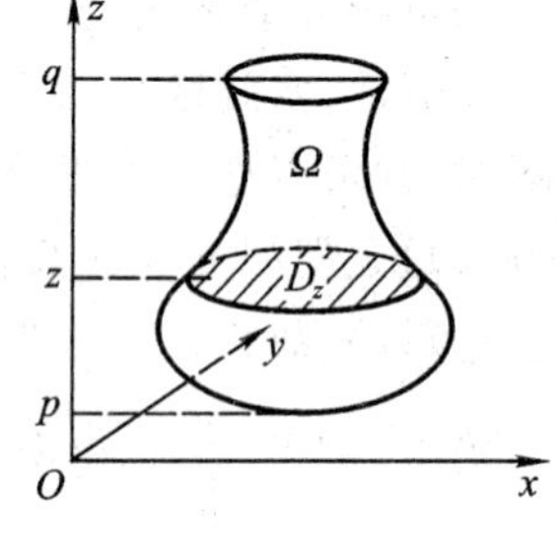

图 7-22

$$\Psi(z)=\iint_{D_z}f(x,y,z)\mathrm{d}x\mathrm{d}y,$$

然后将 $\Psi(z)$ 在区间 $[p,q]$ 上作定积分

$$\int_p^q\Psi(z)\mathrm{d}z=\int_p^q\left(\iint_{D_z}f(x,y,z)\mathrm{d}x\mathrm{d}y\right)\mathrm{d}z,$$

上式右端常记作

$$\int_p^q\mathrm{d}z\iint_{D_z}f(x,y,z)\mathrm{d}x\mathrm{d}y.$$

于是有

> 设空间区域 Ω 由(3)式给出,则
> $$\iiint_{\Omega}f(x,y,z)\mathrm{d}V=\int_p^q\mathrm{d}z\iint_{D_z}f(x,y,z)\mathrm{d}x\mathrm{d}y.\tag{4}$$

如果二重积分 $\iint\limits_{D_z} f(x,y,z)\mathrm{d}x\mathrm{d}y$ 能比较容易地算出，其结果对 z 再进行积分也比较方便，那么就可考虑使用(4)式来计算三重积分. 即按先“二重积分”后“单积分”的步骤来计算，由于这一方法是先把积分区域 Ω 向坐标轴作投影，且其中的二重积分是在 Ω 的截面区域上进行的，故称该方法为坐标轴投影法或截面法.

例 2　计算 $\iiint\limits_{\Omega} z^2\mathrm{d}x\mathrm{d}y\mathrm{d}z$，其中 Ω 为单叶双曲面 $\frac{x^2}{a^2}+\frac{y^2}{b^2}-\frac{z^2}{c^2}=1$ 与平面 $z=0$ 及 $z=h(h>0)$ 所围成的立体.

解　空间区域 Ω 可表为

$$\Omega=\{(x,y,z)\mid(x,y)\in D_z,0\leqslant z\leqslant h\},$$

其中

$$D_z=\left\{(x,y)\,\middle|\,\frac{x^2}{a^2}+\frac{y^2}{b^2}\leqslant 1+\frac{z^2}{c^2}\right\}\quad(0\leqslant z\leqslant h),$$

则

$$\iiint\limits_{\Omega} z^2\mathrm{d}x\mathrm{d}y\mathrm{d}z=\int_0^h\mathrm{d}z\iint\limits_{D_z} z^2\mathrm{d}x\mathrm{d}y=\int_0^h z^2\mu(D_z)\mathrm{d}z,$$

这里 $\mu(D_z)$ 表示 D_z 的面积，利用椭圆面积的计算公式

$$\mu(D_z)=\pi\left(a\sqrt{1+\frac{z^2}{c^2}}\right)\left(b\sqrt{1+\frac{z^2}{c^2}}\right)=\pi ab\left(1+\frac{z^2}{c^2}\right),$$

可得

$$\iiint\limits_{\Omega} z^2\mathrm{d}x\mathrm{d}y\mathrm{d}z=\int_0^h\pi ab\left(1+\frac{z^2}{c^2}\right)z^2\mathrm{d}z=\pi ab\left(\frac{h^3}{3}+\frac{h^5}{5c^2}\right).$$

二、利用柱面坐标计算三重积分

设 $M(x,y,z)$ 为空间内一点，并设点 M 在 xOy 面上的投影 P 的极坐标为 ρ、φ，则这样的三个数 ρ、φ、z 就叫做点 M 的柱面坐标(图 7-23)，这里规定 ρ、φ、z 的变化范围为：

$$0\leqslant\rho<+\infty,$$
$$0\leqslant\varphi\leqslant 2\pi,$$
$$-\infty<z<+\infty.$$

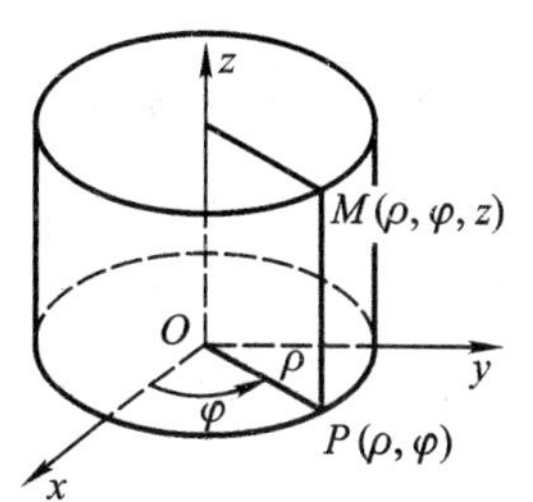

图 7-23

三组坐标面分别为

$\rho=$ 常数，即以 z 轴为中心轴的圆柱面；

$\varphi=$ 常数，即过 z 轴的半平面；

$z=$ 常数，即与 xOy 面平行的平面.

显然,点 M 的直角坐标与柱面坐标的关系为

$$\begin{cases} x=\rho\cos\varphi, \\ y=\rho\sin\varphi, \\ z=z. \end{cases} \tag{5}$$

现在讨论怎样把三重积分 $\iiint\limits_{\Omega} f(x,y,z)\,\mathrm{d}V$ 中的变量从直角坐标变换为柱面坐标. 为此,用三组坐标面 $\rho=$ 常数、$\varphi=$ 常数、$z=$ 常数把 Ω 分成许多小闭区域,除了含 Ω 的边界点的一些不规则小闭区域外,所有的小闭区域都是柱体. 今考虑由 ρ、φ、z 各取得微小增量 $\mathrm{d}\rho$、$\mathrm{d}\varphi$、$\mathrm{d}z$ 所成的柱体的体积(图 7－24). 这个柱体的高为 $\mathrm{d}z$,它的底面积在不计高阶无穷小时为 $\rho\mathrm{d}\rho\mathrm{d}\varphi$(即极坐标系中的面积元素),于是得

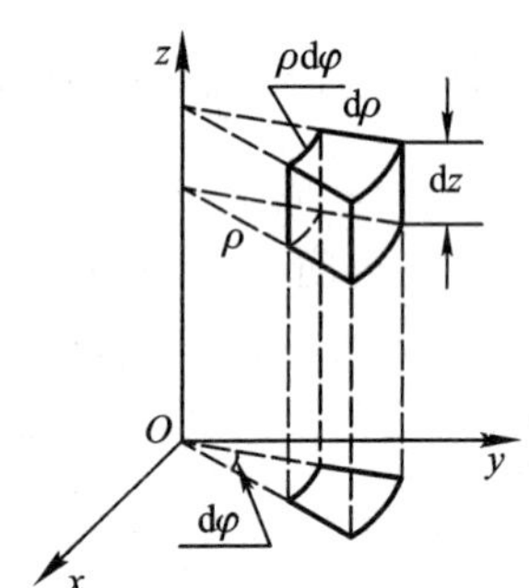

图 7－24

$$\mathrm{d}V=\rho\mathrm{d}\rho\mathrm{d}\varphi\mathrm{d}z,$$

这就是柱面坐标系中的体积元素,再注意到关系式(5),就得

三重积分的变量从直角坐标变换为柱面坐标的公式为

$$\iiint\limits_{\Omega} f(x,y,z)\,\mathrm{d}x\mathrm{d}y\mathrm{d}z=\iiint\limits_{\Omega} f(\rho\cos\varphi,\rho\sin\varphi,z)\rho\mathrm{d}\rho\mathrm{d}\varphi\mathrm{d}z, \tag{6}$$

其中 $\rho\mathrm{d}\rho\mathrm{d}\varphi\mathrm{d}z$ 为柱面坐标系中的体积元素.

变量变换为柱面坐标后的三重积分的计算,则可化为三次积分来进行. 化为三次积分时,积分限可根据 ρ、φ、z 在积分区域 Ω 中的变化范围来确定. 下面通过例子来说明.

例 3 利用柱面坐标计算三重积分 $\iiint\limits_{\Omega} z\,\mathrm{d}x\mathrm{d}y\mathrm{d}z$,其中闭区域 Ω 为半球体 $x^2+y^2+z^2\leqslant 1,z\geqslant 0$.

解 把闭区域 Ω 投影到 xOy 面上得半径为 1 的圆域 D,将 D 用极坐标表示为:$0\leqslant\rho\leqslant 1,0\leqslant\varphi\leqslant 2\pi$. 在 D 内任取一点(ρ,φ),过此点作平行于 z 轴的直线,此直线通过平面 $z=0$ 穿入 Ω 内,然后通过上半球面 $z=\sqrt{1-x^2-y^2}$ 即 $z=\sqrt{1-\rho^2}$ 穿出 Ω 外. 因此闭区域 Ω 可用不等式组

$$0\leqslant z\leqslant\sqrt{1-\rho^2},0\leqslant\rho\leqslant 1,0\leqslant\varphi\leqslant 2\pi$$

来表示. 于是

$$\iiint_{\Omega} z\mathrm{d}x\mathrm{d}y\mathrm{d}z = \iiint_{\Omega} z\rho\mathrm{d}\rho\mathrm{d}\varphi\mathrm{d}z = \int_0^{2\pi}\mathrm{d}\varphi\int_0^1\rho\mathrm{d}\rho\int_0^{\sqrt{1-\rho^2}} z\mathrm{d}z$$

$$=\frac{1}{2}\int_0^{2\pi}\mathrm{d}\varphi\int_0^1\rho(1-\rho^2)\mathrm{d}\rho=\frac{1}{2}\cdot 2\pi\left[\frac{\rho^2}{2}-\frac{\rho^4}{4}\right]_0^1=\frac{\pi}{4}.$$

三、利用球面坐标计算三重积分

设 $M(x,y,z)$ 为空间内一点，则点 M 也可用这样三个有次序的数 r、θ、φ 来确定，其中 r 为原点 O 与点 M 间的距离即向径 $\overrightarrow{OM}$ 的长度，θ 为 $\overrightarrow{OM}$ 与 z 轴正向所夹的角，φ 为从 x 轴到 $\overrightarrow{OM}$ 在 xOy 面上的投影向量 $\overrightarrow{OP}$ 的转角（图7－25）. 这样的三个数叫做点 M 的球面坐标，这里 r、θ、φ 的变化范围为

$$0\leqslant r<+\infty,$$

$$0\leqslant\theta\leqslant\pi,$$

$$0\leqslant\varphi\leqslant 2\pi.$$

三组坐标面分别为

r＝常数，即以原点为中心的球面；

θ＝常数，即以原点为顶点、z 轴为轴的圆锥面；

φ＝常数，即过 z 轴的半平面.

设点 $M(x,y,z)$ 在 xOy 面上的投影为 P，则

$$x=|\overrightarrow{OP}|\cos\varphi,\ y=|\overrightarrow{OP}|\sin\varphi,\ z=|\overrightarrow{OM}|\cos\theta.$$

因 $|\overrightarrow{OM}|=r$，$|\overrightarrow{OP}|=r\sin\theta$，因此得点 M 的直角坐标与球面坐标的关系为

$$\begin{cases}x=r\sin\theta\cos\varphi,\\ y=r\sin\theta\sin\varphi,\\ z=r\cos\theta.\end{cases}\tag{7}$$

现在讨论怎样把三重积分 $\iiint\limits_{\Omega} f(x,y,z)\mathrm{d}V$ 中的积分变量从直角坐标变换为球面坐标. 为此用三组坐标面 r＝常数、θ＝常数、φ＝常数把积分区域 Ω 分成许多小闭区域. 考虑由 r、θ、φ 各取得微小增量 $\mathrm{d}r$、$\mathrm{d}\theta$、$\mathrm{d}\varphi$ 所形成的六面体的体积（图 7－26）. 不计高阶无穷小，可把这个六面体看作长方体，其经线方向的长为 $r\mathrm{d}\theta$，纬线方向的宽为 $r\sin\theta\mathrm{d}\varphi$，向径方向的高为 $\mathrm{d}r$，于是得

$$\mathrm{d}V=r^2\sin\theta\mathrm{d}r\mathrm{d}\theta\mathrm{d}\varphi,$$

这就是球面坐标系中的体积元素. 再注意到关系式(7)，就得

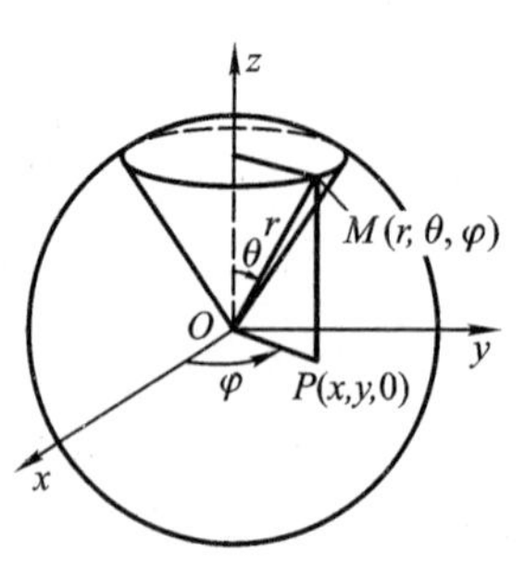

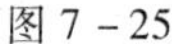
图 7－25

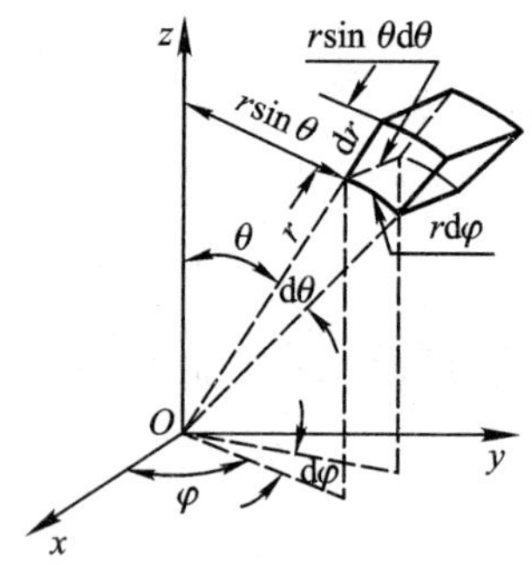

图 7－26

> 把三重积分的变量从直角坐标变换为球面坐标的公式为
>
> $$\iiint\limits_{\Omega} f(x,y,z)\,\mathrm{d}x\mathrm{d}y\mathrm{d}z = \iiint\limits_{\Omega} f(r\sin\theta\cos\varphi, r\sin\theta\sin\varphi, r\cos\theta)\,r^2\sin\theta\mathrm{d}r\mathrm{d}\theta\mathrm{d}\varphi, \tag{8}$$
>
> 其中，$r^2\sin\theta\mathrm{d}r\mathrm{d}\theta\mathrm{d}\varphi$ 为球面坐标系中的体积元素.

对积分变量已变换为球面坐标后的三重积分的计算，可把它化为对 r、对 θ 及对 φ 的三次积分来进行.

若积分区域 Ω 的边界曲面是一个包围原点在内的闭曲面，其球面坐标方程为 $r=r(\theta,\varphi)$，则

$$\begin{aligned} I &= \iiint\limits_{\Omega} f(x,y,z)\,\mathrm{d}x\mathrm{d}y\mathrm{d}z = \iiint\limits_{\Omega} F(r,\theta,\varphi)\,r^2\sin\theta\mathrm{d}r\mathrm{d}\theta\mathrm{d}\varphi \\ &= \int_0^{2\pi}\mathrm{d}\varphi\int_0^{\pi}\sin\theta\mathrm{d}\theta\int_0^{r(\theta,\varphi)}F(r,\theta,\varphi)\,r^2\mathrm{d}r, \end{aligned}$$

其中 $F(r,\theta,\varphi)=f(r\sin\theta\cos\varphi, r\sin\theta\sin\varphi, r\cos\theta)$.

例如当积分区域 Ω 由球面 $r=a$ 所围成时，则

$$I=\int_0^{2\pi}\mathrm{d}\varphi\int_0^{\pi}\sin\theta\mathrm{d}\theta\int_0^{a}F(r,\theta,\varphi)\,r^2\mathrm{d}r.$$

特别地，当 $f(x,y,z)\equiv 1$ 时，由上式即得球的体积

$$V=\int_0^{2\pi}\mathrm{d}\varphi\int_0^{\pi}\sin\theta\mathrm{d}\theta\int_0^{a}r^2\mathrm{d}r=2\pi\cdot 2\cdot\frac{a^3}{3}=\frac{4}{3}\pi a^3.$$

这是我们所熟知的结果.

例 4　利用球面坐标计算 $\iiint\limits_{\Omega}(x^2+y^2)\,\mathrm{d}x\mathrm{d}y\mathrm{d}z$，其中 Ω 是由圆锥面 $z=$

$\sqrt{x^2+y^2}$ 和上半球面 $z=\sqrt{1-x^2-y^2}$ 所围成的闭区域(图 7－27).

解　所给圆锥面和上半球面在球面坐标下的方程分别为

$$\theta=\frac{\pi}{4}\text{和 } r=1,$$

由此闭区域 Ω 可用不等式

$$0\leqslant r\leqslant 1,\quad 0\leqslant\theta\leqslant\pi/4,\quad 0\leqslant\varphi\leqslant 2\pi$$

来表示. 所以

$$\begin{aligned}\iiint_{\Omega}(x^2+y^2)\,\mathrm{d}x\mathrm{d}y\mathrm{d}z &= \iiint_{\Omega} r^2\sin^2\theta\cdot r^2\sin\theta\,\mathrm{d}r\mathrm{d}\theta\mathrm{d}\varphi\\ &= \int_0^{2\pi}\mathrm{d}\varphi\int_0^{\frac{\pi}{4}}\mathrm{d}\theta\int_0^1 r^4\sin^3\theta\,\mathrm{d}r\\ &= 2\pi\int_0^{\frac{\pi}{4}}\frac{\sin^3\theta}{5}\mathrm{d}\theta\\ &= \frac{2\pi}{5}\int_0^{\frac{\pi}{4}}(\cos^2\theta-1)\,\mathrm{d}(\cos\theta)\\ &= \frac{2\pi}{5}\left[\frac{\cos^3\theta}{3}-\cos\theta\right]_0^{\frac{\pi}{4}}\\ &= \frac{8-5\sqrt{2}}{30}\pi.\end{aligned}$$

例 5　求半径为 a 的球面与半顶角为 α 的内接锥面所围成的立体(图 7－28)的体积.

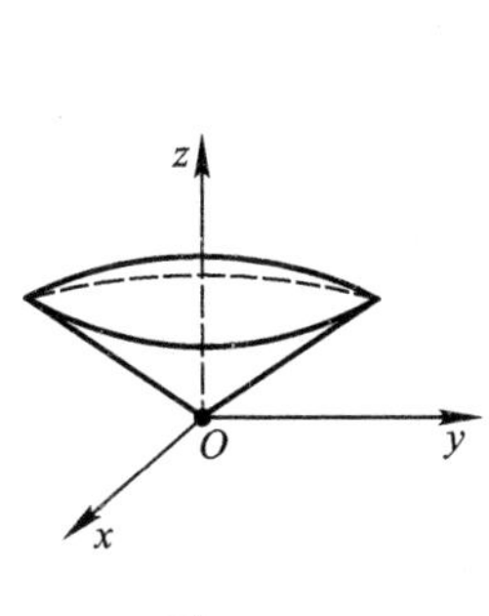

图 7－27

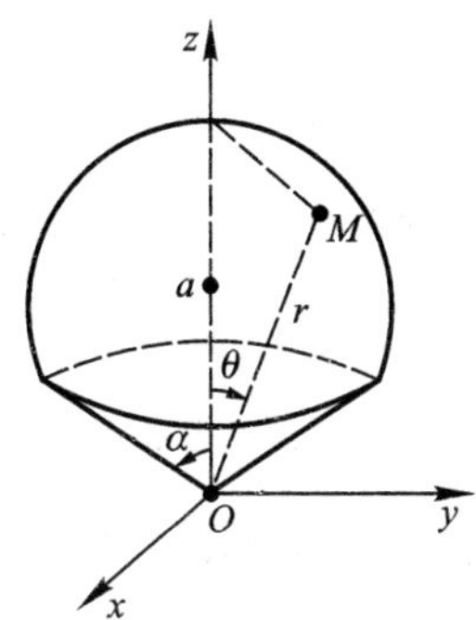

图 7－28

解　设球面通过原点 O,球心在 z 轴上,又内接锥面的顶点在原点 O,其轴与 z 轴重合,则球面方程为 $r=2a\cos\theta$,锥面方程为 $\theta=\alpha$. 因为立体所占有的空间闭区域 Ω 可用不等式

$$0\leqslant r\leqslant 2a\cos\theta,0\leqslant\theta\leqslant\alpha,0\leqslant\varphi\leqslant 2\pi$$

来表示,所以

$$V=\iiint_{\Omega}\mathrm{d}V=\iiint_{\Omega}r^2\sin\theta\mathrm{d}r\mathrm{d}\theta\mathrm{d}\varphi=\int_0^{2\pi}\mathrm{d}\varphi\int_0^{\alpha}\sin\theta\mathrm{d}\theta\int_0^{2a\cos\theta}r^2\mathrm{d}r$$

$$=2\pi\int_0^{\alpha}\sin\theta\mathrm{d}\theta\int_0^{2a\cos\theta}r^2\mathrm{d}r=\frac{16\pi a^3}{3}\int_0^{\alpha}\cos^3\theta\sin\theta\mathrm{d}\theta=\frac{4\pi a^3}{3}(1-\cos^4\alpha).$$

习题 7 – 3

1. 设 $\Omega=[a,b]\times[c,d]\times[l,m]$,证明

$$\iiint_{\Omega}f(x)g(y)h(z)\mathrm{d}x\mathrm{d}y\mathrm{d}z=\left(\int_a^b f(x)\mathrm{d}x\right)\left(\int_c^d g(y)\mathrm{d}y\right)\left(\int_l^m h(z)\mathrm{d}z\right).$$

2. 化三重积分 $\iiint\limits_{\Omega}f(x,y,z)\mathrm{d}x\mathrm{d}y\mathrm{d}z$ 为三次积分,其中积分区域 Ω 分别是:

(1) 由平面 $z=0$、$z=y$ 及柱面 $y=\sqrt{1-x^2}$ 所围成的闭区域;

(2) 由椭圆抛物面 $z=x^2+2y^2$ 及抛物柱面 $z=2-x^2$ 所围成的闭区域;

(3) 由双曲抛物面 $z=xy$、圆柱面 $x^2+y^2=1$ 及平面 $z=0$ 所围成的位于第一卦限的闭区域.

3. 设一物体占空间闭区域 $\Omega=[0,1]\times[0,1]\times[0,1]$,其密度函数为 $\mu(x,y,z)=x+y+z$,求该物体的质量.

4. 计算下列三重积分:

(1) $\iiint\limits_{\Omega}xy\mathrm{d}x\mathrm{d}y\mathrm{d}z$, Ω 是以点 $(0,0,0)$、$(1,0,0)$、$(0,2,0)$、$(0,0,3)$ 为顶点的四面体;

(2) $\iiint\limits_{\Omega}z\mathrm{d}x\mathrm{d}y\mathrm{d}z$, Ω 是由平面 $x=0$、$y=1$、$z=0$、$y=x$ 和曲面 $z=xy$ 所围成的闭区域;

(3) $\iiint\limits_{\Omega}yz\mathrm{d}x\mathrm{d}y\mathrm{d}z$, Ω 是由平面 $z=0$、$z=y$、$y=1$ 及抛物柱面 $y=x^2$ 所围成的闭区域;

(4) $\iiint\limits_{\Omega}z^2\mathrm{d}x\mathrm{d}y\mathrm{d}z$,Ω 是两个球体 $x^2+y^2+z^2\leqslant R^2$ 和 $x^2+y^2+z^2\leqslant 2Rz$ 的公共部分$(R>0)$.

5. 利用柱面坐标计算下列积分:

(1) $\iiint\limits_{\Omega}\sqrt{x^2+y^2}\mathrm{d}x\mathrm{d}y\mathrm{d}z$, Ω 是由曲面 $z=9-x^2-y^2$ 与 $z=0$ 所围成的闭区域;

(2) $\iiint\limits_{\Omega}x^2\mathrm{d}x\mathrm{d}y\mathrm{d}z$, Ω 是由曲面 $z=2\sqrt{x^2+y^2}$、$x^2+y^2=1$ 与 $z=0$ 所围成的闭区域;

(3) $\iiint\limits_{\Omega}z\mathrm{d}x\mathrm{d}y\mathrm{d}z$, Ω 是由曲面 $z=x^2+y^2$ 与 $z=2y$ 所围成的闭区域.

6. 利用球面坐标计算下列积分:

(1) $\iiint\limits_{\Omega}y^2\mathrm{d}x\mathrm{d}y\mathrm{d}z$,Ω 为介于两球面 $x^2+y^2+z^2=a^2$ 与 $x^2+y^2+z^2=b^2$ 之间的部分$(0\leqslant a<b)$;

(2) $\iiint\limits_{\Omega}(x^2+y^2+z^2)\mathrm{d}x\mathrm{d}y\mathrm{d}z$, Ω 为球体 $x^2+y^2+(z-1)^2\leqslant 1$.

7. 选用适当的坐标计算下列积分:

(1) $\iiint\limits_{\Omega}\sin z\mathrm{d}x\mathrm{d}y\mathrm{d}z$, Ω 是由曲面 $z=\sqrt{x^2+y^2}$ 与 $z=\pi$ 所围成的闭区域；

(2) $\iiint\limits_{\Omega}(x^2+y^2)\mathrm{d}x\mathrm{d}y\mathrm{d}z$, Ω 是由曲面 $x^2+y^2=2z$ 及平面 $z=2$ 所围成的闭区域；

(3) $\iiint\limits_{\Omega}\dfrac{1}{\sqrt{x^2+y^2+z^2}}\mathrm{d}x\mathrm{d}y\mathrm{d}z$, Ω 是由曲面 $z=\sqrt{x^2+y^2}$ 与 $z=1$ 所围成的闭区域.

8. 选用适当的坐标计算下列三次积分：

(1) $\int_{-1}^{1}\mathrm{d}x\int_{0}^{\sqrt{1-x^2}}\mathrm{d}y\int_{\sqrt{x^2+y^2}}^{1}z^3\mathrm{d}z$;

(2) $\int_{0}^{1}\mathrm{d}x\int_{0}^{\sqrt{1-x^2}}\mathrm{d}y\int_{0}^{\sqrt{4-(x^2+y^2)}}\mathrm{d}z$;

(3) $\int_{-3}^{3}\mathrm{d}x\int_{-\sqrt{9-x^2}}^{\sqrt{9-x^2}}\mathrm{d}y\int_{0}^{\sqrt{9-x^2-y^2}}z\sqrt{x^2+y^2+z^2}\mathrm{d}z$.

第四节　重积分应用举例

前面我们指出了曲顶柱体的体积与平面薄片的质量可以通过二重积分来计算,现在再进一步讨论几个应用重积分解决的几何与物理问题.

一、体积

在定积分的几何应用举例中我们已经讨论了旋转体的体积以及平行截面面积为已知的立体的体积,而利用重积分可以计算更一般的立体的体积,这是因为空间立体 Ω 可看作是若干个曲顶柱体的并或差,从而其体积为这些曲顶柱体的体积之和或差,于是就可通过二重积分先计算曲顶柱体的体积进而求得 Ω 的体积;另外,由于 $\iiint\limits_{\Omega}\mathrm{d}V$ 也表示 Ω 的体积,因此通过三重积分也可求得空间立体的体积. 下面举例说明.

例 1　求两个底圆半径相等的直交圆柱体 $x^2+y^2=R^2$ 与 $x^2+z^2=R^2$ 所围成的立体的体积.

解　容易知道所求立体关于三个坐标面都对称,因此所求立体的体积 V 是该立体在第一卦限部分的体积的 8 倍. 立体在第一卦限部分是一曲顶柱体,它的底为

$$D=\{(x,y)\mid 0\leqslant y\leqslant\sqrt{R^2-x^2},0\leqslant x\leqslant R\},$$

顶是柱面 $z=\sqrt{R^2-x^2}$（见图 7－29）,因而

$$V=8\iint\limits_{D}\sqrt{R^2-x^2}\mathrm{d}x\mathrm{d}y=8\int_{0}^{R}\mathrm{d}x\int_{0}^{\sqrt{R^2-x^2}}\sqrt{R^2-x^2}\mathrm{d}y$$

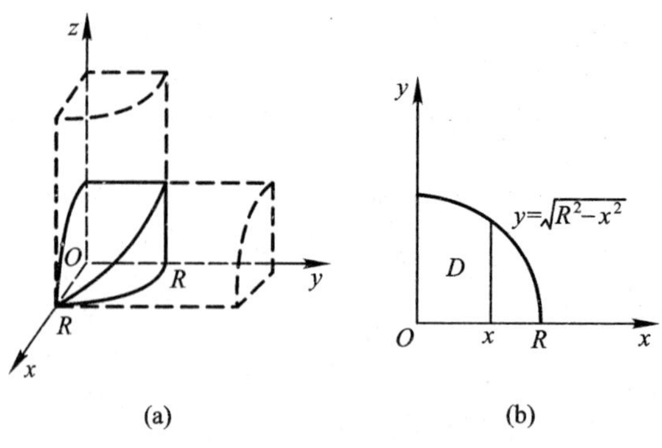

(a) (b)

图 7－29

$$= 8\int_0^R (R^2 - x^2)\,\mathrm{d}x = \frac{16}{3}R^3.$$

例 2 求球体 $x^2+y^2+z^2\leqslant 4a^2$ 被圆柱面 $x^2+y^2=2ax(a>0)$ 所截得的含在圆柱面内的那部分立体的体积.

解 由于所求立体关于 xOy 面和 zOx 面对称,因此所求立体的体积 V 是该立体在第一卦限部分的体积的 4 倍. 立体在第一卦限部分是一曲顶柱体,它的底 D 是 xOy 面上半圆周 $y=\sqrt{2ax-x^2}$ 和 x 轴所围成的闭区域,在极坐标下,可表为

$$D=\left\{(\rho,\varphi)\,|\,0\leqslant\rho\leqslant 2a\cos\varphi, 0\leqslant\varphi\leqslant\frac{\pi}{2}\right\},$$

顶为上半球面 $z=\sqrt{4a^2-x^2-y^2}$(见图 7－30),因而

$$\begin{aligned}V &= 4\iint_D \sqrt{4a^2-x^2-y^2}\,\mathrm{d}x\mathrm{d}y = 4\iint_D \rho\sqrt{4a^2-\rho^2}\,\mathrm{d}\rho\mathrm{d}\varphi\\ &= 4\int_0^{\frac{\pi}{2}}\mathrm{d}\varphi\int_0^{2a\cos\varphi}\rho\sqrt{4a^2-\rho^2}\,\mathrm{d}\rho\\ &= \frac{32}{3}a^3\int_0^{\frac{\pi}{2}}(1-\sin^3\varphi)\,\mathrm{d}\varphi = \frac{32}{3}a^3\left(\frac{\pi}{2}-\frac{2}{3}\right).\end{aligned}$$

例 3 求圆锥面 $z=\sqrt{x^2+y^2}$ 与抛物面 $z=2-x^2-y^2$ 所围成的立体 Ω 的体积.

解 联立方程 $z=\sqrt{x^2+y^2}$ 和 $z=2-x^2-y^2$,消去 z 求得两曲面的交线在 xOy 面上投影曲线为 $x^2+y^2=1$,故 Ω 在 xOy 面上的投影区域 D_{xy} 为圆域 $x^2+y^2\leqslant 1$,于是立体 Ω 所占有的空间闭区域可表为

$$\sqrt{x^2+y^2}\leqslant z\leqslant 2-x^2-y^2,\ (x,y)\in D_{xy},$$

所以

$$V=\iiint_D \mathrm{d}V=\iint_{D_{xy}}\mathrm{d}x\mathrm{d}y\int_{\sqrt{x^2+y^2}}^{2-x^2-y^2}\mathrm{d}z$$

$$=\iint\limits_{D_{xy}}(2-x^2-y^2-\sqrt{x^2+y^2})\mathrm{d}x\mathrm{d}y=\int_0^{2\pi}\mathrm{d}\varphi\int_0^1(2-\rho^2-\rho)\rho\mathrm{d}\rho$$

$$=2\pi\left[\rho^2-\frac{1}{4}\rho^4-\frac{1}{3}\rho^3\right]_0^1=\frac{5}{6}\pi.$$

注　如果记 Ω_1 是以 D_{xy} 为底、抛物面 $z=2-x^2-y^2$ 为顶的曲顶柱体，Ω_2 是以 D_{xy} 为底、圆锥面 $z=\sqrt{x^2+y^2}$ 为顶的曲顶柱体，则本题的 Ω 也可看做是这两个曲顶柱体的差，从而利用二重积分，可以得到

$$V=\iint\limits_{D_{xy}}(2-x^2-y^2)\mathrm{d}x\mathrm{d}y-\iint\limits_{D_{xy}}\sqrt{x^2+y^2}\mathrm{d}x\mathrm{d}y=\iint\limits_{D_{xy}}(2-x^2-y^2-\sqrt{x^2+y^2})\mathrm{d}x\mathrm{d}y,$$

可见同样可以得到结论.

二、曲面的面积

在人们的直觉中，曲面与平面图形一样是应当有面积的. 但是实际上，曲面面积的定义及面积存在性的证明是一个颇为复杂的问题，对它的详细阐述已超出了本书的范围. 本节仅介绍利用二重积分计算某些空间曲面的面积的方法. 为此，让我们先看一个例子，这个例子的结果稍后要用到.

例 4　设一底面为矩形的柱体被一平面所截，如果截面的法向量为 $\boldsymbol{e}_n=(\cos\alpha,\cos\beta,\cos\gamma)$，底面位于 xOy 面，证明截面（平行四边形）的面积 S 与底面的面积 σ 有如下的关系：

$$S=\frac{1}{|\cos\gamma|}\sigma.$$

证　不妨设截面 $MPQR$ 与底面 $MNOL$ 的位置关系如图 7－31 所示，其中点 M 的坐标为 $(x_0,y_0,0)$. 由解析几何知，截面 $MPQR$ 有点法式方程

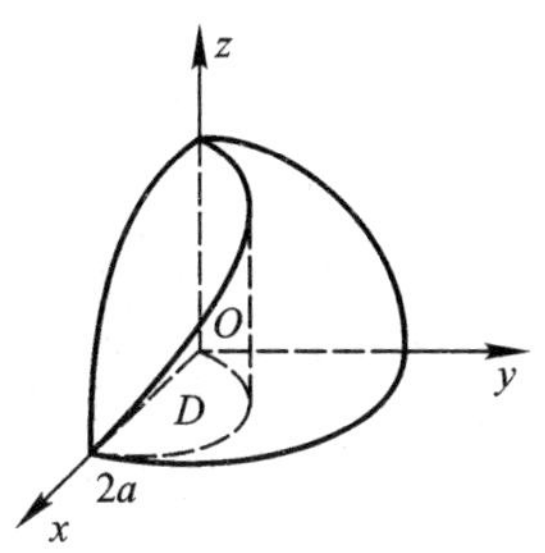

图 7－30

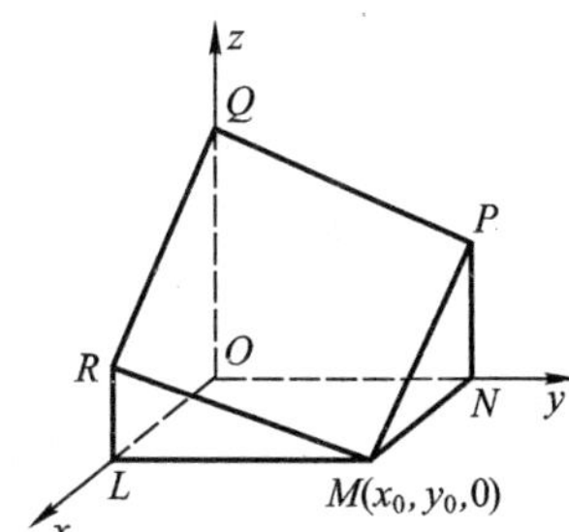

图 7－31

$$\cos\alpha(x-x_0)+\cos\beta(y-y_0)+\cos\gamma(z-0)=0.$$

将点 P 的 x、y 坐标 $x=0$、$y=y_0$ 代入上式，得 $z=\dfrac{\cos\alpha}{\cos\gamma}x_0$，即点 P 的坐标为

$\left(0, y_0, \dfrac{\cos\alpha}{\cos\gamma}x_0\right)$；又将点 R 的 x、y 坐标 $x=x_0$、$y=0$ 代入上式，得 $z=\dfrac{\cos\beta}{\cos\gamma}y_0$，即点 R 的坐标为 $\left(x_0, 0, \dfrac{\cos\beta}{\cos\gamma}y_0\right)$，因而得

$$\overrightarrow{MP}=\left(-x_0, 0, \frac{\cos\alpha}{\cos\gamma}x_0\right)=x_0\left(-1, 0, \frac{\cos\alpha}{\cos\gamma}\right),$$

$$\overrightarrow{MR}=\left(0, -y_0, \frac{\cos\beta}{\cos\gamma}y_0\right)=y_0\left(0, -1, \frac{\cos\beta}{\cos\gamma}\right).$$

于是得截面的面积

$$S=|\overrightarrow{MP}\times\overrightarrow{MR}|=\left|\left(\frac{\cos\alpha}{\cos\gamma}, \frac{\cos\beta}{\cos\gamma}, 1\right)\right||x_0y_0|=\frac{1}{|\cos\gamma|}\sigma.$$

例 4 的结论可以推广到空间的任一平面图形上，即若空间的平面图形的法向量为 $(\cos\alpha, \cos\beta, \cos\gamma)$，则该平面图形的面积 S 与该平面图形在 xOy 面上的投影图形的面积 σ 之间有比例关系

$$S=\frac{1}{|\cos\gamma|}\sigma.$$

现在我们设空间有界曲面 Σ 具有显式方程

$$z=z(x,y),\ (x,y)\in D,$$

其中 D 是 Σ 在 xOy 面上的投影区域，$z(x,y)$ 在 D 上具有连续偏导数.

在投影区域 D 上任取一直径很小的闭区域 $\mathrm{d}\sigma$，其面积也记作 $\mathrm{d}\sigma$. 在 $\mathrm{d}\sigma$ 上任取一点 $M(x,y)$，对应地曲面 Σ 上有一点 $P(x,y,f(x,y))$. 以小区域 $\mathrm{d}\sigma$ 的边界为准线，作母线平行于 z 轴的柱面. 这柱面在曲面 Σ 上截下一小片曲面，并在曲面过 P 点的切平面上截下一小片平面，其面积为 $\mathrm{d}S$（图7－32）. 由于 $\mathrm{d}\sigma$ 的直径很小，故可用 $\mathrm{d}S$ 近似代替截下的一小片曲面的面积.

设 Σ 在点 P 处的法向量为 $\boldsymbol{e}_n=(\cos\alpha, \cos\beta, \cos\gamma)$，则根据例 1 所给出的结果，有

$$\mathrm{d}S=\frac{1}{|\cos\gamma|}\mathrm{d}\sigma,$$

由于
$$|\cos\gamma|=\frac{1}{\sqrt{1+z_x^2(x,y)+z_y^2(x,y)}},$$

故有
$$\mathrm{d}S=\sqrt{1+z_x^2(x,y)+z_y^2(x,y)}\,\mathrm{d}\sigma,$$

这就是曲面 Σ 的面积元素，从而得到

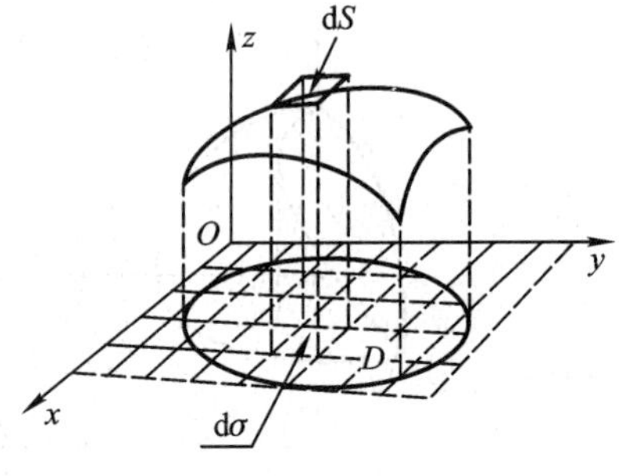

图 7－32

> 空间曲面 $\Sigma: z=z(x,y),(x,y)\in D$ 的面积计算公式为
> $$S=\iint_D \sqrt{1+z_x^2(x,y)+z_y^2(x,y)}\,\mathrm{d}\sigma. \tag{1}$$

曲面的面积元素 $\mathrm{d}S$ 可写作

$$\mathrm{d}S=\frac{1}{|\cos\gamma|}\mathrm{d}\sigma, \tag{2}$$

它反映了曲面面积元素 $\mathrm{d}S$ 与投影面(xOy 面)上面积元素 $\mathrm{d}\sigma$ 之间的比例关系.

类似地,曲面面积元素 $\mathrm{d}S$ 与投影面(yOz 面或 zOx 面)上面积元素 $\mathrm{d}\sigma$ 之间的关系是

$$\mathrm{d}S=\frac{1}{|\cos\alpha|}\mathrm{d}\sigma \quad 或 \quad \mathrm{d}S=\frac{1}{|\cos\beta|}\mathrm{d}\sigma.$$

由此,当空间曲面 S 由显式方程 $x=x(y,z)$ 或 $y=y(z,x)$ 表示时,读者可以写出相应的面积计算公式.

例 5　求旋转抛物面 $z=x^2+y^2$ 位于 $0\leqslant z\leqslant 9$ 之间的那一部分的面积.

解　设 $D=\{(x,y)\mid x^2+y^2\leqslant 9\}$, 由公式(1)知

$$S=\iint_D \sqrt{(2x)^2+(2y)^2+1}\,\mathrm{d}x\mathrm{d}y=\iint_D \sqrt{4(x^2+y^2)+1}\,\mathrm{d}x\mathrm{d}y$$

$$=\int_0^{2\pi}\mathrm{d}\varphi\int_0^3\sqrt{4\rho^2+1}\,\rho\,\mathrm{d}\rho=\frac{\pi}{6}(37\sqrt{37}-1).$$

例 6　求半径为 a,高度为 $h(0<h<a)$ 的球冠的面积(图 7-33).

解　设球冠的方程为

$$z=\sqrt{a^2-x^2-y^2},(x,y)\in D,$$

其中 $D=\{(x,y)\mid x^2+y^2\leqslant 2ah-h^2\}$,

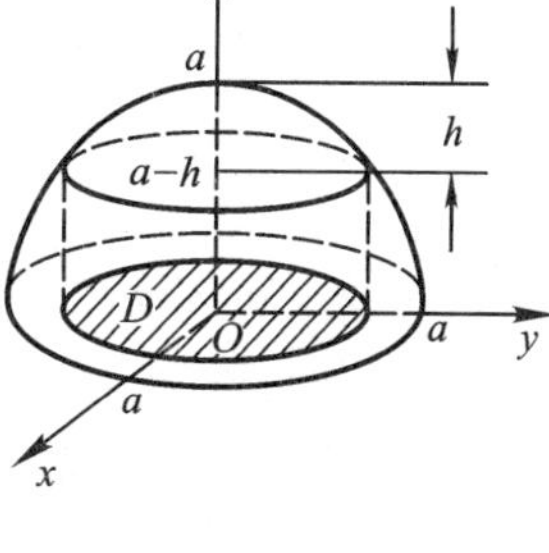

图 7-33

由公式(1)得球冠的面积

$$S=\iint_D \sqrt{z_x^2+z_y^2+1}\,\mathrm{d}x\mathrm{d}y=\iint_D \frac{a}{\sqrt{a^2-x^2-y^2}}\mathrm{d}x\mathrm{d}y$$

$$=\int_0^{2\pi}\mathrm{d}\varphi\int_0^{\sqrt{2ah-h^2}}\frac{a}{\sqrt{a^2-\rho^2}}\rho\,\mathrm{d}\rho$$

$$=2\pi a\left[-\sqrt{a^2-\rho^2}\right]_0^{\sqrt{2ah-h^2}}$$

$$=2\pi ah.$$

在以上结果中,若令 $h\to a$,则得到半球面的面积 $2\pi a^2$.

比显式方程更一般的是空间曲面的参数方程. 设曲面 Σ 具有方程

$$\begin{cases} x = x(u,v), \\ y = y(u,v), ((u,v) \in D), \\ z = z(u,v) \end{cases}$$

其中 D 是一平面有界闭区域，那么曲面 Σ 的面积 S 可用下式计算：

$$S = \iint_D \sqrt{\left[\frac{\partial(x,y)}{\partial(u,v)}\right]^2 + \left[\frac{\partial(y,z)}{\partial(u,v)}\right]^2 + \left[\frac{\partial(z,x)}{\partial(u,v)}\right]^2} \mathrm{d}u\mathrm{d}v.$$

例 6 也可用参数方程来计算，取球冠方程为

$$\begin{cases} x = a\sin\theta\cos\varphi, \\ y = a\sin\theta\sin\varphi, ((\theta,\varphi) \in D_{\theta\varphi}). \\ z = a\cos\theta \end{cases}$$

这里 $D_{\theta\varphi} = \{(\theta,\varphi) | 0 \leqslant \theta \leqslant \arccos\frac{a-h}{a}, 0 \leqslant \varphi \leqslant 2\pi\}$，则可算得

$$\sqrt{\left[\frac{\partial(x,y)}{\partial(\theta,\varphi)}\right]^2 + \left[\frac{\partial(y,z)}{\partial(\theta,\varphi)}\right]^2 + \left[\frac{\partial(z,x)}{\partial(\theta,\varphi)}\right]^2} = a^2\sin\theta,$$

于是同样有

$$S = \iint_{D_{\theta\varphi}} a^2\sin\theta\mathrm{d}\theta\mathrm{d}\varphi = \int_0^{2\pi}\mathrm{d}\varphi\int_0^{\arccos\frac{a-h}{a}} a^2\sin\theta\mathrm{d}\theta = 2\pi ah.$$

三、质心和转动惯量

我们知道，力学中关于静矩和转动惯量的计算公式最初是对质点给出的. 例如，设 xOy 平面上一质点所占的位置为 (x,y)，且质量为 m，则该质点关于 x 轴和 y 轴的静矩分别是

$$M_x = my \quad 和 \quad M_y = mx;$$

该质点关于 x 轴和 y 轴的转动惯量分别是

$$I_x = my^2 \quad 和\ I_y = mx^2.$$

当单个质点扩充为质点系时，那么质点系的静矩和转动惯量即为质点系中各质点的静矩和转动惯量的简单叠加(数量和). 具体地说，设 xOy 面上有 n 个质点，它们分别位于点 (x_1,y_1)、(x_2,y_2)、…、(x_n,y_n) 处，质量分别为 m_1、m_2、…、m_n，则该质点系关于 x 轴和 y 轴的静矩分别是

$$M_x = \sum_{i=1}^{n} m_iy_i \quad 和\ M_y = \sum_{i=1}^{n} m_ix_i;$$

该质点系关于 x 轴和 y 轴的转动惯量分别是

$$I_x = \sum_{i=1}^{n} m_iy_i^2 \quad 和\ I_y = \sum_{i=1}^{n} m_ix_i^2.$$

与静矩密切相关的一个力学概念就是质心. 质点系的质心坐标$(\bar{x},\bar{y})$虽然不是质点系中每个质点的质心坐标(即位置坐标)的简单叠加,但按定义

$$\bar{x}=\frac{M_y}{M}=\frac{\sum_{i=1}^{n}m_ix_i}{\sum_{i=1}^{n}m_i},\bar{y}=\frac{M_x}{M}=\frac{\sum_{i=1}^{n}m_iy_i}{\sum_{i=1}^{n}m_i},$$

所以质心坐标是两个具有可叠加性质的量的商.

现在来把上述关于质点系的计算公式推广到平面薄片和空间物体上去. 我们以平面薄片为例并使用元素法进行讨论.

设有一平面薄片,它占有 xOy 面上的有界闭区域 D,在点(x,y)处的面密度为$\mu(x,y)$. 假设$\mu(x,y)$在 D 上连续,现在来确定该薄片的质心的坐标.

在闭区域 D 上任取一直径很小的闭区域,其面积为 $\mathrm{d}\sigma$,(x,y)是这小区域上的一个点. 由于小区域直径很小,且$\mu(x,y)$在 D 上连续,故这一小块薄片的质量近似等于$\mu(x,y)\mathrm{d}\sigma$,这部分质量可近似地看作集中在点(x,y)处,于是利用已知的质点静矩公式,可写出平面薄片的静矩元素 $\mathrm{d}M_x$ 和 $\mathrm{d}M_y$ 如下:

$$\mathrm{d}M_x=y\mu(x,y)\mathrm{d}\sigma,\mathrm{d}M_y=x\mu(x,y)\mathrm{d}\sigma.$$

以这些元素为被积表达式,在闭区域 D 上积分,便得

$$M_x=\iint_D y\mu(x,y)\mathrm{d}\sigma,M_y=\iint_D x\mu(x,y)\mathrm{d}\sigma.$$

又由第一节知道,薄片的质量为

$$M=\iint_D \mu(x,y)\mathrm{d}\sigma,$$

因此得

平面薄片的质心坐标为

$$\bar{x}=\frac{\iint_D x\mu(x,y)\mathrm{d}\sigma}{\iint_D \mu(x,y)\mathrm{d}\sigma},\bar{y}=\frac{\iint_D y\mu(x,y)\mathrm{d}\sigma}{\iint_D \mu(x,y)\mathrm{d}\sigma}. \tag{3}$$

可以注意到,当考虑的对象由质点系(其质量是离散分布的)变为平面薄片(其质量是连续分布的)时,静矩和质心的计算公式中的和式就变成了重积分. 这是因为在质量连续分布的情形,我们必须在求和以后再取极限,从而和式变成了积分.

如果薄片是均匀的,即面密度是常量,那么(3)式中的 μ 可以提到积分号外

并从分子、分母中约去,这样公式(3)就变为

$$\bar{x}=\frac{1}{A}\iint_D x\mathrm{d}\sigma,\bar{y}=\frac{1}{A}\iint_D y\mathrm{d}\sigma,\tag{4}$$

其中 $A=\iint_D \mathrm{d}\sigma$ 为闭区域 D 的面积. 这时平面薄片的质心坐标与密度无关而完全由闭区域 D 的几何形状所决定. 据此,把(4)式所确定的点$(\bar{x},\bar{y})$称为平面图形 D 的形心.

类似可得出:

平面薄片对 x 轴和 y 轴的转动惯量分别是

$$I_x=\iint_D y^2\mu(x,y)\mathrm{d}\sigma,I_y=\iint_D x^2\mu(x,y)\mathrm{d}\sigma.\tag{5}$$

应用元素法于质量连续分布的空间物体上,就可求得物体的质心坐标和关于坐标轴的转动惯量. 假设物体占有空间有界闭区域 Ω,在点(x,y,z)处的体密度为 $\mu(x,y,z)$,$\mu(x,y,z)$在 Ω 上连续,那么由元素法容易写出

$$\bar{x}=\frac{1}{M}\iiint_\Omega x\mu\mathrm{d}V,\quad I_x=\iiint_\Omega (y^2+z^2)\mu\mathrm{d}V$$

等等,其中 $M=\iiint_\Omega \mu\mathrm{d}V$ 为物体的质量.

此外,空间立体 Ω 也有形心的概念,其计算公式请读者自己写出.

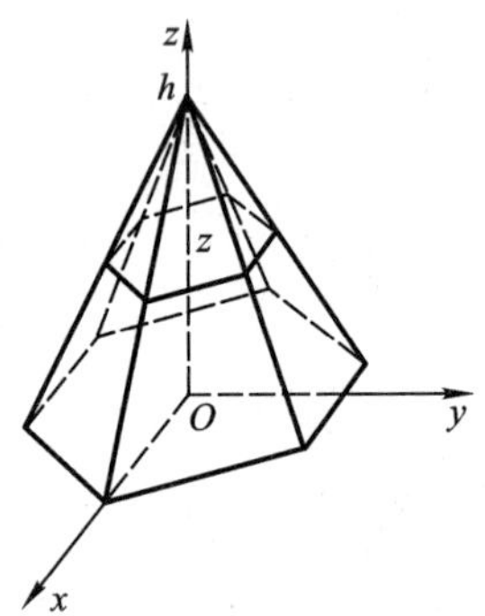

图 7－34

例 7　设一正棱锥体 Ω 的底面位于 xOy 面上,底面中心为坐标系原点,顶点位于正 z 轴上,高度为 h(图 7－34). 求该正棱锥体的形心.

解　设 Ω 的形心坐标为$(\bar{x},\bar{y},\bar{z})$,显然 $\bar{x}=\bar{y}=0$,而 $\bar{z}=\frac{\iiint_\Omega z\mathrm{d}V}{V}$,其中 V 是 Ω 的体积. 利用计算三重积分的"截面法",得

$$\iiint_\Omega z\mathrm{d}V=\int_0^h \mathrm{d}z\iint_{D_z} z\mathrm{d}x\mathrm{d}y=\int_0^h z\mu(D_z)\mathrm{d}z,$$

这里 $\mu(D_z)$表示过$(0,0,z)$的平面截 Ω 所得的截面 D_z 的面积,它与底面积 A 有如下关系:

$$\mu(D_z)=A\left(\frac{h-z}{h}\right)^2,$$

于是

$$\iiint_{\Omega} z\mathrm{d}V = \frac{A}{h^2}\int_0^h z(h-z)^2\mathrm{d}z = \frac{Ah^2}{12},$$

所以

$$\bar{z} = \frac{\iiint\limits_{\Omega} z\mathrm{d}V}{V} = \frac{\dfrac{Ah^2}{12}}{\dfrac{Ah}{3}} = \frac{1}{4}h.$$

四、引力

设一单位质量的质点位于空间的点 $P_0(x_0,y_0,z_0)$ 处，另有一质量为 m 的质点位于点 $P(x,y,z)$ 处，则由力学中的引力定律知，该质点对单位质量质点的引力

$$\boldsymbol{F} = \frac{Gm}{r^2}\boldsymbol{e}_r = \frac{Gm}{r^3}\boldsymbol{r} = \left(\frac{G(x-x_0)m}{r^3},\frac{G(y-y_0)m}{r^3},\frac{G(z-z_0)m}{r^3}\right),$$

其中 G 为引力常量，

$$\boldsymbol{r} = \overrightarrow{P_0P} = (x-x_0,y-y_0,z-z_0),$$

$$r = |\boldsymbol{r}| = \sqrt{(x-x_0)^2+(y-y_0)^2+(z-z_0)^2}.$$

现在考虑空间一物体对位于物体外一点 $P_0(x_0,y_0,z_0)$ 处的单位质量质点的引力. 设物体占有空间有界闭区域 Ω，它在点 (x,y,z) 处的体密度为 $\mu(x,y,z)$，并设 $\mu(x,y,z)$ 在 Ω 上连续. 在物体上任意取出直径很小的一小块，其体积为 $\mathrm{d}V$，(x,y,z) 为这小块中的一点. 这一小块物体的质量近似等于 $\mu(x,y,z)\mathrm{d}V$，这部分质量可近似地看作集中在点 (x,y,z) 处，于是这一小块物体对位于 $P_0(x_0,y_0,z_0)$ 处的单位质量质点的引力近似地为

$$\begin{aligned}\mathrm{d}\boldsymbol{F} &= (\mathrm{d}F_x,\mathrm{d}F_y,\mathrm{d}F_z)\\ &= \left(\frac{G\mu(x,y,z)(x-x_0)}{r^3}\mathrm{d}V,\frac{G\mu(x,y,z)(y-y_0)}{r^3}\mathrm{d}V,\right.\\ &\qquad\qquad \left.\frac{G\mu(x,y,z)(z-z_0)}{r^3}\mathrm{d}V\right),\end{aligned}$$

其中 $\mathrm{d}F_x$、$\mathrm{d}F_y$、$\mathrm{d}F_z$ 即为引力元素 $\mathrm{d}\boldsymbol{F}$ 在三个坐标轴上的分量. 将 $\mathrm{d}F_x$、$\mathrm{d}F_y$、$\mathrm{d}F_z$ 在 Ω 上分别积分，得到：

空间一物体对物体外一点 $P_0(x_0,y_0,z_0)$ 处的单位质量质点的引力为

$$\begin{aligned}\boldsymbol{F}&=(F_x,F_y,F_z)\\&=\left(\iiint\limits_{\Omega}\frac{G\mu(x,y,z)(x-x_0)}{r^3}\mathrm{d}V,\iiint\limits_{\Omega}\frac{G\mu(x,y,z)(y-y_0)}{r^3}\mathrm{d}V,\right.\\&\qquad\left.\iiint\limits_{\Omega}\frac{G\mu(x,y,z)(z-z_0)}{r^3}\mathrm{d}V\right),\end{aligned}$$

其中 $r=\sqrt{(x-x_0)^2+(y-y_0)^2+(z-z_0)^2}$.

(6)

我们指出，在具体计算引力时，常常不是三个分量都须通过积分求出. 利用物体形状的对称性，往往可凭常识判断出某个方向上的分量为零.

如果我们考虑平面薄片对薄片外一点 $P_0(x_0,y_0,z_0)$ 处的单位质量质点的引力，设平面薄片占有 xOy 平面（$z=0$）上的有界闭区域 D，其面密度为 $\mu(x,y)$，那么只要将(6)式中的体密度 $\mu(x,y,z)$ 换成面密度 $\mu(x,y)$，将 Ω 上的三重积分换成 D 上的二重积分，即可得出相应的计算公式：

$$\begin{aligned}\boldsymbol{F}&=(F_x,F_y,F_z)\\&=\left(\iint\limits_{D}\frac{G\mu(x,y)(x-x_0)}{r^3}\mathrm{d}\sigma,\iint\limits_{D}\frac{G\mu(x,y)(y-y_0)}{r^3}\mathrm{d}\sigma,\right.\\&\qquad\left.\iint\limits_{D}\frac{G\mu(x,y)(0-z_0)}{r^3}\mathrm{d}\sigma\right),\end{aligned}\tag{7}$$

其中 $r=\sqrt{(x-x_0)^2+(y-y_0)^2+(0-z_0)^2}$.

例 8　求半径为 R 的均匀圆盘 $x^2+y^2\leqslant R^2$、$z=0$（面密度为常数 μ）对位于 $(0,0,a)$ 处单位质点的引力.

解　由圆盘的对称性及质量分布的均匀性知

$$F_x=0,F_y=0.$$

又按公式，所求引力沿 z 轴的分量为

$$\begin{aligned}F_z&=\iint\limits_{D}\frac{G(0-a)\mu}{[x^2+y^2+(0-a)^2]^{3/2}}\mathrm{d}\sigma\\&=-Ga\mu\iint\limits_{D}\frac{\mathrm{d}\sigma}{(x^2+y^2+a^2)^{3/2}}\\&=-Ga\mu\int_0^{2\pi}\mathrm{d}\varphi\int_0^R\frac{\rho\mathrm{d}\rho}{(\rho^2+a^2)^{3/2}}\\&=2\pi Ga\mu\left(\frac{1}{\sqrt{R^2+a^2}}-\frac{1}{a}\right).\end{aligned}$$

习题 7－4

1. 利用二重积分求下列立体 Ω 的体积：

（1）Ω 由柱面 $4x^2+y^2=4$ 和 $4x^2+z^2=4$ 所围成；

（2）Ω 由平面 $z=0$、$y=x$、柱面 $x=y^2-y$ 和抛物面 $z=3x^2+y^2$ 所围成；

（3）Ω 由锥面 $z=\sqrt{x^2+y^2}$ 和半球面 $z=\sqrt{1-x^2-y^2}$ 所围成；

（4）Ω 由抛物面 $z=x^2+2y^2$ 和 $z=6-2x^2-y^2$ 所围成.

2. 利用三重积分计算下列立体 Ω 的体积：

（1）$\Omega=\{(x,y,z)\mid x^2+z^2\leqslant 1,|x|+|y|\leqslant 1\}$；

（2）$\Omega=\{(x,y,z)\mid x^2+y^2+z^2\leqslant 1,0\leqslant y\leqslant ax\}\ (a>0)$.

3. 求下列曲面的面积：

（1）平面 $3x+2y+z=1$ 被椭圆柱面 $2x^2+y^2=1$ 截下的部分；

（2）柱面 $z=\sqrt{9-y^2}$ 被柱面 $|x|+|y|=1$ 截下的部分；

（3）锥面 $z=\sqrt{x^2+y^2}$ 被柱面 $z^2=2x$ 截下的部分；

（4）半球面 $z=\sqrt{a^2-x^2-y^2}$ 含在圆柱面 $x^2+y^2=ax$ 内部的那一部分.

4. 求下列平面图形 D 的形心：

（1）D 是椭圆盘 $\dfrac{x^2}{a^2}+\dfrac{y^2}{b^2}\leqslant 1$ 位于第一象限的部分；

（2）D 由 $y=\sqrt{2x}$, $x=a$, $y=0$ 所围成 $(a>0)$；

（3）D 由心形线 $\rho=1+\cos\varphi$ 所围成.

5. 求下列空间立体 Ω 的形心：

（1）$\Omega=\left\{(x,y,z)\ \middle|\ \dfrac{x^2}{a^2}+\dfrac{y^2}{b^2}+\dfrac{z^2}{c^2}\leqslant 1,x\geqslant 0,y\geqslant 0,z\geqslant 0\right\}$；

（2）$\Omega=\{(x,y,z)\mid x^2+y^2\leqslant 2z,x^2+y^2+z^2\leqslant 3\}$.

6. 设圆盘 $x^2+y^2\leqslant 2ax$ 内各点处的面密度与该点到坐标原点的距离成正比，试求该圆盘的质心.

7. 求下列均匀薄片或均匀物体对指定直线的转动惯量：

（1）边长为 a 与 b 的矩形薄片对两条边的转动惯量；

（2）轴长为 $2a$ 与 $2b$ 的椭圆形薄片对两条轴的转动惯量；

（3）半径为 a 的球体对过球心的直线及对与球体相切的直线的转动惯量；

（4）半径为 a、高为 h 的圆柱体对过中心且分别平行于母线及垂直于母线的直线的转动惯量.

8. 求面密度为 μ 的均匀半圆形薄片 $0\leqslant y\leqslant\sqrt{a^2-x^2}$, $z=0$ 对位于点 $M_0(0,0,b)$ 处的单位质点的引力 $\boldsymbol{F}\ (b>0)$.

9. 求均匀柱体 $x^2+y^2\leqslant R^2$, $0\leqslant z\leqslant h$ 对位于点 $M_0(0,0,a)$ 处的单位质点的引力 $(a>h)$.

*10. 求由下列参数方程给出的曲面的面积：

(1) $x=u\cos v, y=u\sin v, z=v, 0\leqslant u\leqslant 1, 0\leqslant v\leqslant \pi$;

(2) $x=uv, y=u+v, z=u-v, u^2+v^2\leqslant 1$.

总 习 题 七

1. 填空题

(1) 函数 $f(x,y)$ 在有界闭区域 D 上的二重积分存在的充分条件是 $f(x,y)$ 在 D 上______,在此条件下,必有点 $(\xi,\eta)\in D$,使得 $\iint\limits_D f(x,y)\,\mathrm{d}\sigma=$______.

(2) 交换二次积分次序后,$\int_0^2 \mathrm{d}y\int_{-\sqrt{2y-y^2}}^{\sqrt{2y-y^2}} f(x,y)\,\mathrm{d}x=$______.

(3) 设平面区域 $D=\{(x,y)\mid x\leqslant y\leqslant a,-a\leqslant x\leqslant a\}$, $D_1=\{(x,y)\mid x\leqslant y\leqslant a,0\leqslant x\leqslant a\}$. 则 $\iint\limits_D y\mathrm{e}^{x^2}\mathrm{d}x$ 等于下列选项中的______.

(A) 0　(B) $\iint\limits_{D_1} y\mathrm{e}^{x^2}\mathrm{d}x\mathrm{d}y$　(C) $2\iint\limits_{D_1} y\mathrm{e}^{x^2}\mathrm{d}x\mathrm{d}y$　(D) $4\iint\limits_{D_1} y\mathrm{e}^{x^2}\mathrm{d}x\mathrm{d}y$

(4) 设空间区域 $\Omega=\{(x,y,z)\mid x^2+y^2+z^2\leqslant R^2,z\geqslant 0\}$、$\Omega_1=\{(x,y,z)\mid x^2+y^2+z^2\leqslant R^2,x\geqslant 0,y\geqslant 0,z\geqslant 0\}$,则下列选项中正确的是______.

(A) $\iiint\limits_{\Omega} x\mathrm{d}V=4\iiint\limits_{\Omega_1} x\mathrm{d}V$　(B) $\iiint\limits_{\Omega} y\mathrm{d}V=4\iiint\limits_{\Omega_1} y\mathrm{d}V$

(C) $\iiint\limits_{\Omega} z\mathrm{d}V=4\iiint\limits_{\Omega_1} z\mathrm{d}V$　(D) $\iiint\limits_{\Omega} (x+y+z)\mathrm{d}V=4\iiint\limits_{\Omega_1} (x+y+z)\mathrm{d}V$

(5) 设空间区域 $\Omega=\{(x,y,z)\mid x^2+y^2+z^2\leqslant a^2\}$、$\Omega_1=\{(x,y,z)\mid x^2+y^2+z^2\leqslant a^2,x\geqslant 0,y\geqslant 0,z\geqslant 0\}$,则下列等式不成立的是______.

(A) $\iiint\limits_{\Omega} (x+y+z)^2\mathrm{d}V=\iiint\limits_{\Omega} (x^2+y^2+z^2)\mathrm{d}V$

(B) $\iiint\limits_{\Omega} (x+y+z)^2\mathrm{d}V=8\iiint\limits_{\Omega_1} (x^2+y^2+z^2)\mathrm{d}V$

(C) $\iiint\limits_{\Omega} (x+y+z)^2\mathrm{d}V=24\iiint\limits_{\Omega_1} x^2\mathrm{d}V$

(D) $\iiint\limits_{\Omega} (x+y+z)^2\mathrm{d}V=8\iiint\limits_{\Omega_1} (x+y+z)^2\mathrm{d}V$

2. 计算下列二重积分:

(1) $\iint\limits_D |\cos(x+y)|\,\mathrm{d}\sigma$,$D$ 是由直线 $y=x$、$y=0$、$x=\dfrac{\pi}{2}$ 所围的区域;

(2) $\iint\limits_D \mathrm{e}^{\max\{x^2,y^2\}}\mathrm{d}\sigma$,其中 $D=\{(x,y)\mid 0\leqslant x\leqslant 1,0\leqslant y\leqslant 1\}$;

(3) $\iint\limits_D x^2\mathrm{d}\sigma$,$D$ 为心形线 $\rho=a(1-\cos\varphi)$ 所围的区域$(a>0)$.

3. 计算下列三重积分：

(1) $\iiint\limits_{\Omega} xy^2 \mathrm{d}V$，$\Omega$ 是由平面 $z=0$、$x+y-z=0$、$x-y-z=0$、$x=1$ 所围的区域；

(2) $\iiint\limits_{\Omega} (x^2+y^2)\mathrm{d}V$，$\Omega$ 是由柱面 $y=\sqrt{x}$ 及平面 $y+z=1$、$x=0$、$z=0$ 所围的区域；

(3) $\iiint\limits_{\Omega} |xyz| \mathrm{d}V$，$\Omega$ 为椭球体 $\dfrac{x^2}{a^2}+\dfrac{y^2}{b^2}+\dfrac{z^2}{c^2}\leqslant 1$.

4. 通过交换积分次序证明：

$$\int_0^1 \mathrm{d}x\int_0^x \mathrm{d}y\int_0^y f(z)\,\mathrm{d}z=\frac{1}{2}\int_0^1 (1-z)^2 f(z)\,\mathrm{d}z.$$

5. 在半径为 R 的球体上打一个半径为 r 的圆柱形穿心孔（$r<R$），孔的中心轴为球的直径，试求穿孔后的球体的剩余部分的体积. 若设孔壁的高为 h，证明此体积仅与 h 的值有关.

6. 证明：抛物面 $z=x^2+y^2+1$ 上任一点处的切平面与曲面 $z=x^2+y^2$ 所围成的立体的体积为一定值.

7. 求由曲面 $x^2+y^2=az$、$z=2a-\sqrt{x^2+y^2}$ 所围立体的表面积（$a>0$）.

8. 设半径为 r 的球的球心在半径为 a 的定球面上，试求 r 的值，使得半径为 r 的球的表面位于定球内部的那一部分的面积取最大值.

9. 设 $f(x)\geqslant 0$ 且在 $[a,b]$ 上具有连续导数，A 为平面曲线 $y=f(x)$，$a\leqslant x\leqslant b$ 绕 x 轴旋转所得旋转曲面的面积，试用计算曲面面积的二重积分公式证明：

$$A=2\pi\int_a^b f(x)\sqrt{1+[f'(x)]^2}\,\mathrm{d}x,$$

并由此计算正弦弧段 $y=\sin x$，$0\leqslant x\leqslant \pi$ 绕 x 轴旋转所得旋转曲面的面积.

10. 证明：球面 $x^2+y^2+z^2=a^2$ 上介于平面 $z=c$ 与 $z=c+h$（$-a\leqslant c<c+h\leqslant a$）之间的球带的面积仅与 h 的值有关.

11. 求密度为常数 μ、半径为 R 的球体 $x^2+y^2+z^2\leqslant R^2$ 对位于点 $(0,0,a)$（$a>R$）处单位质点的引力，并说明该引力如同将球的质量集中在球心时两质点间的引力.

12. 设一柱体的底部是 xOy 面上的有界闭区域 D，母线平行于 z 轴，柱体的上顶为一平面，证明：柱体的体积等于 D 的面积与上顶平面上对应于 D 的形心的点的竖坐标的乘积.

13. 求密度均匀的圆柱体 $x^2+y^2\leqslant a^2$，$|z|\leqslant h$ 对于直线 $x=y=z$ 的转动惯量.

14. 利用 Mathematica 求二重积分 $\iint\limits_{\Omega} y^2 \mathrm{d}\sigma$ 的近似值，其中 D 为由曲线 $y=1-x^2$ 和 $y=\mathrm{e}^x$ 所围成的区域.（先利用计算机画出积分区域 D 的图形，估计出边界曲线交点的坐标.）

15. 利用 Mathematica 计算三次积分

$$\int_0^1 \mathrm{d}y\int_0^{\mathrm{e}^y} \mathrm{d}x\int_x^{y^2} (x^2y+z\sin 4y)\,\mathrm{d}z.$$

第八章
曲线积分与曲面积分

LINE INTEGRALS AND SURFACE INTEGRALS

继重积分之后，这一章我们介绍曲线积分与曲面积分.与重积分不同的是，曲线积分、曲面积分可以分为数量值函数的积分与向量值函数的积分，这些积分概念的提出有着各自不同的背景，其中每一种积分都有广泛的应用.

数量值函数的曲线积分、曲面积分的概念与定积分、重积分的概念无本质的不同，只是积分分别取在曲线和曲面上而已，而且计算数量值函数曲线积分、曲面积分的基本途径也是将它们分别化为定积分与二重积分.

产生向量值函数的曲线积分和曲面积分的典型背景是变力作功与流场流量的计算问题，这两种积分与前述各种积分不同，带有自己的鲜明特点：积分的定义与计算均与积分域的“定向”有关（即与积分曲线取什么走向，积分曲面取哪一侧有关）.这是在学习这类积分时需要特别注意的.

本章还讨论了各类积分之间的联系，这些联系集中反映在格林公式、高斯公式与斯托克斯公式之中，这三个公式可以称为多元微积分学中的“牛顿－莱布尼茨”公式.伴随这几个公式所引出的散度、旋度，连同以前的梯度一起，是人们研究物质世界的一种表现形态——场所不可缺少的基本概念.

第一节　数量值函数的曲线积分(第一类曲线积分)

一、第一类曲线积分的概念

柱面的面积　设曲面 Σ 是一张母线平行于 z 轴的柱面的一部分，此柱面的准线为 xOy 面上的曲线 L(图 8－1). 如果曲面 Σ 的高度 $h(x,y)$($(x,y)\in L$)是一个变量，现在来计算 Σ 的面积.

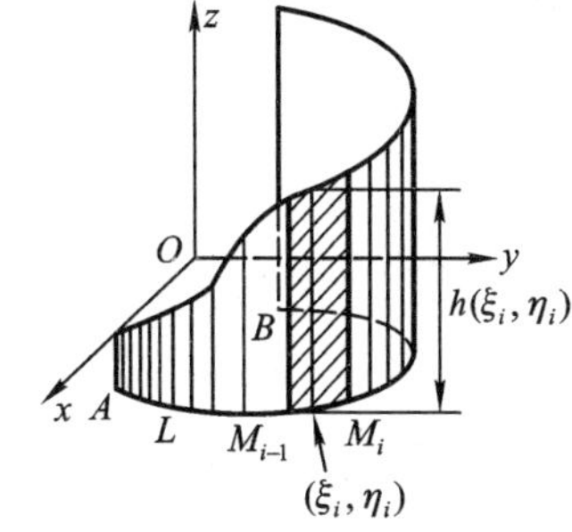

图 8－1

如果 Σ 的高度是常量，那么 Σ 的面积就等于它的准线 L 的长度与它的高度之积，而现在它的高度在 L 的各点处各不相同，因此不能用上述方法来计算. 仿照计算曲边梯形面积的方法，我们用 L 上的点 M_0、M_1、M_2、…、M_n 把 L 划分成 n 个小段，在每一分点处作 z 轴的平行线，就把 Σ 分成 n 条小柱面. 当高度函数 $h(x,y)$ 在 L 上连续①时，则可以在小弧段 $\overset{\frown}{M_{i-1}M_i}$ 上任取一点(ξ_i,η_i)，用 $h(\xi_i,\eta_i)$作为相应的小柱面的底边各点处的高度，从而得到该小柱面面积的近似值

$$h(\xi_i,\eta_i)\Delta s_i,$$

其中 Δs_i 表示 $\overset{\frown}{M_{i-1}M_i}$ 的长度. 于是柱面 Σ 的面积

$$A\approx\sum_{i=1}^{n}h(\xi_i,\eta_i)\Delta s_i.$$

用 λ 表示 n 个小弧段的最大长度，为求得 A 的精确值，就取上式右端当 $\lambda\to 0$时的极限，得

$$A=\lim_{\lambda\to 0}\sum_{i=1}^{n}h(\xi_i,\eta_i)\Delta s_i.$$

曲线形构件的质量　为了合理使用材料，有时在设计曲线形构件时，应根据构件各部分的受力情况，把构件各点处耐力程度设计得不完全一样，这样得到的曲线形构件的线密度就是一个变量. 如果把构件看成是 xOy 面上的曲线弧 L(这时我们把 L 叫做物质曲线)，并设 L 的线密度为 $\mu(x,y)$($(x,y)\in L$)，现在来计算构件的质量.

---

① 函数 $f(x,y)$在曲线 L 上连续是指，对任意的 $M_0(x_0,y_0)\in L$，当点 $M(x,y)$沿着 L 趋近于 M_0 时，有 $f(x,y)\to f(x_0,y_0)$.

如果构件的线密度是常量,那么它的质量就等于线密度与长度之积.然而当线密度是变量时,这方法就不适用了.于是与上例相类似,我们用 L 上的点 M_0、M_1、M_2、…、M_n 把 L 划分成 n 个小弧段,在线密度连续变化的条件下,可在小弧段 $\widehat{M_{i-1}M_i}$ 上任取一点 (ξ_i,η_i),并以 $\mu(\xi_i,\eta_i)$ 代替这小弧段上其他点处的线密度,得到该小弧段的质量的近似值

$$\mu(\xi_i,\eta_i)\Delta s_i,$$

其中 Δs_i 表示 $\widehat{M_{i-1}M_i}$ 的长度,由此得到整个构件的质量的近似值

$$M\approx\sum_{i=1}^{n}\mu(\xi_i,\eta_i)\Delta s_i.$$

令 $\lambda=\max\limits_{1\leqslant i\leqslant n}\{\Delta s_i\}\to 0$,取上式右端的极限,就得到整个构件质量的精确值

$$M=\lim_{\lambda\to 0}\sum_{i=1}^{n}\mu(\xi_i,\eta_i)\Delta s_i.$$

以上两个实际问题都归结为同一类和式的极限,和式中的每一项为函数值与小弧段长度的乘积.由于这类和式的极限在研究其他问题时也会遇到,于是我们抽去这个极限的具体意义而引入如下的定义:

定义 设 L 是 xOy 面上以 A、B 为端点的光滑曲线弧,函数 $f(x,y)$ 在 L 上有界.在 L 上任意插入一个点列 $A=M_0$、M_1、M_2、…、$M_n=B$,把 L 分成 n 个小段,设第 i 个小段 $\widehat{M_{i-1}M_i}$ 的长度为 Δs_i,在 $\widehat{M_{i-1}M_i}$ 上任取一点 (ξ_i,η_i) $(i=1,2,\cdots,n)$,作和

$$\sum_{i=1}^{n}f(\xi_i,\eta_i)\Delta s_i,$$

记 $\lambda=\max\limits_{1\leqslant i\leqslant n}\{\Delta s_i\}$,如果当 $\lambda\to 0$ 时,这和的极限存在,则称此极限为数量值函数 $f(x,y)$ 在 L 上的曲线积分(line integral of scalar function),记作 $\int_L f(x,y)\,\mathrm{d}s$,即

$$\int_L f(x,y)\,\mathrm{d}s=\lim_{\lambda\to 0}\sum_{i=1}^{n}f(\xi_i,\eta_i)\Delta s_i.$$

其中 $f(x,y)$ 叫做被积函数,L 叫做积分弧,$\mathrm{d}s$ 叫做弧长元素.

数量值函数的曲线积分也称为第一类曲线积分或对弧长的曲线积分(下文中采用第一类曲线积分这一名称).

由定义知,当 $f(x,y)\equiv 1$ 时,$\int_L \mathrm{d}s$ 等于 L 的长度.

如果 L 是分段光滑的,即 L 是由有限条光滑曲线段连接而成,则规定函数在 L 上的曲线积分等于函数在各光滑曲线段上曲线积分之和.

如果 L 是闭曲线,即 L 的两个端点重合,则常将函数 $f(x,y)$ 在闭曲线 L 上的

曲线积分记为 $\oint_L f(x,y)\mathrm{d}s$.

与定积分存在条件相类似,**如果函数 $f(x,y)$ 在光滑曲线 L 上连续,则曲线积分 $\int_L f(x,y)\mathrm{d}s$ 存在.**

根据定义,前述柱面的面积可以表示为

$$A=\int_L h(x,y)\mathrm{d}s,$$

构件的质量可以表示为

$$M=\int_L \mu(x,y)\mathrm{d}s.$$

利用定义可以推出第一类曲线积分有如下性质:

(i)线性性质:$\forall\alpha、\beta\in\mathbf{R}$,

$$\int_L[\alpha f(x,y)+\beta g(x,y)]\mathrm{d}s=\alpha\int_L f(x,y)\mathrm{d}s+\beta\int_L g(x,y)\mathrm{d}s.$$

(ii)对于积分弧的可加性质:设 L 由曲线弧 L_1 及 L_2 连接而成,则

$$\int_L f(x,y)\mathrm{d}s=\int_{L_1}f(x,y)\mathrm{d}s+\int_{L_2}f(x,y)\mathrm{d}s.$$

二、第一类曲线积分的计算法

第一类曲线积分可以化为定积分来计算.

设平面光滑曲线弧 L 由参数方程

$$\begin{cases}x=x(t),\\ y=y(t)\end{cases}(\alpha\leqslant t\leqslant\beta)$$

给出,函数 $f(x,y)$ 在 L 上连续,则

$$\int_L f(x,y)\mathrm{d}s=\int_\alpha^\beta f[x(t),y(t)]\sqrt{x'^2(t)+y'^2(t)}\mathrm{d}t\quad(\alpha<\beta).\tag{1}$$

因为曲线弧 L 是光滑的,且 $f(x,y)$ 在 L 上连续,故曲线积分 $\int_L f(x,y)\mathrm{d}s$ 存在. 下面来推导公式(1).

假定当参数 t 由 α 变至 β 时,L 上的点 $M(x,y)$ 依点 A 至点 B 的方向描出曲线 L. 在 L 上从 A 到 B 取一列点

$$A=M_0,M_1,M_2,\cdots,M_n=B,$$

它们对应于一列增加的参数值

$$\alpha = t_0 < t_1 < t_2 < \cdots < t_n = \beta.$$

弧 $\overset{\frown}{M_{i-1}M_i}$ 的长度

$$\Delta s_i = \int_{t_{i-1}}^{t_i} \sqrt{x'^2(t) + y'^2(t)}\,\mathrm{d}t,$$

应用积分中值定理,有

$$\Delta s_i = \sqrt{x'^2(\tau_i) + y'^2(\tau_i)}\,\Delta t_i,$$

其中 $\Delta t_i = t_i - t_{i-1}$, $t_{i-1} \leqslant \tau_i \leqslant t_i$. 设点$(\xi_i,\eta_i)$对应于参数值 τ_i,即 $\xi_i = x(\tau_i)$, $\eta_i = y(\tau_i)$,则$(\xi_i,\eta_i) \in \overset{\frown}{M_{i-1}M_i}$,于是有

$$\sum_{i=1}^{n} f(\xi_i,\eta_i)\Delta s_i = \sum_{i=1}^{n} f[x(\tau_i),y(\tau_i)] \sqrt{x'^2(\tau_i) + y'^2(\tau_i)}\,\Delta t_i.$$

令 $\lambda = \max\{\Delta s_i\} \to 0$(相应的有 $\lambda' = \max\{\Delta t_i\} \to 0$),由曲线积分的存在性可知,上式左端的极限存在,且此极限即是$f(x,y)$在 L 上的曲线积分 $\int_L f(x,y)\,\mathrm{d}s$,又上式右端的极限即为函数$f[x(t),y(t)] \sqrt{x'^2(t) + y'^2(t)}$在区间$[\alpha,\beta]$上的定积分,从而得到

$$\int_L f(x,y)\,\mathrm{d}s = \int_\alpha^\beta f[x(t),y(t)] \sqrt{x'^2(t) + y'^2(t)}\,\mathrm{d}t \quad (\alpha < \beta).$$

公式(1)表明,计算第一类曲线积分 $\int_L f(x,y)\,\mathrm{d}s$ 时,只要把 x、y、$\mathrm{d}s$ 依次换为 $x(t)$、$y(t)$、$\sqrt{x'^2(t) + y'^2(t)}\,\mathrm{d}t$,然后从 α 到 β 作定积分就行了. 这里必须注意,定积分的下限 α 一定要小于上限 β. 这是因为,从上述推导中可以看出,由于小弧段的长度 Δs_i 总是正的,从而要求 $\Delta t_i > 0$,所以定积分的下限 α 小于上限 β.

如果曲线 L 由方程

$$y = y(x) \quad (a \leqslant x \leqslant b)$$

给出,那么可以把这种情形看做是特殊的参数方程

$$x = x,\ y = y(x) \quad (a \leqslant x \leqslant b)$$

的情形,从而由公式(1)得出

$$\int_L f(x,y)\,\mathrm{d}s = \int_a^b f[x,y(x)] \sqrt{1 + y'^2(x)}\,\mathrm{d}x \quad (a < b). \tag{2}$$

类似地,如果曲线 L 由方程

$$x = x(y) \quad (c \leqslant y \leqslant d)$$

给出,则有

$$\int_L f(x,y)\mathrm{d}s = \int_c^d f[x(y),y]\sqrt{x'^2(y)+1}\,\mathrm{d}y \quad (c<d). \tag{3}$$

例 1　计算 $\int_L \sqrt{y}\,\mathrm{d}s$,其中 L 是抛物线 $y=x^2$ 介于点(0,0)与点(1,1)之间的那一段弧(图 8-2(a)).

解　积分曲线 L 由方程 $y=x^2(0\leqslant x\leqslant 1)$ 给出,所以由公式(2)得

$$\int_L \sqrt{y}\,\mathrm{d}s = \int_0^1 |x|\sqrt{1+(2x)^2}\,\mathrm{d}x = \int_0^1 x\sqrt{1+4x^2}\,\mathrm{d}x = \frac{5\sqrt{5}-1}{12}.$$

它可以解释为如图 8-2(b)所示的那块柱面的面积.

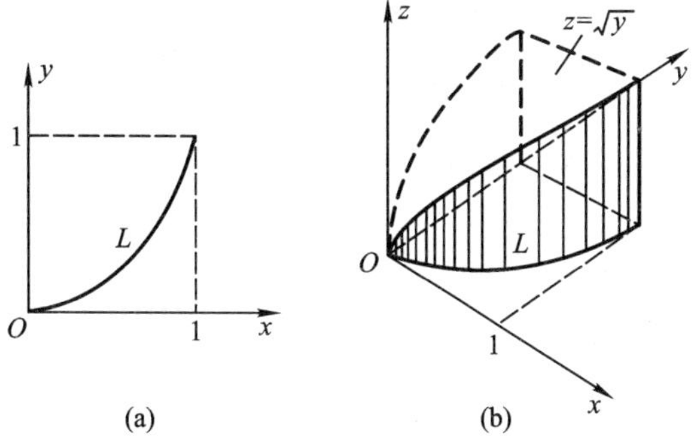

图 8-2

例 2　计算 $\int_L \sqrt{R^2-x^2-y^2}\,\mathrm{d}s$,其中 L 为上半圆弧 $x^2+y^2=Rx, y\geqslant 0$(图 8-3(a)).

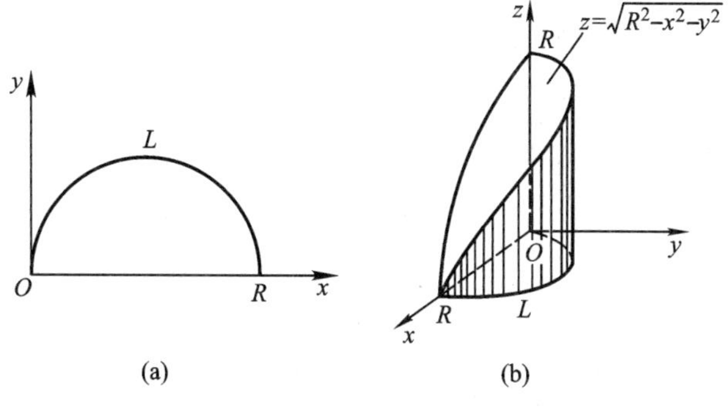

图 8-3

解　以极角 φ 为参数,L 的参数方程为

$$\begin{cases}x=R\cos^2\varphi,\\y=R\cos\varphi\sin\varphi\end{cases}\left(0\leqslant\varphi\leqslant\frac{\pi}{2}\right),$$

所以

$$\int_L\sqrt{R^2-x^2-y^2}\,\mathrm{d}s=\int_0^{\frac{\pi}{2}}|R\sin\varphi|\sqrt{(-R\sin 2\varphi)^2+(R\cos 2\varphi)^2}\,\mathrm{d}\varphi$$

$$=R^2\int_0^{\frac{\pi}{2}}\sin\varphi\,\mathrm{d}\varphi=R^2.$$

R^2 就是如图 8－3(b)所示的那块柱面的面积.

例 3　求半径为 R、中心角为 2α 的均匀物质圆弧对于其对称轴的转动惯量(设线密度为常数 μ).

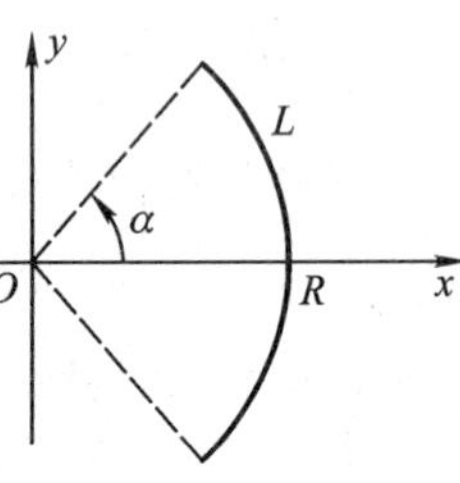

图 8－4

解　如图 8－4 建立坐标系,则其对称轴即为 x 轴. 以极角 φ 为参数,圆弧 L 的参数方程为

$$\begin{cases}x=R\cos\varphi,\\y=R\sin\varphi\end{cases}(-\alpha\leqslant\varphi\leqslant\alpha).$$

于是

$$\begin{aligned}I_x&=\int_L y^2\mu\,\mathrm{d}s\\&=\mu\int_{-\alpha}^{\alpha}(R\sin\varphi)^2\sqrt{(-R\sin\varphi)^2+(R\cos\varphi)^2}\,\mathrm{d}\varphi\\&=\mu R^3\int_{-\alpha}^{\alpha}\sin^2\varphi\,\mathrm{d}\varphi=\mu R^3(\alpha-\sin\alpha\cos\alpha).\end{aligned}$$

对于定义在空间曲线弧 Γ 上的数量值函数 $f(x,y,z)$,可以类似地定义 $f(x,y,z)$ 在 Γ 上的第一类曲线积分 $\int_\Gamma f(x,y,x)\,\mathrm{d}s$,并可推得类似的积分性质和计算公式.

> 如果空间光滑曲线弧 Γ 由参数方程
>
> $$x=x(t),y=y(t),z=z(t)\quad(\alpha\leqslant t\leqslant\beta)$$
>
> 给出,函数 $f(x,y,z)$ 在 Γ 上连续,则有
>
> $$\begin{aligned}&\int_\Gamma f(x,y,z)\,\mathrm{d}s\\=&\int_\alpha^\beta f[x(t),y(t),z(t)]\sqrt{x'^2(t)+y'^2(t)+z'^2(t)}\,\mathrm{d}t\quad(\alpha<\beta).\end{aligned}\tag{4}$$

例 4　计算 $\int_\Gamma(x^2+y^2+z^2)\,\mathrm{d}s$,其中 Γ 为螺旋线 $x=\cos t$、$y=\sin t$、$z=t$ 上相应于 t 从 0 到 2π 的一段弧.

解 $\int_{\Gamma}(x^2+y^2+z^2)\mathrm{d}s=\int_0^{2\pi}(\cos^2 t+\sin^2 t+t^2)\sqrt{(-\sin t)^2+(\cos t)^2+1}\mathrm{d}t$

$$=\int_0^{2\pi}(1+t^2)\sqrt{2}\mathrm{d}t=\frac{2\sqrt{2}}{3}\pi(3+4\pi^2).$$

习题 8-1

1. 设有一物质曲线 Γ,在点(x,y,z)处它的线密度为 $\mu(x,y,z)$,用第一类曲线积分分别表示:

(1) 该物质曲线的质量与质心;

(2) 该物质曲线关于 x 轴与 y 轴的转动惯量;

(3) 该物质曲线对位于线外点 $M_0(x_0,y_0,z_0)$处的单位质点的引力.

2. 计算下列第一类曲线积分:

(1) $\int_L x\mathrm{d}s$,L 为抛物线 $y=2x^2-1$ 上介于 $x=0$ 与 $x=1$ 之间的一段弧;

(2) $\int_{\Gamma}(x^2+y^2)z\mathrm{d}s$,$\Gamma$ 为锥面螺线 $x=t\cos t$、$y=t\sin t$、$z=t$ 上相应于 t 从 0 变到 1 的一段弧;

(3) $\int_{\Gamma}xyz\mathrm{d}s$,$\Gamma$ 为折线 ABC,这里 A、B、C 依次为点(0,0,0)、(1,2,3)和(1,4,3);

(4) $\oint_{\Gamma}|y|\mathrm{d}s$,$\Gamma$ 为球面 $x^2+y^2+z^2=2$ 与平面 $x=y$ 的交线;

(5) $\oint_L(x+y)\mathrm{e}^{x^2+y^2}\mathrm{d}s$,$L$ 为圆弧 $y=\sqrt{a^2-x^2}$与直线 $y=x$、$y=-x$ 所围成的扇形区域整个边界;

(6) $\int_L(x^2+y^2)^{-\frac{3}{2}}\mathrm{d}s$,$L$ 为双曲螺线 $\rho\varphi=1$ 上相应于 φ 从$\sqrt{3}$变到 $2\sqrt{2}$的一段弧.

3. 利用第一类曲线积分求圆柱面 $x^2+y^2=ax$ 位于平面 $z=0$ 与锥面 $z=\sqrt{x^2+y^2}$之间的部分的面积.

4. 求下列均匀曲线弧的质心:

(1) 半径为 a,中心角为 2α 的圆弧;

(2) 心形线 $\rho=a(1+\cos\varphi)$,$0\leqslant\varphi\leqslant2\pi$.

5. 设螺旋形弹簧一圈的方程为 $x=a\cos t$、$y=a\sin t$、$z=bt(0\leqslant t\leqslant2\pi)$,它的线密度 $\mu(x,y,z)=x^2+y^2+z^2$,求:

(1) 它关于 z 轴的转动惯量 I_z;

(2) 它的质心.

第二节　数量值函数的曲面积分(第一类曲面积分)

一、第一类曲面积分的概念

在本章第一节第一目关于如何计算曲线形构件的质量的讨论中,如果把曲线改为曲面,并相应的把线密度 $\mu(x,y)$ 改为面密度 $\mu(x,y,z)$,小曲线弧段的长度 Δs_i 改为小块曲面的面积 ΔS_i,并把第 i 小段曲线弧上的任一点 (ξ_i,η_i) 改为第 i 小块曲面上的任一点 (ξ_i,η_i,ζ_i),那么当面密度 $\mu(x,y,z)$ 连续时,曲面的质量 M 就是下列和的极限:

$$M = \lim_{\lambda\to 0}\sum_{i=1}^{n}\mu(\xi_i,\eta_i,\zeta_i)\Delta S_i ,$$

其中 λ 表示 n 小块曲面的直径①的最大值.

我们抽去这个极限的具体意义,就引出数量值函数的曲面积分的概念.

定义　设 Σ 是一片光滑曲面,函数 $f(x,y,z)$ 在 Σ 上有界. 将 Σ 划分成有限多个小块 $\Delta\Sigma_1$、$\Delta\Sigma_2$、…、$\Delta\Sigma_n$,记第 i 个小块 $\Delta\Sigma_i$ 的面积为 ΔS_i,又在 $\Delta\Sigma_i$ 上任取一点 (ξ_i,η_i,ζ_i),作和

$$\sum_{i=1}^{n}f(\xi_i,\eta_i,\zeta_i)\Delta S_i ,$$

如果当各小块曲面的直径的最大值 $\lambda\to 0$ 时,这和的极限存在,则称此极限为数量值函数 $f(x,y,z)$ 在曲面 Σ 上的曲面积分(surface integral of scalar function),记为 $\iint\limits_{\Sigma}f(x,y,z)\,\mathrm{d}S$,即

$$\iint\limits_{\Sigma}f(x,y,z)\,\mathrm{d}S = \lim_{\lambda\to 0}\sum_{i=1}^{n}f(\xi_i,\eta_i,\zeta_i)\Delta S_i .$$

其中 $f(x,y,z)$ 称为被积函数,Σ 称为积分曲面,$\mathrm{d}S$ 称为曲面面积元素.

数量值函数的曲面积分也称为第一类曲面积分或对面积的曲面积分(下文中采用第一类曲面积分这一名称).

由定义知,当 $f(x,y,z)\equiv 1$ 时, $\iint\limits_{\Sigma}\mathrm{d}S$ 等于 Σ 的面积.

对于分片光滑曲面 Σ,规定函数在 Σ 上的曲面积分等于函数在 Σ 的各光滑片上的曲面积分(如果存在)的和. 若 Σ 为封闭曲面,常将 $\iint\limits_{\Sigma}f(x,y,z)\,\mathrm{d}S$ 写成

① 曲面的直径是指曲面上任意两点间距离的最大值.

$\oiint\limits_{\Sigma} f(x,y,z)\,\mathrm{d}S$.

类似于定积分的存在条件,**如果函数 $f(x,y,z)$ 在光滑曲面 Σ 上连续,则曲面积分 $\iint\limits_{\Sigma} f(x,y,z)\,\mathrm{d}S$ 存在.**

由定义可以推出,第一类曲面积分也具有线性性质以及关于积分曲面的可加性. 这里不再详述.

根据曲面积分的定义,本节开始时提到的面密度为 $\mu(x,y,z)$ 的物质曲面 Σ 的质量可表示为 $M=\iint\limits_{\Sigma}\mu(x,y,z)\,\mathrm{d}S$.

二、第一类曲面积分的计算法

第一类曲面积分可以化为二重积分来计算.

> 设光滑曲面 Σ 由方程
>
> $$z=z(x,y),(x,y)\in D_{xy}$$
>
> 给出,D_{xy} 为 Σ 在 xOy 面上的投影区域,函数 $f(x,y,z)$ 在 Σ 上连续,则
>
> $$\iint\limits_{\Sigma} f(x,y,z)\,\mathrm{d}S=\iint\limits_{D_{xy}} f[x,y,z(x,y)]\sqrt{1+z_x^2(x,y)+z_y^2(x,y)}\,\mathrm{d}\sigma. \tag{1}$$

由于曲面 Σ 是光滑的,且 $f(x,y,z)$ 在 Σ 上连续,故曲面积分 $\iint\limits_{\Sigma} f(x,y,z)\,\mathrm{d}S$ 存在. 下面来推导公式(1).

设 Σ 在任意的划分下的第 i 个小块曲面 $\Delta\Sigma_i$ 在 xOy 面上的投影区域为 ΔD_i(图 8-5),则 $\Delta\Sigma_i$ 的面积 ΔS_i 可表示为二重积分

$$\Delta S_i=\iint\limits_{\Delta D_i}\sqrt{1+z_x^2(x,y)+z_y^2(x,y)}\,\mathrm{d}\sigma,$$

若记 ΔD_i 的面积为 $\Delta\sigma_i$,利用二重积分的中值定理,上式可以写成

$$\Delta S_i=\sqrt{1+z_x^2(\xi_i,\eta_i)+z_y^2(\xi_i,\eta_i)}\,\Delta\sigma_i,$$

其中 (ξ_i,η_i) 是小闭区域 ΔD_i 上的一点. 设 $\zeta_i=z(\xi_i,\eta_i)$,则 (ξ_i,η_i,ζ_i) 是 Σ 上的一点,且位于 $\Delta\Sigma_i$ 上,于是

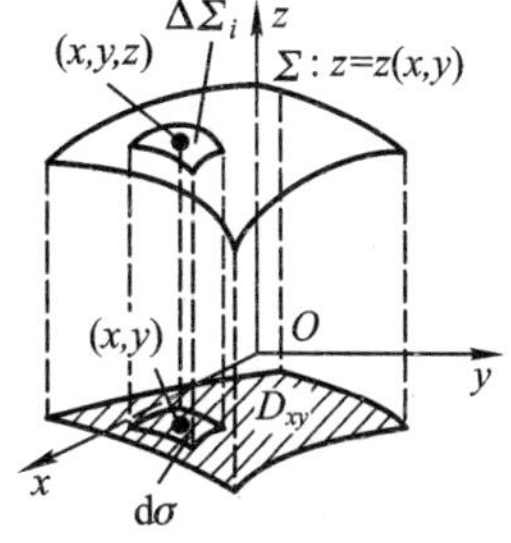

图 8-5

$$\sum_{i=1}^{n} f(\xi_i,\eta_i,\zeta_i)\Delta S_i=\sum_{i=1}^{n} f[\xi_i,\eta_i,z(\xi_i,\eta_i)]\sqrt{1+z_x^2(\xi_i,\eta_i)+z_y^2(\xi_i,\eta_i)}\,\Delta\sigma_i,$$

当曲面上各 $\Delta\Sigma_i$ 的直径的最大值 $\lambda\to0$ 时(相应的有投影区域上各 ΔD_i 的直径的最大值 $\lambda'\to0$),由曲面积分的存在性可知上式左端的极限存在,且此极限即为 $f(x,y,z)$ 在曲面 Σ 上的积分 $\iint\limits_{\Sigma}f(x,y,z)\mathrm{d}S$,又上式右端的极限是函数 $f[x,y,z(x,y)]\sqrt{1+z_x^2(x,y)+z_y^2(x,y)}$ 在 D_{xy} 上的二重积分,于是得

$$\iint\limits_{\Sigma}f(x,y,z)\mathrm{d}S=\iint\limits_{D_{xy}}f[x,y,z(x,y)]\sqrt{1+z_x^2(x,y)+z_y^2(x,y)}\mathrm{d}\sigma.$$

公式(1)把第一类曲面积分化成了二重积分.这个公式表明,在计算曲面积分 $\iint\limits_{\Sigma}f(x,y,z)\mathrm{d}S$ 时,如果积分曲面由方程 $z=z(x,y)$ 给出,则只要把变量 z 换为 $z(x,y)$,曲面的面积元素 $\mathrm{d}S$ 换为 $\sqrt{1+z_x^2(x,y)+z_y^2(x,y)}\mathrm{d}\sigma$,并确定 Σ 在 xOy 面上的投影区域 D_{xy},这样就把第一类曲面积分化为二重积分了.

如果积分曲面 Σ 由方程 $x=x(y,z)$ 或 $y=y(z,x)$ 给出,也可类似地把第一类曲面积分化为相应的在 yOz 面上或在 zOx 面上的二重积分.

例 1 计算曲面积分 $\iint\limits_{\Sigma}\frac{1}{z}\mathrm{d}S$,其中 Σ 是球面 $x^2+y^2+z^2=a^2$ 夹在平面 $z=h(0<h<a)$ 与平面 $z=a$ 之间的一部分(图 8-6).

解 Σ 的方程为

$$z=\sqrt{a^2-x^2-y^2}\ ((x,y)\in D_{xy}),$$

这里 $D_{xy}=\{(x,y)\mid x^2+y^2\leqslant a^2-h^2\}$.又

$$\sqrt{1+z_x^2+z_y^2}=\frac{a}{\sqrt{a^2-x^2-y^2}},$$

于是由(1)式得

$$\iint\limits_{\Sigma}\frac{1}{z}\mathrm{d}S=\iint\limits_{D_{xy}}\frac{a}{a^2-x^2-y^2}\mathrm{d}\sigma.$$

利用极坐标,得

$$\iint\limits_{\Sigma}\frac{1}{z}\mathrm{d}S=\int_0^{2\pi}\mathrm{d}\varphi\int_0^{\sqrt{a^2-h^2}}\frac{a}{a^2-\rho^2}\rho\mathrm{d}\rho=2\pi a\left[-\frac{1}{2}\ln(a^2-\rho^2)\right]_0^{\sqrt{a^2-h^2}}$$

$$=2\pi a\ln\frac{a}{h}.$$

例 2 计算曲面积分 $\oiint\limits_{\Sigma}z\mathrm{d}S$,其中 Σ 是由圆柱面 $x^2+y^2=1$,平面 $z=0$ 和 $z=1+x$ 所围立体的表面(图 8-7).

解 Σ 由顶面 Σ_1、底面 Σ_2 及侧面 Σ_3 这三片光滑曲面拼接而成,其中

Σ_1 的方程为 $z=1+x,(x,y)\in D_{xy}$,

Σ_2 的方程为 $z=0,(x,y)\in D_{xy}$,

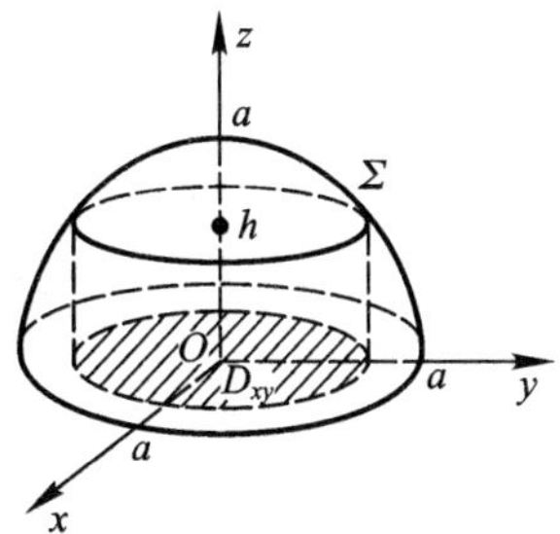

图 8－6

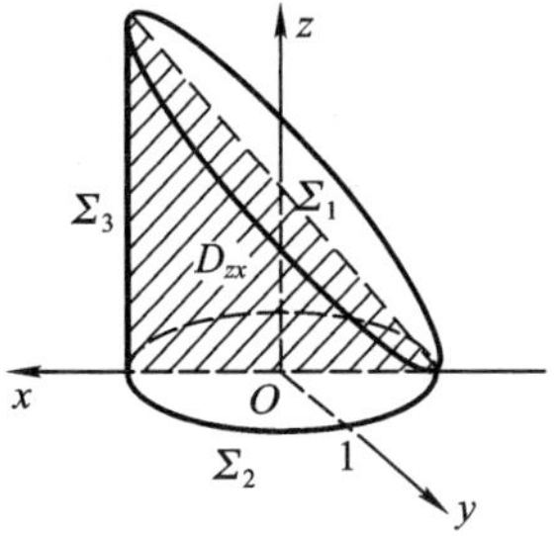

图 8－7

这里 $D_{xy}=\{(x,y)\mid x^2+y^2\leqslant 1\}$. 由公式(1),

$$\begin{aligned}\iint\limits_{\Sigma_1} z\mathrm{d}S &= \iint\limits_{D_{xy}}(1+x)\sqrt{1+(z_x)^2+(z_y)^2}\,\mathrm{d}\sigma\\ &= \iint\limits_{D_{xy}}\sqrt{2}(1+x)\,\mathrm{d}\sigma\\ &= \sqrt{2}\int_0^{2\pi}\mathrm{d}\varphi\int_0^1(1+\rho\cos\varphi)\rho\,\mathrm{d}\rho\\ &= \sqrt{2}\int_0^{2\pi}\left(\frac{1}{2}+\frac{1}{3}\cos\varphi\right)\mathrm{d}\varphi=\sqrt{2}\pi;\end{aligned}$$

$$\iint\limits_{\Sigma_2} z\mathrm{d}S=\iint\limits_{\Sigma_2}0\mathrm{d}S=0;$$

柱面 Σ_3 被坐标面 zOx 划分为两块,它们的方程分别是

$$y=\sqrt{1-x^2}\text{和 } y=-\sqrt{1-x^2},$$

它们在 zOx 面上的投影区域均为 $D_{zx}=\{(z,x)\mid 0\leqslant z\leqslant 1+x,\ -1\leqslant x\leqslant 1\}$,且都有

$$\sqrt{1+y_z^2+y_x^2}=\frac{1}{\sqrt{1-x^2}},$$

于是

$$\iint\limits_{\Sigma_3} z\mathrm{d}S=2\iint\limits_{D_{zx}} z\cdot\frac{1}{\sqrt{1-x^2}}\mathrm{d}\sigma=2\int_{-1}^{1}\frac{1}{\sqrt{1-x^2}}\mathrm{d}x\int_0^{1+x}z\mathrm{d}z=\int_{-1}^{1}\frac{(1+x)^2}{\sqrt{1-x^2}}\mathrm{d}x.$$

在上式右端的定积分中令 $x=\sin t$,就得

$$\iint\limits_{\Sigma_3} z\mathrm{d}S=\int_{-\frac{\pi}{2}}^{\frac{\pi}{2}}(1+\sin t)^2\mathrm{d}t=\int_{-\frac{\pi}{2}}^{\frac{\pi}{2}}\left[1+2\sin t+\frac{1}{2}(1-\cos 2t)\right]\mathrm{d}t=\frac{3\pi}{2}.$$

于是

$$\iint_{\Sigma} z\mathrm{d}S = \sqrt{2}\pi + 0 + \frac{3\pi}{2} = \left(\sqrt{2} + \frac{3}{2}\right)\pi .$$

如果积分曲面 Σ 由参数方程

$$\begin{cases} x = x(u,v), \\ y = y(u,v), (u,v) \in D_{uv} \\ z = z(u,v), \end{cases}$$

给出,那么

$$\begin{aligned} &\iint_{\Sigma} f(x,y,z)\mathrm{d}S \\ = &\iint_{D_{uv}} f[x(u,v),y(u,v),z(u,v)] \cdot \\ &\sqrt{\left[\frac{\partial(y,z)}{\partial(u,v)}\right]^2 + \left[\frac{\partial(z,x)}{\partial(u,v)}\right]^2 + \left[\frac{\partial(x,y)}{\partial(u,v)}\right]^2}\mathrm{d}u\mathrm{d}v. \end{aligned} \tag{2}$$

下面我们用公式(2)来计算例 2 中 Σ_3 上的积分.

在柱面坐标下,Σ_3 的方程为

$$\begin{cases} x = \cos\varphi, \\ y = \sin\varphi, \quad (\varphi,z) \in D_{\varphi z} = \{(\varphi,z) \mid 0 \leqslant \varphi \leqslant 2\pi, 0 \leqslant z \leqslant 1 + \cos\varphi\}, \\ z = z, \end{cases}$$

而

$$\sqrt{\left[\frac{\partial(y,z)}{\partial(\varphi,z)}\right]^2 + \left[\frac{\partial(z,x)}{\partial(\varphi,z)}\right]^2 + \left[\frac{\partial(x,y)}{\partial(\varphi,z)}\right]^2} = 1,$$

故

$$\begin{aligned} \iint_{\Sigma_3} z\mathrm{d}S &= \iint_{D_{\varphi z}} z\mathrm{d}\varphi\mathrm{d}z = \int_0^{2\pi}\mathrm{d}\varphi\int_0^{1+\cos\varphi} z\mathrm{d}z \\ &= \frac{1}{2}\int_0^{2\pi}(1+\cos\varphi)^2\mathrm{d}\varphi = \frac{1}{2}\int_0^{2\pi}\left[1 + 2\cos\varphi + \frac{1}{2}(1+\cos 2\varphi)\right]\mathrm{d}\varphi \\ &= \frac{3}{2}\pi . \end{aligned}$$

三、数量值函数在几何形体上的积分及其物理应用综述

我们已经学习了定积分、重积分、第一类曲线积分与第一类曲面积分,虽然这几种积分有各自不同的背景和研究对象,但是读者一定发现,这几种积分的定义具有共同的模式:

(1) 积分的基本要素:有界的几何形体(如直线段、平面区域、空间区域、曲线、曲面等)以及定义在该几何形体上的数量值函数;

(2) 定义积分的步骤:"划分"(将几何形体划分成若干个小几何形体)→"近似"(以每一小几何形体上某点处的函数值近似地作为函数在该小几何形体上各点处的值,并将此函数值乘以该小几何形体的度量即"长度"、"面积"、"体积"等)→"求和"(将上述函数值与小几何形体的度量之积相加)→"逼近"(在划分无限加细的过程中考察上述和式的极限).

由此我们可以把这几种积分概念统一表述如下:

定义　设 J 是一个有界的几何形体(它可以是直线段,或是平面上的区域,或是空间的区域,也可以是空间或平面的曲线、曲面),$f(M)$ 是在 J 上有界的数量值函数. 将几何形体 J 任意地划分为 n 个小几何形体 ΔJ_1、ΔJ_2、…、ΔJ_n,并把每一 ΔJ_i 的度量记为 Δm_i,$i=1$、2、…、n(它或是长度,或是面积,或是体积). 在每一 ΔJ_i 中任取一点 M_i,作和式

$$\sum_{i=1}^{n} f(M_i)\Delta m_i\ ,$$

并记 $\lambda=\max\limits_{1\leqslant i\leqslant n}\{\mathrm{dia}\Delta J_i\}$ ($\mathrm{dia}\Delta J_i$ 表示 ΔJ_i 的直径). 如果当 $\lambda\to 0$ 时,这和的极限存在,则称此极限为函数 $f(M)$ 在几何形体 J 上的积分,记作 $\int_J f(M)\,\mathrm{d}m$,即

$$\int_J f(M)\,\mathrm{d}m=\lim_{\lambda\to 0}\sum_{i=1}^{n} f(M_i)\Delta m_i\ .$$

在此定义下,当 J 分别是区间 $[a,b]$、平面区域 D、空间区域 Ω、曲线 Γ 及曲面 Σ 时,$\int_J f(M)\,\mathrm{d}m$ 就分别表示

$$\int_a^b f(x)\,\mathrm{d}x、\iint_D f(x,y)\,\mathrm{d}\sigma、\iiint_\Omega f(x,y,z)\,\mathrm{d}V、$$

$$\int_\Gamma f(x,y,z)\,\mathrm{d}s\ 及\iint_\Sigma f(x,y,z)\,\mathrm{d}S,$$

并且**当 $f(M)$ 在 J 上连续时,积分 $\int_J f(M)\,\mathrm{d}m$ 必存在.**

在积分的物理应用中,主要包括物质几何形体的质量、质心、转动惯量及引力等问题,无论 J 是哪一种形体,我们都可以用元素法来处理这些问题,现在将这些问题的结果分别概述如下.

设 J 是一个有度量的物质几何形体,它的密度函数为 $\mu=\mu(M)$,$\mu(M)$ 在 J 上连续,那么 J 的质量为

$$M(J)=\int_J \mu\,\mathrm{d}m\ ;\tag{3}$$

J 的质心的坐标 $\overline{x}$、$\overline{y}$ 和 $\overline{z}$ 为

$$\bar{x}=\frac{\int_J x\mu\mathrm{d}m}{\int_J \mu\mathrm{d}m},\bar{y}=\frac{\int_J y\mu\mathrm{d}m}{\int_J \mu\mathrm{d}m},\bar{z}=\frac{\int_J z\mu\mathrm{d}m}{\int_J \mu\mathrm{d}m};\tag{4}$$

J 关于 x 轴、y 轴、z 轴的转动惯量 I_x、I_y、I_z 为

$$I_x=\int_J(y^2+z^2)\mu\mathrm{d}m,I_y=\int_J(z^2+x^2)\mu\mathrm{d}m,I_z=\int_J(x^2+y^2)\mu\mathrm{d}m;\tag{5}$$

J 对位于 J 外的点 $M_0(x_0,y_0,z_0)$ 处的单位质点的引力 $\boldsymbol{F}$ 的三个分量为

$$F_x=\int_J\frac{G(x-x_0)\mu}{r^3}\mathrm{d}m,F_y=\int_J\frac{G(y-y_0)\mu}{r^3}\mathrm{d}m,F_z=\int_J\frac{G(z-z_0)\mu}{r^3}\mathrm{d}m,\tag{6}$$

上式中的常数 G 为引力系数，$r=\sqrt{(x-x_0)^2+(y-y_0)^2+(z-z_0)^2}$.

如果 J 是 xOy 面上的几何形体，那么(4)、(5)、(6)式中变量 z 不出现.

例 3　求密度均匀的半球面 $z=\sqrt{a^2-x^2-y^2}$ 的质心.

解　设半球面 Σ 的质心坐标为 $(\bar{x},\bar{y},\bar{z})$，$\Sigma$ 的密度为常数 μ. 由球面 Σ 的均匀性及其关于平面 $x=0$ 与 $y=0$ 的对称性知 $\bar{x}=0,\bar{y}=0$. 根据(4)式，有

$$\bar{z}=\frac{\iint_\Sigma z\mu\mathrm{d}S}{\iint_\Sigma \mu\mathrm{d}S}=\frac{\iint_\Sigma z\mathrm{d}S}{\iint_\Sigma \mathrm{d}S},$$

其中

$$\begin{aligned}\iint_\Sigma z\mathrm{d}S&=\iint_{D_{xy}}\sqrt{a^2-x^2-y^2}\sqrt{1+z_x^2+z_y^2}\mathrm{d}x\mathrm{d}y(D_{xy}:x^2+y^2\leqslant a^2)\\&=\iint_{D_{xy}}\sqrt{a^2-x^2-y^2}\frac{a}{\sqrt{a^2-x^2-y^2}}\mathrm{d}x\mathrm{d}y=a\iint_{D_{xy}}\mathrm{d}x\mathrm{d}y=\pi a^3,\end{aligned}$$

而 $\iint_\Sigma \mathrm{d}S=2\pi a^2$，故

$$\bar{z}=\frac{\pi a^3}{2\pi a^2}=\frac{a}{2},$$

即质心坐标为 $\left(0,0,\frac{a}{2}\right)$.

例 4　设 Σ 为一均匀球壳（密度 μ 为常数），单位质量的质点 M 不在 Σ 上，求 Σ 对 M 的引力.

解　设 Σ 的中心在原点，半径为 R，质点 M 的坐标为 $(0,0,a)(a\geqslant 0)$. 因为 Σ 是均匀的，故所要求的引力 $\boldsymbol{F}=(F_x,F_y,F_z)$ 的前两个分量 F_x、F_y 均为零. 根据(6)式有

$$F_z = G\mu\iint_{\Sigma}\frac{z-a}{r^3}\mathrm{d}S \quad (r = \sqrt{x^2+y^2+(z-a)^2}),$$

其中 G 为引力常量.

下面利用球面的参数方程

$$x = R\sin\theta\cos\varphi, y = R\sin\theta\sin\varphi, z = R\cos\theta(0\leqslant\theta\leqslant\pi, 0\leqslant\varphi\leqslant 2\pi)$$

来计算 F_z.

由于 $\mathrm{d}S = \sqrt{\left[\frac{\partial(y,z)}{\partial(\theta,\varphi)}\right]^2+\left[\frac{\partial(z,x)}{\partial(\theta,\varphi)}\right]^2+\left[\frac{\partial(x,y)}{\partial(\theta,\varphi)}\right]^2}\mathrm{d}\theta\mathrm{d}\varphi = R^2\sin\theta\mathrm{d}\theta\mathrm{d}\varphi$,

$$r = \sqrt{R^2+a^2-2Ra\cos\theta},$$

故
$$F_z = G\mu R^2\int_0^{2\pi}\mathrm{d}\varphi\int_0^{\pi}\frac{R\cos\theta - a}{(R^2+a^2-2Ra\cos\theta)^{\frac{3}{2}}}\sin\theta\mathrm{d}\theta.$$

作代换
$$(R^2+a^2-2Ra\cos\theta)^{\frac{1}{2}} = t,$$

就有
$$R\cos\theta - a = \frac{1}{2a}(R^2-a^2-t^2),$$

及
$$\sin\theta\mathrm{d}\theta = \frac{t}{Ra}\mathrm{d}t,$$

于是
$$\begin{aligned}F_z &= \frac{G\mu R\pi}{a^2}\int_{|R-a|}^{R+a}\left(\frac{R^2-a^2}{t^2}-1\right)\mathrm{d}t\\ &= \frac{G\mu R\pi}{a^2}\left[(R^2-a^2)\left(\frac{1}{|R-a|}-\frac{1}{R+a}\right)-(R+a)+|R-a|\right].\end{aligned}$$

我们讨论两种情况:

(i) 若 $a>R$,则 $|R-a| = a-R$,得 $F_z = -\frac{4\pi R^2\mu G}{a^2}$;

(ii) 若 $a<R$,则 $|R-a| = R-a$,得 $F_z = 0$.

由此可见,当质点在球壳外时,它所受到的引力与球壳的全部质量 $4\pi R^2\mu$ 集中在球心时对它产生的引力是一样的;质点在球壳内时,球壳对它的引力为零. 我们顺便指出,当 M 为一点电荷,Σ 为一均匀带电的球壳时,同样有这一引力现象.

习题 8-2

1. 设有一物质曲面 Σ,其面密度为 $\mu(x,y,z)$,试用第一类曲面积分表达:

(1) 该物质曲面的质量与质心;

(2) 该物质曲面对三个坐标轴的转动惯量;

(3) 该物质曲面对位于 Σ 外一点 (x_0,y_0,z_0) 处的单位质点的引力.

2. 计算曲面积分 $\iint\limits_{\Sigma} f(x,y,z)\,\mathrm{d}S$，$\Sigma$ 为抛物面 $z=2-(x^2+y^2)$ 在 xOy 面上方的部分，$f(x,y,z)$ 分别如下：

(1) $f(x,y,z)=1$；

(2) $f(x,y,z)=x^2+y^2$.

3. 计算曲面积分 $\iint\limits_{\Sigma}(x^2+y^2)\,\mathrm{d}S$，$\Sigma$ 为：

(1) 上半球面 $z=\sqrt{4-x^2-y^2}$；

(2) 锥面 $z=\sqrt{x^2+y^2}$ 及平面 $z=1$ 所围成的区域的整个边界曲面.

4. 计算下列曲面积分：

(1) $\iint\limits_{\Sigma} y\,\mathrm{d}S$，$\Sigma$ 为平面 $3x+2y+z=6$ 位于第一卦限的部分；

(2) $\oiint\limits_{\Sigma}\dfrac{1}{(1+x+y)^2}\mathrm{d}S$，$\Sigma$ 为以点 $(0,0,0)$、$(1,0,0)$、$(0,1,0)$、$(0,0,1)$ 为顶点的四面体的整个边界曲面；

(3) $\iint\limits_{\Sigma}(xy+yz+zx)\,\mathrm{d}S$，$\Sigma$ 为锥面 $z=\sqrt{x^2+y^2}$ 被柱面 $x^2+y^2=2ax$ 所截得的部分；

(4) $\iint\limits_{\Sigma}\dfrac{1}{x^2+y^2+z^2}\mathrm{d}S$，$\Sigma$ 是介于平面 $z=0$ 及 $z=H$ 之间的圆柱面 $x^2+y^2=R^2$.

5. 求抛物面壳 $z=\dfrac{x^2+y^2}{2}(0\leqslant z\leqslant 1)$ 的质量，此壳的面密度 $\mu(x,y,z)=z$.

6. 求密度为常数 μ 的均匀半球壳 $z=\sqrt{a^2-x^2-y^2}$ 的质心坐标及对于 z 轴的转动惯量.

第三节　向量值函数在定向曲线上的积分（第二类曲线积分）

一、第二类曲线积分的概念

定向曲线及其切向量　由于本节讨论的曲线积分的实际背景涉及曲线的走向（见本目后面“变力沿曲线所作的功”），故以平面曲线为例，先对曲线的定向作一点说明.

当动点沿着曲线向前连续移动时，就形成了曲线的走向. 一条曲线通常可以有两种走向，如将其中一种走向规定为正向，那么另一走向就是反向，带有确定走向的一条曲线称为定向曲线（directed curve），当我们用 $L=\widehat{AB}$ 表示定向曲线时，前一字母（即 A）表示 L 的起点，后一字母（即 B）表示 L 的终点. 定向曲线 L 的反向曲线记为 L^-，对于定向曲线，L 与 L^- 代表着两条不同的曲线. 对于参数方程给出的曲线,参数的每个值对应着曲线上的一个点,当参数增加时,曲线上的动点就走出了曲线的一种走向,而当参数减少时,曲线上的动点则走出了曲线的另一种走向. 由此我们将定向曲线 $L=\widehat{AB}$ 的参数方程写作

$$\begin{cases}x=x(t),\\ y=y(t),\end{cases}t:a\to b, \tag{1}$$

这一写法表明,曲线 L 从 A 到 B 的走向即为参数 t 从 a 变到 b 时动点的走向. 起点 A 对应 $t=a$,终点 B 对应 $t=b$,此时 a 未必小于 b.

定向曲线 $L=\widehat{AB}$ 的参数方程(1)也可以表示为如下的向量形式

$$\boldsymbol{r}=\boldsymbol{r}(t)=x(t)\boldsymbol{i}+y(t)\boldsymbol{j},t:a\to b, \tag{2}$$

其中 $\boldsymbol{r}(t)$ 表示 L 上对应参数 t 的一点的向径.

对于任意一条光滑曲线,其上每一点处的切向量都可取两个可能的方向. 但对定向光滑曲线,我们规定:**定向光滑曲线上各点处的切向量的方向总是与曲线的走向相一致**.

按此规定,如果定向光滑曲线 L 由参数方程(1)给出,则当 $a<b$ 时,L 在点 $M(x(t),y(t))$ 处的切向量为 $\boldsymbol{\tau}=(x'(t),y'(t))$. 事实上,此时对任何 $\Delta t>0$,L 上的点 $N(x(t+\Delta t),y(t+\Delta t))$ 总是位于点 $M(x(t),y(t))$ 的前方,从而向量 $\dfrac{\overrightarrow{MN}}{\Delta t}$ 的方向指向 L 的前方,即与 L 上动点 M 移动的走向相一致. 从而当 $\Delta t\to 0$ 时,向量

$$\frac{\overrightarrow{MN}}{\Delta t}=\left(\frac{x(t+\Delta t)-x(t)}{\Delta t},\frac{y(t+\Delta t)-y(t)}{\Delta t}\right)$$

的极限 $(x'(t),y'(t))$ 就是定向曲线 L 在 M 点处的切向量.

而当 $a>b$ 时,则对任何 $\Delta t>0$,点 $N(x(t+\Delta t),y(t+\Delta t))$ 位于点 $M(x(t),y(t))$ 的后方,从而向量 $-\dfrac{\overrightarrow{MN}}{\Delta t}$ 与 L 上动点 M 的走向相一致,于是当 $\Delta t\to 0$ 时,它的极限 $(-x'(t),-y'(t))$ 给出了 L 在 M 点处的切向量.

> 由参数方程(1)式给出的定向光滑曲线 L 在其上任一点处的切向量为
>
> $$\boldsymbol{\tau}=\pm(x'(t),y'(t)),$$
>
> 其中的正负号当 $a<b$ 时取正,$a>b$ 时取负.

例如,设 xOy 面上定向曲线 L 的方程为

$$x=a\cos\varphi,y=a\sin\varphi,\varphi:0\to 2\pi,$$

则 L 的切向量为

$$\boldsymbol{\tau}=(-a\sin\varphi, a\cos\varphi).$$

定向曲线的切向量概念,在本节所研究的曲线积分问题中将起重要作用.

对空间的定向曲线,也可作出类似说明.

变力沿曲线所作的功　设一个质点从点 A 沿光滑的平面曲线弧 L 移动到点 B,在移动过程中,质点受到变力

$$\boldsymbol{F}(x,y)=P(x,y)\boldsymbol{i}+Q(x,y)\boldsymbol{j}$$

的作用.现在要问如何计算在上述移动过程中变力 $\boldsymbol{F}$ 所作的功?

大家知道,如果力 $\boldsymbol{F}$ 是常力,质点从 A 沿直线移动到 B,则 $\boldsymbol{F}$ 作的功是 $\boldsymbol{F}$ 与 $\overrightarrow{AB}$的数量积,即 $W=\boldsymbol{F}\cdot\overrightarrow{AB}=\boldsymbol{F}\cdot(\boldsymbol{e}_{\overrightarrow{AB}}\ |\overrightarrow{AB}|)$.现在 $\boldsymbol{F}=\boldsymbol{F}(x,y)$ 是变力,而且质点的移动路径是曲线,故不能用上述方法来计算功 W.但是若$\boldsymbol{F}(x,y)$在 L 上连续①,则可用积分的思想方法来计算功 W.今把 L 划分成若干小弧段,取含有点(x,y)的一个定向小弧段$\widehat{MN}$来分析(图 8-8).记 L 在点(x,y)处的单位切向量为 $\boldsymbol{e}_\tau(x,y)$,定向小弧段$\widehat{MN}$的长度为 $\mathrm{d}s$,则可将$\widehat{MN}$看成长度为 $\mathrm{d}s$、方向为 $\boldsymbol{e}_\tau$ 的有向线段.因此变力 $\boldsymbol{F}$ 沿$\widehat{MN}$所作的功(功元素)为

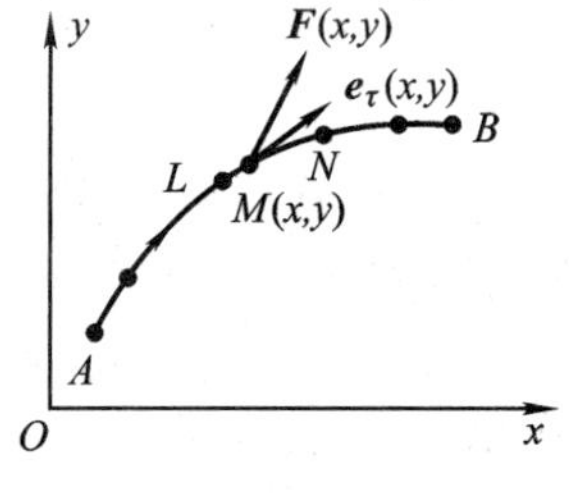

图 8-8

$$\mathrm{d}W=[\boldsymbol{F}(x,y)\cdot\boldsymbol{e}_\tau(x,y)]\mathrm{d}s,$$

于是,变力沿 L 所做的功为

$$W=\int_L[\boldsymbol{F}(x,y)\cdot\boldsymbol{e}_\tau(x,y)]\mathrm{d}s.$$

若记 $\boldsymbol{F}(x,y)=P(x,y)\boldsymbol{i}+Q(x,y)\boldsymbol{j}$,$\boldsymbol{e}_\tau=\cos\alpha\boldsymbol{i}+\cos\beta\boldsymbol{j}$,其中 $\cos\alpha,\cos\beta$ 是 $\boldsymbol{e}_\tau$ 的方向余弦,则

$$W=\int_L[P(x,y)\cos\alpha+Q(x,y)\cos\beta]\mathrm{d}s.$$

对以上积分,抽去其具体含义,就得出如下的概念:

定义　设 L 是 xOy 面上一条光滑的定向曲线弧,向量值函数

$$\boldsymbol{F}(x,y)=P(x,y)\boldsymbol{i}+Q(x,y)\boldsymbol{j}$$

在 L 上有界②,$\boldsymbol{e}_\tau(x,y)=\cos\alpha\boldsymbol{i}+\cos\beta\boldsymbol{j}$ 是定向弧 L 上点(x,y)处的单位切向量,

---

① 向量值函数 $\boldsymbol{F}(x,y)$在 L 上连续是指,对 L 上的任意一点 $M_0(x_0,y_0)$,当 L 上的动点 M 沿着 L 趋于 M_0 时,有$|\boldsymbol{F}(x,y)-\boldsymbol{F}(x_0,y_0)|\to0$.若 $\boldsymbol{F}(x,y)=P(x,y)\boldsymbol{i}+Q(x,y)\boldsymbol{j}$,则容易证明:$\boldsymbol{F}(x,y)=P(x,y)\boldsymbol{i}+Q(x,y)\boldsymbol{j}$在 L 上连续的充要条件是数量值函数 $P(x,y)$、$Q(x,y)$均在 L 上连续.

② $\boldsymbol{F}(x,y)$在 L 上有界是指其模$|\boldsymbol{F}(x,y)|$在 L 上有界.容易证明 $\boldsymbol{F}(x,y)$在 L 上有界的充分必要条件是它的分量 $P(x,y)$、$Q(x,y)$均在 L 上有界.

如果积分

$$\int_L P(x,y)\cos\alpha \mathrm{d}s \text{ 与 } \int_L Q(x,y)\cos\beta \mathrm{d}s$$

同时存在,则称积分 $\int_L [P(x,y)\cos\alpha + Q(x,y)\cos\beta]\mathrm{d}s$ 为向量值函数 $\boldsymbol{F}(x,y)$ 在定向曲线弧 L 上的积分(line integral of vector function),记为

$$\int_L \boldsymbol{F}(x,y)\cdot \mathrm{d}\boldsymbol{r},$$

即

$$\begin{aligned}\int_L \boldsymbol{F}(x,y)\cdot \mathrm{d}\boldsymbol{r} &= \int_L [\boldsymbol{F}(x,y)\cdot \boldsymbol{e}_\tau(x,y)]\mathrm{d}s \\ &= \int_L [P(x,y)\cos\alpha + Q(x,y)\cos\beta]\mathrm{d}s. \qquad (3)\end{aligned}$$

向量值函数在定向曲线弧上的积分也称为第二类曲线积分(下文中采用第二类曲线积分这一名称). 习惯上常把(3)式中的 $\cos\alpha\mathrm{d}s$ 记作 $\mathrm{d}x$,把 $\cos\beta\mathrm{d}s$ 记作 $\mathrm{d}y$,即

$$\int_L P(x,y)\cos\alpha\mathrm{d}s = \int_L P(x,y)\mathrm{d}x, \qquad (4)$$

$$\int_L Q(x,y)\cos\beta\mathrm{d}s = \int_L Q(x,y)\mathrm{d}y, \qquad (5)$$

就得到第二类曲线积分的另一种表达式

$$\int_L \boldsymbol{F}(x,y)\cdot \mathrm{d}\boldsymbol{r} = \int_L P(x,y)\mathrm{d}x + \int_L Q(x,y)\mathrm{d}y,$$

并常把上式的右端简记为

$$\int_L P(x,y)\mathrm{d}x + Q(x,y)\mathrm{d}y. \qquad (6)$$

第二类曲线积分通常采用(6)式来表达.

从以上各式可以看到,积分 $\int_L \boldsymbol{F}(x,y)\cdot \mathrm{d}\boldsymbol{r}$ 中的记号 $\mathrm{d}\boldsymbol{r}$ 相当于向量 $\boldsymbol{e}_\tau(x,y)\mathrm{d}s$,即 $\mathrm{d}\boldsymbol{r} = \boldsymbol{e}_\tau(x,y)\mathrm{d}s = (\cos\alpha\mathrm{d}s, \cos\beta\mathrm{d}s) = (\mathrm{d}x, \mathrm{d}y)$. 我们把 $\mathrm{d}\boldsymbol{r}$ 称作定向弧元素,而 $\mathrm{d}x$、$\mathrm{d}y$ 为 $\mathrm{d}\boldsymbol{r}$ 的坐标(也称为定向弧 L 的投影元素). 由此第二类曲线积分 $\int_L P(x,y)\mathrm{d}x + Q(x,y)\mathrm{d}y$ 也称作对坐标的曲线积分. 积分号下的 L 称作定向积分曲线,$P(x,y)\mathrm{d}x + Q(x,y)\mathrm{d}y$ 称作积分表达式. 如果 L 是封闭曲线,则与第一类曲线积分一样可采用形如 $\oint_L$ 的积分号.

若 L 是分段光滑的定向曲线,则规定 $\boldsymbol{F}(x,y)$ 在 L 上的积分等于 $\boldsymbol{F}(x,y)$ 在各定向光滑弧段上的积分(如果各积分均存在)之和. 我们指出,**如果 $\boldsymbol{F}(x,y)$ 在定**

向光滑曲线 L 上连续，则积分 $\int_L \boldsymbol{F}(x,y)\cdot \mathrm{d}\boldsymbol{r}$ 存在.

根据上述定义，前面提及的变力 $\boldsymbol{F}(x,y)=P(x,y)\boldsymbol{i}+Q(x,y)\boldsymbol{j}$ 沿定向曲线 L 所作的功可以表示为

$$W=\int_L \boldsymbol{F}(x,y)\cdot \mathrm{d}\boldsymbol{r} \quad 或 \quad W=\int_L P(x,y)\mathrm{d}x+Q(x,y)\mathrm{d}y.$$

显然，由(3)式可知，第二类曲线积分具有(i)线性性质，(ii)对于定向积分曲线弧的可加性. 特别地，第二类曲线积分满足

$$\int_{L^-}\boldsymbol{F}(x,y)\cdot \mathrm{d}\boldsymbol{r}=-\int_L \boldsymbol{F}(x,y)\cdot \mathrm{d}\boldsymbol{r},$$

或者写成

$$\int_{L^-}P\mathrm{d}x+Q\mathrm{d}y=-\int_L P\mathrm{d}x+Q\mathrm{d}y,$$

这是因为 L^- 的切向量与 L 的切向量方向正好相反.

二、第二类曲线积分的计算法

第二类曲线积分可按下述方法化为定积分来进行计算

> 如果平面上定向光滑曲线弧 L 的方程为 $x=x(t),y=y(t),t:a\to b$，$P(x,y)$、$Q(x,y)$ 在 L 上连续，则
>
> $$\begin{aligned}&\int_L P(x,y)\mathrm{d}x+Q(x,y)\mathrm{d}y\\ =&\int_a^b\{P[x(t),y(t)]x'(t)+Q[x(t),y(t)]y'(t)\}\mathrm{d}t,\end{aligned} \tag{7}$$
>
> 其中右端定积分的下限 a 对应 L 的起点，上限 b 对应 L 的终点.

下面我们来推导公式(7).

设$(\cos\alpha,\cos\beta)$是定向弧 L 在点(x,y)处的单位切向量 $\boldsymbol{e}_\tau$，按(4)式有

$$\int_L P(x,y)\mathrm{d}x=\int_L P(x,y)\cos\alpha\mathrm{d}s,$$

如果 $a<b$，即 L 的走向由参数 t 增加而确定，则 $\boldsymbol{e}_\tau=\left(\dfrac{x'(t)}{\sqrt{x'^2(t)+y'^2(t)}},\dfrac{y'(t)}{\sqrt{x'^2(t)+y'^2(t)}}\right)$，因此

$$\cos\alpha=\frac{x'(t)}{\sqrt{x'^2(t)+y'^2(t)}}.$$

于是根据第一类曲线积分的计算法，就有

$$\int_L P(x,y)\cos\alpha\mathrm{d}s = \int_a^b P[x(t),y(t)]\frac{x'(t)}{\sqrt{x'^2(t)+y'^2(t)}}\sqrt{x'^2(t)+y'^2(t)}\mathrm{d}t$$

$$= \int_a^b P[x(t),y(t)]x'(t)\mathrm{d}t\ ;$$

如果 $a>b$,即 L 的走向由参数 t 减少而确定,则 $\cos\alpha = -\dfrac{x'(t)}{\sqrt{x'^2(t)+y'^2(t)}}$,这时有

$$\int_L P(x,y)\cos\alpha\mathrm{d}s = \int_b^a P[x(t),y(t)][-x'(t)]\mathrm{d}t$$

$$= \int_a^b P[x(t),y(t)]x'(t)\mathrm{d}t,$$

这就证明了不论 $a<b$,还是 $a>b$,都有

$$\int_L P(x,y)\cos\alpha\mathrm{d}s = \int_a^b P[x(t),y(t)]x'(t)\mathrm{d}t,$$

其中右端的定积分的下限 a 对应 L 的起点,上限 b 对应 L 的终点.类似地有

$$\int_L Q(x,y)\cos\beta\mathrm{d}s = \int_a^b Q[x(t),y(t)]y'(t)\mathrm{d}t.$$

这就推得了公式(7).

从(7)式可见,在把第二类曲线积分化为定积分时,只需将被积函数中的变量 x、y 分别换成 $x(t)$、$y(t)$,并将 $\mathrm{d}x$、$\mathrm{d}y$ 按微分公式分别换成 $x'(t)\mathrm{d}t$、$y'(t)\mathrm{d}t$,再取 L 的起点对应的参数 a 作为积分的下限,终点对应的参数 b 作为积分的上限,就把第二类曲线积分转化为定积分了(这里的下限 a 不一定小于上限 b).

如果平面上的定向曲线 L 由直角坐标方程

$$y=y(x),x:a\to b$$

给出,则可把它看作参数方程 $x=x,y=y(x),x:a\to b$,于是就有

> 如果平面定向光滑曲线 L 的直角坐标方程为 $y=y(x),x:a\to b$,函数 $P(x,y)$、$Q(x,y)$ 在 L 上连续,那么
>
> $$\int_L P(x,y)\mathrm{d}x+Q(x,y)\mathrm{d}y = \int_a^b \{P[x,y(x)]+Q[x,y(x)]y'(x)\}\mathrm{d}x, \tag{8}$$
>
> 其中右端的积分下限 a 对应 L 的起点,上限 b 对应 L 的终点.

在计算第二类曲线积分时,当 L 是垂直于 x 轴的定向直线段时,由于单位切向量 $\boldsymbol{e}_\tau$ 的 x 坐标 $\cos\alpha\equiv 0$,故有

$$\int_L P(x,y)\mathrm{d}x = \int_L P(x,y)\cos\alpha\mathrm{d}s = 0.$$

同样地,当 L 是垂直于 y 轴的定向直线段时,单位切向量 $\boldsymbol{e}_\tau$ 的 y 坐标 $\cos\beta\equiv0$,故有

$$\int_L Q(x,y)\,\mathrm{d}y = 0.$$

例 1　计算 $\int_L xy\,\mathrm{d}x$,其中 L 为抛物线 $y^2=x$ 上从点 $A(1,-1)$ 到点 $B(1,1)$ 的一段定向弧(图 8-9).

解　以 y 为参数,L 的方程可写为 $\begin{cases}x=y^2,\\ y=y,\end{cases}$ $y:-1\to1$,故

$$\int_L xy\,\mathrm{d}x = \int_{-1}^{1} y^3 2y\,\mathrm{d}y = 2\int_{-1}^{1} y^4\,\mathrm{d}y = \frac{4}{5}.$$

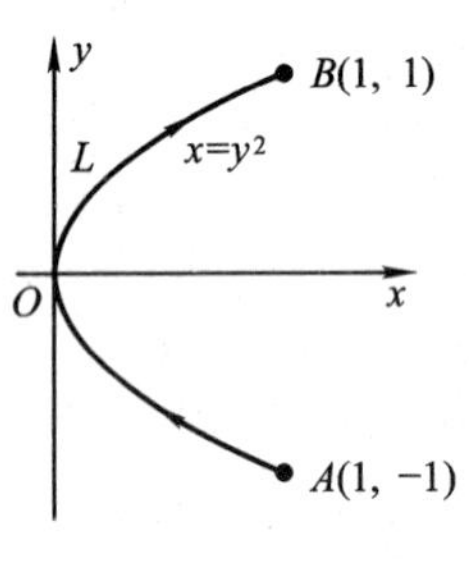

图 8-9

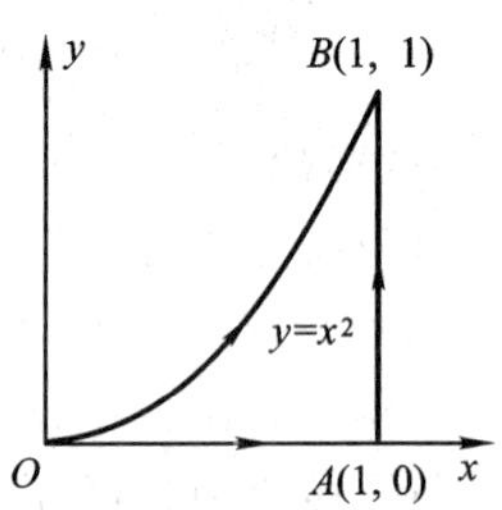

图 8-10

例 2　设有一平面力场 $\boldsymbol{F}(x,y)=2xy\boldsymbol{i}+x^2\boldsymbol{j}$,一质点在场力作用下运动,求下述情形下场力所作的功(图 8-10).

(1) 质点从点 $O(0,0)$ 处沿抛物线 $y=x^2$ 行进到 $B(1,1)$ 处;

(2) 质点从点 $O(0,0)$ 处沿直线行进到 $A(1,0)$ 处,然后从 A 处再沿直线行进到 B 处.

解　在情形(1)下,定向弧 $\overset{\frown}{OB}$ 的方程为 $y=x^2$,$x:0\to1$,故

$$W = \int_{\overset{\frown}{OB}} 2xy\,\mathrm{d}x + x^2\,\mathrm{d}y = \int_0^1 (2x\cdot x^2 + x^2\cdot 2x)\,\mathrm{d}x = 4\int_0^1 x^3\,\mathrm{d}x = 1.$$

在情形(2)下,

定向线段 $\overline{OA}$ 的方程为 $y=0$,$x:0\to1$;

定向线段 $\overline{AB}$ 的方程为 $x=1$,$y:0\to1$.

故有

$$W = \int_{\overline{OA}} 2xy\mathrm{d}x + x^2\mathrm{d}y + \int_{\overline{AB}} 2xy\mathrm{d}x + x^2\mathrm{d}y$$

$$= \int_{\overline{OA}} 2xy\mathrm{d}x + \int_{\overline{AB}} x^2\mathrm{d}y = \int_0^1 2x\cdot 0\mathrm{d}x + \int_0^1 \mathrm{d}y = 1\,.$$

从例 2 可以看到，尽管沿不同路径，曲线积分的值却可以相等. 但是一般说来，这个结果是不成立的. 对这个问题，我们将在下一节第二目作深入讨论.

例 3　计算 $\oint_L \frac{(x+y)\mathrm{d}x-(x-y)\mathrm{d}y}{x^2+y^2}$，其中 L 为圆周 $x^2+y^2=R^2$，取逆时针方向.

解　取 L 的参数方程为 $x=R\cos\varphi, y=R\sin\varphi$，因为 L 取逆时针向，故参数 φ 从 0 变到 2π.

$$\oint_L \frac{(x+y)\mathrm{d}x-(x-y)\mathrm{d}y}{x^2+y^2} = \frac{1}{R^2}\int_0^{2\pi}[(R\cos\varphi+R\sin\varphi)(-R\sin\varphi)-$$

$$(R\cos\varphi-R\sin\varphi)(R\cos\varphi)]\mathrm{d}\varphi = \frac{1}{R^2}\int_0^{2\pi}(-R^2)\mathrm{d}\varphi = -\int_0^{2\pi}\mathrm{d}\varphi = -2\pi.$$

我们可以类似地定义三维向量值函数

$$\boldsymbol{F}(x,y,z)=P(x,y,z)\boldsymbol{i}+Q(x,y,z)\boldsymbol{j}+R(x,y,z)\boldsymbol{k}$$

在空间的定向光滑曲线 Γ 上的第二类曲线积分，并把它记作 $\int_\Gamma \boldsymbol{F}(x,y,z)\cdot\mathrm{d}\boldsymbol{r}$，即

$$\int_\Gamma \boldsymbol{F}(x,y,z)\cdot\mathrm{d}\boldsymbol{r} = \int_\Gamma [\boldsymbol{F}(x,y,z)\cdot\boldsymbol{e}_\tau(x,y,z)]\mathrm{d}s\,, \tag{9}$$

其中 $\boldsymbol{e}_\tau(x,y,z)=\cos\alpha\boldsymbol{i}+\cos\beta\boldsymbol{j}+\cos\gamma\boldsymbol{k}$ 是定向曲线 Γ 在点 (x,y,z) 处的单位切向量，且积分也常表达为

$$\int_\Gamma \boldsymbol{F}(x,y,z)\cdot\mathrm{d}\boldsymbol{r} = \int_\Gamma P(x,y,z)\mathrm{d}x+Q(x,y,z)\mathrm{d}y+R(x,y,z)\mathrm{d}z\,, \tag{10}$$

其中 $\mathrm{d}x$、$\mathrm{d}y$、$\mathrm{d}z$ 是定向弧元素 $\mathrm{d}\boldsymbol{r}$ 的坐标，即

$$\mathrm{d}x=\cos\alpha\mathrm{d}s, \mathrm{d}y=\cos\beta\mathrm{d}s, \mathrm{d}z=\cos\gamma\mathrm{d}s.$$

由第二类曲线积分的定义可知两类曲线积分有如下的关系式：

$$\int_\Gamma P\mathrm{d}x+Q\mathrm{d}y+R\mathrm{d}z = \int_\Gamma (P\cos\alpha+Q\cos\beta+R\cos\gamma)\mathrm{d}s,$$

其中 $(\cos\alpha,\cos\beta,\cos\gamma)$ 是定向曲线 Γ 在点 (x,y,z) 处的单位切向量.

积分 $\int_\Gamma P(x,y,z)\mathrm{d}x+Q(x,y,z)\mathrm{d}y+R(x,y,z)\mathrm{d}z$ 也有类似 (7) 式的计

算方法：

> 如果定向光滑曲线 Γ 的方程为 $x=x(t),y=y(t),z=z(t),t:a\to b$，函数 $P(x,y,z)$、$Q(x,y,z)$、$R(x,y,z)$ 均在 Γ 上连续，则
>
> $$\begin{aligned}&\int_\Gamma P(x,y,z)\mathrm{d}x+Q(x,y,z)\mathrm{d}y+R(x,y,z)\mathrm{d}z\\&=\int_a^b\{P[x(t),y(t),z(t)]x'(t)+Q[x(t),y(t),z(t)]y'(t)\\&\quad+R[x(t),y(t),z(t)]z'(t)\}\mathrm{d}t,\end{aligned}\tag{11}$$
>
> 其中右端定积分的下限 a 对应 Γ 的起点，上限 b 对应 Γ 的终点.

例 4　计算 $\int_\Gamma y\mathrm{d}x+z\mathrm{d}y+x\mathrm{d}z$，其中 Γ 为从点 $A(2,0,0)$ 到点 $B(3,4,5)$ 再到点 $C(3,4,0)$ 的一条定向折线（图 8－11）.

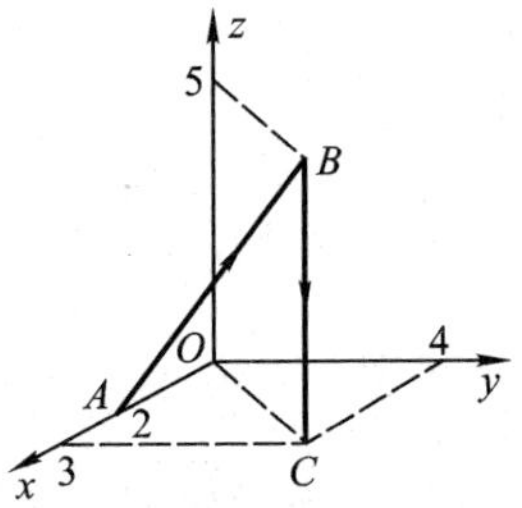

图 8－11

解　取定向线段$\overline{AB}$的方程为

$$x=2+t,y=4t,z=5t,t:0\to1,$$

则

$$\begin{aligned}\int_{\overline{AB}}y\mathrm{d}x+z\mathrm{d}y+x\mathrm{d}z&=\int_0^1[4t+(5t)4+(2+t)5]\mathrm{d}t\\&=\int_0^1(10+29t)\mathrm{d}t=\frac{49}{2}.\end{aligned}$$

又取定向线段$\overline{BC}$的方程为

$$x=3,y=4,z=5t,t:1\to0,$$

则

$$\int_{\overline{BC}}y\mathrm{d}x+z\mathrm{d}y+x\mathrm{d}z=\int_1^0[4\cdot0+(5t)\cdot0+3\cdot5]\mathrm{d}t=\int_1^0 15\mathrm{d}t=-15,$$

故

$$\int_\Gamma y\mathrm{d}x+z\mathrm{d}y+x\mathrm{d}z=\frac{49}{2}-15=\frac{19}{2}.$$

习题 8－3

1. 设 L 为 xOy 平面内 x 轴上从点 $(a,0)$ 到点 $(b,0)$ 的一段直线，证明：

$$\int_L P(x,y)\mathrm{d}x=\int_a^b P(x,0)\mathrm{d}x.$$

2. 把第二类曲线积分 $\int_L P(x,y)\mathrm{d}x+Q(x,y)\mathrm{d}y$ 化成第一类曲线积分，其中 L 为：

(1) 在 xOy 平面上从点(0,0)沿直线到点(1,1);

(2) 从点(0,0)沿抛物线 $y=x^2$ 到点(1,1).

3. 把第二类曲线积分 $\int_L P(x,y,z)\mathrm{d}x+Q(x,y,z)\mathrm{d}y+R(x,y,z)\mathrm{d}z$ 化成第一类曲线积分,其中 Γ 为:

(1) 从点(0,0,0)到点 $\left(\frac{\sqrt{2}}{2},\frac{\sqrt{2}}{2},1\right)$ 的直线段;

(2) 从点(0,0,0)经过圆弧 $x=t$、$y=t$、$z=1-\sqrt{1-2t^2}\left(t:0\to\frac{\sqrt{2}}{2}\right)$ 到点 $\left(\frac{\sqrt{2}}{2},\frac{\sqrt{2}}{2},1\right)$ 的弧段.

4. 计算下列第二类曲线积分:

(1) $\int_L (x+y)\mathrm{d}x+xy\mathrm{d}y$,$L$ 为折线 $y=1-|1-x|$ 上从点(0,0)到点(2,0)的一段;

(2) $\oint_L x^2y^2\mathrm{d}x+xy^2\mathrm{d}y$,$L$ 为直线 $x=1$ 与抛物线 $x=y^2$ 所围区域的边界(按逆时针方向绕行);

(3) $\oint_L (x+y)^2\mathrm{d}y$,$L$ 为圆周 $x^2+y^2=2ax(a>0)$(按逆时针方向绕行);

(4) $\int_L \boldsymbol{F}(x,y)\cdot\mathrm{d}\boldsymbol{r}$,其中 $\boldsymbol{F}(x,y)=(1+2xy)\boldsymbol{i}+x^2\boldsymbol{j}$,$L$ 为从点(1,0)到点(-1,0)的上半椭圆周 $x^2+2y^2=1(y\geqslant 0)$;

(5) $\int_\Gamma y\mathrm{d}x+z\mathrm{d}y+x\mathrm{d}z$,$\Gamma$ 为柱面螺线 $x=a\cos t$、$y=a\sin t$、$z=bt$ 上对应 $t=0$ 到 $t=2\pi$ 的一段弧;

(6) $\oint_\Gamma \mathrm{d}x-\mathrm{d}y+y\mathrm{d}z$,$\Gamma$ 为定向闭折线 $ABCA$,这里的 A、B、C 依次为点(1,0,0)、(0,1,0)、(0,0,1);

(7) $\int_\Gamma y\mathrm{d}x+x\mathrm{d}y+z\mathrm{d}z$,$\Gamma$ 为曲线 $x=1-\cos t$、$y=\sin t$、$z=t^3$ 上对应 $t=0$ 到 $t=\pi$ 的一段弧;

(8) $\oint_\Gamma \boldsymbol{F}(x,y,z)\cdot\mathrm{d}\boldsymbol{r}$,其中 $\boldsymbol{F}(x,y,z)=(z-y)\boldsymbol{i}+(x-z)\boldsymbol{j}+(x-z)\boldsymbol{k}$,$\Gamma$ 为椭圆周 $\begin{cases}x^2+y^2=1,\\x-y+z=2,\end{cases}$ 且从 z 轴正方向看去,Γ 取顺时针方向.

5. 计算 $\int_L (x+y)\mathrm{d}x+(y-x)\mathrm{d}y$,其中 L 是:

(1) 抛物线 $y^2=x$ 上从点(1,1)到点(4,2)的一段弧;

(2) 从点(1,1)到点(4,2)的直线段;

(3) 从点(1,1)到点(1,2)再到点(4,2)的折线;

(4) 曲线 $x=2t^2+t+1$、$y=t^2+1$ 上从点(1,1)到点(4,2)的一段弧.

6. 设重力的方向与 z 轴的反方向一致,求质量为 m 的质点从位置 (x_1,y_1,z_1) 沿直线移到

(x_2,y_2,z_2)时重力所作的功.

7. 设有一力场,场力的大小与作用点到 z 轴的距离成反比(比例系数为 k),方向垂直于 z 轴并且指向 z 轴,试求一质点沿圆弧 $x=\cos t$、$y=1$、$z=\sin t$ 从点$(1,1,0)$依 t 增加的方向移动到点$(0,1,1)$时场力所作的功.

第四节 格林公式

一、格林公式

英国数学家格林①在 1825 年建立了平面区域上的二重积分与沿这个区域边界的第二类曲线积分之间的联系,得出了有名的格林公式. 格林公式是微积分基本公式在二重积分情形下的推广,它不仅给计算第二类曲线积分带来一种新的方法,更重要的是它揭示了定向曲线积分与积分路径无关的条件,在积分理论的发展中起了很大的作用.

在给出格林公式之前,我们先介绍一些与平面区域有关的基本概念.

单(复)连通区域及其正向边界 设 D 为一平面区域,如果 D 内任意一条闭曲线所围的有界区域都属于 D,则称 D 是平面单连通区域(simply connected region). 通俗地讲,单连通区域就是没有"洞"的区域. 不是单连通的平面区域称为复连通区域(multiple connected region).

例如 xOy 平面上的圆盘$\{(x,y)\mid x^2+y^2<1\}$及上半平面$\{(x,y)\mid y>0\}$都是单连通区域;而圆环$\{(x,y)\mid 1<x^2+y^2<2\}$及去心圆盘$\{(x,y)\mid 0<x^2+y^2<1\}$都是复连通区域.

对于 xOy 平面上的闭区域 D,规定其边界曲线∂D 的正向如下:当人站立于 xOy 平面上(位于 z 轴正向所指的一侧),并沿∂D 的这一方向朝前行进时,邻近处的 D 始终位于他的左侧. 为了明确起见,把 D 带有正向的边界线记为∂D^+,并称之为 D 的正向边界曲线. 例如,设 D_1 为闭区域$\{(x,y)\mid x^2+y^2\leqslant 1\}$,$D_2$ 为闭区域$\{(x,y)\mid x^2+y^2\geqslant 1\}$,那么$\partial D_1^+$ 是逆时针走向的单位圆周$\{(x,y)\mid x^2+y^2=1\}$,而∂D_2^+ 则是顺时针走向的单位圆周. 又如圆环形闭区域 $D=\{(x,y)\mid 1\leqslant x^2+y^2\leqslant 2\}$的正向边界由逆时针走向的外圆周与顺时针走向的内圆周共同组成.

下面给出的格林公式将平面区域上的二重积分与定向边界曲线上的积分联系了起来.

定理 1(格林定理) **设 D 是 xOy 面上的有界闭区域,其边界曲线∂D 由有限**

① 格林(G · Green)1793—1841,英国数学家、物理学家.

条光滑曲线所组成,如果函数 $P(x,y)$、$Q(x,y)$ 在 D 上具有一阶连续偏导数,那么

$$\iint_D\left(\frac{\partial Q}{\partial x}-\frac{\partial P}{\partial y}\right)\mathrm{d}\sigma=\oint_{\partial D^+}P(x,y)\,\mathrm{d}x+Q(x,y)\,\mathrm{d}y. \tag{1}$$

证 先假定 D 是 x 型区域,即穿过 D 的内部且平行于 y 轴的直线与 D 的边界曲线的交点恰为两个,并设 D 可表示为

$$D=\{(x,y)\mid y_1(x)\leqslant y\leqslant y_2(x),a\leqslant x\leqslant b\},$$

如图 8-12(a)所示,不妨设 D 的正向边界 ∂D^+ 由 $L_1:y=y_1(x)(x:a\to b)$、$L_2:y=y_2(x)(x:b\to a)$ 以及两个有向线段 $\overline{A_2A_3}$ 和 $\overline{A_4A_1}$ 组成. 因 $\dfrac{\partial P}{\partial y}$ 连续,故按二重积分计算法可得

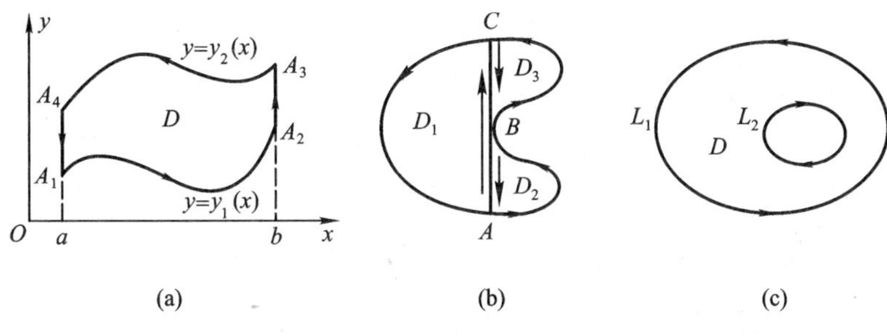

图 8-12

$$\iint_D\frac{\partial P}{\partial y}\mathrm{d}\sigma=\int_a^b\mathrm{d}x\int_{y_1(x)}^{y_2(x)}\frac{\partial P}{\partial y}\mathrm{d}y=\int_a^b\{P[x,y_2(x)]-P[x,y_1(x)]\}\,\mathrm{d}x.$$

又由第二类曲线积分的性质及计算法知

$$\begin{aligned}\int_{\partial D^+}P\mathrm{d}x&=\int_{L_1}P\mathrm{d}x+\int_{\overline{A_2A_3}}P\mathrm{d}x+\int_{L_2}P\mathrm{d}x+\int_{\overline{A_4A_1}}P\mathrm{d}x\\&=\int_{L_1}P\mathrm{d}x+\int_{L_2}P\mathrm{d}x=\int_a^bP[x,y_1(x)]\,\mathrm{d}x+\int_b^aP[x,y_2(x)]\,\mathrm{d}x\\&=\int_a^b\{P[x,y_1(x)]-P[x,y_2(x)]\}\,\mathrm{d}x,\end{aligned}$$

因此有

$$-\iint_D\frac{\partial P}{\partial y}\mathrm{d}\sigma=\oint_{\partial D^+}P\mathrm{d}x. \tag{2}$$

对于非 x 型的有界闭区域 D,包括 D 是复连通区域的情形,则通常可以通过添加几条辅助线将它分成有限个 x 型的部分区域,如图 8-12(b)所示的区域可以分成三块 x 型区域 D_1、D_2 和 D_3,那么在每个 D_i 上有

$$-\iint_{D_i}\frac{\partial P}{\partial y}\mathrm{d}\sigma=\oint_{\partial D_i^+}P(x,y)\mathrm{d}x\quad(i=1,2,3).$$

将以上三式相加，根据二重积分的区域可加性，左边之和即为 $-\iint\limits_D\frac{\partial P}{\partial y}\mathrm{d}\sigma$，而右边之和利用定向积分弧的可加性可以写成沿 ∂D^+ 的积分与沿定向辅助线 $\overline{AC}$、$\overline{CB}$、$\overline{BA}$ 的积分之和，但在定向辅助线上经一个来回后积分抵消，即

$$\int_{\overline{AC}}P\mathrm{d}x+\int_{\overline{CB}}P\mathrm{d}x+\int_{\overline{BA}}P\mathrm{d}x=0,$$

故余下的即为 $\int\limits_{\partial D^+}P\mathrm{d}x$，于是仍有(2)式成立.

类似可证

$$\iint_D\frac{\partial Q}{\partial x}\mathrm{d}\sigma=\oint_{\partial D^+}Q\mathrm{d}y. \tag{3}$$

将(2)与(3)式的两边分别相加即得(1)式. 证毕.

注意，如果 D 是由 n 条闭曲线所围成的复连通区域，则格林公式(1)的右端应包括沿 D 的全部边界的曲线积分，且每条闭曲线的走向对 D 来说都是正向. 如在图 8－12(c)所示的复连通区域 D 上，有

$$\iint_D\left(\frac{\partial Q}{\partial x}-\frac{\partial P}{\partial y}\right)\mathrm{d}\sigma=\oint_{L_1}P\mathrm{d}x+Q\mathrm{d}y+\oint_{L_2}P\mathrm{d}x+Q\mathrm{d}y.$$

例 1　计算 $\oint\limits_L x^4\mathrm{d}x+xy\mathrm{d}y$，其中 L 是以(0,0)、(1,0)、(0,1)为顶点的三角形区域的正向边界(图 8－13).

解　记 L 所围区域为 D，由格林公式得

$$\begin{aligned}\oint_L x^4\mathrm{d}x+xy\mathrm{d}y&=\iint_D(y-0)\mathrm{d}x\mathrm{d}y\\&=\int_0^1\mathrm{d}x\int_0^{1-x}y\mathrm{d}y=\frac{1}{2}\int_0^1(1-x)^2\mathrm{d}x\\&=\frac{1}{6}.\end{aligned}$$

例 2　计算 $\int\limits_L(x^2-2y)\mathrm{d}x+(3x+ye^y)\mathrm{d}y$，其中 L 是由直线 $x+2y=2$ 上从 $A(2,0)$ 到 $B(0,1)$ 的一段及圆弧 $x=-\sqrt{1-y^2}$ 上从 $B(0,1)$ 到 $C(-1,0)$ 的一段连接而成的定向曲线(图 8－14).

解　如果用上一节中的公式(7)或公式(8)来计算这一曲线积分，计算量是较大的，现利用格林公式计算. 为此先添上一段定向线段 $\overline{CA}$，这样 L 与 $\overline{CA}$ 就构成

一定向闭曲线 Γ(记 $\Gamma = L + \overline{CA}$),于是所求积分

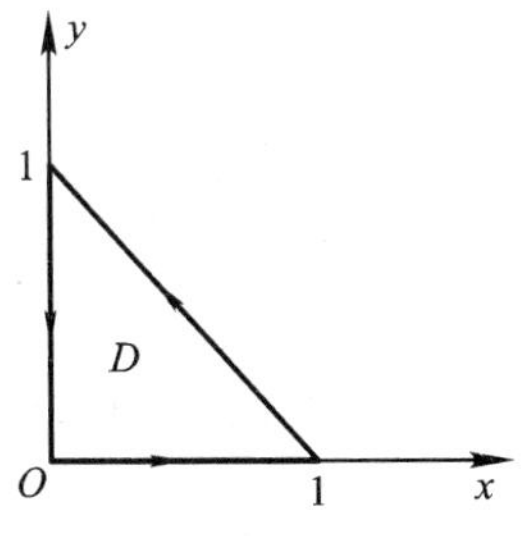

图 8－13

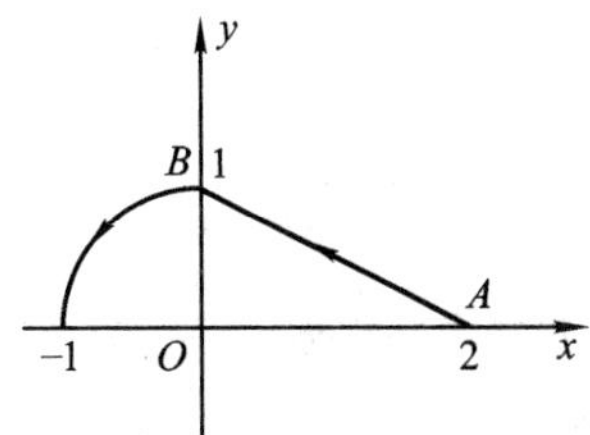

图 8－14

$$\int_L (x^2 - 2y)\,\mathrm{d}x + (3x + ye^y)\,\mathrm{d}y = \oint_\Gamma (x^2 - 2y)\,\mathrm{d}x + (3x + ye^y)\,\mathrm{d}y - \int_{\overline{CA}} (x^2 - 2y)\,\mathrm{d}x + (3x + ye^y)\,\mathrm{d}y,$$

记 Γ 所围的有界区域为 D,运用格林公式得

$$\oint_\Gamma (x^2 - 2y)\,\mathrm{d}x + (3x + ye^y)\,\mathrm{d}y = \iint_D [3 - (-2)]\,\mathrm{d}x\mathrm{d}y$$

$$= 5\iint_D \mathrm{d}x\mathrm{d}y = 5 \cdot (D\text{ 的面积}) = 5\left(\frac{\pi}{4} + 1\right).$$

而

$$\int_{\overline{CA}} (x^2 - 2y)\,\mathrm{d}x + (3x + ye^y)\,\mathrm{d}y = \int_{-1}^{2} x^2\,\mathrm{d}x = 3,$$

于是所求积分

$$\int_L (x^2 - 2y)\,\mathrm{d}x + (3x + ye^y)\,\mathrm{d}y = 5\left(\frac{\pi}{4} + 1\right) - 3 = \frac{5\pi}{4} + 2.$$

由例 2 可以看到,在计算某些第二类曲线积分时,添上适当的辅助定向曲线弧后,利用格林公式,就有可能简化计算.

我们知道,平面图形的面积可以用定积分或二重积分来计算. 但是,平面图形的面积有时也可以通过第二类曲线积分来计算,因为利用格林公式很容易得到如下几个公式:

$$\oint_{\partial D^+} x\,\mathrm{d}y = \iint_D \mathrm{d}x\mathrm{d}y, \tag{4}$$

$$-\oint_{\partial D^+} y\,\mathrm{d}x = \iint_D \mathrm{d}x\mathrm{d}y, \tag{5}$$

于是

$$D\text{ 的面积} = \oint_{\partial D^+} x\,\mathrm{d}y = -\oint_{\partial D^+} y\,\mathrm{d}x = \frac{1}{2}\oint_{\partial D^+} x\,\mathrm{d}y - y\,\mathrm{d}x. \tag{6}$$

例 3　求椭圆 $x = a\cos\theta, y = b\sin\theta$ 所围图形的面积 A.

解　根据(6)式,有

$$A = \frac{1}{2}\oint_{\partial D^+} x\mathrm{d}y - y\mathrm{d}x = \frac{1}{2}\int_0^{2\pi}(ab\cos^2\theta + ab\sin^2\theta)\mathrm{d}\theta$$

$$= \frac{1}{2}ab\int_0^{2\pi}\mathrm{d}\theta = \pi ab.$$

例 4　设 D 是包含原点的有界闭区域,L 是 D 的正向光滑边界,证明 $\oint_L \frac{x\mathrm{d}y - y\mathrm{d}x}{x^2 + y^2} = 2\pi$.

解　令 $P = \frac{-y}{x^2+y^2}, Q = \frac{x}{x^2+y^2}$,则当 $(x,y)\neq(0,0)$ 时,有

$$\frac{\partial Q}{\partial x} = \frac{\partial P}{\partial y} = \frac{y^2 - x^2}{(x^2+y^2)^2},$$

即

$$\frac{\partial Q}{\partial x} - \frac{\partial P}{\partial y} = 0.$$

由于 D 包含原点,因此 $\frac{\partial P}{\partial y}$、$\frac{\partial Q}{\partial x}$ 在 D 内存在间断点 $(0,0)$,故不能在 D 上应用格林公式. 取一适当小的 $r>0$,使得圆周 $C_r: x^2 + y^2 = r^2$ 位于 D 内且与 L 不相交,并设 C_r 取逆时针走向,记 L 与 C_r^- 共同围成的复连通区域为 D_1(图 8-15),则 P,Q 在 D_1 上有连续的偏导数,于是在 D_1 上应用格林公式,得

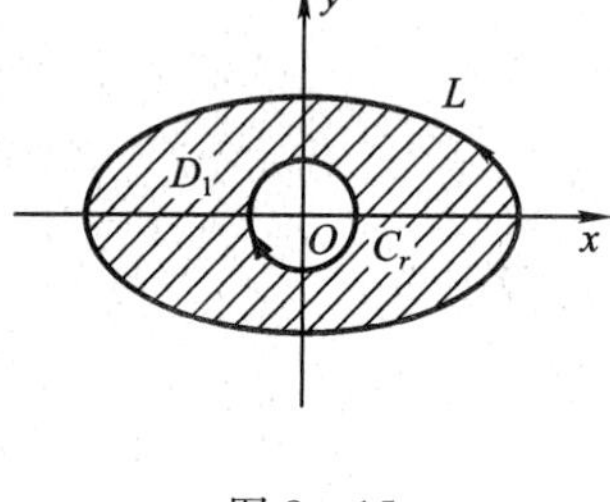

图 8-15

$$0 = \iint_{D_1}\left(\frac{\partial Q}{\partial x} - \frac{\partial P}{\partial y}\right)\mathrm{d}x\mathrm{d}y = \oint_{\partial D_1^+} P\mathrm{d}x + Q\mathrm{d}y$$

$$= \oint_L P\mathrm{d}x + Q\mathrm{d}y + \oint_{C_r^-} P\mathrm{d}x + Q\mathrm{d}y,$$

因而

$$\oint_L P\mathrm{d}x + Q\mathrm{d}y = -\oint_{C_r^-} P\mathrm{d}x + Q\mathrm{d}y = \oint_{C_r} P\mathrm{d}x + Q\mathrm{d}y$$

$$= \oint_{C_r}\frac{x\mathrm{d}y - y\mathrm{d}x}{x^2+y^2} = \frac{1}{r^2}\oint_{C_r} x\mathrm{d}y - y\mathrm{d}x = \frac{1}{r^2}\iint_{D_r} 2\mathrm{d}x\mathrm{d}y\,(D_r: x^2 + y^2 \leqslant r^2)$$

$$= \frac{2}{r^2}\cdot \pi r^2 = 2\pi.$$

二、平面定向曲线积分与路径无关的条件

设 G 为一平面区域,M_0、M 是 G 内任意两点,L 是 G 内从 M_0 到 M 的分段光

滑的曲线，如果曲线积分 $\int_L P(x,y)\,\mathrm{d}x+Q(x,y)\,\mathrm{d}y$ 只与 L 的两个端点 M_0、M 有关而与积分的路径无关，则称该曲线积分在 G 内与路径无关(independent of path)，否则便说与路径有关. 在什么条件下，曲线积分与路径无关，这个问题在物理学和力学中有着重要的应用. 下面的定理给出了平面上第二类曲线积分与路径无关的充分必要条件.

定理 2 **设 G 是平面上的单连通区域，函数 $P(x,y)$、$Q(x,y)$ 在 G 内有连续的偏导数，那么以下四个条件相互等价：**

(i) 对 G 内的任意一条分段光滑的闭曲线 C，

$$\oint_C P(x,y)\,\mathrm{d}x+Q(x,y)\,\mathrm{d}y=0;$$

(ii) 曲线积分 $\int_L P(x,y)\,\mathrm{d}x+Q(x,y)\,\mathrm{d}y$ 在 G 内与路径无关；

(iii) 表达式 $P(x,y)\,\mathrm{d}x+Q(x,y)\,\mathrm{d}y$ 在 G 内是某个二元函数的全微分，即存在 $u(x,y)$，使得

$$\mathrm{d}u=P(x,y)\,\mathrm{d}x+Q(x,y)\,\mathrm{d}y①;$$

(iv) $\dfrac{\partial Q}{\partial x}=\dfrac{\partial P}{\partial y}$ 在 G 内每点处成立.

证 定理中的四个条件互为充分必要条件，为了使证明简洁，我们采用

$$(\mathrm{i})\Rightarrow(\mathrm{ii})\Rightarrow(\mathrm{iii})\Rightarrow(\mathrm{iv})\Rightarrow(\mathrm{i})$$

的证明方式.

(i)⇒(ii)

在 G 内任取两点 M_0 和 M，设 L_1 和 $L_2(L_1\neq L_2)$ 是 G 内从 M_0 到 M 的任意两条定向曲线，则 $L_1+L_2^-$ 是 G 内的一条定向闭曲线. 在(i)的条件下，因

$$\begin{aligned}0&=\oint_{L_1+L_2^-}P\mathrm{d}x+Q\mathrm{d}y=\int_{L_1}P\mathrm{d}x+Q\mathrm{d}y+\int_{L_2^-}P\mathrm{d}x+Q\mathrm{d}y\\&=\int_{L_1}P\mathrm{d}x+Q\mathrm{d}y-\int_{L_2}P\mathrm{d}x+Q\mathrm{d}y,\end{aligned}$$

故得

$$\int_{L_1}P\mathrm{d}x+Q\mathrm{d}y=\int_{L_2}P\mathrm{d}x+Q\mathrm{d}y.$$

这说明曲线积分 $\int_L P\mathrm{d}x+Q\mathrm{d}y$ 在 G 内与路径无关.

---

① 这时函数 $u(x,y)$ 称为表达式 $P\mathrm{d}x+Q\mathrm{d}y$ 的原函数. 又，条件(iii)也可表述为：存在函数 $u(x,y)$，使 $\nabla u=P(x,y)\boldsymbol{i}+Q(x,y)\boldsymbol{j}$.

(ii)⇒(iii)

设 $M_0(x_0,y_0)$、$M(x,y)$ 是 G 内任意两点，则在(ii)的条件下曲线积分 $\int_{\widehat{M_0M}} P(x,y)\mathrm{d}x+Q(x,y)\mathrm{d}y$ 与路径无关而仅依赖于起点 $M_0(x_0,y_0)$ 与终点 $M(x,y)$ 的位置. 这时，可把该积分记成 $\int_{(x_0,y_0)}^{(x,y)} P(x,y)\mathrm{d}x+Q(x,y)\mathrm{d}y$. 如果固定点 $M_0(x_0,y_0)$，则积分 $\int_{(x_0,y_0)}^{(x,y)} P(x,y)\mathrm{d}x+Q(x,y)\mathrm{d}y$ 是点 (x,y) 的函数，把它记作 $u(x,y)$，即

$$u(x,y)=\int_{(x_0,y_0)}^{(x,y)} P(x,y)\mathrm{d}x+Q(x,y)\mathrm{d}y.$$

由于 $P(x,y)$、$Q(x,y)$ 是连续的，故由函数可微的充分条件，我们只要证明

$$\frac{\partial u}{\partial x}=P(x,y),\frac{\partial u}{\partial y}=Q(x,y),$$

就证明了 $u(x,y)$ 是可微的并有 $\mathrm{d}u=P(x,y)\mathrm{d}x+Q(x,y)\mathrm{d}y$.

因 $u(x+\Delta x,y)=\int_{(x_0,y_0)}^{(x+\Delta x,y)} P(x,y)\mathrm{d}x+Q(x,y)\mathrm{d}y$，并由于曲线积分与路径无关，故积分时可取先从 $M_0(x_0,y_0)$ 到 $M(x,y)$，再沿平行于 x 轴的直线段从 M 到 $N(x+\Delta x,y)$ 的路径(图 8－16). 由于 G 是平面区域，故当 Δx 很小时，线段 MN 将全部落在 G 内. 这就有

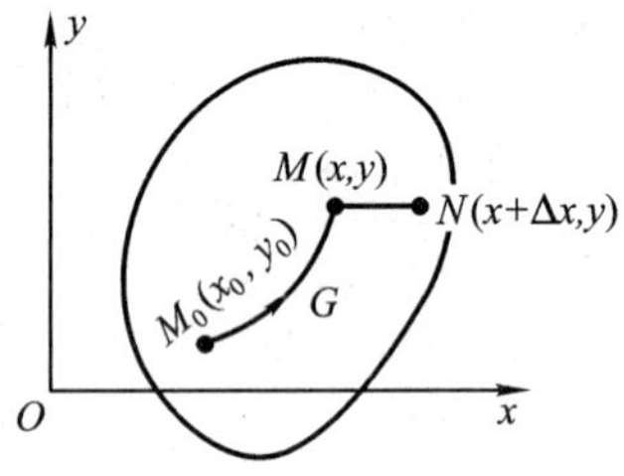

图 8－16

$$\begin{aligned}u(x+\Delta x,y)-u(x,y)&=\left(\int_{(x_0,y_0)}^{(x+\Delta x,y)}-\int_{(x_0,y_0)}^{(x,y)}\right)P(x,y)\mathrm{d}x+Q(x,y)\mathrm{d}y\\&=\int_{(x,y)}^{(x+\Delta x,y)} P(x,y)\mathrm{d}x+Q(x,y)\mathrm{d}y\\&=\int_{x}^{x+\Delta x} P(x,y)\mathrm{d}x=P(x+\theta\Delta x,y)\Delta x,\end{aligned}$$

这里 $0\leqslant\theta\leqslant1$，其中最后的等号由积分中值定理所得.

根据偏导数的定义，并因为 $P(x,y)$ 连续，故有

$$\begin{aligned}\frac{\partial u}{\partial x}&=\lim_{\Delta x\to0}\frac{u(x+\Delta x,y)-u(x,y)}{\Delta x}=\lim_{\Delta x\to0}\frac{P(x+\theta\Delta x,y)\Delta x}{\Delta x}\\&=\lim_{\Delta x\to0}P(x+\theta\Delta x,y)=P(x,y).\end{aligned}$$

同理可证 $$\frac{\partial u}{\partial y}=Q(x,y).$$

这就证明了(ii)是(iii)的充分条件.

(iii)⇒(iv)

根据(iii),$P(x,y)\mathrm{d}x+Q(x,y)\mathrm{d}y$ 是某函数 $u(x,y)$ 的全微分,即

$$\frac{\partial u}{\partial x}=P(x,y),\frac{\partial u}{\partial y}=Q(x,y).$$

由上面两式得

$$\frac{\partial^2 u}{\partial x\partial y}=\frac{\partial P}{\partial y},\frac{\partial^2 u}{\partial y\partial x}=\frac{\partial Q}{\partial x},$$

并由于$\frac{\partial P}{\partial y}$与$\frac{\partial Q}{\partial x}$连续,故有$\frac{\partial^2 u}{\partial x\partial y}=\frac{\partial^2 u}{\partial y\partial x}$,即得

$$\frac{\partial Q}{\partial x}=\frac{\partial P}{\partial y}.$$

这就证明了(iii)是(iv)的充分条件.

(iv)⇒(i)

根据(iv),即在 G 内每点 (x,y) 处有$\frac{\partial Q}{\partial x}=\frac{\partial P}{\partial y}$,并由于 G 是单连通区域,故在 G 内任意一条光滑或分段光滑的定向闭曲线 L 上应用格林公式,就有

$$\oint_L P(x,y)\mathrm{d}x+Q(x,y)\mathrm{d}y=\iint_D\left(\frac{\partial Q}{\partial x}-\frac{\partial P}{\partial y}\right)\mathrm{d}x\mathrm{d}y=0,$$

其中 D 是 L 所围的区域. 这就证明了(iv)是(i)的充分条件. 至此定理 2 证毕.

我们指出,验证平面上单连通区域内的第二类曲线积分与路径无关的最便利的条件是定理 2 中的(iv),即

> 设 G 是平面单连通区域,L 是 G 内任一分段光滑的曲线弧,P、Q 在 G 内有连续偏导数,则
>
> $\int_L P\mathrm{d}x+Q\mathrm{d}y$ 与路径无关 $\Leftrightarrow \frac{\partial Q}{\partial x}=\frac{\partial P}{\partial y}$ 在 G 内每点处成立.

从定理 2 的证明可以学习的一点是,对某个数学命题,通过逻辑推理得出它的一系列的等价命题,从而得到某个(或某些个)应用起来最为方便的结论. 这是一种重要的数学方法. 通过这种做法,能使我们多角度、多方位地加深对数学命题内涵的认识,并提高应用数学理论的能力.

下面,我们举例说明定理 2 的一些简单应用.

例 5　计算曲线积分

$$\int_L(1-2xy-y^2)\mathrm{d}x-(x+y)^2\mathrm{d}y,$$

其中 L 是 $x^2+y^2=2y$ 上从(0,0)到(1,1)的一段定向弧.

解 这里 $P(x,y)=1-2xy-y^2, Q(x,y)=-(x+y)^2$,

因
$$\frac{\partial Q}{\partial x}=-2(x+y)=\frac{\partial P}{\partial y},$$

故曲线积分与路径无关. 现选取 L_1 是从(0,0)经(1,0)到(1,1)的有向折线段(图 8-17),则所求积分

$$\int_L (1-2xy-y^2)\mathrm{d}x-(x+y)^2\mathrm{d}y=\int_{L_1}(1-2xy-y^2)\mathrm{d}x-(x+y)^2\mathrm{d}y$$

$$=\int_{(0,0)}^{(1,0)}(1-2xy-y^2)\mathrm{d}x-(x+y)^2\mathrm{d}y+$$

$$\int_{(1,0)}^{(1,1)}(1-2xy-y^2)\mathrm{d}x-(x+y)^2\mathrm{d}y$$

$$=\int_0^1 1\mathrm{d}x+\int_0^1[-(1+y)^2]\mathrm{d}y=1-\frac{7}{3}=-\frac{4}{3}.$$

如果验证了 $P(x,y)\mathrm{d}x+Q(x,y)\mathrm{d}y$ 是某函数 $u(x,y)$ 的全微分,则可按下面的方法求出原函数 $u(x,y)$.

在 P、Q 有连续偏导的单连通区域内取定一点 (x_0,y_0),再设 (x,y) 为该区域内的任意一点,则由定理 2 的证明可知,曲线积分

$$\int_{(x_0,y_0)}^{(x,y)}P(x,y)\mathrm{d}x+Q(x,y)\mathrm{d}y$$

即可作为 $u(x,y)$. 为方便计算,积分路径一般取从 $M_0(x_0,y_0)$ 经 $M'(x,y_0)$ 到 $M''(x,y)$ 的有向折线段(图 8-18(a)),或取从 $M_0(x_0,y_0)$ 经 $M'(x_0,y)$ 到 $M''(x,y)$ 的有向折线段(图 8-18(b))(只要折线段包含在该单连通区域内即可).

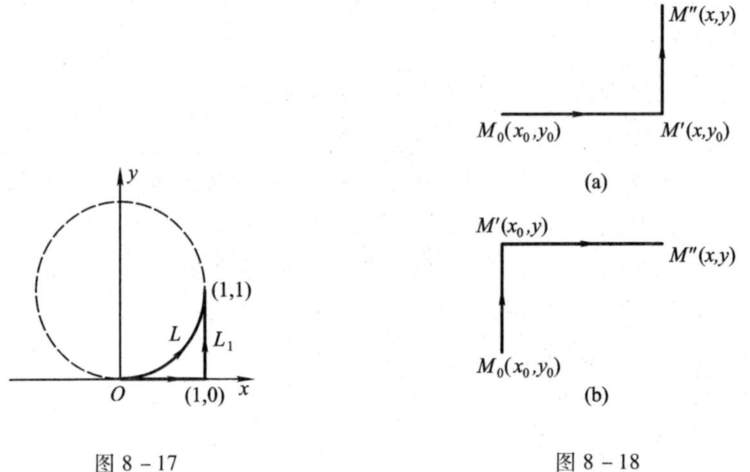

图 8-17　　图 8-18

如取图 8-18(a)中的路径,则

$$u(x,y)=\int_{x_0}^{x}P(x,y_0)\mathrm{d}x+\int_{y_0}^{y}Q(x,y)\mathrm{d}y. \tag{7}$$

如取图 8－18(b)中的路径,则

$$u(x,y)=\int_{x_0}^{x}P(x,y)\mathrm{d}x+\int_{y_0}^{y}Q(x_0,y)\mathrm{d}y. \tag{8}$$

例 6 验证在右半平面($x>0$)内,$\dfrac{x\mathrm{d}y-y\mathrm{d}x}{x^2+y^2}$是某个函数的全微分,并求出一个这样的函数.

解 这里 $P=\dfrac{-y}{x^2+y^2}$,$Q=\dfrac{x}{x^2+y^2}$,故

$$\frac{\partial P}{\partial y}=\frac{y^2-x^2}{(x^2+y^2)^2}=\frac{\partial Q}{\partial x}$$

在右半平面内成立.根据定理 2 知,有函数 $u(x,y)$ 使得 $\mathrm{d}u=\dfrac{x\mathrm{d}y-y\mathrm{d}x}{x^2+y^2}$.现在右半平面内取定一点$(x_0,y_0)=(1,0)$,由公式(7)得

$$u(x,y)=\int_1^x\frac{-0}{x^2+0}\mathrm{d}x+\int_0^y\frac{x}{x^2+y^2}\mathrm{d}y=\left[\arctan\frac{y}{x}\right]_0^y=\arctan\frac{y}{x}.$$

定理 2 的结论,可用于求解某一类一阶微分方程.

如果一阶微分方程可以写成如下形式:

$$P(x,y)\mathrm{d}x+Q(x,y)\mathrm{d}y=0,$$

并满足$\dfrac{\partial Q}{\partial x}\equiv\dfrac{\partial P}{\partial y}$,那么称上述方程为全微分方程.由定理 2 知,全微分方程的左端 $P\mathrm{d}x+Q\mathrm{d}y$ 是某个函数的全微分,故只要求出一个这样的函数$u(x,y)$,则原方程就成为

$$\mathrm{d}u(x,y)=0,$$

于是

$$u(x,y)=C$$

就给出微分方程的通解,其中 C 是任意常数.

例 7 求解微分方程$(5x^4+3xy^2-y^3)\mathrm{d}x+(3x^2y-3xy^2+y^2)\mathrm{d}y=0$.

解 这里$\dfrac{\partial P}{\partial y}=6xy-3y^2=\dfrac{\partial Q}{\partial x}$,故所给方程是全微分方程,取$(x_0,y_0)=(0,0)$,由公式(7)得

$$\begin{aligned}u(x,y)&=\int_0^x5x^4\mathrm{d}x+\int_0^y(3x^2y-3xy^2+y^2)\mathrm{d}y\\&=x^5+\frac{3}{2}x^2y^2-xy^3+\frac{1}{3}y^3,\end{aligned}$$

于是方程的通解为

$$x^5+\frac{3}{2}x^2y^2-xy^3+\frac{1}{3}y^3=C.$$

*三、曲线积分基本定理

如果表达式 $P(x,y)\mathrm{d}x+Q(x,y)\mathrm{d}y$ 存在原函数 $u(x,y)$，则可利用 $u(x,y)$ 来计算曲线积分 $\int_L P\mathrm{d}x+Q\mathrm{d}y$. 这个结果称为曲线积分基本定理，它可看成是微积分基本定理（牛顿－莱布尼茨公式）在曲线积分情形下的推广.

定理 3 设 $L=\widehat{AB}$ 是光滑的定向曲线，函数 $f(x,y)$ 的偏导数在 L 上连续，则

$$\int_L \nabla f\cdot \mathrm{d}\boldsymbol{r}=f(B)-f(A). \tag{9}$$

证 设定向光滑曲线 $L=\widehat{AB}$ 由参数方程 $x=x(t)$，$y=y(t)$，$t:a\to b$ 给出，则

$$\begin{aligned}\int_L \nabla f\cdot \mathrm{d}\boldsymbol{r}&=\int_L f_x(x,y)\mathrm{d}x+f_y(x,y)\mathrm{d}y\\&=\int_a^b[f_x(x(t),y(t))\cdot x'(t)+f_y(x(t),y(t))\cdot y'(t)]\mathrm{d}t\\&=\int_a^b\left[\frac{\mathrm{d}}{\mathrm{d}t}f(x(t),y(t))\right]\mathrm{d}t=[f(x(t),y(t))]_a^b\\&=f(B)-f(A),\end{aligned}$$

故(9)式成立.

例 8 在例 6 中，我们已经求得 $\nabla\left(\arctan\dfrac{y}{x}\right)=\left(\dfrac{-y}{x^2+y^2},\dfrac{x}{x^2+y^2}\right)(x>0)$，于是由定理 3，

$$\int_{(1,0)}^{(\sqrt{3},3)}\frac{x\mathrm{d}y-y\mathrm{d}x}{x^2+y^2}=\left[\arctan\frac{y}{x}\right]_{(1,0)}^{(\sqrt{3},3)}=\arctan\sqrt{3}-\arctan 0=\frac{\pi}{3}.$$

在物理学中，如果一个向量场沿场内定向曲线的积分仅与曲线的起点与终点有关，而与路径无关，则称此向量场为保守场. 比如重力场就是一个保守场，因为重力作功是与路径无关的. (9)式表明，数量场 f 的梯度场 ∇f 必是保守场.

习题 8－4

1. 利用第二类曲线积分，求下列曲线所围成的图形的面积：

(1) 星形线 $x=a\cos^3t$，$y=a\sin^3t\,(t:0\to2\pi)$；

(2) 曲线 $x=\cos t$，$y=\sin^3t\,(t:0\to2\pi)$.

2. 证明下列曲线积分在整个 xOy 平面内与路径无关，并计算积分值：

(1) $\int_{(1,1)}^{(2,3)}(x+y)\mathrm{d}x+(x-y)\mathrm{d}y$;

(2) $\int_{(1,0)}^{(2,1)}(2xy-y^4+3)\mathrm{d}x+(x^2-4xy^3)\mathrm{d}y$;

(3) $\int_{(0,0)}^{(4,8)}\mathrm{e}^{-x}\sin y\mathrm{d}x-\mathrm{e}^{-x}\cos y\mathrm{d}y$;

(4) $\int_{(0,0)}^{(a,b)}\dfrac{\mathrm{d}x+\mathrm{d}y}{1+(x+y)^2}$.

3. 利用格林公式,计算下列第二类曲线积分:

(1) $\oint_L 3xy\mathrm{d}x+x^2\mathrm{d}y$,$L$ 为矩形区域$[-1,3]\times[0,2]$的正向边界;

(2) $\oint_L(1+y^2)\mathrm{d}x+y\mathrm{d}y$,$L$ 为正弦曲线 $y=\sin x$ 与 $y=2\sin x(0\leqslant x\leqslant \pi)$ 所围区域的正向边界;

(3) $\oint_L(y^2+\sin x)\mathrm{d}x+(\cos^2y-2x)\mathrm{d}y$,$L$ 为星形线 $x^{\frac{2}{3}}+y^{\frac{2}{3}}=a^{\frac{2}{3}}$ 所围区域的正向边界;

(4) $\oint_L\dfrac{1}{x}\arctan\dfrac{y}{x}\mathrm{d}x+\dfrac{2}{y}\arctan\dfrac{x}{y}\mathrm{d}y$,$L$ 为圆周 $x^2+y^2=1$、$x^2+y^2=4$ 与直线 $y=x$、$y=\sqrt{3}x$ 在第一象限所围区域的正向边界;

(5) $\int_L\boldsymbol{F}(x,y)\cdot\mathrm{d}\boldsymbol{r}$,其中

$\boldsymbol{F}(x,y)=\left(y+\dfrac{\mathrm{e}^y}{x}\right)\boldsymbol{i}+\mathrm{e}^y\ln x\boldsymbol{j}$,$L$ 是在半圆周 $x=1+\sqrt{2y-y^2}$ 上从点$(1,0)$到点$(2,1)$的一段弧.

4. 计算 $I=\oint_L\dfrac{x\mathrm{d}y-y\mathrm{d}x}{x^2+y^2}$,其中 L 为

(1) 椭圆$\dfrac{(x-2)^2}{2}+\dfrac{y^2}{3}=1$ 所围区域的正向边界;

(2) 圆 $x^2+y^2=1$ 所围区域的正向边界;

(3) 椭圆$\dfrac{x^2}{2}+\dfrac{y^2}{3}=1$ 所围区域的正向边界;

(4) 正方形$|x|+|y|\leqslant 1$ 的正向边界.

5. 验证下列表达式在整个 xOy 平面内是某一函数 $u(x,y)$ 的全微分,并求一个这样的 $u(x,y)$:

(1) $(x+2y)\mathrm{d}x+(2x+y)\mathrm{d}y$;

(2) $(6xy+2y^2)\mathrm{d}x+(3x^2+4xy)\mathrm{d}y$;

(3) $(3x^2y+x\mathrm{e}^x)\mathrm{d}x+(x^3-y\sin y)\mathrm{d}y$.

6. 验证下列微分方程是全微分方程并求方程的通解:

(1) $\sin x\sin 2y\mathrm{d}x-2\cos x\cos 2y\mathrm{d}y=0$;

(2) $(x^2-y)\mathrm{d}x-(x+\sin^2y)\mathrm{d}y=0$.

7. 计算 $\int_{(1,0)}^{(2,\pi)}(y-\mathrm{e}^x\cos y)\mathrm{d}x+(x+\mathrm{e}^x\sin y)\mathrm{d}y$.

8. 设在 xOy 平面上有一引力场，引力的大小与作用点到原点的距离平方成反比，引力的方向由作用点指向原点，证明：在引力场中，场力所作的功只与运动质点的始末位置有关，而与质点经过的路径无关（假设路径不通过原点）.

第五节　向量值函数在定向曲面上的积分（第二类曲面积分）

一、第二类曲面积分的概念

定向曲面及其法向量　由于本节讨论的曲面积分的实际背景涉及曲面的侧（见本目后面"流体流向曲面一侧的流量"），故先对曲面的定侧（或定向）作一点说明.

空间曲面有双侧与单侧之分，通常我们遇到的曲面都是双侧的，例如将 xOy 面置于水平位置时，由显式方程 $z=z(x,y)$ 表示的曲面存在上侧与下侧；一张包围空间有界区域的闭曲面（如球面）存在外侧与内侧. 通俗地讲，双侧曲面的特点是，置于曲面上的一只小虫若要爬到它所在位置的背面，则它必须越过曲面的边界线. 根据本节研究的问题的需要，我们要在双侧曲面上选定某一侧，这种选定了侧的双侧曲面称为定向曲面，当我们用 Σ 表示一张选定了某个侧的定向曲面时，则选定其相反侧的曲面就记为 Σ^-，在定向曲面的范围内，Σ 与 Σ^- 是不同的曲面（关于单侧曲面的例子请参见总习题八的第 13 题）.

对于定向曲面我们规定，**定向曲面上任一点处的法向量的方向总是指向曲面取定的一侧.**

假如在空间直角坐标系中，x 轴、y 轴、z 轴的正向分别指向前方、右方、上方，那么当光滑曲面 Σ 的方程由 $z=z(x,y)$ 给出时，Σ 取上侧就意味着 Σ 上点 $(x,y,z(x,y))$ 处的法向量朝上，即法向量为

$$(-z_x(x,y),\ -z_y(x,y),1),$$

而 Σ 取下侧就意味着法向量朝下，即法向量为

$$(z_x(x,y),z_y(x,y),\ -1).$$

类似地，当光滑曲面 Σ 的方程由 $y=y(z,x)$ 给出时，Σ 取右侧时的法向量与取左侧时的法向量分别为

$$(-y_x(z,x),1,\ -y_z(z,x)) \text{ 与 } (y_x(z,x),\ -1,y_z(z,x));$$

当光滑曲面 Σ 的方程由 $x=x(y,z)$ 给出时，Σ 取前侧时的法向量与取后侧时的法向量分别为

$$(1,\ -x_y(y,z),\ -x_z(y,z)) \text{ 与 } (-1,x_y(y,z),x_z(y,z)).$$

定向曲面的法向量概念，在本节所研究的曲面积分问题中将起重要的作用.

流体流向曲面一侧的流量　设稳定流动①的不可压缩流体(假定密度为 1)的速度场由

$$\boldsymbol{v}(x,y,z)=P(x,y,z)\boldsymbol{i}+Q(x,y,z)\boldsymbol{j}+R(x,y,z)\boldsymbol{k}$$

给出,Σ 是速度场中一片光滑的定向曲面,单位时间内通过 Σ 并流向 Σ 指定一侧的流体的质量叫流量(flux),记为 Φ,现问 Φ 如何计算?

如果 Σ 是一片面积为 A 的平面,而流体在 Σ 上各点处的流速为常量 $\boldsymbol{v}$,又设 Σ 的单位法向量是 $\boldsymbol{e}_n$,那么单位时间内通过 Σ 流向指定一侧的流体组成一个底面积为 A,斜高为 $|\boldsymbol{v}|$ 的斜柱体(图 8-19). 当 $\theta=(\widehat{\boldsymbol{v},\boldsymbol{e}_n})<\dfrac{\pi}{2}$ 时,斜柱体的体积为

$$A|\boldsymbol{v}|\cos\theta=A\boldsymbol{v}\cdot\boldsymbol{e}_n,$$

这就是通过 Σ 流向 Σ 指定一侧的流量 Φ,即

$$\Phi=A\boldsymbol{v}\cdot\boldsymbol{e}_n;$$

当 $\theta=(\widehat{\boldsymbol{v},\boldsymbol{e}_n})=\dfrac{\pi}{2}$ 时,显然通过的流量 $\Phi=0$;

当 $\theta=(\widehat{\boldsymbol{v},\boldsymbol{e}_n})>\dfrac{\pi}{2}$ 时,$A\boldsymbol{v}\cdot\boldsymbol{e}_n<0$,这时通过 Σ 流向 Σ 指定一侧的相反侧的流量为 $-A\boldsymbol{v}\cdot\boldsymbol{e}_n$,我们仍把 $A\boldsymbol{v}\cdot\boldsymbol{e}_n$ 称为通过 Σ 流向 Σ 指定一侧的流量. 这样,不论 $(\widehat{\boldsymbol{v},\boldsymbol{e}_n})$ 为何值,流体通过 Σ 流向 Σ 指定一侧的流量 Φ 可表示为

$$\Phi=A\boldsymbol{v}\cdot\boldsymbol{e}_n=(\boldsymbol{v}\cdot\boldsymbol{e}_n)A.$$

由于现在考虑的 Σ 不是平面而是一片曲面,且 Σ 上各处的流速也不相同,因此所求流量不能直接用上述方法计算. 于是我们仍然采用积分学中的元素分析方法来处理. 把 Σ 划分成若干小定向曲面,取含有点 (x,y,z) 的一小块定向曲面,记它的面积为 $\mathrm{d}S$,它在 (x,y,z) 处的单位法向量为 $\boldsymbol{e}_n(x,y,z)$(图 8-20),并将该小定向曲面看成面积为 $\mathrm{d}S$、法向量为 $\boldsymbol{e}_n$ 的定向平面. 流体流经该小定向曲面指定一侧的流量(流量元素)为

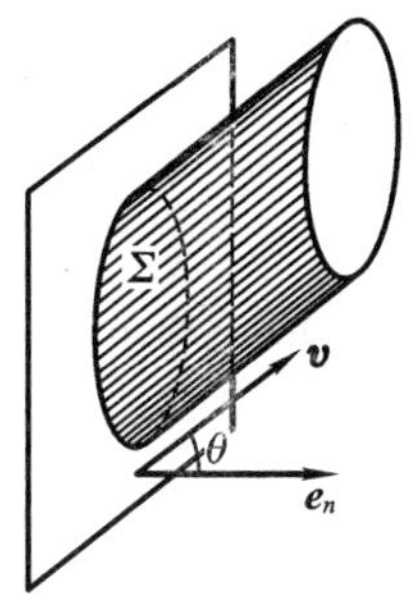

图 8-19

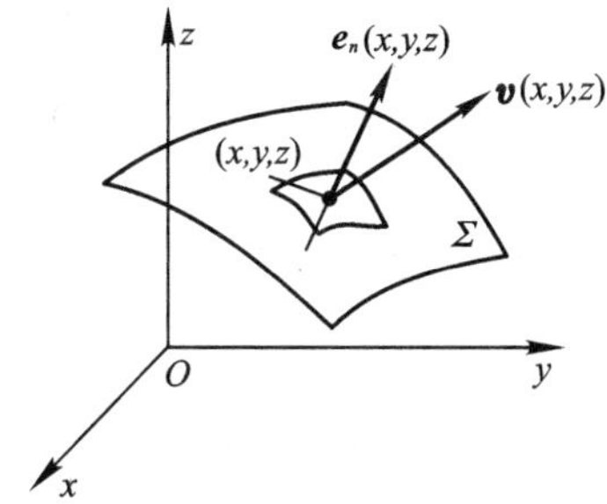

图 8-20

① 所谓稳定流动,是指流速不因时间 t 的变化而改变,即流速与时间 t 无关.

$$\mathrm{d}\Phi = [\boldsymbol{v}(x,y,z)\cdot \boldsymbol{e}_n(x,y,z)]\mathrm{d}S,$$

于是流体流经整个曲面指定一侧的流量为

$$\Phi = \iint_\Sigma [\boldsymbol{v}(x,y,z)\cdot \boldsymbol{e}_n(x,y,z)]\mathrm{d}S.$$

若记 $\boldsymbol{v}(x,y,z) = P(x,y,z)\boldsymbol{i} + Q(x,y,z)\boldsymbol{j} + R(x,y,z)\boldsymbol{k}$,

$$\boldsymbol{e}_n(x,y,z) = \cos\alpha\boldsymbol{i} + \cos\beta\boldsymbol{j} + \cos\gamma\boldsymbol{k},$$

则
$$\Phi = \iint_\Sigma [P(x,y,z)\cos\alpha + Q(x,y,z)\cos\beta + R(x,y,z)\cos\gamma]\mathrm{d}S.$$

对以上积分,抽去其具体含义,得出如下概念:

定义　设 Σ 是一片光滑的定向曲面,向量值函数

$$\boldsymbol{F}(x,y,z) = P(x,y,z)\boldsymbol{i} + Q(x,y,z)\boldsymbol{j} + R(x,y,z)\boldsymbol{k}$$

在 Σ 上有界, $\boldsymbol{e}_n(x,y,z) = \cos\alpha\boldsymbol{i} + \cos\beta\boldsymbol{j} + \cos\gamma\boldsymbol{k}$ 是定向曲面 Σ 上点 (x,y,z) 处的单位法向量,如果积分

$$\iint_\Sigma P(x,y,z)\cos\alpha\mathrm{d}S,\iint_\Sigma Q(x,y,z)\cos\beta\mathrm{d}S,\iint_\Sigma R(x,y,z)\cos\gamma\mathrm{d}S$$

同时存在,则称积分

$$\iint_\Sigma [P(x,y,z)\cos\alpha + Q(x,y,z)\cos\beta + R(x,y,z)\cos\gamma]\mathrm{d}S$$

为向量值函数 $\boldsymbol{F}(x,y,z)$ 在定向曲面 Σ 上的积分(surface integral of vector function),记为

$$\iint_\Sigma \boldsymbol{F}(x,y,z)\cdot \mathrm{d}\boldsymbol{S},$$

即

$$\begin{aligned}\iint_\Sigma \boldsymbol{F}(x,y,z)\cdot \mathrm{d}\boldsymbol{S} &= \iint_\Sigma [\boldsymbol{F}(x,y,z)\cdot \boldsymbol{e}_n(x,y,z)]\mathrm{d}S \\ &= \iint_\Sigma [P(x,y,z)\cos\alpha + Q(x,y,z)\cos\beta + R(x,y,z)\cos\gamma]\mathrm{d}S. \quad (1)\end{aligned}$$

向量值函数在定向曲面上的积分也称为第二类曲面积分(下文中我们均采用第二类曲面积分这一名称).

习惯上,常把(1)式中的 $\cos\alpha\mathrm{d}S$ 记作 $\mathrm{d}y\mathrm{d}z$,把 $\cos\beta\mathrm{d}S$ 记作 $\mathrm{d}z\mathrm{d}x$,把 $\cos\gamma\mathrm{d}S$ 记作 $\mathrm{d}x\mathrm{d}y$

即记
$$\iint_\Sigma P(x,y,z)\cos\alpha\mathrm{d}S = \iint_\Sigma P(x,y,z)\mathrm{d}y\mathrm{d}z, \quad (2)$$

$$\iint_\Sigma Q(x,y,z)\cos\beta\mathrm{d}S = \iint_\Sigma Q(x,y,z)\mathrm{d}z\mathrm{d}x, \quad (3)$$

$$\iint_\Sigma R(x,y,z)\cos\gamma\mathrm{d}S = \iint_\Sigma R(x,y,z)\mathrm{d}x\mathrm{d}y, \quad (4)$$

则得到第二类曲面积分的另一种表达式：

$$\iint\limits_{\Sigma} \boldsymbol{F}(x,y,z)\cdot \mathrm{d}\boldsymbol{S} =$$

$$\iint\limits_{\Sigma} P(x,y,z)\mathrm{d}y\mathrm{d}z + Q(x,y,z)\mathrm{d}z\mathrm{d}x + R(x,y,z)\mathrm{d}x\mathrm{d}y. \tag{5}$$

第二类曲面积分通常采用(5)式来表达.

从以上各式可以看到，积分$\iint\limits_{\Sigma}\boldsymbol{F}(x,y,z)\cdot \mathrm{d}\boldsymbol{S}$中的记号 $\mathrm{d}\boldsymbol{S}$ 相当于向量 $\boldsymbol{e}_n(x,y,z)\mathrm{d}S$，即

$$\mathrm{d}\boldsymbol{S} = \boldsymbol{e}_n(x,y,z)\mathrm{d}S = (\cos\alpha\mathrm{d}S, \cos\beta\mathrm{d}S, \cos\gamma\mathrm{d}S) = (\mathrm{d}y\mathrm{d}z, \mathrm{d}z\mathrm{d}x, \mathrm{d}x\mathrm{d}y),$$

我们把 $\mathrm{d}\boldsymbol{S}$ 称为定向曲面元素，而 $\mathrm{d}y\mathrm{d}z$、$\mathrm{d}z\mathrm{d}x$、$\mathrm{d}x\mathrm{d}y$ 为 $\mathrm{d}\boldsymbol{S}$ 的坐标(也称为定向曲面 Σ 的投影元素)，由此第二类曲面积分也称作对坐标的曲面积分. 积分号下的 Σ 称为定向积分曲面，

$$P(x,y,z)\mathrm{d}y\mathrm{d}z + Q(x,y,z)\mathrm{d}z\mathrm{d}x + R(x,y,z)\mathrm{d}x\mathrm{d}y$$

称为积分表达式，如果 Σ 是封闭曲面，则与第一类曲面积分一样可采用形如$\oiint\limits_{\Sigma}$的积分号.

若 Σ 是分片光滑的定向曲面，规定 $\boldsymbol{F}(x,y,z)$ 在 Σ 上的积分等于$\boldsymbol{F}(x,y,z)$ 在 Σ 的各定向光滑片上的积分(如果各积分均存在)的和.

我们指出，**如果 $\boldsymbol{F}(x,y,z)$ 在定向光滑曲面 $\boldsymbol{\Sigma}$ 上连续，则积分 $\iint\limits_{\Sigma}\boldsymbol{F}(x,y,z)\cdot\mathrm{d}\boldsymbol{S}$存在.**

根据定义，前面提及的流速为$\boldsymbol{v}(x,y,z)=(P(x,y,z),Q(x,y,z),R(x,y,z))$的流体流经定向曲面 Σ 的流量可以表示为

$$\Phi = \iint\limits_{\Sigma}\boldsymbol{v}(x,y,z)\cdot\mathrm{d}\boldsymbol{S} \quad 或$$

$$\Phi = \iint\limits_{\Sigma}P(x,y,z)\mathrm{d}y\mathrm{d}z + Q(x,y,z)\mathrm{d}z\mathrm{d}x + R(x,y,z)\mathrm{d}x\mathrm{d}y.$$

显然，由第二类曲面积分的定义式(1)可知，第二类曲面积分具有

(i) 线性性质，(ii) 对于积分曲面的可加性.

特别地，第二类曲面积分还有如下性质：

$$\iint\limits_{\Sigma^-}\boldsymbol{F}(x,y,z)\cdot\mathrm{d}\boldsymbol{S} = -\iint\limits_{\Sigma}\boldsymbol{F}(x,y,z)\cdot\mathrm{d}\boldsymbol{S},$$

或者写成

$$\iint\limits_{\Sigma^-}P\mathrm{d}y\mathrm{d}z + Q\mathrm{d}z\mathrm{d}x + R\mathrm{d}x\mathrm{d}y = -\iint\limits_{\Sigma}P\mathrm{d}y\mathrm{d}z + Q\mathrm{d}z\mathrm{d}x + R\mathrm{d}x\mathrm{d}y.$$

二、第二类曲面积分的计算法

第二类曲面积分可化为二重积分来计算. 以下就来讨论计算方法,讨论中总假定定向曲面 Σ 是光滑的且 $\boldsymbol{F}=P(x,y,z)\boldsymbol{i}+Q(x,y,z)\boldsymbol{j}+R(x,y,z)\boldsymbol{k}$ 在 Σ 上连续.

对给出的积分 $\iint\limits_{\Sigma}P(x,y,z)\mathrm{d}y\mathrm{d}z+Q(x,y,z)\mathrm{d}z\mathrm{d}x+R(x,y,z)\mathrm{d}x\mathrm{d}y$,我们分别计算 $\iint\limits_{\Sigma}P(x,y,z)\mathrm{d}y\mathrm{d}z$(简称它为 yz 型积分)、$\iint\limits_{\Sigma}Q(x,y,z)\mathrm{d}z\mathrm{d}x$($zx$ 型积分)和 $\iint\limits_{\Sigma}R(x,y,z)\mathrm{d}x\mathrm{d}y$($xy$ 型积分),然后将它们相加.

求 xy 型积分 $\iint\limits_{\Sigma}R(x,y,z)\mathrm{d}x\mathrm{d}y$ 时,要将 Σ 用方程 $z=z(x,y),(x,y)\in D_{xy}$ 表示出来,其中 D_{xy} 是 Σ 在 xOy 面上的投影区域. 按照(4)式

$$\iint\limits_{\Sigma}R(x,y,z)\mathrm{d}x\mathrm{d}y=\iint\limits_{\Sigma}R(x,y,z)\cos\gamma\mathrm{d}S,$$

并利用曲面面积元素 $\mathrm{d}S$ 与它投影到 xOy 面上所得的面积元素 $\mathrm{d}\sigma$ 之间的关系式

$$\mathrm{d}S=\frac{\mathrm{d}\sigma}{|\cos\gamma|}\text{①}$$

得

$$\begin{aligned}\iint\limits_{\Sigma}R(x,y,z)\mathrm{d}x\mathrm{d}y&=\iint\limits_{\Sigma}R(x,y,z)\cos\gamma\mathrm{d}S=\iint\limits_{D_{xy}}R[x,y,z(x,y)]\frac{\cos\gamma}{|\cos\gamma|}\mathrm{d}\sigma\\&=\pm\iint\limits_{D_{xy}}R[x,y,z(x,y)]\mathrm{d}\sigma.\end{aligned}$$

(当 Σ 取上侧时,取 +;当 Σ 取下侧时,取 −).

由此得到如下结果:

> 如果曲面 Σ 的方程为 $z=z(x,y),(x,y)\in D_{xy}$(D_{xy} 是 Σ 在 xOy 面上的投影区域),函数 $R(x,y,z)$ 在 Σ 上连续,那么
>
> $$\iint\limits_{\Sigma}R(x,y,z)\mathrm{d}x\mathrm{d}y=\pm\iint\limits_{D_{xy}}R[x,y,z(x,y)]\mathrm{d}\sigma,\tag{6}$$
>
> 积分号前的符号当 Σ 取上侧时为正,当 Σ 取下侧时为负.

从(6)式可见,在计算 $\iint\limits_{\Sigma}R(x,y,z)\mathrm{d}x\mathrm{d}y$ 时,把投影元素 $\mathrm{d}x\mathrm{d}y$ 换成 $\pm\mathrm{d}\sigma$,并当

---

① 见本书第七章第四节的(2)式.

Σ 取上侧时为正,当 Σ 取下侧时为负;把被积函数 $R(x,y,z)$ 中的 z 换成 $z(x,y)$;再把积分曲面 Σ 换成它在 xOy 面上的投影区域 D_{xy},就将曲面积分转化为 D_{xy} 上的二重积分了.

类似地,求 yz 型积分 $\iint\limits_{\Sigma} P(x,y,z)\mathrm{d}y\mathrm{d}z$ 与 zx 型积分 $\iint\limits_{\Sigma} Q(x,y,z)\mathrm{d}z\mathrm{d}x$ 时,将 Σ 分别用方程 $x = x(y,z)$ 与 $y = y(z,x)$ 表示,则可推得:

如果曲面 Σ 的方程为 $x=x(y,z)$,$(y,z)\in D_{yz}$(D_{yz} 是 Σ 在 yOz 面上的投影区域),函数 $P(x,y,z)$ 在 Σ 上连续,那么

$$\iint\limits_{\Sigma} P(x,y,z)\mathrm{d}y\mathrm{d}z = \pm\iint\limits_{D_{yz}} P[x(y,z),y,z]\mathrm{d}\sigma, \tag{7}$$

积分号前的符号当 Σ 取前侧时为正,取后侧时为负.

如果曲面 Σ 的方程为 $y=y(z,x)$,$(z,x)\in D_{zx}$(D_{zx} 是 Σ 在 zOx 面上的投影区域),函数 $Q(x,y,z)$ 在 Σ 上连续,那么

$$\iint\limits_{\Sigma} Q(x,y,z)\mathrm{d}z\mathrm{d}x = \pm\iint\limits_{D_{zx}} Q[x,y(z,x),z]\mathrm{d}\sigma, \tag{8}$$

积分号前的符号当 Σ 取右侧时为正,取左侧时为负.

例 1　计算曲面积分 $\iint\limits_{\Sigma} xyz\mathrm{d}x\mathrm{d}y$,其中 Σ 是球面 $x^2+y^2+z^2=1$ 的外侧并满足 $x\geqslant 0$、$y\geqslant 0$ 的部分(图 8-21).

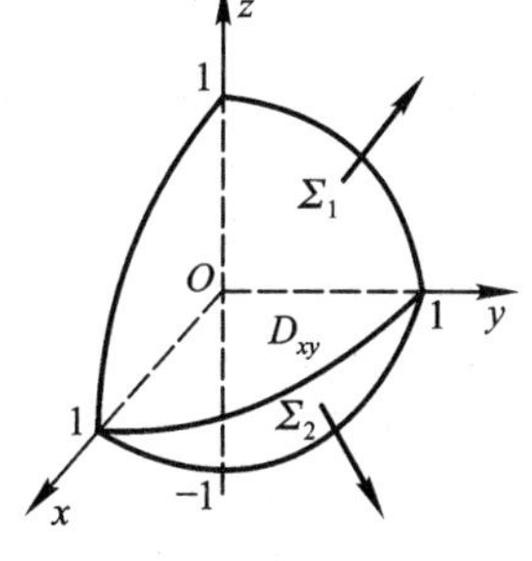

图 8-21

解　我们用显式方程 $z=z(x,y)$ 来表示 Σ,此时需将 Σ 分为上、下两块,上块 Σ_1 的方程为

$$z=\sqrt{1-x^2-y^2},(x,y)\in D_{xy},$$

这里 $D_{xy}=\{(x,y)\mid x^2+y^2\leqslant 1,x\geqslant 0,y\geqslant 0\}$. 下块 Σ_2 的方程为

$$z=-\sqrt{1-x^2-y^2},(x,y)\in D_{xy}.$$

按题意,Σ_1 取上侧,Σ_2 取下侧,于是由(6)式得

$$\begin{aligned}\iint\limits_{\Sigma} xyz\mathrm{d}x\mathrm{d}y &= \iint\limits_{\Sigma_1} xyz\mathrm{d}x\mathrm{d}y + \iint\limits_{\Sigma_2} xyz\mathrm{d}x\mathrm{d}y\\ &= \iint\limits_{D_{xy}} xy\sqrt{1-x^2-y^2}\mathrm{d}\sigma + \\ &\quad \iint\limits_{D_{xy}} xy(-\sqrt{1-x^2-y^2})\cdot(-1)\mathrm{d}\sigma\end{aligned}$$

$$= 2\iint\limits_{D_{xy}} xy\sqrt{1-x^2-y^2}\,\mathrm{d}\sigma$$

$$= 2\int_0^{\frac{\pi}{2}}\mathrm{d}\varphi\int_0^1 \rho\cos\varphi\cdot\rho\sin\varphi\sqrt{1-\rho^2}\rho\,\mathrm{d}\rho$$

$$= \int_0^{\frac{\pi}{2}}\sin 2\varphi\,\mathrm{d}\varphi\int_0^1\rho^3\sqrt{1-\rho^2}\,\mathrm{d}\rho = \frac{2}{15}.$$

在计算第二类曲面积分时，还应注意

(1) 当 Σ 由几片定向光滑曲面组成时，则应分片计算积分，然后把结果相加.

(2) 当 Σ 是母线垂直于 xOy 面的柱面时，其单位法向量的第三分量 $\cos\gamma=0$，故

$$\iint\limits_{\Sigma} R(x,y,z)\,\mathrm{d}x\mathrm{d}y = \iint\limits_{\Sigma} R(x,y,z)\cos\gamma\,\mathrm{d}S = \iint\limits_{\Sigma} 0\,\mathrm{d}S = 0.$$

类似地，当 Σ 的母线垂直于 yOz 面时，$\iint\limits_{\Sigma} P(x,y,z)\,\mathrm{d}y\mathrm{d}z = 0$；当 Σ 的母线垂直于 zOx 面时，$\iint\limits_{\Sigma} Q(x,y,z)\,\mathrm{d}z\mathrm{d}x = 0$.

例 2 计算曲面积分

$$\oint\!\!\!\oint\limits_{\Sigma}(x+y)\,\mathrm{d}y\mathrm{d}z+(y+z)\,\mathrm{d}z\mathrm{d}x+(z+x)\,\mathrm{d}x\mathrm{d}y,$$

其中 Σ 是以原点为中心、边长为 a 的轴向正方体的整个表面的外侧.

解 把定向曲面 Σ 分为六块：

$\Sigma_1: z=\frac{a}{2}, |x|\leqslant\frac{a}{2}, |y|\leqslant\frac{a}{2}$；

$\Sigma_2: z=-\frac{a}{2}, |x|\leqslant\frac{a}{2}, |y|\leqslant\frac{a}{2}$；

$\Sigma_3: x=\frac{a}{2}, |y|\leqslant\frac{a}{2}, |z|\leqslant\frac{a}{2}$；

$\Sigma_4: x=-\frac{a}{2}, |y|\leqslant\frac{a}{2}, |z|\leqslant\frac{a}{2}$；

$\Sigma_5: y=\frac{a}{2}, |z|\leqslant\frac{a}{2}, |x|\leqslant\frac{a}{2}$；

$\Sigma_6: y=-\frac{a}{2}, |z|\leqslant\frac{a}{2}, |x|\leqslant\frac{a}{2}$.

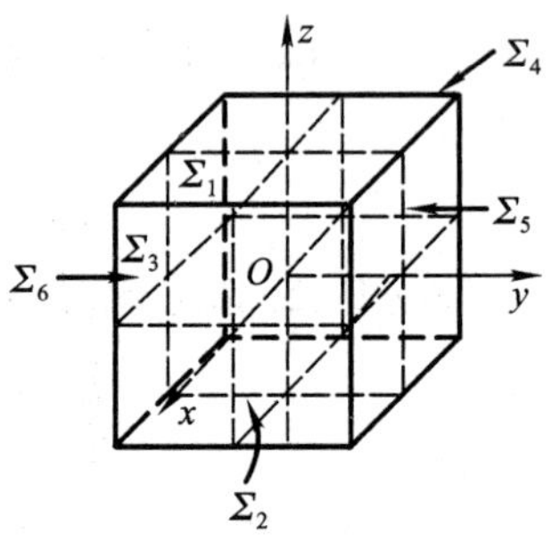

图 8－22

每一块的定向与 Σ 的外侧保持一致，即 Σ_1、Σ_2 分别取上、下侧；Σ_3、Σ_4 分别取前、后侧；Σ_5、Σ_6 分别取右、左侧(图 8－22).

由于 Σ_1、Σ_2、Σ_5、Σ_6 垂直于 yOz 面，故第一项积分

$$\begin{aligned}\oiint_{\Sigma}(x+y)\mathrm{d}y\mathrm{d}z &= \iint_{\Sigma_3}(x+y)\mathrm{d}y\mathrm{d}z+\iint_{\Sigma_4}(x+y)\mathrm{d}y\mathrm{d}z\\ &= \iint_{D_{yz}}\left(\frac{a}{2}+y\right)\mathrm{d}\sigma+\iint_{D_{yz}}\left(-\frac{a}{2}+y\right)(-1)\mathrm{d}\sigma\\ &= a\iint_{D_{yz}}\mathrm{d}\sigma = a^3.\end{aligned}$$

同理可得

$$\oiint_{\Sigma}(y+z)\mathrm{d}z\mathrm{d}x=\oiint_{\Sigma}(z+x)\mathrm{d}x\mathrm{d}y=a^3,$$

故所求曲面积分为 $3a^3$.

由于第二类曲面积分是通过第一类曲面积分来定义的,即两类曲面积分有如下的关系式:

$$\iint_{\Sigma}P\mathrm{d}y\mathrm{d}z+Q\mathrm{d}z\mathrm{d}x+R\mathrm{d}x\mathrm{d}y=\iint_{\Sigma}(P\cos\alpha+Q\cos\beta+R\cos\gamma)\mathrm{d}S. \tag{9}$$

($(\cos\alpha,\cos\beta,\cos\gamma)$是定向曲面 Σ 在点(x,y,z)处的单位法向量)
因此在计算第二类曲面积分时,有时可利用这个关系式化为第一类曲面积分进行计算.

例 3　计算曲面积分

$$\iint_{\Sigma}z\mathrm{d}y\mathrm{d}z+x^2\mathrm{d}x\mathrm{d}y,$$

其中 Σ 是旋转抛物面 $z=\frac{1}{2}(x^2+y^2)$ 介于平面 $z=0$ 及 $z=2$之间的部分的下侧(图 8－23).

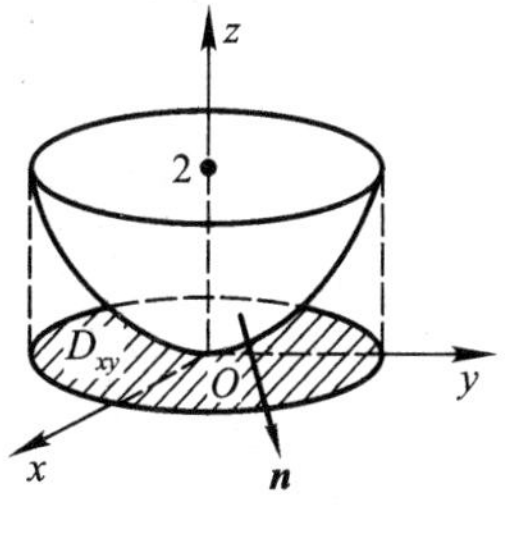

图 8－23

解　由于定向曲面 Σ 可用显式方程 $z=z(x,y)=\frac{1}{2}(x^2+y^2)$ 统一表示,Σ 上各点处的法向量的方向余弦也有统一的表达式,故考虑化为第一类曲面积分计算.

由于 Σ 取下侧,故 Σ 上任一点处的单位法向量

$\boldsymbol{e}_n=(\cos\alpha,\cos\beta,\cos\gamma)=(z_x,z_y,-1)/\sqrt{1+z_x^2+z_y^2}=(x,y,-1)/\sqrt{1+x^2+y^2}$.
于是由两类曲面积分的联系式(9)可得

$$\iint_{\Sigma}z\mathrm{d}y\mathrm{d}z+x^2\mathrm{d}x\mathrm{d}y=\iint_{\Sigma}\frac{zx-x^2}{\sqrt{1+x^2+y^2}}\mathrm{d}S.$$

由于 Σ 在 xOy 面上的投影区域 $D_{xy}=\{(x,y)\mid x^2+y^2\leqslant 4\}$,且 $\mathrm{d}S=\sqrt{1+z_x^2+z_y^2}\,\mathrm{d}\sigma=\sqrt{1+x^2+y^2}\,\mathrm{d}\sigma$,故

$$\iint_{\Sigma} \frac{zx - x^2}{\sqrt{1 + x^2 + y^2}} \mathrm{d}S = \iint_{D_{xy}} \left[\frac{x}{2}(x^2 + y^2) - x^2 \right] \mathrm{d}\sigma.$$

注意到上式右端中$\frac{x}{2}(x^2+y^2)$在 D_{xy} 上的二重积分为零，于是得

$$\begin{aligned} \iint_{\Sigma} z\mathrm{d}y\mathrm{d}z + x^2\mathrm{d}x\mathrm{d}y &= -\iint_{D_{xy}} x^2 \mathrm{d}\sigma \\ &= -\int_0^{2\pi} \cos^2\varphi \mathrm{d}\varphi \int_0^2 \rho^3 \mathrm{d}\rho = -4\pi. \end{aligned}$$

当 Σ 由参数方程

$$x = x(u,v), y = y(u,v), z = z(u,v), (u,v) \in D_{uv}$$

给出时，那么

$$\begin{aligned} \iint_{\Sigma} \boldsymbol{F} \cdot \mathrm{d}\boldsymbol{S} &= \iint_{\Sigma} P(x,y,z)\mathrm{d}y\mathrm{d}z + Q(x,y,z)\mathrm{d}z\mathrm{d}x + R(x,y,z)\mathrm{d}x\mathrm{d}y \\ &= \pm \iint_{D_{uv}} \Big\{ P[x(u,v),y(u,v),z(u,v)] \frac{\partial(y,z)}{\partial(u,v)} \\ &\quad + Q[x(u,v),y(u,v),z(u,v)] \frac{\partial(z,x)}{\partial(u,v)} \\ &\quad + R[x(u,v),y(u,v),z(u,v)] \frac{\partial(x,y)}{\partial(u,v)} \Big\} \mathrm{d}u\mathrm{d}v, \end{aligned} \tag{10}$$

积分号前正负号的选取应与曲面 Σ 的定侧相对应.

利用球面坐标，例 1 所给出的曲面积分，也可以用公式(10)来计算.

Σ 的方程为$\begin{cases} x = \sin\theta\cos\varphi, \\ y = \sin\theta\sin\varphi \\ z = \cos\theta \end{cases}$，$\left(0 \leqslant \theta \leqslant \pi, 0 \leqslant \varphi \leqslant \frac{\pi}{2}\right)$，$\Sigma$（前侧）的法向量与该面上的点的向径方向一致，即为

$$\boldsymbol{n} = \left(\frac{\partial(y,z)}{\partial(\theta,\varphi)}, \frac{\partial(z,x)}{\partial(\theta,\varphi)}, \frac{\partial(x,y)}{\partial(\theta,\varphi)} \right)^{①} = (\sin^2\theta\cos\varphi, \sin^2\theta\sin\varphi, \sin\theta\cos\theta),$$

利用公式(10)得

$$\begin{aligned} \iint_{\Sigma} xyz\mathrm{d}x\mathrm{d}y &= \iint_{D_{\theta\varphi}} \sin^2\theta\cos\theta\cos\varphi\sin\varphi \frac{\partial(x,y)}{\partial(\theta,\varphi)} \mathrm{d}\theta\mathrm{d}\varphi \\ &= \iint_{D_{\theta\varphi}} \sin^3\theta \cos^2\theta \sin\varphi \cos\varphi \, \mathrm{d}\theta\mathrm{d}\varphi \\ &= \int_0^{\pi} \sin^3\theta\cos^2\theta\mathrm{d}\theta \int_0^{\frac{\pi}{2}} \sin\varphi\cos\varphi\mathrm{d}\varphi = \frac{4}{15} \cdot \frac{1}{2} = \frac{2}{15}. \end{aligned}$$

---

① $\boldsymbol{n}$ 的计算公式见第六章第七节的(7)式.

习题 8-5

1. 把第二类曲面积分

$$\iint_{\Sigma} P(x,y,z)\,\mathrm{d}y\mathrm{d}z + Q(x,y,z)\,\mathrm{d}z\mathrm{d}x + R(x,y,z)\,\mathrm{d}x\mathrm{d}y$$

化为第一类曲面积分:

(1) Σ 为坐标面 $x=0$ 被柱面 $|y|+|z|=1$ 所截的部分,并取前侧;

(2) Σ 为平面 $z+x=1$ 被柱面 $x^2+y^2=1$ 所截的部分,并取下侧;

(3) Σ 为平面 $3x+2y+z=1$ 位于第一卦限的部分,并取上侧;

(4) Σ 为抛物面 $y=2x^2+z^2$ 被平面 $y=2$ 所截的部分,并取左侧.

2. 计算下列第二类曲面积分:

(1) $\iint\limits_{\Sigma} x\mathrm{d}y\mathrm{d}z + xy\mathrm{d}z\mathrm{d}x + xz\mathrm{d}x\mathrm{d}y$,$\Sigma$ 是平面 $3x+2y+z=6$ 在第一卦限内的部分的上侧;

(2) $\iint\limits_{\Sigma} \mathrm{e}^y\mathrm{d}y\mathrm{d}z + y\mathrm{e}^x\mathrm{d}z\mathrm{d}x + x^2y\mathrm{d}x\mathrm{d}y$,$\Sigma$ 是抛物面 $z=x^2+y^2$ 被平面 $x=0$、$x=1$、$y=0$、$y=1$ 所截的部分的上侧;

(3) $\iint\limits_{\Sigma} (x^2+y^2)\mathrm{d}z\mathrm{d}x + z\mathrm{d}x\mathrm{d}y$,$\Sigma$ 为锥面 $z=\sqrt{x^2+y^2}$ 上满足 $x\geqslant 0$、$y\geqslant 0$、$z\leqslant 1$ 的那一部分的下侧;

(4) $\oiint\limits_{\Sigma} xz\mathrm{d}x\mathrm{d}y + xy\mathrm{d}y\mathrm{d}z + yz\mathrm{d}z\mathrm{d}x$,$\Sigma$ 是平面 $x=0$、$y=0$、$z=0$、$x+y+z=1$ 所围成的空间区域的整个边界曲面的外侧;

(5) $\oiint\limits_{\Sigma} z^2\mathrm{d}x\mathrm{d}y$,$\Sigma$ 为球面 $x^2+y^2+(z-a)^2=a^2$ 的外侧;

(6) $\iint\limits_{\Sigma} \boldsymbol{F}(x,y,z)\cdot\mathrm{d}\boldsymbol{S}$,其中 $\boldsymbol{F}(x,y,z)=-y\boldsymbol{j}+(z+1)\boldsymbol{k}$,$\Sigma$ 为柱面 $x^2+y^2=4$ 被平面 $z=0$、$x+z=2$ 所截的部分的外侧.

第六节　高斯公式与散度

一、高斯公式

高斯①公式是微积分基本公式在三重积分情形下的推广,它将空间区域上的三重积分与定向边界曲面上的积分联系了起来.

定理　**设 Ω 是一空间有界闭区域,其边界曲面 $\partial\Omega$ 由有限块光滑曲面所组成,如**

---

① 高斯(G. F. Gauss)1777—1855,德国数学家、物理学家、天文学家.

果函数 $P(x,y,z)$、$Q(x,y,z)$、$R(x,y,z)$**在** Ω **上具有一阶连续偏导数,那么**

$$\iiint_{\Omega}\left(\frac{\partial P}{\partial x}+\frac{\partial Q}{\partial y}+\frac{\partial R}{\partial z}\right)\mathrm{d}V=\oiint_{\partial\Omega^+}P\mathrm{d}y\mathrm{d}z+Q\mathrm{d}z\mathrm{d}x+R\mathrm{d}x\mathrm{d}y,\tag{1}$$

其中 $\partial\Omega^+$ **表示** Ω **的边界曲面的外侧.**

公式(1)称为高斯公式.

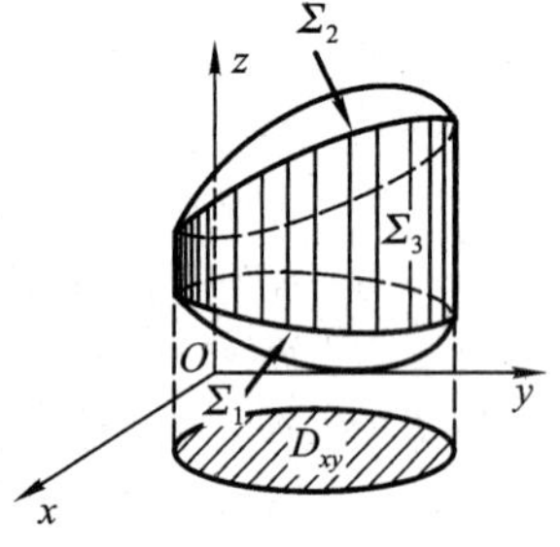

图 8-24

证　先设 Ω 是 xy 型空间区域,Ω 可表示为

$$\Omega=\{(x,y,z)\mid z_1(x,y)\leqslant z\leqslant z_2(x,y),(x,y)\in D_{xy}\}.$$

如图 8-24 所示,Ω 的定向边界曲面 $\partial\Omega^+$ 由下部曲面

$$\Sigma_1=\{(x,y,z)\mid z=z_1(x,y),(x,y)\in D_{xy}\},$$

上部曲面

$$\Sigma_2=\{(x,y,z)\mid z=z_2(x,y),(x,y)\in D_{xy}\},$$

侧柱面

$$\Sigma_3=\{(x,y,z)\mid z_1(x,y)\leqslant z\leqslant z_2(x,y),(x,y)\in\partial D_{xy}\}$$

拼接而成(图 8-24),这里 Σ_1 取下侧,Σ_2 取上侧,Σ_3 取外侧.

按照三重积分的计算法,我们有

$$\begin{aligned}\iiint_{\Omega}\frac{\partial R}{\partial z}\mathrm{d}V&=\iint_{D_{xy}}\left[\int_{z_1(x,y)}^{z_2(x,y)}\frac{\partial R}{\partial z}\mathrm{d}z\right]\mathrm{d}\sigma\\&=\iint_{D_{xy}}\{R[x,y,z_2(x,y)]-R[x,y,z_1(x,y)]\}\mathrm{d}\sigma;\end{aligned}$$

而根据第二类曲面积分的计算法并注意到 $\iint_{\Sigma_3}R(x,y,z)\mathrm{d}x\mathrm{d}y=0$,又有

$$\begin{aligned}\oiint_{\partial\Omega^+}R(x,y,z)\mathrm{d}x\mathrm{d}y&=\iint_{\Sigma_1}R(x,y,z)\mathrm{d}x\mathrm{d}y+\iint_{\Sigma_2}R(x,y,z)\mathrm{d}x\mathrm{d}y+\iint_{\Sigma_3}R(x,y,z)\mathrm{d}x\mathrm{d}y\\&=\iint_{D_{xy}}\{R[x,y,z_2(x,y)]-R[x,y,z_1(x,y)]\}\mathrm{d}\sigma,\end{aligned}$$

于是得到

$$\iiint_{\Omega}\frac{\partial R}{\partial z}\mathrm{d}V=\oiint_{\partial\Omega^+}R(x,y,z)\mathrm{d}x\mathrm{d}y.\tag{2}$$

如果 Ω 不是 xy 型区域,则通常可以用几张辅助曲面将 Ω 分成有限个 xy 型区域 $\Omega_1,\Omega_2,\cdots,\Omega_r$,在每个部分区域 Ω_i 上有相应的(2)式成立,从而

$$\sum_{i=1}^{r}\iiint_{\Omega_i}\frac{\partial R}{\partial z}\mathrm{d}V=\sum_{i=1}^{r}\oiint_{\partial\Omega_i^+}R\mathrm{d}x\mathrm{d}y.$$

根据三重积分的区域可加性,上式左边即为 $\iiint_{\Omega}\frac{\partial R}{\partial z}\mathrm{d}V$. 而上式右端,考虑到在辅助

曲面正反两侧的曲面积分互相抵消，相加的最后结果即为：$\oiint\limits_{\partial\Omega^+} R\mathrm{d}x\mathrm{d}y$，于是仍有(2)式成立.

类似可证

$$\iiint\limits_{\Omega} \frac{\partial P}{\partial x}\mathrm{d}V = \oiint\limits_{\partial\Omega^+} P(x,y,z)\,\mathrm{d}y\mathrm{d}z;$$

$$\iiint\limits_{\Omega} \frac{\partial Q}{\partial y}\mathrm{d}V = \oiint\limits_{\partial\Omega^+} Q(x,y,z)\,\mathrm{d}z\mathrm{d}x.$$

将以上两式和(2)式的两边分别相加即得(1)式. 证毕.

利用两类曲面积分的联系，高斯公式也可写作

$$\iiint\limits_{\Omega}\left(\frac{\partial P}{\partial x}+\frac{\partial Q}{\partial y}+\frac{\partial R}{\partial z}\right)\mathrm{d}V = \oiint\limits_{\partial\Omega}(P\cos\alpha + Q\cos\beta + R\cos\gamma)\,\mathrm{d}S,$$

其中$\partial\Omega$是Ω的边界曲面，$\cos\alpha$、$\cos\beta$、$\cos\gamma$是$\partial\Omega$上任一点处的外法线向量(即指向Ω外侧的法向量)的方向余弦.

如同格林公式给平面上某些第二类曲线积分的计算带来方便一样，高斯公式给空间定向曲面上的第二类曲面积分的计算也能带来一定的方便.

例 1　利用高斯公式重新计算上一节的例 2.

解　现在$P=x+y, Q=y+z, R=z+x, \dfrac{\partial P}{\partial x}=\dfrac{\partial Q}{\partial y}=\dfrac{\partial R}{\partial z}=1$，故由高斯公式

$$\begin{aligned}&\oiint\limits_{\Sigma}(x+y)\,\mathrm{d}y\mathrm{d}z+(y+z)\,\mathrm{d}z\mathrm{d}x+(z+x)\,\mathrm{d}x\mathrm{d}y\\&=\iiint\limits_{\Omega}(1+1+1)\,\mathrm{d}V = 3\cdot(\Omega\text{的体积}) = 3a^3.\end{aligned}$$

例 2　利用高斯公式计算曲面积分

$$\oiint\limits_{\Sigma}(x-y)\,\mathrm{d}x\mathrm{d}y+(y-z)x\mathrm{d}y\mathrm{d}z,$$

其中Σ为柱面$x^2+y^2=1$及平面$z=0$、$z=3$所围成的柱体Ω的整个边界曲面的外侧.

解　这里的$P=(y-z)x$、$Q=0$、$R=x-y$、$\dfrac{\partial P}{\partial x}=y-z$、$\dfrac{\partial Q}{\partial y}=\dfrac{\partial R}{\partial z}=0$，故由高斯公式并利用柱面坐标计算所得的三重积分，可得

$$\begin{aligned}\oiint\limits_{\Sigma}(x-y)\,\mathrm{d}x\mathrm{d}y+(y-z)x\mathrm{d}y\mathrm{d}z &= \iiint\limits_{\Omega}(y-z)\,\mathrm{d}V\\&=\int_0^{2\pi}\mathrm{d}\varphi\int_0^1\rho\mathrm{d}\rho\int_0^3(\rho\sin\varphi - z)\,\mathrm{d}z = -\frac{9\pi}{2}.\end{aligned}$$

例 3　计算曲面积分

$$\iint\limits_{\Sigma}x^2\mathrm{d}y\mathrm{d}z+y^2\mathrm{d}z\mathrm{d}x+z^2\mathrm{d}x\mathrm{d}y,$$

其中 Σ 为锥面 $x^2+y^2=z^2$ 介于平面 $z=0$ 及 $z=h(h>0)$ 之间的部分的下侧.

解　所给的曲面 Σ 不是封闭的,因此若要利用高斯公式,必须先补一个顶面 $\Sigma_1=\{(x,y,z)\mid x^2+y^2\leqslant h^2,z=h\}$,$\Sigma_1$ 取上侧,这样定向曲面 $\Sigma+\Sigma_1$ 构成了其所围锥体 Ω 的外侧,由高斯公式得

$$\oiint_{\Sigma+\Sigma_1} x^2\mathrm{d}y\mathrm{d}z+y^2\mathrm{d}z\mathrm{d}x+z^2\mathrm{d}x\mathrm{d}y=\iiint_{\Omega}(2x+2y+2z)\mathrm{d}V,$$

注意到 $\iiint_{\Omega}2x\mathrm{d}V=0$,$\iiint_{\Omega}2y\mathrm{d}V=0$,并利用"截面法"计算 $\iiint_{\Omega}2z\mathrm{d}V$,可得

$$\begin{aligned}\iiint_{\Omega}(2x+2y+2z)\mathrm{d}V&=\iiint_{\Omega}2z\mathrm{d}V=\int_0^h\mathrm{d}z\iint_{D_z}2z\mathrm{d}x\mathrm{d}y=\int_0^h 2z\cdot\pi z^2\mathrm{d}z\\&=\frac{1}{2}\pi h^4,\end{aligned}$$

而

$$\begin{aligned}\iint_{\Sigma_1}x^2\mathrm{d}y\mathrm{d}z+y^2\mathrm{d}z\mathrm{d}x+z^2\mathrm{d}x\mathrm{d}y&=\iint_{\Sigma_1}z^2\mathrm{d}x\mathrm{d}y\\&=\iint_{D_{xy}}h^2\mathrm{d}x\mathrm{d}y=\pi h^4,\end{aligned}$$

故

$$\iint_{\Sigma}x^2\mathrm{d}y\mathrm{d}z+y^2\mathrm{d}z\mathrm{d}x+z^2\mathrm{d}x\mathrm{d}y=\frac{1}{2}\pi h^4-\pi h^4=-\frac{1}{2}\pi h^4.$$

二、散度

设 $\boldsymbol{F}(x,y,z)=P(x,y,z)\boldsymbol{i}+Q(x,y,z)\boldsymbol{j}+R(x,y,z)\boldsymbol{k}$ 是定义在空间区域 G 上的向量场,其中 P、Q、R 均有连续偏导数,称数量

$$\left.\frac{\partial P}{\partial x}+\frac{\partial Q}{\partial y}+\frac{\partial R}{\partial z}\right|_{(x,y,z)}$$

为 $\boldsymbol{F}$ 在点 (x,y,z) 处的散度(divergence),记为 $\operatorname{div}\boldsymbol{F}$ 或 $\nabla\cdot\boldsymbol{F}$,即

$$\operatorname{div}\boldsymbol{F}(=\nabla\cdot\boldsymbol{F})=\frac{\partial P}{\partial x}+\frac{\partial Q}{\partial y}+\frac{\partial R}{\partial z}.\tag{3}$$

利用散度概念,高斯公式可以写成

$$\boxed{\iiint_{\Omega}\operatorname{div}\boldsymbol{F}\mathrm{d}V=\oiint_{\partial\Omega^+}\boldsymbol{F}\cdot\mathrm{d}\boldsymbol{S}.}\tag{4}$$

根据第二类曲面积分的物理背景,我们可以用高斯公式来说明向量场 $\boldsymbol{F}$ 的散度 $\operatorname{div}\boldsymbol{F}$ 的物理意义.

对于 G 内取定的一点 M,任意作一张包围点 M 的封闭曲面 Σ,Σ 所围的区域 Ω 位于 G 内. 前已指出,当我们将向量场 $\boldsymbol{F}(x,y,z)$ 视为不可压缩流体(密度为1)

的稳定速度场并且 Σ 取外侧时，定向曲面积分 $\oiint\limits_{\Sigma}\boldsymbol{F}\cdot\mathrm{d}\boldsymbol{S}$ 表示单位时间内通过 Σ 流向 Ω 外部的流体的总质量，称为向量场 $\boldsymbol{F}$ 通过 Σ 流向外侧的通量（或流量）. 通量与 Ω 的体积 V 之比 $\dfrac{1}{V}\oiint\limits_{\Sigma}\boldsymbol{F}\cdot\mathrm{d}\boldsymbol{S}$ 是流速场 $\boldsymbol{F}$ 中单位时间从单位体积内流出 Ω 的平均流量，称为流速场 $\boldsymbol{F}$ 在 Ω 内的平均源强. 利用高斯公式及三重积分中值定理，我们有

$$\frac{1}{V}\oiint\limits_{\Sigma}\boldsymbol{F}\cdot\mathrm{d}\boldsymbol{S}=\frac{1}{V}\iiint\limits_{\Omega}\operatorname{div}\boldsymbol{F}\mathrm{d}V=\operatorname{div}\boldsymbol{F}(M^*),$$

其中点 $M^*\in\Omega$. 令 Ω 向点 M 处收缩，由上式得

$$\lim_{\Omega\to M}\frac{1}{V}\oiint\limits_{\Sigma}\boldsymbol{F}\cdot\mathrm{d}\boldsymbol{S}=\lim_{\Omega\to M}\operatorname{div}\boldsymbol{F}(M^*)=\operatorname{div}\boldsymbol{F}(M).\tag{5}$$

上述极限就称作流速场 $\boldsymbol{F}$ 在点 M 处的源头强度.（5）式使得我们能够将向量场 $\boldsymbol{F}$ 的散度 $\operatorname{div}\boldsymbol{F}(M)$ 看成是不可压缩流体的稳定流场 $\boldsymbol{F}$ 在点 M 处的源头强度. 当 $\operatorname{div}\boldsymbol{F}(M)>0$ 时，对于点 M 近旁的封闭曲面 Σ（Σ 包围点 M），有 $\oiint\limits_{\Sigma^+}\boldsymbol{F}\cdot\mathrm{d}\boldsymbol{S}>0$，称向量场在点 M 处有正源，此时在点 M 处（及其近旁）有流体在涌出；而当 $\operatorname{div}\boldsymbol{F}(M)<0$ 时，称向量场在点 M 处有负源，此时在点 M 处（及其近旁）有流体在消失. 数量 $|\operatorname{div}\boldsymbol{F}(M)|$ 则反映了点 M 作为正源或负源的强度，如果散度 $\operatorname{div}\boldsymbol{F}(M)$ 在场内处处为零，我们称这样的向量场 $\boldsymbol{F}$ 为无源场.

引进散度概念后，高斯公式就可表述为：在流体场 $\boldsymbol{F}$ 中，源头强度在立体 Ω 上的三重积分等于单位时间内流体通过 Ω 的边界流向外侧的总流量. 由于源头强度在 Ω 上的三重积分即为单位时间内 Ω 中所产生的流体的总质量，考虑到液体是不可压缩的，因此由质量守恒律，上述结果是显然的.

习题 8－6

1. 利用高斯公式计算第二类曲面积分：

（1）$\oiint\limits_{\Sigma}3xy\mathrm{d}y\mathrm{d}z+y^2\mathrm{d}z\mathrm{d}x-x^2y^4\mathrm{d}x\mathrm{d}y$，$\Sigma$ 是以点 $(0,0,0)$、$(1,0,0)$、$(0,1,0)$、$(0,0,1)$ 为顶点的四面体的表面的外侧；

（2）$\iint\limits_{\Sigma}xz^2\mathrm{d}y\mathrm{d}z+yx^2\mathrm{d}z\mathrm{d}x+zy^2\mathrm{d}x\mathrm{d}y$，$\Sigma$ 为上半球面 $z=\sqrt{a^2-x^2-y^2}$ 的上侧；

（3）$\oiint\limits_{\Sigma}2xz\mathrm{d}y\mathrm{d}z+yz\mathrm{d}z\mathrm{d}x-z^2\mathrm{d}x\mathrm{d}y$，$\Sigma$ 是由锥面 $z=\sqrt{x^2+y^2}$ 与半球面 $z=\sqrt{2-x^2-y^2}$ 所围成的区域的边界面的外侧；

(4) $\iint\limits_{\Sigma} 2(1-x^2)\mathrm{d}y\mathrm{d}z + 8xy\mathrm{d}z\mathrm{d}x - 4xz\mathrm{d}x\mathrm{d}y$，$\Sigma$是由 xOy 面上的弧段 $x = \mathrm{e}^y(0 \leqslant y \leqslant a)$ 绕 x 轴旋转所成的旋转面的凸的一侧；

(5) $\oiint\limits_{\Sigma} yz\mathrm{d}y\mathrm{d}z + y^2\mathrm{d}z\mathrm{d}x + x^2y\mathrm{d}x\mathrm{d}y$，$\Sigma$为柱面 $x^2+y^2=9$ 与平面 $z=0$、$z=y-3$ 所围成的区域的边界面的外侧；

(6) $\iint\limits_{\Sigma} \boldsymbol{F}(x,y,z)\cdot\mathrm{d}\boldsymbol{S}$，其中 $\boldsymbol{F}(x,y,z) = x^3\boldsymbol{i} + 2xz^2\boldsymbol{j} + 3y^2z\boldsymbol{k}$，$\Sigma$为抛物面 $z = 4 - x^2 - y^2$ 被平面 $z=0$ 所截下的部分的下侧.

2. 求下列向量场 $\boldsymbol{A}$ 穿过曲面 Σ 流向指定侧的流量：

(1) $\boldsymbol{A} = x(y-z)\boldsymbol{i} + y(z-x)\boldsymbol{j} + z(x-y)\boldsymbol{k}$，$\Sigma$为椭球面 $\dfrac{x^2}{a^2}+\dfrac{y^2}{b^2}+\dfrac{z^2}{c^2}=1$，流向外侧；

(2) $\boldsymbol{A} = x^2\boldsymbol{i} + y^2\boldsymbol{j} + z^2\boldsymbol{k}$，$\Sigma$为球面 $x^2+y^2+z^2=a^2$ 位于第一卦限的那部分，流向凸的一侧.

3. 求下列向量场 $\boldsymbol{A}$ 的散度：

(1) $\boldsymbol{A} = xy\boldsymbol{i} + \cos(xy)\boldsymbol{j} + \cos(xz)\boldsymbol{k}$；

(2) $\boldsymbol{A} = \nabla\tau$，$r = \sqrt{x^2+y^2+z^2}$.

4. 设 Σ 是空间有界闭区域 Ω 的整个边界曲面，$u(x,y,z)$、$v(x,y,z)$ 在 Ω 上有二阶连续偏导数，$\dfrac{\partial u}{\partial n}$、$\dfrac{\partial v}{\partial n}$分别表示 $u(x,y,z)$、$v(x,y,z)$ 沿 Σ 的外法线方向的方向导数，证明：

(1) $\iiint\limits_{\Omega} u\Delta v\mathrm{d}x\mathrm{d}y\mathrm{d}z = \oiint\limits_{\Sigma} u\dfrac{\partial v}{\partial n}\mathrm{d}S - \iiint\limits_{\Omega}(\nabla u\cdot\nabla v)\mathrm{d}x\mathrm{d}y\mathrm{d}z$；

(2) $\iiint\limits_{\Omega}(u\Delta v - v\Delta u)\mathrm{d}x\mathrm{d}y\mathrm{d}z = \oiint\limits_{\Sigma}\left(u\dfrac{\partial v}{\partial n} - v\dfrac{\partial u}{\partial n}\right)\mathrm{d}S$，其中符号 $\Delta = \dfrac{\partial^2}{\partial x^2}+\dfrac{\partial^2}{\partial y^2}+\dfrac{\partial^2}{\partial z^2}$ 称为三维拉普拉斯算子.

第七节　斯托克斯公式与旋度

一、斯托克斯公式

斯托克斯①公式是微积分基本公式在曲面积分情形下的推广，它也是格林公式的推广，这一公式将定向曲面上的积分与曲面的定向边界曲线上的积分联系了起来.

设定向曲面 Σ 的边界曲线为$\partial\Sigma$，规定$\partial\Sigma$ 的正向如下：当人站立于定向曲面 Σ 指定的一侧上，并沿$\partial\Sigma$ 的这一方向行进时，邻近处的 Σ 始终位于他的左方. 如此定向的边界曲线$\partial\Sigma$ 称作定向曲面 Σ 的正向边界曲线，记作$\partial\Sigma^+$. 比如，当 Σ 是上半球面 $z=\sqrt{1-x^2-y^2}$ 的上侧，则 $\partial\Sigma^+$ 是 xOy 面上逆时针走向的单位圆

---

① 斯托克斯(S. G. G. Stokes)1819—1903，英国数学家、物理学家.

周$x^2+y^2=1$.

定理 1　设 Σ 是一张分片光滑的定向曲面，Σ 的正向边界 $\partial\Sigma^+$ 为分段光滑的闭曲线. 如果函数 $P(x,y,z)$、$Q(x,y,z)$、$R(x,y,z)$ 在 Σ 上有一阶连续偏导数，那么

$$\iint_{\Sigma}\left(\frac{\partial R}{\partial y}-\frac{\partial Q}{\partial z}\right)\mathrm{d}y\mathrm{d}z+\left(\frac{\partial P}{\partial z}-\frac{\partial R}{\partial x}\right)\mathrm{d}z\mathrm{d}x+\left(\frac{\partial Q}{\partial x}-\frac{\partial P}{\partial y}\right)\mathrm{d}x\mathrm{d}y$$

$$=\oint_{\partial\Sigma^+}P\mathrm{d}x+Q\mathrm{d}y+R\mathrm{d}z. \tag{1}$$

为了便于记忆，借助于行列式的形式运算，(1)式也可写成

$$\iint_{\Sigma}\begin{vmatrix}\mathrm{d}y\mathrm{d}z & \mathrm{d}z\mathrm{d}x & \mathrm{d}x\mathrm{d}y\\ \dfrac{\partial}{\partial x} & \dfrac{\partial}{\partial y} & \dfrac{\partial}{\partial z}\\ P & Q & R\end{vmatrix}=\oint_{\partial\Sigma^+}P\mathrm{d}x+Q\mathrm{d}y+R\mathrm{d}z. \tag{1'}$$

将(1′)左端的行列式按第一行展开，并把$\frac{\partial}{\partial x}$与 Q 的积理解为$\frac{\partial Q}{\partial x}$，等等，就得到了(1)式的左端.

公式(1)或(1′)称为斯托克斯公式.

证　先假定 Σ 与平行于 z 轴的直线相交不多于一点，并设 Σ 具有显式方程 $z=z(x,y),(x,y)\in D_{xy}$. 同时，为明确计，不妨设 Σ 取上侧，这时 Σ 的正向边界曲线 $\partial\Sigma^+$ 在 xOy 面上的投影曲线是平面区域 D_{xy} 的正向边界曲线 ∂D_{xy}^+（图 8－25），我们可以将(1)式右端中的积分 $\oint_{\partial\Sigma^+}P(x,y,z)\mathrm{d}x$ 转化为 xOy 面上的第二类曲线积分，即

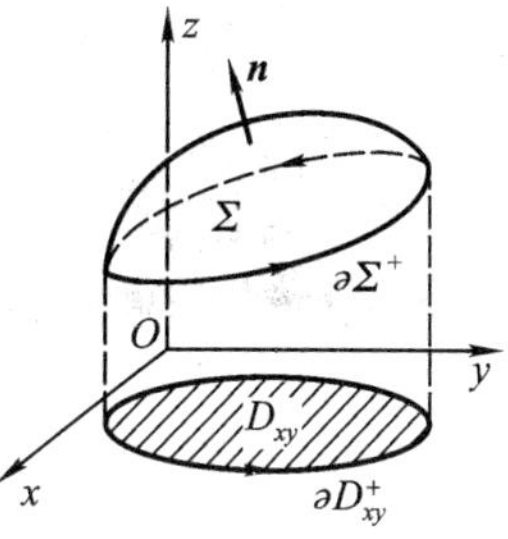

图 8－25

$$\oint_{\partial\Sigma^+}P(x,y,z)\mathrm{d}x=\oint_{\partial D_{xy}^+}P[x,y,z(x,y)]\mathrm{d}x①,$$

---

① 如果曲线 ∂D_{xy}^+ 的方程为 $x=x(t),y=y(t),t:a\to b$，由于 Σ 有显式方程 $z=z(x,y)$，故曲线 $\partial\Sigma^+$ 的方程为 $x=x(t),y=y(t),z=z[x(t),y(t)],t:a\to b$. 于是按第二类曲线积分的计算法可得知积分

$$\oint_{\partial\Sigma^+}P(x,y,z)\mathrm{d}x \text{ 与 } \oint_{\partial D_{xy}^+}P[x,y,z(x,y)]\mathrm{d}x$$

均等于$\int_a^b P(x(t),y(t),z[x(t),y(t)])x'(t)\mathrm{d}t$，从而这一等式成立.

再对上式右端应用格林公式,得

$$\oint_{\partial\Sigma^+} P(x,y,z)\mathrm{d}x = \iint_{D_{xy}} -\frac{\partial}{\partial y}P[x,y,z(x,y)]\mathrm{d}\sigma$$
$$= \iint_{D_{xy}}\left(-\frac{\partial P}{\partial y}-\frac{\partial P}{\partial z}\cdot\frac{\partial z}{\partial y}\right)\mathrm{d}\sigma.$$

另一方面,按照两类曲面积分的联系和第一类曲面积分的计算公式,有

$$\iint_{\Sigma}\frac{\partial P}{\partial z}\mathrm{d}z\mathrm{d}x-\frac{\partial P}{\partial y}\mathrm{d}x\mathrm{d}y = \iint_{\Sigma}\left(\frac{\partial P}{\partial z}\cos\beta-\frac{\partial P}{\partial y}\cos\gamma\right)\mathrm{d}S$$
$$= \iint_{D_{xy}}\left[\frac{\partial P}{\partial z}\cdot\frac{(-z_y)}{\sqrt{1+z_x^2+z_y^2}}-\frac{\partial P}{\partial y}\cdot\frac{1}{\sqrt{1+z_x^2+z_y^2}}\right]\cdot$$
$$\sqrt{1+z_x^2+z_y^2}\mathrm{d}\sigma = \iint_{D_{xy}}\left[\frac{\partial P}{\partial z}\left(-\frac{\partial z}{\partial y}\right)-\frac{\partial P}{\partial y}\right]\mathrm{d}\sigma,$$

比较以上两式知

$$\iint_{\Sigma}\frac{\partial P}{\partial z}\mathrm{d}z\mathrm{d}x-\frac{\partial P}{\partial y}\mathrm{d}x\mathrm{d}y = \oint_{\partial\Sigma^+}P(x,y,z)\mathrm{d}x, \tag{2}$$

如果 Σ 取下侧,由于等式两边同时变号,故此式仍然成立.

如果 Σ 与平行于 z 轴的直线的交点多于一个,则可以在 Σ 上添加辅助曲线,将 Σ 分成有限个符合条件的定向曲面片,在每个曲面片上应用(2)式并将所得结果相加,即可证明(2)式仍然成立.

类似可证

$$\iint_{\Sigma}\frac{\partial Q}{\partial x}\mathrm{d}x\mathrm{d}y-\frac{\partial Q}{\partial z}\mathrm{d}y\mathrm{d}z = \oint_{\partial\Sigma^+}Q(x,y,z)\mathrm{d}y,$$
$$\iint_{\Sigma}\frac{\partial R}{\partial y}\mathrm{d}y\mathrm{d}z-\frac{\partial R}{\partial x}\mathrm{d}z\mathrm{d}x = \oint_{\partial\Sigma^+}R(x,y,z)\mathrm{d}z.$$

将上述两式和(2)式两边分别相加即得(1)式.

利用两类曲面积分的联系,斯托可斯公式也可写作

$$\iint_{\Sigma}\begin{vmatrix}\cos\alpha & \cos\beta & \cos\gamma\\ \dfrac{\partial}{\partial x} & \dfrac{\partial}{\partial y} & \dfrac{\partial}{\partial z}\\ P & Q & R\end{vmatrix}\mathrm{d}S = \oint_{\partial\Sigma^+}P\mathrm{d}x+Q\mathrm{d}y+R\mathrm{d}z, \tag{3}$$

其中 $\cos\alpha$、$\cos\beta$、$\cos\gamma$ 为 Σ 上任一点处的法向量的方向余弦.

容易看到,当 Σ 位于 xOy 面上并取上侧时,公式(1)就是格林公式.

例 1 利用斯托克斯公式计算曲线积分

$$I = \oint_{\Gamma} -y^2\mathrm{d}x+x\mathrm{d}y+z^2\mathrm{d}z,$$

其中 Γ 是平面 $y+z=2$ 与柱面 $x^2+y^2=1$ 的交线，若从 z 轴正向看去，Γ 取逆时针向（图 8－26）.

解　取 Σ 为平面 $y+z=2$ 的上侧被 Γ 所围的部分，由斯托克斯公式

$$I=\iint_{\Sigma}\begin{vmatrix} \mathrm{d}y\mathrm{d}z & \mathrm{d}z\mathrm{d}x & \mathrm{d}x\mathrm{d}y \\ \dfrac{\partial}{\partial x} & \dfrac{\partial}{\partial y} & \dfrac{\partial}{\partial z} \\ -y^2 & x & z^2 \end{vmatrix}=\iint_{\Sigma}(1+2y)\mathrm{d}x\mathrm{d}y$$

$$=\iint_{D_{xy}}(1+2y)\mathrm{d}\sigma,$$

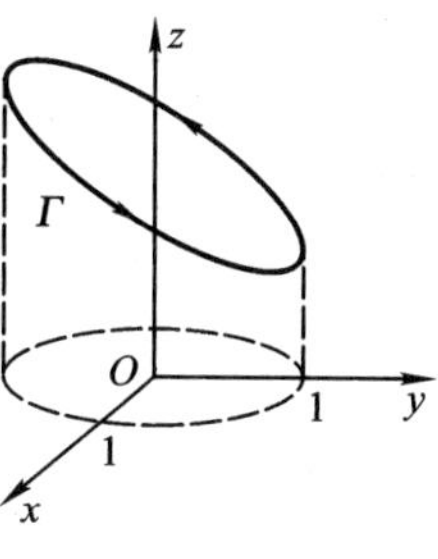

图 8－26

其中 D_{xy} 为圆 $x^2+y^2\leqslant 1$，注意到 $\iint\limits_{D_{xy}}2y\mathrm{d}\sigma=0$，故

$$I=\iint_{D_{xy}}\mathrm{d}\sigma=\pi.$$

例 2　利用斯托克斯公式计算曲线积分

$$I=\oint_{\Gamma}(y^2-z^2)\mathrm{d}x+(z^2-x^2)\mathrm{d}y+(x^2-y^2)\mathrm{d}z,$$

其中 Γ 是用平面 $x+y+z=\dfrac{3}{2}$ 截立方体 $[0,1]\times[0,1]\times[0,1]$ 的表面所得的截痕，若从 z 轴正向看去，Γ 取逆时针向（图 8－27(a)）.

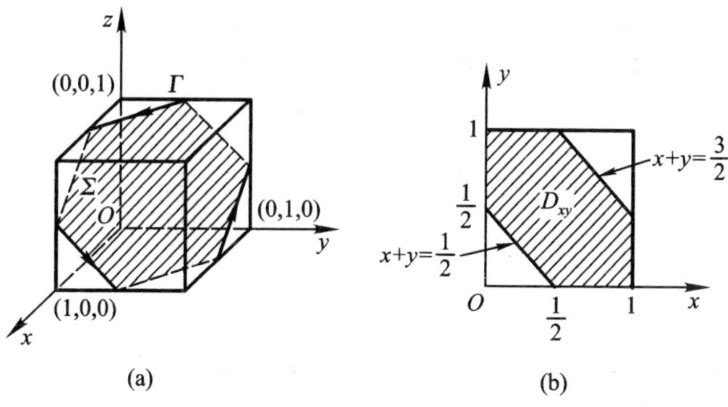

图 8－27

解　取 Σ 为平面 $x+y+z=\dfrac{3}{2}$ 的上侧被 Γ 所围的部分，Σ 的单位法向量 $\boldsymbol{e}_n=\left(\dfrac{1}{\sqrt{3}},\dfrac{1}{\sqrt{3}},\dfrac{1}{\sqrt{3}}\right)$，由斯托克斯公式(3)得

$$I=\iint_{\Sigma}\begin{vmatrix}\frac{1}{\sqrt{3}} & \frac{1}{\sqrt{3}} & \frac{1}{\sqrt{3}}\\ \frac{\partial}{\partial x} & \frac{\partial}{\partial y} & \frac{\partial}{\partial z}\\ y^2-z^2 & z^2-x^2 & x^2-y^2\end{vmatrix}\mathrm{d}S$$

$$=-\frac{4}{\sqrt{3}}\iint_{\Sigma}(x+y+z)\mathrm{d}S,$$

因在 Σ 上 $x+y+z=\frac{3}{2}$,故

$$I=-2\sqrt{3}\iint_{\Sigma}\mathrm{d}S=-2\sqrt{3}\iint_{D_{xy}}\sqrt{3}\mathrm{d}\sigma=-6\cdot(D_{xy}\text{ 的面积})$$

$$=-6\cdot\frac{3}{4}=-\frac{9}{2},$$

其中 D_{xy} 为 Σ 在 xOy 面上的投影区域(图 8-27(b)).

二、旋度

设 $\boldsymbol{F}(x,y,z)=P(x,y,z)\boldsymbol{i}+Q(x,y,z)\boldsymbol{j}+R(x,y,z)\boldsymbol{k}$ 是定义在空间区域 G 上的向量场,其中 P、Q、R 有连续的偏导数,称向量

$$\left(\frac{\partial R}{\partial y}-\frac{\partial Q}{\partial z}\right)\boldsymbol{i}+\left(\frac{\partial P}{\partial z}-\frac{\partial R}{\partial x}\right)\boldsymbol{j}+\left(\frac{\partial Q}{\partial x}-\frac{\partial P}{\partial y}\right)\boldsymbol{k}=\begin{vmatrix}\boldsymbol{i} & \boldsymbol{j} & \boldsymbol{k}\\ \frac{\partial}{\partial x} & \frac{\partial}{\partial y} & \frac{\partial}{\partial z}\\ P & Q & R\end{vmatrix}$$

为 $\boldsymbol{F}$ 在点(x,y,z)处的旋度(rotation),记为 $\mathrm{rot}\,\boldsymbol{F}$ 或 $\nabla\times\boldsymbol{F}$,即

$$\mathrm{rot}\,\boldsymbol{F}(=\nabla\times\boldsymbol{F})=\begin{vmatrix}\boldsymbol{i} & \boldsymbol{j} & \boldsymbol{k}\\ \frac{\partial}{\partial x} & \frac{\partial}{\partial y} & \frac{\partial}{\partial z}\\ P & Q & R\end{vmatrix}. \tag{4}$$

利用旋度概念,斯托克斯公式可以写成

$$\iint_{\Sigma}\mathrm{rot}\,\boldsymbol{F}\cdot\mathrm{d}\boldsymbol{S}=\oint_{\partial\Sigma^{+}}\boldsymbol{F}\cdot\mathrm{d}\boldsymbol{r}. \tag{5}$$

设 Γ 是 G 内的一条定向闭曲线,$\boldsymbol{F}$ 沿定向闭曲线 Γ 的积分

$$\oint_{\Gamma}\boldsymbol{F}\cdot\mathrm{d}\boldsymbol{r}$$

称为向量场 $\boldsymbol{F}$ 沿 Γ 的环流量,按第二类曲线积分定义

$$\oint_{\Gamma}\boldsymbol{F}\cdot\mathrm{d}\boldsymbol{r}=\oint_{\Gamma}(\boldsymbol{F}\cdot\boldsymbol{e}_{\tau})\mathrm{d}s,$$

其中 $\boldsymbol{e}_\tau$ 是定向曲线 Γ 的单位切向量，所以环流量 $\oint_\Gamma \boldsymbol{F}\cdot\mathrm{d}\boldsymbol{r}$ 是向量 $\boldsymbol{F}$ 在定向曲线 Γ 的切向量上的投影沿曲线 Γ 的积分（图 8 - 28）.

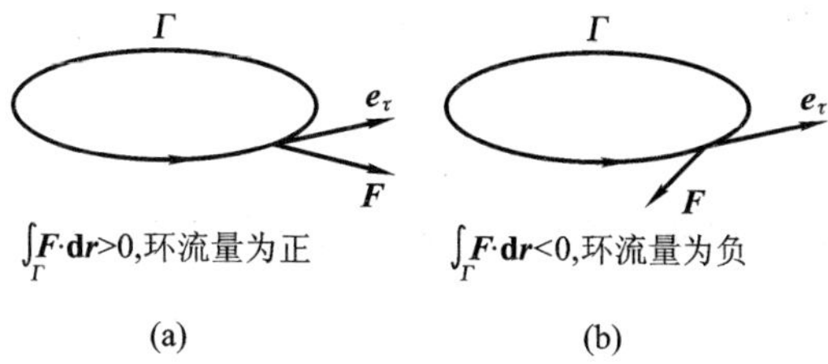

图 8 - 28

下面说明旋度的物理意义.

在 G 内取定一点 M，同时取定一单位向量 $\boldsymbol{e}$，过点 M 作一张以 $\boldsymbol{e}$ 为法向量的定向平面 Π，在 Π 上任取一条包围点 M 的光滑闭曲线 Γ，记 Σ 为定向平面 Π 被 Γ 所围的部分，Γ 的走向取定向面 Σ 的边界的正向（图 8 - 29），根据斯托克斯公式及曲面积分中值定理有

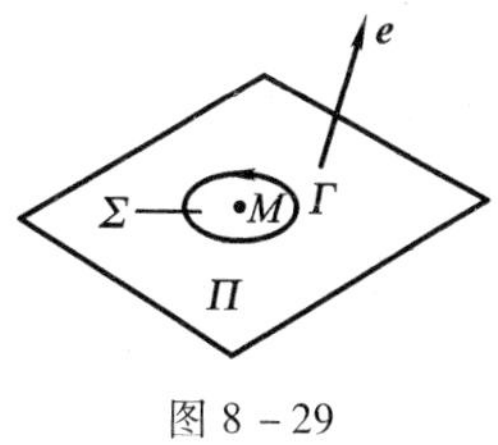

图 8 - 29

$$\frac{1}{\sigma}\oint_\Gamma \boldsymbol{F}\cdot\mathrm{d}\boldsymbol{r}=\frac{1}{\sigma}\iint_\Sigma \mathrm{rot}\,\boldsymbol{F}\cdot\mathrm{d}\boldsymbol{S}=\frac{1}{\sigma}\iint_\Sigma(\mathrm{rot}\,\boldsymbol{F}\cdot\boldsymbol{e})\,\mathrm{d}S=[\mathrm{rot}\,\boldsymbol{F}\cdot\boldsymbol{e}]_{M^*},$$

其中 σ 为 Σ 的面积，点 $M^*\in\Sigma$，上式左端的 $\frac{1}{\sigma}\oint_\Gamma \boldsymbol{F}\cdot\mathrm{d}\boldsymbol{r}$ 为环流量对面积的变化率，称为 $\boldsymbol{F}$ 在 Γ 上沿方向 $\boldsymbol{e}$ 的平均环量密度.

令 Σ 向点 M 处收缩，由上式得

$$\lim_{\Sigma\to M}\frac{1}{\sigma}\oint_\Gamma \boldsymbol{F}\cdot\mathrm{d}\boldsymbol{r}=\lim_{\Sigma\to M}[\mathrm{rot}\,\boldsymbol{F}\cdot\boldsymbol{e}]_{M^*}=[\mathrm{rot}\,\boldsymbol{F}\cdot\boldsymbol{e}]_M.\tag{6}$$

(6)式左端之极限称为 $\boldsymbol{F}$ 在点 M 处沿方向 $\boldsymbol{e}$ 的环量密度. (6)式表明：$\boldsymbol{F}$ 在 M 点处沿方向 $\boldsymbol{e}$ 的环量密度等于 M 点处的旋度在 $\boldsymbol{e}$ 上的投影. 通过改变 $\boldsymbol{e}$ 的方向，可以使环量密度达到最大，显然这一最大值当 $\boldsymbol{e}$ 与 $\mathrm{rot}\,\boldsymbol{F}(M)$ 方向相同时取得. 这就是说，当过点 M 的平面与该点的旋度垂直时，在该平面内环绕 M 点的环量密度达到最大. 形象地说，设想在点 M 处放置一微型转轮（图 8 - 30），则当该转轮的轴平行于旋度时，该轮旋转得最快.

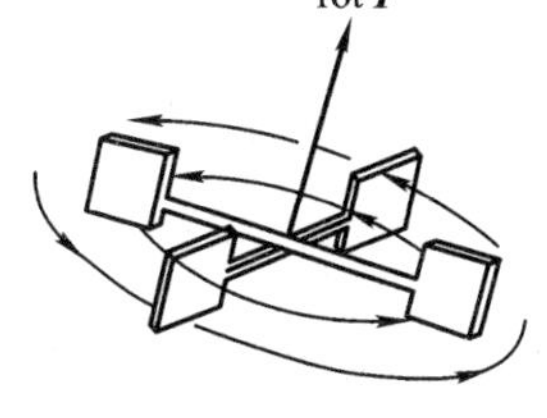

图 8 - 30

因此，$\mathrm{rot}\,\boldsymbol{F}$ 是向量场 $\boldsymbol{F}$ 取得最大环量密度的方向. 在这一方向上，最大环量密度为 $|\mathrm{rot}\,\boldsymbol{F}|$.

一个旋度处处为零向量的向量场称为无旋场，一个无旋无源场称为调和场，

调和场是物理学中一类重要的场,这种场与调和函数间有着密切的联系.

下面我们利用旋度概念给出空间定向曲线积分与路径无关的一个条件,它的证明与平面情形时类似,这里从略.

定理 2 **设 G 是空间的一个一维单连通区域①,P、Q、R 在 G 内具有连续偏导数,**

$$\boldsymbol{F}(x,y,z)=P(x,y,z)\boldsymbol{i}+Q(x,y,z)\boldsymbol{j}+R(x,y,z)\boldsymbol{k},$$

则 $\boldsymbol{F}(x,y,z)$ 沿 G 内定向曲线的积分与路径无关的充分且必要条件是

$$\mathrm{rot}\,\boldsymbol{F}=\boldsymbol{0}. \tag{7}$$

最后我们指出,本章的几个主要公式都是微积分基本公式在二维和三维空间中的推广. 为了便于大家记忆和发现这些公式之间的内在联系,我们把它们集中在一起列出(但略去公式的条件). 大家可以看到,下列每个等式的左端都是某种形式的"导数"在一个几何形体上的积分,而右端则是该"导数"的"原函数"在该几何形体的边界上的"积分".

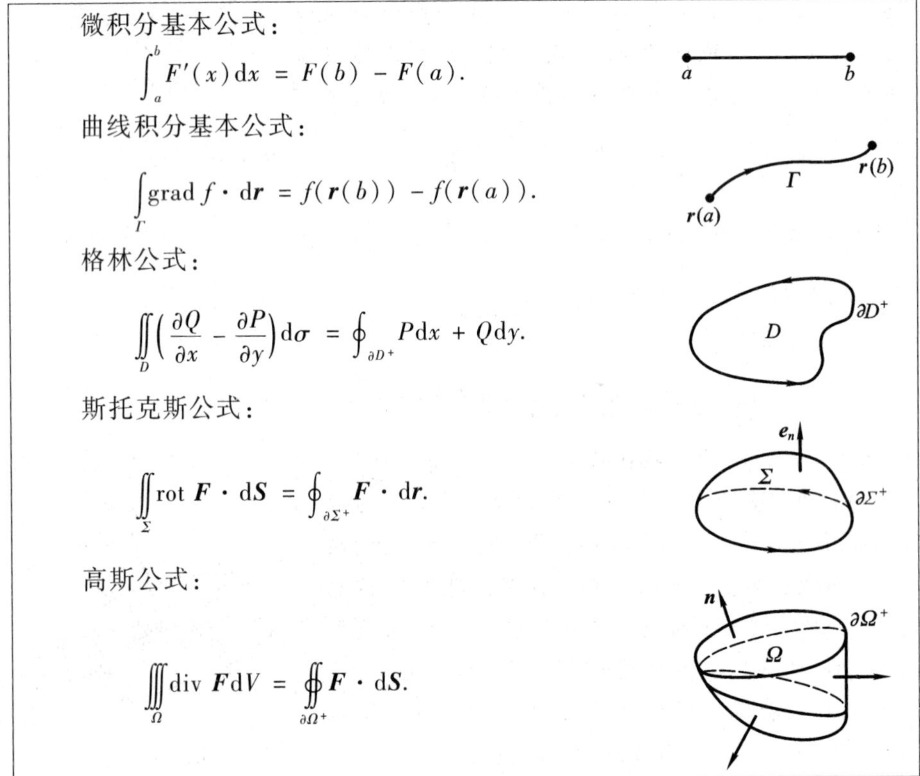

微积分基本公式:

$$\int_a^b F'(x)\mathrm{d}x=F(b)-F(a).$$

曲线积分基本公式:

$$\int_\Gamma \mathrm{grad}\,f\cdot\mathrm{d}\boldsymbol{r}=f(\boldsymbol{r}(b))-f(\boldsymbol{r}(a)).$$

格林公式:

$$\iint_D\left(\frac{\partial Q}{\partial x}-\frac{\partial P}{\partial y}\right)\mathrm{d}\sigma=\oint_{\partial D^+}P\mathrm{d}x+Q\mathrm{d}y.$$

斯托克斯公式:

$$\iint_\Sigma \mathrm{rot}\,\boldsymbol{F}\cdot\mathrm{d}\boldsymbol{S}=\oint_{\partial\Sigma^+}\boldsymbol{F}\cdot\mathrm{d}\boldsymbol{r}.$$

高斯公式:

$$\iiint_\Omega \mathrm{div}\,\boldsymbol{F}\mathrm{d}V=\oiint_{\partial\Omega^+}\boldsymbol{F}\cdot\mathrm{d}\boldsymbol{S}.$$

① 如果在 G 内的任一闭曲线上总可以张一片完全包含于 G 内的曲面,则称 G 为空间一维单连通区域.

上面的5个公式既然有着如此的内在统一性，这就启发我们作这样的思考：能否将它们统一成一个基本公式呢？这确实是可以做到的. 为此先要引进一种新的运算"外微分"，并定义一些新的数学对象. 由此得到的微积分基本公式不仅包含了以上5个式子，还适用于更高维的空间. 限于篇幅，这方面的讨论就不再进行了. 有兴趣的读者可阅读内容更深入一些的微积分教程.

*三、向量微分算子

下面介绍一个在场论分析中经常出现的运算符号∇，它称为∇(Nabla)算子，其定义为

$$\nabla=\frac{\partial}{\partial x}\boldsymbol{i}+\frac{\partial}{\partial y}\boldsymbol{j}+\frac{\partial}{\partial z}\boldsymbol{k}.$$

算子∇可像通常的向量一样，与数量值函数作"数乘"，或与向量值函数作"数量积"或"向量积"，从而得出新的函数. 在作乘法时，把$\frac{\partial}{\partial x}$与$u$的乘积理解为$\frac{\partial u}{\partial x}$，等等. 凡涉及到向量之间的运算，均适用向量运算的坐标表达式. 这样就有：

(1) 算子∇与数量值函数$u=u(x,y,z)$作"数乘"，则得

$$\nabla u=\frac{\partial u}{\partial x}\boldsymbol{i}+\frac{\partial u}{\partial y}\boldsymbol{j}+\frac{\partial u}{\partial z}\boldsymbol{k}=\operatorname{grad}u.$$

(2) 算子∇与向量值函数$\boldsymbol{F}=P(x,y,z)\boldsymbol{i}+Q(x,y,z)\boldsymbol{j}+R(x,y,z)\boldsymbol{k}$作"数量积"，则得

$$\begin{aligned}\nabla\cdot\boldsymbol{F}&=\left(\frac{\partial}{\partial x}\boldsymbol{i}+\frac{\partial}{\partial y}\boldsymbol{j}+\frac{\partial}{\partial z}\boldsymbol{k}\right)\cdot(P\boldsymbol{i}+Q\boldsymbol{j}+R\boldsymbol{k})\\&=\frac{\partial P}{\partial x}+\frac{\partial Q}{\partial y}+\frac{\partial R}{\partial z}=\operatorname{div}\boldsymbol{F}.\end{aligned}$$

如将∇与向量值函数∇u作数量积，记作∇^2u，则有

$$\nabla^2u=\nabla\cdot\nabla u=\frac{\partial^2u}{\partial x^2}+\frac{\partial^2u}{\partial y^2}+\frac{\partial^2u}{\partial z^2},$$

上式右端可记作Δu，符号Δ(delta)代表$\frac{\partial^2}{\partial x^2}+\frac{\partial^2}{\partial y^2}+\frac{\partial^2}{\partial z^2}$，称为(三维)拉普拉斯算子，即$\Delta=\nabla^2$.

(3) 算子∇与向量值函数$\boldsymbol{F}=P(x,y,z)\boldsymbol{i}+Q(x,y,z)\boldsymbol{j}+R(x,y,z)\boldsymbol{k}$作"向量积"，则得

$$\nabla\times\boldsymbol{F}=\begin{vmatrix}\boldsymbol{i}&\boldsymbol{j}&\boldsymbol{k}\\\frac{\partial}{\partial x}&\frac{\partial}{\partial y}&\frac{\partial}{\partial z}\\P&Q&R\end{vmatrix}=\operatorname{rot}\boldsymbol{F}.$$

利用 ∇ 算子,高斯公式和斯托克斯公式可分别写成

$$\iiint_{\Omega} \nabla \cdot \boldsymbol{F} \mathrm{d}V = \oiint_{\Sigma} \boldsymbol{F} \cdot \mathrm{d}\boldsymbol{S},$$

$$\iint_{\Sigma} (\nabla \times \boldsymbol{F}) \cdot \mathrm{d}\boldsymbol{S} = \oint_{\partial\Sigma^+} \boldsymbol{F} \cdot \mathrm{d}\boldsymbol{r}.$$

习题 8－7

1. 利用斯托克斯公式计算下列曲线积分,所有曲线从 z 轴的正向看去均取逆时针方向:

(1) $\oint_{\Gamma} y\mathrm{d}x + z\mathrm{d}y + x\mathrm{d}z$,$\Gamma$ 为圆周 $x^2 + y^2 + z^2 = a^2, x + y + z = 0$;

(2) $\oint_{\Gamma} (y - z)\mathrm{d}x + (z - x)\mathrm{d}y + (x - y)\mathrm{d}z$,$\Gamma$ 为椭圆 $x^2 + y^2 = a^2, \dfrac{x}{a} + \dfrac{z}{b} = 1 (a, b > 0)$;

(3) $\oint_{\Gamma} xy\mathrm{d}x + yz\mathrm{d}y + zx\mathrm{d}z$,$\Gamma$ 是以点 $(1,0,0)$、$(0,3,0)$、$(0,0,3)$ 为顶点的三角形的周界;

(4) $\oint_{\Gamma} z^2\mathrm{d}x + x^2\mathrm{d}y + y^2\mathrm{d}z$,$\Gamma$ 是球面 $x^2 + y^2 + z^2 = 4$ 位于第一卦限那部分的边界线;

(5) $\oint_{\Gamma} x^2z\mathrm{d}x + xy^2\mathrm{d}y + z^2\mathrm{d}z$,$\Gamma$ 是抛物面 $z = 1 - x^2 - y^2$ 位于第一卦限那部分的边界线;

(6) $\oint_{\Gamma} \boldsymbol{F}(x,y,z) \cdot \mathrm{d}\boldsymbol{r}$,其中 $\boldsymbol{F}(x,y,z) = (y + x^2)\boldsymbol{i} + (z^2 + y)\boldsymbol{j} + (x^3 + \sin z)\boldsymbol{k}$,$\Gamma$ 是双曲抛物面 $z = 2xy$,与柱面 $x^2 + y^2 = 1$ 的交线.

2. 求下列向量场 $\boldsymbol{A}$ 的旋度:

(1) $\boldsymbol{A} = x^2\sin y\boldsymbol{i} + y^2\sin z\boldsymbol{j} + z^2\sin x\boldsymbol{k}$;

(2) $\boldsymbol{A} = \nabla u, u = u(x,y,z)$ 有二阶连续偏导数.

3. 求下列向量场 $\boldsymbol{A}$ 沿定向闭曲线 Γ 的环流量 $\Phi = \int_{\Gamma} \boldsymbol{A} \cdot \mathrm{d}\boldsymbol{r}$:

(1) $\boldsymbol{A} = -y\boldsymbol{i} + x\boldsymbol{j} + c\boldsymbol{k}$($c$ 为常数),Γ 为圆周 $x^2 + y^2 = 1, z = 0$,从 z 轴正向看去,Γ 取逆时针方向;

(2) $\boldsymbol{A} = 3y\boldsymbol{i} - xz\boldsymbol{j} + yz^2\boldsymbol{k}$,$\Gamma$ 为圆周 $x^2 + y^2 = 4, z = 1$,从 z 轴正向看去,Γ 取逆时针方向.

4. 设 $\boldsymbol{A} = P(x,y,z)\boldsymbol{i} + Q(x,y,z)\boldsymbol{j} + R(x,y,z)\boldsymbol{k}$,其中 P、Q、R 有二阶连续偏导数. 证明

$$\operatorname{div}(\operatorname{rot} \boldsymbol{A}) = 0.$$

5. 利用斯托克斯公式把定向曲面积分 $\iint_{\Sigma} \operatorname{rot} \boldsymbol{A} \cdot \mathrm{d}\boldsymbol{S}$ 化为曲线积分,并计算积分值,其中 $\boldsymbol{A}$ 与 Σ 分别如下:

(1) $\boldsymbol{A} = xyz\boldsymbol{i} + x\boldsymbol{j} + \mathrm{e}^{xy}\boldsymbol{k}$,$\Sigma$ 为上半球面 $z = \sqrt{1 - x^2 - y^2}$ 的上侧;

(2) $\boldsymbol{A}=(y-z)\boldsymbol{i}+yz\boldsymbol{j}-xz\boldsymbol{k}$, Σ 为立方体 $[0,2]\times[0,2]\times[0,2]$ 的表面外侧去掉 xOy 面上的那个底面.

总 习 题 八

1. 填空

(1) 第一类曲线积分 $\int_L f(x,y)\,\mathrm{d}s$ 的积分弧 L 是________的(定向、不定向);利用 L 的参数方程将这个积分化为定积分时,下限 α 必须________上限 β.

(2) 第二类曲线积分 $\int_L P(x,y)\,\mathrm{d}x+Q(x,y)\,\mathrm{d}y$ 的积分弧 L 是________的(定向、不定向);利用 L 的参数方程将这个积分化为定积分时,下限 α 对应________,上限 β 对应________,α 未必小于 β.

(3) 第一类曲面积分 $\iint_\Sigma f(x,y,z)\,\mathrm{d}S$ 的积分曲面 Σ 是________的(定向、不定向);利用 Σ 的方程 $z=z(x,y)$ 将这个积分化为二重积分时,曲面面积元素 $\mathrm{d}S$ 与二重积分面积元素 $\mathrm{d}\sigma$ 的关系是________________.

(4) 第二类曲面积分 $\iint_\Sigma R(x,y,z)\,\mathrm{d}x\mathrm{d}y$ 的积分曲面 Σ 是________的(定向、不定向);利用 Σ 的方程 $z=z(x,y)$ 将这个积分化为二重积分时,曲面投影元素 $\mathrm{d}x\mathrm{d}y$ 与二重积分面积元素 $\mathrm{d}\sigma$ 的关系是________________,其中正负号根据__________来确定.

(5) 设 $P(x,y)$、$Q(x,y)$ 均具有连续偏导数,则在平面__________区域内,曲线积分 $\int_L P\mathrm{d}x+Q\mathrm{d}y$ 与路径无关的判别条件是__________.

(6) 格林公式、高斯公式和斯托克斯公式的共同点是将某种形式的“导数”在一个几何形体上的积分化为该“导数”的“原函数”在该几何形体的__________上的积分,因此这三个公式都可看作是定积分中的____________公式的推广.

(7) 设 C 为椭圆 $\dfrac{x^2}{2}+\dfrac{y^2}{3}=1$,其周长记为 a,则 $\oint_C(xy+3x^2+2y^2)\,\mathrm{d}s=$__________.

(8) 设 Σ 是一个球面,$\boldsymbol{F}$ 是一个常向量场,则 $\oiint_\Sigma \boldsymbol{F}\cdot\mathrm{d}\boldsymbol{S}=$__________.

(9) 设 $f(x,y,z)$ 具有各阶连续偏导数,则 $\operatorname{div}(\operatorname{rot}\boldsymbol{\nabla}f)=$__________.

(10) 设曲面 Σ 为 $x^2+y^2+z^2=a^2(z\geqslant 0)$,$\Sigma_1$ 为 Σ 在第一卦限中的部分,则下列选项中正确的是________.

(A) $\iint_\Sigma x\mathrm{d}S=4\iint_{\Sigma_1}x\mathrm{d}S$.　　(B) $\iint_\Sigma y\mathrm{d}S=4\iint_{\Sigma_1}x\mathrm{d}S$.

(C) $\iint_\Sigma z\mathrm{d}S=4\iint_{\Sigma_1}x\mathrm{d}S$.　　(D) $\iint_\Sigma xyz\mathrm{d}S=4\iint_{\Sigma_1}xyz\mathrm{d}S$.

2. 计算下列曲线积分：

（1）$\int_L (x^{\frac{4}{3}}+y^{\frac{4}{3}})\mathrm{d}s$，其中 L 为内摆线（星形线）$x^{\frac{2}{3}}+y^{\frac{2}{3}}=a^{\frac{2}{3}}$.

（2）$\int_L (12xy+\mathrm{e}^y)\mathrm{d}x-(\cos y-x\mathrm{e}^y)\mathrm{d}y$，其中 L 是从点 $A(-1,1)$ 沿 $y=x^2$ 到点 $O(0,0)$ 再沿 x 轴到点 $B(2,0)$ 的一段定向弧.

（3）$\int_L \mathrm{Prj}_{\boldsymbol{\tau}}\boldsymbol{u}\mathrm{d}s$，$\Gamma$ 为曲线 $x=2t+1$、$y=t^2$、$z=t^3+1$ 上相应于 t 从 0 变到 1 的一段弧，$\boldsymbol{\tau}$ 为 Γ 上的切向量，指向参数 t 增加时 Γ 上动点的走向，$\boldsymbol{u}=z\boldsymbol{i}+x\boldsymbol{j}+y\boldsymbol{k}$.

3. 设有曲面积分 $I=\oint\!\!\!\oint_{\Sigma}\frac{1}{r^3}(x\cos\alpha+y\cos\beta+z\cos\gamma)\mathrm{d}S$，其中 Σ 为将原点包围在其内部的光滑闭曲面，$\boldsymbol{n}=(\cos\alpha,\cos\beta,\cos\gamma)$ 为 Σ 上的动点 M 处的外法向量，$r=|OM|$.

（1）如果 Σ_1 与 Σ_2 为满足上述条件的两张曲面，Σ_1 位于 Σ_2 的内部，并记在 Σ_1 和 Σ_2 上的上述积分值分别为 I_1 和 I_2，利用高斯公式证明 $I_1=I_2$；

（2）设 Σ 为椭球面 $\frac{x^2}{a^2}+\frac{y^2}{b^2}+\frac{z^2}{c^2}=1$，计算曲面积分 I.

4. 利用两类曲面积分的关系，计算 $\iint_{\Sigma}[f(x,y,z)+x]\mathrm{d}y\mathrm{d}z+[2f(x,y,z)+y]\mathrm{d}z\mathrm{d}x+[f(x,y,z)+z]\mathrm{d}x\mathrm{d}y$，其中 $f(x,y,z)$ 为连续函数，Σ 为平面 $x-y+z=1$ 在第四卦限部分的上侧.

5. 设 $Q(x,y)$ 在 xOy 面上有连续偏导数，已知曲线积分 $\int_L 2xy\mathrm{d}x+Q(x,y)\mathrm{d}y$ 与路径无关，并且对任意的 t 都有 $\int_{(0,0)}^{(t,1)}2xy\mathrm{d}x+Q(x,y)\mathrm{d}y=\int_{(0,0)}^{(1,t)}2xy\mathrm{d}x+Q(x,y)\mathrm{d}y$，试求 $Q(x,y)$.

6. 设对于半空间 $x>0$ 内任意光滑的定向封闭曲面 Σ，恒有 $\oint\!\!\!\oint_{\Sigma}xf(x)\mathrm{d}y\mathrm{d}z-xyf(x)\mathrm{d}z\mathrm{d}x-\mathrm{e}^{2x}z\mathrm{d}x\mathrm{d}y=0$，其中 $f(x)$ 在 $(0,+\infty)$ 内具有一阶连续导数.

（1）求出 $f(x)$ 满足的微分方程；

（2）若 $f(1)=\mathrm{e}^2$，求 $f(x)$.

7. 利用曲线积分计算柱面 $\frac{x^2}{5}+\frac{y^2}{9}=1$ 位于 $y\geqslant0$、$z\geqslant0$ 的部分被平面 $y=z$ 所截一块的面积.

8. 设一右半平面力场的场力大小与作用点到原点的距离成正比（比例系数为 k），方向垂直于作用点与原点的连线并且与 y 轴正向的夹角小于 $\frac{\pi}{2}$，试求一质点沿着以 AB 为直径的右下半个圆周，从点 $A(1,2)$ 移动到点 $B(3,4)$ 时场力所作的功.

9. 利用高斯公式推证阿基米德原理：浸没在液体中的物体所受液体的压力的合力（即浮力）的方向铅直向上，大小等于这物体所排开的液体的重量.

10. 设 $\boldsymbol{F}(x,y,z)=z\arctan y^2\boldsymbol{i}+z^3\ln(x^2+1)\boldsymbol{j}+z\boldsymbol{k}$，求 $\boldsymbol{F}$ 通过抛物面 $x^2+y^2+z=2$ 位于平面 $z=1$ 的上方的那一块流向上侧的流量.

11. 求半径为 R、中心角为 $\frac{2\pi}{3}$ 的均匀物质圆弧对位于圆心处的单位质点的引力.

12. 设 Σ 是一片定向光滑曲面，面积为 S，函数 $P(x,y,z)$、$Q(x,y,z)$、$R(x,y,z)$ 均在 Σ 上连续，证明：

$$\left|\iint_{\Sigma} P\mathrm{d}y\mathrm{d}z + Q\mathrm{d}z\mathrm{d}x + R\mathrm{d}x\mathrm{d}y\right| \leqslant MS,$$

其中 M 为 $\sqrt{P^2+Q^2+R^2}$ 在 Σ 上的最大值.

13. 莫比乌斯(Møbius)带是一种所谓的单侧曲面. 这种曲面的特点，形象地说，就是置于曲面上的一只小虫可以不越过曲面的边界而爬到它所在位置的背面. 对于这种曲面，就不能定向，也不能讨论通过曲面从一侧流到另一侧的流量，因而就不能在这类曲面上定义第二类曲面积分. 莫比乌斯带的参数方程是

$$x = r(t,v)\cos t, y = r(t,v)\sin t, z = bv\sin\left(\frac{t}{2}\right),$$

其中 $r(t,v) = a + bv\cos\left(\frac{t}{2}\right)$，$a$、$b$ 为常数，$t\in[0,2\pi]$，$v\in[-1,1]$. 试用计算机作出这个曲面的图形，并观察图形特点.

第九章
无穷级数

INFINITE SERIES

无穷级数是逼近理论中的重要内容之一,也是微积分学的重要组成部分,它是表示函数、研究函数的性质以及进行数值计算的一种非常有用的数学工具.

无穷级数的中心内容是收敛性理论.无穷级数从形式上看,是“有限多项相加”向“无限多项相加”的推广,但两者有实质性的差别.无穷级数的和是一个极限,从而就产生了收敛和发散的问题.加法运算中的交换律、结合律,加法、乘法运算间的分配律以及和函数的性质(如连续函数的和仍连续,可导函数的和仍可导)都不能无条件地照搬到无穷级数中来,而必须在一定条件下才能成立.这是在学习级数理论时要充分注意的.

本章内容由三部分组成:常数项级数、泰勒级数(一类重要的幂级数)和傅里叶级数(一类重要的三角级数),后两者都是函数项级数.本章前三节主要讨论常数项级数的概念、性质和收敛性判别法,以此作为基础,在后几节研究泰勒级数与傅里叶级数,介绍把函数展开成泰勒级数与傅里叶级数的条件与方法,以及泰勒级数和傅里叶级数在函数逼近中的重要应用.

函数的逼近通过图像的实际演示,能够变得更加具体和形象化.因此在学习本章时,如果能够结合书后的实验课题,上机演示与实验,就能取得更好的学习效果.

第一节　常数项级数的概念与基本性质

一、基本概念

如果给定一个数列 $a_1, a_2, \cdots, a_n, \cdots$，则由这数列构成的表达式

$$a_1 + a_2 + \cdots + a_n + \cdots$$

叫做(常数项)无穷级数，简称(常数项)级数，简记为 $\sum_{n=1}^{\infty} a_n$，即

$$\sum_{n=1}^{\infty} a_n = a_1 + a_2 + \cdots + a_n + \cdots, \tag{1}$$

其中的第 n 项 a_n 叫做级数的一般项. 级数的前 n 项的和

$$s_n = a_1 + a_2 + \cdots + a_n$$

称为级数(1)的前 n 项部分和. 当 n 取 1,2,3,…时，

$$s_1 = a_1, s_2 = a_1 + a_2, s_3 = a_1 + a_2 + a_3, \cdots, s_n = a_1 + a_2 + \cdots + a_n, \cdots,$$

它们构成一个数列 $(s_n)_{n=1}^{\infty}$，称之为部分和数列.

如果部分和数列 $(s_n)_{n=1}^{\infty}$ 有极限 s，即 $\lim\limits_{n \to \infty} s_n = s$，就称级数(1)是收敛的，且把极限 s 叫做级数(1)的和，并记作

$$s = \sum_{n=1}^{\infty} a_n .$$

如果部分和数列没有极限，就称级数(1)是发散的. 发散的级数是没有和的.

显然，当级数收敛时，其部分和 s_n 是级数的和 s 的近似值，它们之间的差 $r_n = s - s_n$ 叫做级数的余项. 用近似值 s_n 代替和 s 所产生的误差是

$$|r_n| = |s - s_n| .$$

讨论级数时要注意，级数的定义式(1)，只是一个形式记号. 因为，如果限于加法运算，无穷多个数相加实际上是不可能完成的，因此也谈不上相加所得的“和”. 所谓级数的“和”，按定义，是指级数的部分和数列收敛时的极限. 可见，研究级数的收敛性就是研究其部分和数列是否存在极限，因此级数的收敛性问题是一种特殊形式的极限问题. 请读者将级数收敛性的定义与上册第三章第十一节的无穷限反常积分的定义相对照，可以发现两者很相似.

例 1　几何级数(等比级数)

$$\sum_{n=0}^{\infty} aq^n = a + aq + aq^2 + \cdots + aq^n + \cdots (a \neq 0)$$

收敛的必要且充分条件是公比 q 的绝对值 $|q|<1$.

事实上,如果 $q\neq 1$,则部分和

$$s_n = a + aq + aq^2 + \cdots + aq^{n-1} = a \cdot \frac{1-q^n}{1-q}.$$

当 $|q|<1$ 时,由于 $\lim\limits_{n\to\infty} q^n = 0$,于是 $\lim\limits_{n\to\infty} s_n = \dfrac{a}{1-q}$,这时该级数收敛.

当 $|q|>1$ 时,由于 $\lim\limits_{n\to\infty} q^n = \infty$,于是 $\lim\limits_{n\to\infty} s_n = \infty$,这时该级数发散.

当 $q=1$ 时,由于 $s_n = na \to \infty$,因此该级数发散.

当 $q=-1$ 时,$s_n = \begin{cases} a, n\text{ 为奇数}, \\ 0, n\text{ 为偶数}, \end{cases}$ 故当 $n\to\infty$ 时,部分和数列 s_n 并不趋于一个确定的常数,即 S_n 没有极限,因此原级数发散.

综上分析可知,

当且仅当 $\|q\|<1$ 时,几何级数 $\sum\limits_{n=0}^{\infty} aq^n (a\neq 0)$ 收敛,且其和为 $\dfrac{a}{1-q}$.

例 2 证明级数

$$\sum_{n=1}^{\infty} \frac{1}{n(n+1)} = \frac{1}{1\cdot 2} + \frac{1}{2\cdot 3} + \cdots + \frac{1}{n(n+1)} + \cdots$$

是收敛的.

证 由于 $a_n = \dfrac{1}{n(n+1)} = \dfrac{1}{n} - \dfrac{1}{n+1}$,因此

$$\begin{aligned} s_n &= \frac{1}{1\cdot 2} + \frac{1}{2\cdot 3} + \cdots + \frac{1}{n(n+1)} \\ &= \left(1 - \frac{1}{2}\right) + \left(\frac{1}{2} - \frac{1}{3}\right) + \cdots + \left(\frac{1}{n} - \frac{1}{n+1}\right) \\ &= 1 - \frac{1}{n+1}, \end{aligned}$$

于是

$$\lim_{n\to\infty} s_n = \lim_{n\to\infty}\left(1 - \frac{1}{n+1}\right) = 1,$$

故所给级数收敛且它的和为 1.

例 3 证明调和级数①

$$\sum_{n=1}^{\infty} \frac{1}{n} = 1 + \frac{1}{2} + \frac{1}{3} + \cdots + \frac{1}{n} + \cdots$$

---

① 说 c 是 a 与 b 的调和平均,是指它们的倒数满足关系:$\dfrac{1}{c} = \dfrac{1}{2}\left(\dfrac{1}{a} + \dfrac{1}{b}\right)$,而级数 $\sum\limits_{n=1}^{\infty} \dfrac{1}{n}$ 从第二项起,每项是相邻两项的调和平均,故称它为调和级数.

是发散的.

证 当 $k \leqslant x \leqslant k+1$ 时，$\frac{1}{x} \leqslant \frac{1}{k}$，从而

$$\int_k^{k+1} \frac{1}{x} \mathrm{d}x \leqslant \int_k^{k+1} \frac{1}{k} \mathrm{d}x = \frac{1}{k}.$$

于是
$$S_n = \sum_{k=1}^{n} \frac{1}{k} \geqslant \sum_{k=1}^{n} \int_k^{k+1} \frac{1}{x} \mathrm{d}x = \int_1^{n+1} \frac{1}{x} \mathrm{d}x = \ln(n+1).$$

因为 $\lim\limits_{n\to\infty} \ln(n+1) = +\infty$，所以 $\lim\limits_{n\to\infty} S_n = +\infty$，即调和级数的部分和数列发散，因此调和级数发散.

二、无穷级数的基本性质

根据级数收敛的定义和极限运算法则，容易证明级数的下列性质.

性质 1 在级数中去掉、增加或改变有限项，级数的收敛性不变.

证 先证明级数 $\sum\limits_{n=1}^{\infty} a_n$ 与去掉首项后所得的级数 $\sum\limits_{n=2}^{\infty} a_n$ 同时收敛或同时发散. 设级数 $\sum\limits_{n=1}^{\infty} a_n$ 和级数 $\sum\limits_{n=2}^{\infty} a_n$ 的部分和数列分别为 $(s_n)_{n=1}^{\infty}$ 和 $(\sigma_n)_{n=1}^{\infty}$，则有 $s_n = \sigma_{n-1} + a_1 \quad (n=2,3,\cdots)$. 因此当 $n \to \infty$ 时，s_n 与 σ_{n-1} 同时有极限或同时无极限，这说明两个级数有相同的收敛性.

既然级数去掉 1 项或增加 1 项不改变收敛性，那么立即可推出去掉或增加有限项也不改变收敛性. 而改变有限项可看作先去掉有限项再增加有限项. 因此也不改变收敛性.

以下的性质 2 可由极限运算的线性性质直接推出.

性质 2 (1) 若级数 $\sum\limits_{n=1}^{\infty} a_n$ 收敛，其和为 s，则对任何常数 k，级数 $\sum\limits_{n=1}^{\infty} k a_n$ 收敛，且其和为 ks. 即

$$\sum_{n=1}^{\infty} k a_n = k \sum_{n=1}^{\infty} a_n.$$

(2) 若级数 $\sum\limits_{n=1}^{\infty} a_n$、$\sum\limits_{n=1}^{\infty} b_n$ 分别收敛于和 s、σ，即

$$\sum_{n=1}^{\infty} a_n = s, \sum_{n=1}^{\infty} b_n = \sigma,$$

则级数 $\sum\limits_{n=1}^{\infty} (a_n \pm b_n)$ 也收敛，其和为 $s \pm \sigma$，即

$$\sum_{n=1}^{\infty} (a_n \pm b_n) = \sum_{n=1}^{\infty} a_n \pm \sum_{n=1}^{\infty} b_n. \tag{2}$$

从性质 2 的(1)知，当 $k\neq 0$ 时，如果 $\sum_{n=1}^{\infty} ka_n$ 收敛，它的每项乘以 $\frac{1}{k}$ 后，有 $\sum_{n=1}^{\infty} a_n$ 收敛. 因此，我们有如下推论：

若 $k\neq 0$，则级数 $\sum_{n=1}^{\infty} a_n$ 与 $\sum_{n=1}^{\infty} ka_n$ 同时收敛、同时发散.

性质 2 的(2)也说成：**两个收敛级数可以逐项相加或逐项相减.**

这里要注意，(2)式成立是以级数 $\sum_{n=1}^{\infty} a_n$ 与 $\sum_{n=1}^{\infty} b_n$ 都收敛为前提条件的，当两个级数中有发散级数时，(2)式就不适用了.

性质 3　对收敛级数的项任意加括号后所得的级数仍然收敛，且其和不变.

证　设收敛级数

$$\sum_{n=1}^{\infty} a_n = a_1 + a_2 + \cdots + a_n + \cdots$$

的项按某种方式加括号后所得的级数形如

$$(a_1 + a_2 + \cdots + a_{n_1}) + (a_{n_1+1} + a_{n_1+2} + \cdots + a_{n_2}) + \cdots,$$

用 s_k' 表示加括号后的级数的前 k 项部分和，则显然数列 $(s'_k)_{k=1}^{\infty}$ 是原级数部分和数列 $(s_n)_{n=1}^{\infty}$ 的子数列. 因此，当数列 $(s_n)_{n=1}^{\infty}$ 收敛时，子数列 $(s'_k)_{k=1}^{\infty}$ 也收敛，且两者极限相同. 再由级数收敛的定义即得性质 3.

我们知道，当数列的某一子数列收敛时，不能保证原数列收敛. 这就是说，性质 3 的逆命题是不成立的. 即如果对某级数的项加括号后所成的级数是收敛的，原级数未必收敛，例如级数

$$(1-1)+(1-1)+\cdots$$

收敛于零，但是级数

$$1-1+1-1+\cdots$$

却是发散的.

性质 3 的直接推论是

如果加括号后所成的级数发散，则原级数发散.

最后给出级数收敛的一个必要条件：

性质 4　如果级数收敛，则当 $n\to\infty$ 时它的一般项趋于零.

证　设收敛级数

$$\sum_{n=1}^{\infty} a_n = s,$$

由于

$$a_n = s_n - s_{n-1},$$

故

$$\lim_{n\to\infty} a_n = \lim_{n\to\infty}(s_n - s_{n-1}) = \lim_{n\to\infty} s_n - \lim_{n\to\infty} s_{n-1} = s - s = 0.$$

性质 4 的直接推论是

如果当 $n\to\infty$ 时，一般项不趋于零，那么级数是发散的.

例如级数 $\sum_{n=1}^{\infty}(-1)^{n-1}\frac{n}{n+1}$，由于

$$|a_n| = \left|(-1)^{n-1}\frac{n}{n+1}\right| = \frac{n}{n+1}\to 1 \quad (n\to\infty),$$

即 $n\to\infty$ 时，一般项不趋于零，因此级数发散.

性质 4 常可用来审定级数发散，所以是重要的. 但是切记，**一般项趋于零不是级数收敛的充分条件**，事实上许多发散的级数的一般项是趋于零的，调和级数就是一例.

例 4　判别级数 $\sum_{n=1}^{\infty}\left(\frac{2}{n}-\frac{1}{3^n}\right)$ 的收敛性.

解　因为调和级数 $\sum_{n=1}^{\infty}\frac{1}{n}$ 发散，所以级数 $\sum_{n=1}^{\infty}\frac{2}{n}$ 发散. 而 $\sum_{n=1}^{\infty}\frac{1}{3^n}$ 是公比 $q=\frac{1}{3}$ 的几何级数，是收敛的. 由性质 2 的(2)容易推得一个收敛级数和一个发散级数逐项相加(减)所得的级数必发散(本节习题 3)，因此所给级数发散.

习题 9-1

1. 根据级数收敛与发散的定义判别下列级数的收敛性，并求出其中收敛级数的和：

(1) $\sum_{n=1}^{\infty}(-1)^n\frac{e^n}{3^n}$；　(2) $\sum_{n=1}^{\infty}(\sqrt{n+1}-\sqrt{n})$；

(3) $\sum_{n=1}^{\infty}\ln\frac{n}{n+1}$；　(4) $\sum_{n=2}^{\infty}\frac{1}{(n-1)(n+1)}$；

(5) $\sum_{n=1}^{\infty}\frac{n}{(n+1)!}$；　(6) $\sum_{n=1}^{\infty}\frac{1}{n(n+1)(n+2)}$.

2. 判别下列级数的收敛性，并求出其中收敛级数的和：

(1) $\sum_{n=1}^{\infty}\frac{1}{5n}$；　(2) $\sum_{n=1}^{\infty}\sin\frac{n\pi}{3}$；

(3) $\sum_{n=1}^{\infty}\frac{3+(-1)^n}{2^n}$；　(4) $\sum_{n=1}^{\infty}\frac{1}{\sqrt[n]{n}}$；

(5) $\sum_{n=1}^{\infty}\frac{1}{2n-1}$；　(6) $\sum_{n=2}^{\infty}\ln\frac{n^2-1}{n^2}$.

3. 若级数 $\sum_{n=1}^{\infty} a_n$ 与 $\sum_{n=1}^{\infty} b_n$ 中有一个收敛,另一个发散,证明级数 $\sum_{n=1}^{\infty}(a_n+b_n)$ 必发散. 如果所给两个级数均发散,那么级数 $\sum_{n=1}^{\infty}(a_n+b_n)$ 是否必发散?

第二节 正项级数及其审敛法

如果级数 $\sum_{n=1}^{\infty} a_n$ 的每一项 $a_n \geqslant 0(n=1,2,\cdots)$,就叫它正项级数.

正项级数是常数项级数中比较特殊的一类,许多级数的收敛性问题往往归结为正项级数的收敛性问题,因此它显得尤其重要.

现设 $\sum_{n=1}^{\infty} a_n$ 是一个正项级数,因为 $a_n \geqslant 0(n=1,2,\cdots)$,因此它的部分和数列显然是递增数列

$$s_1 \leqslant s_2 \leqslant \cdots \leqslant s_n \leqslant \cdots.$$

如果数列 $(s_n)_{n=1}^{\infty}$ 有上界 M,根据单调有界数列必收敛的准则,$(s_n)_{n=1}^{\infty}$ 必收敛于和 s,且 $s_n \leqslant s \leqslant M$. 反之,如果 $\lim\limits_{n\to\infty} s_n = s$,则由收敛数列必有界的性质可知,$(s_n)_{n=1}^{\infty}$ 必为有界数列,这就证明了下述基本定理:

基本定理 正项级数收敛的充分必要条件是它的部分和数列有界.

虽然这个定理的实用性有限,只在很少情形下才能直接应用它来审定级数的收敛性,但是它的理论价值很高. 事实上,正项级数的所有实用的审敛法都是建立在它的基础上的,这就是我们对它冠以基本定理的原因. 下面我们给出在使用上比较方便的正项级数的几个审敛法则.

比较审敛法 1 设 $\sum_{n=1}^{\infty} a_n$ 与 $\sum_{n=1}^{\infty} b_n$ 是两个正项级数.

(i) 如果级数 $\sum_{n=1}^{\infty} b_n$ 收敛,且自某项起有 $a_n \leqslant b_n$,则级数 $\sum_{n=1}^{\infty} a_n$ 也收敛;

(ii) 如果级数 $\sum_{n=1}^{\infty} b_n$ 发散,且自某项起有 $a_n \geqslant b_n$,则级数 $\sum_{n=1}^{\infty} a_n$ 也发散.

证 (i) 设 $\sum_{n=1}^{\infty} b_n = \sigma$. 由于改变级数的有限项不会改变其收敛性,故为叙述方便,不妨认为从第一项起就有 $a_n \leqslant b_n(n=1,2,\cdots)$,于是 $\sum_{n=1}^{\infty} a_n$ 的部分和

$$s_n = a_1 + a_2 + \cdots + a_n \leqslant b_1 + b_2 + \cdots + b_n \leqslant \sigma \quad (n=1,2,\cdots),$$

可见 $\sum_{n=1}^{\infty} a_n$ 的部分和数列有界,由基本定理知 $\sum_{n=1}^{\infty} a_n$ 收敛.

(ii) 设 $\sum_{n=1}^{\infty} b_n$ 发散,且 $a_n \geqslant b_n(n=1,2,\cdots)$. 这时如果 $\sum_{n=1}^{\infty} a_n$ 收敛,则根据前面的结论, $\sum_{n=1}^{\infty} b_n$ 理应收敛,这与所设条件 $\sum_{n=1}^{\infty} b_n$ 发散相矛盾. 因此 $\sum_{n=1}^{\infty} a_n$ 也发散.

例 1　判定级数 $\sum_{n=2}^{\infty} \frac{1}{\ln n}$ 的收敛性.

解　由于当 $n\geqslant 2$ 时, $\frac{1}{\ln n}>\frac{1}{n}$(事实上, $\mathrm{e}^n>(1+1)^n>n$, 故 $n>\ln n$), 而级数 $\sum_{n=2}^{\infty} \frac{1}{n}$ 是发散的,根据比较审敛法 1 知级数 $\sum_{n=2}^{\infty} \frac{1}{\ln n}$ 发散.

在用比较审敛法判别一个级数是否收敛时,需要与另一个已知的收敛或发散级数进行比较,这个作为比较用的级数通常称为基本级数. 在使用比较审敛法时我们常用几何级数 $\sum_{n=0}^{\infty} aq^n$ 、调和级数 $\sum_{n=1}^{\infty} \frac{1}{n}$ 作为基本级数.

例 2　讨论级数

$$\sum_{n=1}^{\infty} \frac{1}{n^p}=1+\frac{1}{2^p}+\frac{1}{3^p}+\cdots+\frac{1}{n^p}+\cdots$$

的收敛性.

解　当 $p\leqslant 1$ 时, $\frac{1}{n^p}\geqslant\frac{1}{n}$, 而调和级数 $\sum_{n=1}^{\infty} \frac{1}{n}$ 是发散的,由比较审敛法 1,知级数 $\sum_{n=1}^{\infty} \frac{1}{n^p}$ 发散.

当 $p>1$ 时,对于 $k-1\leqslant x\leqslant k$, 有

$$\frac{1}{x^p}\geqslant\frac{1}{k^p}.$$

可得

$$\frac{1}{k^p}=\int_{k-1}^{k} \frac{1}{k^p}\mathrm{d}x\leqslant\int_{k-1}^{k} \frac{1}{x^p}\mathrm{d}x \quad (k=2,3,\cdots),$$

从而级数 $\sum_{n=1}^{\infty} \frac{1}{n^p}$ 的部分和

$$\begin{aligned} s_n &= \sum_{k=1}^{n} \frac{1}{k^p}=1+\sum_{k=2}^{n} \frac{1}{k^p}\leqslant 1+\sum_{k=2}^{n}\int_{k-1}^{k} \frac{1}{x^p}\mathrm{d}x=1+\int_{1}^{n} \frac{1}{x^p}\mathrm{d}x \\ &=1+\frac{1}{p-1}\left(1-\frac{1}{n^{p-1}}\right)<1+\frac{1}{p-1}, \end{aligned}$$

上式表明 s_n 有界,故由基本定理知级数 $\sum_{n=1}^{\infty} \frac{1}{n^p}$ 收敛.

级数 $\sum_{n=1}^{\infty} \frac{1}{n^p}$ 通常叫做 p 级数. 综上所述,可得

> p 级数 $\sum_{n=1}^{\infty} \frac{1}{n^p}$ 当 $p \leqslant 1$ 时发散,当 $p > 1$ 时收敛.

以后在使用比较审敛法时,p 级数常被选作基本级数.

例 3　以 p 级数为基本级数,用比较审敛法 1 可推知

(1) 级数 $\sum_{n=1}^{\infty} \frac{1}{\sqrt{n(n^2+1)}}$ 收敛,因为 $\frac{1}{\sqrt{n(n^2+1)}} < \frac{1}{n^{\frac{3}{2}}}$,而 $\sum_{n=1}^{\infty} \frac{1}{n^{\frac{3}{2}}}$ 是收敛的;

(2) 级数 $\sum_{n=2}^{\infty} \frac{1}{(\ln n)^{\ln n}}$ 收敛,因为

$$(\ln n)^{\ln n} = \mathrm{e}^{\ln[(\ln n)^{\ln n}]} = \mathrm{e}^{\ln n \cdot \ln(\ln n)} = n^{\ln \ln n},$$

n 适当大后(如 $n > \mathrm{e}^{\mathrm{e}^2}$),有 $n^{\ln \ln n} > n^2$,即 $\frac{1}{(\ln n)^{\ln n}} < \frac{1}{n^2}$,而 $\sum_{n=2}^{\infty} \frac{1}{n^2}$ 是收敛的.

很多情况下,下面给出的极限形式的比较审敛法使用起来更为方便,它是由比较审敛法 1 导出的.

比较审敛法 2　**设** $\sum_{n=1}^{\infty} a_n$ **和** $\sum_{n=1}^{\infty} b_n$ **是两个正项级数,如果极限**

$$\lim_{n \to \infty} \frac{a_n}{b_n} = k$$

有确定意义[①]**,那么**

(1) 当 $0 \leqslant k < +\infty$ **时,由** $\sum_{n=1}^{\infty} b_n$ **收敛可推出** $\sum_{n=1}^{\infty} a_n$ **收敛;**

(2) 当 $0 < k \leqslant +\infty$ **时,由** $\sum_{n=1}^{\infty} b_n$ **发散可推出** $\sum_{n=1}^{\infty} a_n$ **发散;**

(3) 当 $0 < k < \infty$ **时,两个级数有相同的收敛性.**

证　(1) 设 $\sum_{n=1}^{\infty} b_n$ 收敛且 $0 \leqslant k < +\infty$. 取定一正数 ε,按极限 $\lim_{n \to \infty} \frac{a_n}{b_n} = k$ 的定义,自某个 n 起,将有

$$\frac{a_n}{b_n} < k + \varepsilon,$$

即

---

① 极限 $\lim_{n \to \infty} x_n$ 有确定意义,是指极限存在或者是无穷大.

$$a_n < (k+\varepsilon) b_n .$$

根据收敛级数的性质2,由 $\sum_{n=1}^{\infty} b_n$ 收敛,知 $\sum_{n=1}^{\infty}(k+\varepsilon)b_n$ 也收敛.于是按比较审敛法1得知 $\sum_{n=1}^{\infty} a_n$ 收敛.

(2) 设 $\sum_{n=1}^{\infty} b_n$ 发散.因为 $0<\lim_{n\to\infty}\frac{a_n}{b_n}=k\leqslant+\infty$,故反比的极限 $\lim_{n\to\infty}\frac{b_n}{a_n}=k'$,而 $0\leqslant k'=\frac{1}{k}<+\infty$.此时如果 $\sum_{n=1}^{\infty} a_n$ 收敛,按(1)所证,可推出 $\sum_{n=1}^{\infty} b_n$ 收敛.这与所设条件矛盾.所以 $\sum_{n=1}^{\infty} a_n$ 必发散.

(3) 由(1)、(2)即得.

正项级数 $\sum_{n=1}^{\infty} a_n$ 的和是由一个一个正数 a_n 逐次相加累积起来的,如果每次加上的正数太“大”,最终会导致级数的部分和数列发散至 $+\infty$.有时候虽然级数的一般项趋于零,似乎每次加上的正数都“很小”,但它们不断累积所得的部分和数列却仍可以是无穷大量(如调和级数).由此可见,判断一个正项级数是否收敛除了注意其一般项是否趋于零,还应该注意一般项趋于零的“快慢”程度.比较审敛法2告诉我们,在两个级数的一般项 a_n 和 b_n 均为无穷小的情况下(即两个级数均满足收敛的必要条件),可对 a_n 与 b_n 作无穷小的阶的比较,并根据比较结果对 $\sum_{n=1}^{\infty} a_n$ 的收敛性作出判断,即有

比较审敛法2′　设正项级数 $\sum_{n=1}^{\infty} a_n$ 和 $\sum_{n=1}^{\infty} b_n$ 的一般项 a_n 和 b_n 均为 $n\to\infty$ 时的无穷小.若 a_n 是 b_n 的同阶或高阶的无穷小,则当级数 $\sum_{n=1}^{\infty} b_n$ 收敛时,级数 $\sum_{n=1}^{\infty} a_n$ 必收敛;若 a_n 是 b_n 的同阶或低阶的无穷小,则当级数 $\sum_{n=1}^{\infty} b_n$ 发散时,级数 $\sum_{n=1}^{\infty} a_n$ 必发散.特别地,当 a_n 与 b_n 为等价无穷小时,两级数有相同的收敛性.

由于这一审敛法比较的是 a_n 与 b_n 作为无穷小的阶的高低,故也可称为比阶审敛法.

例4　判别下列级数的收敛性:

(1) $\sum_{n=1}^{\infty}\frac{1}{\sqrt{n^2+n-1}}$;

(2) $\sum_{n=1}^{\infty}\frac{1}{3^n-2^n}$.

解 (1) 由于一般项 $a_n=\dfrac{1}{\sqrt{n^2+n-1}}=\dfrac{1}{n\sqrt{1+\dfrac{1}{n}-\dfrac{1}{n^2}}}$，令 $b_n=\dfrac{1}{n}$，则

因为

$$\lim_{n\to\infty}\frac{a_n}{b_n}=\lim_{n\to\infty}\frac{\dfrac{1}{n\sqrt{1+\dfrac{1}{n}-\dfrac{1}{n^2}}}}{\dfrac{1}{n}}=1,$$

而 $\sum\limits_{n=1}^{\infty}\dfrac{1}{n}$ 发散，故由比较审敛法 2 推知 $\sum\limits_{n=1}^{\infty}\dfrac{1}{\sqrt{n^2+n-1}}$ 发散.

(2) 由于一般项 $a_n=\dfrac{1}{3^n-2^n}=\dfrac{1}{3^n}\cdot\dfrac{1}{1-\left(\dfrac{2}{3}\right)^n}$，令 $b_n=\dfrac{1}{3^n}$，

因为

$$\lim_{n\to\infty}\frac{a_n}{b_n}=\lim_{n\to\infty}\frac{\dfrac{1}{3^n-2^n}}{\dfrac{1}{3^n}}=\lim_{n\to\infty}\frac{1}{1-\left(\dfrac{2}{3}\right)^n}=1,$$

而 $\sum\limits_{n=1}^{\infty}\dfrac{1}{3^n}$ 收敛，由比较审敛法 2 推知 $\sum\limits_{n=1}^{\infty}\dfrac{1}{3^n-2^n}$ 收敛.

例 5 按比较审敛法 2′可推知：

(1) $\sum\limits_{n=1}^{\infty}\sin\dfrac{x}{n}(0<x<\pi)$ 发散. 因为当 $n\to\infty$ 时，$\sin\dfrac{x}{n}\sim\dfrac{x}{n}$，而 $\sum\limits_{n=1}^{\infty}\dfrac{x}{n}$ 发散；

(2) $\sum\limits_{n=1}^{\infty}\left(1-\cos\dfrac{\alpha}{n}\right)(\alpha\neq 0)$ 收敛. 因为当 $n\to\infty$ 时，$1-\cos\dfrac{\alpha}{n}\sim\dfrac{\alpha^2}{2}\dfrac{1}{n^2}$，而 $\sum\limits_{n=1}^{\infty}\dfrac{\alpha^2}{2}\dfrac{1}{n^2}$ 收敛；

(3) $\sum\limits_{n=1}^{\infty}\ln\left(1+\dfrac{1}{n}\right)$ 发散. 因为当 $n\to\infty$ 时，$\ln\left(1+\dfrac{1}{n}\right)\sim\dfrac{1}{n}$，而 $\sum\limits_{n=1}^{\infty}\dfrac{1}{n}$ 发散.

从上面的各例可见，用比较审敛法判别正项级数的收敛性，依赖于已知的基本级数. 由于我们掌握的基本级数很有限，所以在实践中，难以用比较审敛法直接处理洋洋大观的正项级数的收敛性问题. 为此我们再介绍两个在实用上更方便的、不必寻找基本级数的审敛法——比值审敛法与根值审敛法.

比值审敛法(达朗贝尔[①]判别法)　设 $\sum_{n=1}^{\infty} a_n$ **是正项级数,如果极限**

$$\lim_{n\to\infty}\frac{a_{n+1}}{a_n}=\rho$$

有确定意义,那么当 $\rho<1$ 时级数收敛;当 $1<\rho\leqslant+\infty$ 时级数发散.

证　(i) 当 $\rho<1$ 时,取定一个适当小的正数 ε,使得 $\rho+\varepsilon=r<1$,由于 $\lim\limits_{n\to\infty}\frac{a_{n+1}}{a_n}=\rho$,根据极限定义,存在正整数 N,当 $n\geqslant N$ 时,就有 $\left|\frac{a_{n+1}}{a_n}-\rho\right|<\varepsilon$,于是有

$$\frac{a_{n+1}}{a_n}<\rho+\varepsilon=r,$$

因此

$$a_{N+1}<ra_N,a_{N+2}<ra_{N+1}<r^2a_N,a_{N+3}<ra_{N+2}<r^3a_N,\cdots,$$

因为 $r<1$ 而 a_N 是一个定值,故级数 $\sum_{k=1}^{\infty}a_Nr^k$ 收敛,因而级数 $\sum_{k=1}^{\infty}a_{N+k}$ 的一般项小于收敛级数 $\sum_{k=1}^{\infty}a_Nr^k$ 的对应项,所以它是收敛的. 再由级数的基本性质 1 知原级数 $\sum_{n=1}^{\infty}a_n$ 收敛.

(ii) 当 $\rho>1$ 时,取定一个适当小的正数 ε,使得 $\rho-\varepsilon>1$,根据极限定义,当 n 充分大后就有

$$\left|\frac{a_{n+1}}{a_n}-\rho\right|<\varepsilon,$$

于是有

$$\frac{a_{n+1}}{a_n}>\rho-\varepsilon>1,$$

因此

$$a_{n+1}>a_n.$$

说明当 n 充分大后,级数的项逐项递增,从而当 $n\to\infty$ 时,一般项 a_n 不趋于零. 故级数发散.

类似地可证明当 $\rho=+\infty$ 时,级数发散.

注意:当 $\rho=1$ 时,级数可能收敛也可能发散,其收敛性需另行判定. 以 p 级数为例,不论 p 是何值都有

$$\rho=\lim_{n\to\infty}\frac{a_{n+1}}{a_n}=\lim_{n\to\infty}\frac{n^p}{(n+1)^p}=1,$$

但例 2 告诉我们,当 $p>1$ 时,p 级数收敛;而当 $p\leqslant1$ 时,p 级数发散. 因此当 $\rho=1$

---

① 达朗贝尔(d'Alembert),1717—1783,法国数学家、力学家、哲学家.

时，级数可能收敛也可能发散.

例 6 判别下列级数的收敛性：(1) $\sum_{n=1}^{\infty}\frac{1}{n!}$；(2) $\sum_{n=1}^{\infty}\frac{n^2}{2^n}$；(3) $\sum_{n=1}^{\infty}\frac{n!}{10^n}$.

解 (1)

$$\lim_{n\to\infty}\frac{a_{n+1}}{a_n}=\lim_{n\to\infty}\frac{n!}{(n+1)!}=\lim_{n\to\infty}\frac{1}{n+1}=0(<1),$$

根据比值审敛法可知级数 $\sum_{n=1}^{\infty}\frac{1}{n!}$ 收敛.

$$(2)\ \lim_{n\to\infty}\frac{a_{n+1}}{a_n}=\lim_{n\to\infty}\frac{(n+1)^2}{2^{n+1}}\cdot\frac{2^n}{n^2}$$

$$=\lim_{n\to\infty}\frac{(n+1)^2}{2n^2}=\frac{1}{2}(<1),$$

根据比值审敛法可知级数 $\sum_{n=1}^{\infty}\frac{n^2}{2^n}$ 收敛.

$$(3)\ \lim_{n\to\infty}\frac{a_{n+1}}{a_n}=\lim_{n\to\infty}\frac{(n+1)!}{10^{n+1}}\cdot\frac{10^n}{n!}$$

$$=\lim_{n\to\infty}\frac{n+1}{10}=+\infty,$$

根据比值审敛法可知级数 $\sum_{n=1}^{\infty}\frac{n!}{10^n}$ 发散.

例 7 利用级数收敛的必要条件证明极限 $\lim_{n\to\infty}\frac{n!}{n^n}=0$.

解 记 $a_n=\frac{n!}{n^n}$，构作级数 $\sum_{n=1}^{\infty}a_n$. 由于

$$\frac{a_{n+1}}{a_n}=\frac{(n+1)!}{(n+1)^{n+1}}\cdot\frac{n^n}{n!}=\frac{n^n}{(n+1)^n}=\frac{1}{\left(1+\frac{1}{n}\right)^n},$$

故

$$\lim_{n\to\infty}\frac{a_{n+1}}{a_n}=\frac{1}{\lim_{n\to\infty}\left(1+\frac{1}{n}\right)^n}=\frac{1}{\mathrm{e}}(<1).$$

根据比值审敛法得知级数 $\sum_{n=1}^{\infty}a_n$ 收敛，于是级数的一般项必趋于零，即 $\lim_{n\to\infty}a_n=\lim_{n\to\infty}\frac{n!}{n^n}=0$.

根值审敛法（柯西判别法） 设 $\sum_{n=1}^{\infty}a_n$ **是正项级数，如果极限**

$$\lim_{n\to\infty}\sqrt[n]{a_n}=\rho$$

有确定意义，则当 $\rho<1$ **时级数收敛；当** $1<\rho\leqslant+\infty$ **时级数发散.**

根值审敛法的证明思路与比值审敛法的证明思路一致.请读者自己完成这个证明.

类似于比值审敛法,当$\rho=1$时,级数可能收敛也可能发散,其收敛性需另行判定.

例 8 判别级数$\sum\limits_{n=1}^{\infty}\frac{1}{n^n}$的收敛性.

解 因为

$$\lim_{n\to\infty}\sqrt[n]{a_n}=\lim_{n\to\infty}\sqrt[n]{\frac{1}{n^n}}=\lim_{n\to\infty}\frac{1}{n}=0(<1),$$

根据根值审敛法知所给级数是收敛的.

例 9 讨论级数$\sum\limits_{n=1}^{\infty}\frac{a^n}{n^p}$的收敛性,其中$a>0$.

解 根据根值审敛法,由于

$$\lim_{n\to\infty}\sqrt[n]{a_n}=\lim_{n\to\infty}\sqrt[n]{\frac{a^n}{n^p}}=\lim_{n\to\infty}\frac{a}{(\sqrt[n]{n})^p}=a,$$

所以当$a<1$时,级数收敛;当$a>1$时级数发散;当$a=1$时,所给级数是p级数,故仅当$p>1$时级数收敛.

归纳以上结果可得:当$a<1$时,或者当$a=1$、$p>1$时级数收敛,其余情况下级数发散.

习题 9-2

1. 用比较审敛法判别下列级数的收敛性:

(1) $\sum\limits_{n=1}^{\infty}\frac{1}{3n+5}$;

(2) $\sum\limits_{n=1}^{\infty}\frac{3}{2^n+5}$;

(3) $\sum\limits_{n=1}^{\infty}\frac{4}{n(n+3)}$;

(4) $\sum\limits_{n=1}^{\infty}\frac{n+1}{n^2+n+1}$;

(5) $\sum\limits_{n=1}^{\infty}\frac{n+1}{n\cdot 2^n}$;

(6) $\sum\limits_{n=1}^{\infty}\frac{1}{n\cdot\sqrt[n]{n}}$;

(7) $\sum\limits_{n=1}^{\infty}\frac{\arctan n}{n\sqrt{n}}$;

(8) $\sum\limits_{n=1}^{\infty}\frac{a^n}{1+a^{2n}}(a>0)$.

2. 用比值审敛法判别下列级数的收敛性:

(1) $\sum\limits_{n=1}^{\infty}\frac{n!}{4^n}$;

(2) $\sum\limits_{n=1}^{\infty}\frac{n!}{(2n-1)!!}$;

(3) $\sum\limits_{n=1}^{\infty}n^2\sin\frac{\pi}{2^n}$;

(4) $\sum\limits_{n=1}^{\infty}\frac{n^{n+1}}{(n+1)!}$;

(5) $\sum\limits_{n=1}^{\infty}\frac{2^n\cdot n!}{n^n}$;

(6) $\sum\limits_{n=1}^{\infty}\frac{a^n}{\ln(n+1)}(a>0)$.

3. 用根值审敛法判别下列级数的收敛性：

(1) $\sum_{n=1}^{\infty}\frac{n^3}{3^n}$；　　(2) $\sum_{n=1}^{\infty}(\sqrt[n]{2}-1)^n$；

(3) $\sum_{n=1}^{\infty}\left(\frac{n}{2n-1}\right)^{2n}$；　　(4) $\sum_{n=1}^{\infty}\left(2n\sin\frac{1}{n}\right)^{\frac{n}{2}}$；

(5) $\sum_{n=1}^{\infty}\left(\frac{n}{n+1}\right)^{n^2}$；

(6) $\sum_{n=1}^{\infty}\left(\frac{b}{a_n}\right)^n$，其中 $a_n\to a(n\to\infty)$，a_n、b、a 均为正数.

4. 用适当方法判别下列级数的收敛性：

(1) $\sum_{n=1}^{\infty}\frac{n^2+1}{(n+1)(n+2)(n+3)}$；　　(2) $\sum_{n=1}^{\infty}\frac{n^p}{n!}$；

(3) $\sum_{n=1}^{\infty}[n(\sqrt[n]{3}-1)]^n$；　　(4) $\sum_{n=1}^{\infty}\frac{1}{3^{\sqrt{n}}}$；

(5) $\sum_{n=1}^{\infty}a^n\sin\frac{\pi}{b^n}(1<a<b)$；　　(6) $\sum_{n=1}^{\infty}\sqrt{n}\left(1-\cos\frac{\pi}{n}\right)$.

5. 关于正项级数还有如下的柯西积分审敛法.

对于正项级数 $\sum_{n=1}^{\infty}a_n$，如果有区间 $[1,+\infty)$ 上的连续单调减少函数 $f(x)$ 适合

$$f(n)=a_n\quad(n=1,2,\cdots),$$

则级数 $\sum_{n=1}^{\infty}a_n$ 与反常积分 $\int_1^{+\infty}f(x)\mathrm{d}x$ 同时收敛或同时发散.

(1) 试用关于正项级数的基本定理证明该审敛法；

(2) 试证当级数收敛时，其 n 项后的余项 $r_n\leqslant\int_n^{+\infty}f(x)\mathrm{d}x$；

(3) 利用柯西积分审敛法讨论级数 $\sum_{n=2}^{\infty}\frac{1}{n(\ln n)^p}$ 的收敛性.

6. 利用不等式 $\frac{1}{2\sqrt{n}}<\frac{(2n-1)!!}{(2n)!!}<\frac{1}{\sqrt{2n+1}}$，证明：级数 $\sum_{n=1}^{\infty}\frac{(2n-1)!!}{(2n)!!}$ 发散而级数 $\sum_{n=1}^{\infty}\frac{(2n-3)!!}{(2n)!!}$ 收敛.

第三节　绝对收敛与条件收敛

一、交错级数及其审敛法

设 $a_n>0(n=1,2,3,\cdots)$，形如

$$\sum_{n=1}^{\infty}(-1)^{n-1}a_n=a_1-a_2+a_3-a_4+\cdots+(-1)^{n-1}a_n+\cdots\tag{1}$$

或

$$\sum_{n=1}^{\infty}(-1)^n a_n = -a_1 + a_2 - a_3 + a_4 - \cdots + (-1)^n a_n + \cdots \tag{2}$$

的级数，即各项正负交错的级数，称为交错级数.

由于交错级数(2)的各项乘以 -1 就变成级数(1)的形式且不改变收敛性，因此不失一般性，只需讨论级数(1)的收敛性.

交错级数审敛法(莱布尼茨判别法)如果交错级数

$$\sum_{n=1}^{\infty}(-1)^{n-1}a_n \quad (a_n > 0)$$

满足以下两个条件：

(i) $a_{n+1} \leqslant a_n (n = 1,2,3,\cdots)$；

(ii) $\lim\limits_{n\to\infty} a_n = 0$，

那么

(1) 级数收敛，它的和 s 满足 $0 \leqslant s \leqslant a_1$；

(2) 级数的余项 r_n 的绝对值 $|r_n| \leqslant a_{n+1}$.

证　(1) 记交错级数的前 n 项部分和为 s_n. 先证明部分和数列的偶数项子数列是收敛的. 一方面，

$$s_{2n} = (a_1 - a_2) + (a_3 - a_4) + \cdots + (a_{2n-1} - a_{2n}),$$

由条件(i)知所有括号中的值是非负数，可见 s_{2n} 是非负和单调增加的；另一方面，

$$s_{2n} = a_1 - (a_2 - a_3) - (a_4 - a_5) - \cdots - (a_{2n-2} - a_{2n-1}) - a_{2n},$$

同样由于括号中的值是非负数，可见

$$0 \leqslant s_{2n} < a_1,$$

于是根据单调有界数列必收敛的准则可知，极限 $\lim\limits_{n\to\infty} s_{2n}$ 存在且不超过 a_1，记 $\lim\limits_{n\to\infty} s_{2n} = s$，即有

$$0 \leqslant \lim_{n\to\infty} s_{2n} = s \leqslant a_1.$$

再证明部分和数列的奇数项子数列也收敛于 s. 因为 $s_{2n+1} = s_{2n} + a_{2n+1}$，并由条件(ii) $\lim\limits_{n\to\infty} a_n = 0$，所以

$$\lim_{n\to\infty} s_{2n+1} = \lim_{n\to\infty} s_{2n} + \lim_{n\to\infty} a_{2n+1} = s + 0 = s.$$

由于奇数项子数列与偶数项子数列收敛于同一极限 s，因此

$$\lim_{n\to\infty} s_n = s，且\ 0 \leqslant s \leqslant a_1.$$

从而证明了交错级数 $\sum\limits_{n=1}^{\infty}(-1)^{n-1}a_n$ 是收敛的，其和非负且不超过 a_1.

(2) 交错级数 $\sum_{n=1}^{\infty}(-1)^{n-1}a_n$ 的余项 r_n 可以写作

$$(-1)^n(a_{n+1}-a_{n+2}+\cdots), \tag{3}$$

由于括号内的级数 $a_{n+1}-a_{n+2}+\cdots$ 也是首项为正数的交错级数且满足本审敛法中的收敛条件,故由(1)知此级数收敛且其和 σ 满足 $0\leqslant\sigma\leqslant a_{n+1}$. 从而余项 $r_n=(-1)^n\sigma$. 因此其绝对值 $|r_n|=\sigma\leqslant a_{n+1}$. 证毕.

例 1 级数 $\sum_{n=1}^{\infty}\frac{(-1)^{n-1}}{n^p}(p>0)$ 是一个交错级数,并且由于$\frac{1}{n^p}$随 n 增大而单调减少趋于零. 因此根据交错级数审敛法知所给级数是收敛的.

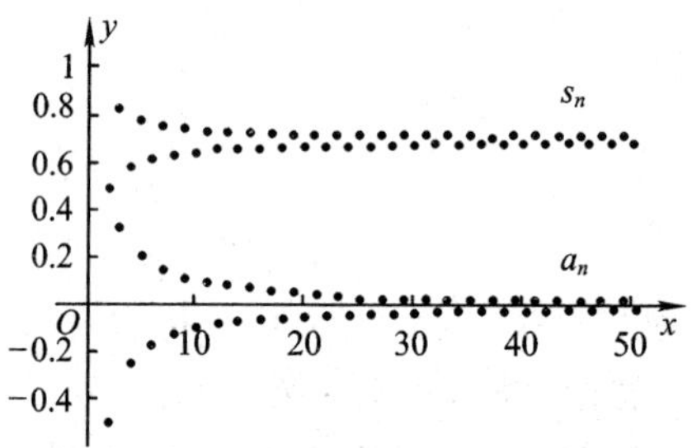

图 9-1

图 9-1 在 xOy 面上显示了级数 $\sum_{n=1}^{\infty}\frac{(-1)^{n-1}}{n}$ 的一般项 $a_n=\frac{(-1)^{n-1}}{n}$ 与部分和 $s_n=\sum_{k=1}^{n}\frac{(-1)^{k-1}}{k}$ 随 n 增大而变化的情况. 可见 a_n 在 x 轴上下方交错变化而趋于 0,而 s_n 也是上下变动而趋于 0.69…,在第六节的例 2 中可看到

$$\sum_{n=1}^{\infty}\frac{(-1)^{n-1}}{n}=\ln 2.$$

如果取前 n 项的和

$$s_n=1-\frac{1}{2}+\frac{1}{3}-\cdots+(-1)^{n-1}\frac{1}{n}$$

作为 ln 2 的近似值,那么所产生的误差 $|r_n|\leqslant\frac{1}{n+1}(=a_{n+1})$.

例 2 判别级数 $\sum_{n=2}^{\infty}(-1)^n\frac{\ln n}{n}$ 的收敛性.

解 这是一个交错级数. 令 $f(x)=\frac{\ln x}{x}(x\geqslant 2)$,则 $a_n=\frac{\ln n}{n}=f(n)$.

由于 $\lim\limits_{x\to+\infty}f(x)=\lim\limits_{x\to+\infty}\frac{\ln x}{x}=\lim\limits_{x\to+\infty}\frac{\frac{1}{x}}{1}=0$,所以 $\lim\limits_{n\to\infty}a_n=\lim\limits_{n\to\infty}f(n)=0$.

又，$f'(x)=\dfrac{\dfrac{1}{x}\cdot x-\ln x}{x^2}=\dfrac{1-\ln x}{x^2}$，当 $x>\mathrm{e}$ 时，$f'(x)<0$，因此 $f(x)$ 单调减少，从而当 $n\geqslant 3$ 时，$a_n=f(n)$ 单调减少，

于是由交错级数审敛法知所给级数是收敛的.

二、级数的绝对收敛与条件收敛

对于任意的常数项级数 $\sum\limits_{n=1}^{\infty}a_n$，如果级数的每一项取绝对值后所成的正项级数 $\sum\limits_{n=1}^{\infty}|a_n|$ 收敛，则称级数 $\sum\limits_{n=1}^{\infty}a_n$ 绝对收敛. 如果 $\sum\limits_{n=1}^{\infty}|a_n|$ 发散但 $\sum\limits_{n=1}^{\infty}a_n$ 收敛，则称级数 $\sum\limits_{n=1}^{\infty}a_n$ 条件收敛.

例如，由于 p 级数 $\sum\limits_{n=1}^{\infty}\dfrac{1}{n^p}$ 当 $p>1$ 时收敛，当 $0<p\leqslant 1$ 时发散，因此级数 $\sum\limits_{n=1}^{\infty}\dfrac{(-1)^{n-1}}{n^p}$ 当 $p>1$ 时绝对收敛，而当 $0<p\leqslant 1$ 时条件收敛（见例 1）. 可见一个收敛的级数未必绝对收敛.

一般说来，级数的绝对收敛与收敛之间有如下的关系：

定理 1　绝对收敛的级数必然收敛，但收敛的级数未必绝对收敛.

证　现只需要证明定理的前半部分，即绝对收敛的级数必然收敛. 设 $\sum\limits_{n=1}^{\infty}a_n$ 是给定的任意级数，并设它是绝对收敛的，即正项级数 $\sum\limits_{n=1}^{\infty}|a_n|$ 是收敛的. 由于　$0\leqslant|a_n|+a_n\leqslant 2|a_n|$，而正项级数 $\sum\limits_{n=1}^{\infty}2|a_n|$ 收敛，故由比较审敛法知正项级数 $\sum\limits_{n=1}^{\infty}(|a_n|+a_n)$ 收敛. 于是级数

$$\sum_{n=1}^{\infty}a_n=\sum_{n=1}^{\infty}[(|a_n|+a_n)-|a_n|]$$

由两个收敛级数 $\sum\limits_{n=1}^{\infty}(|a_n|+a_n)$ 和 $\sum\limits_{n=1}^{\infty}|a_n|$ 逐项相减而得，故 $\sum\limits_{n=1}^{\infty}a_n$ 收敛.

定理证毕.

定理 1 说明，对于一般的级数 $\sum\limits_{n=1}^{\infty}a_n$，如果用正项级数的审敛法判定级数 $\sum\limits_{n=1}^{\infty}|a_n|$ 收敛，则原级数收敛. 这就使得一大类级数的收敛性判定问题，转化为

正项级数的收敛性判定问题. 但要注意，一般说来，如果级数 $\sum_{n=1}^{\infty} |a_n|$ 发散，并不能断定级数 $\sum_{n=1}^{\infty} a_n$ 发散. 然而，如果是用正项级数的比值审敛法或根值审敛法判定 $\sum_{n=1}^{\infty} |a_n|$ 发散，则可断定原级数 $\sum_{n=1}^{\infty} a_n$ 也一定发散. 这就是下面的定理所述：

定理 2 设 $\sum_{n=1}^{\infty} a_n$ 为任意的常数项级数. 如果极限

$$\lim_{n\to\infty}\left|\frac{a_{n+1}}{a_n}\right| \left(\text{或} \lim_{n\to\infty}\sqrt[n]{|a_n|}\right)=\rho$$

有确定意义，那么 $\sum_{n=1}^{\infty} a_n$ 当 $\rho<1$ 时绝对收敛，当 $1<\rho\leqslant+\infty$ 时发散.

事实上，当 $\rho<1$ 时，级数 $\sum_{n=1}^{\infty} |a_n|$ 收敛，从而级数 $\sum_{n=1}^{\infty} a_n$ 绝对收敛. 当 $1<\rho\leqslant+\infty$ 时，由上节比值审敛法的证明可知，此时 $|a_n|\not\to 0(n\to\infty)$，故 $a_n\not\to 0(n\to\infty)$，从而级数 $\sum_{n=1}^{\infty} a_n$ 发散. $\lim_{n\to\infty}\sqrt[n]{|a_n|}=\rho$ 的情形可类似说明.

例 3 判定级数 $\sum_{n=1}^{\infty} \frac{(-1)^n}{\sqrt{n}}\ln\left(1+\frac{1}{n}\right)$ 的收敛性.

解 由于当 $n\to\infty$ 时，

$$\left|\frac{(-1)^n}{\sqrt{n}}\ln\left(1+\frac{1}{n}\right)\right|=\frac{1}{\sqrt{n}}\ln\left(1+\frac{1}{n}\right)\sim\frac{1}{\sqrt{n}}\cdot\frac{1}{n}=\frac{1}{n^{3/2}},$$

而级数 $\sum_{n=1}^{\infty} \frac{1}{n^{3/2}}$ 收敛，故由正项级数的比阶审敛法知级数 $\sum_{n=1}^{\infty} \left|\frac{(-1)^n}{\sqrt{n}}\ln\left(1+\frac{1}{n}\right)\right|$ 收敛，即所给级数绝对收敛.

例 4 讨论级数 $\sum_{n=1}^{\infty} \frac{r^n}{n}(r\in\mathbf{R})$ 的收敛性.

解 由于 $\left|\frac{a_{n+1}}{a_n}\right|=\left|\frac{r^{n+1}}{n+1}\cdot\frac{n}{r^n}\right|\to|r|\ (n\to\infty)$，

故由定理 2 知，

当 $|r|<1$ 时，级数绝对收敛；

当 $|r|>1$ 时，级数发散.

而当 $|r|=1$ 时，如果 $r=1$，则原级数成为调和级数 $\sum_{n=1}^{\infty} \frac{1}{n}$，故发散；当 $r=$

-1 时,得 $\sum\limits_{n=1}^{\infty}\dfrac{(-1)^n}{n}$,由交错级数审敛法知级数收敛.

绝对收敛级数有许多性质是条件收敛级数不具有的.比如,我们知道有限多个数的加法是满足交换律的,但是,对收敛的无穷级数如果任意交换其项的次序,则即使所得级数仍然收敛,它的和也可能会改变(见以下性质1后面的例).然而,如果级数是绝对收敛的,则不会发生这种现象.为了叙述上的方便,我们把由级数的项重新排列后得到的级数称为原级数的更序级数.

性质1　绝对收敛级数的更序级数仍然绝对收敛,且其和不变.

我们仅对收敛的正项级数(自然是绝对收敛的)证明结论是对的,而略去对任意的绝对收敛级数的证明.设正项级数 $\sum\limits_{n=1}^{\infty}a_n$ 的部分和 s_n 收敛于 s,其更序级数 $\sum\limits_{n=1}^{\infty}a'_n$ 的部分和是 s'_n,因为

$$a'_1=a_{n_1},\cdots,a'_2=a_{n_2},\cdots,a'_k=a_{n_k},\cdots,$$

所以当 n 大于所有的 $n_1,n_2,\cdots,n_k$ 后,不难看出

$$s'_k=a'_1+a'_2+\cdots+a'_k\leqslant a_1+a_2+\cdots+a_n=s_n\leqslant s,$$

也就是说,对每一个 k,有

$$s'_k\leqslant s\quad(k=1,2,\cdots).$$

根据正项级数收敛的基本定理知 $\sum\limits_{n=1}^{\infty}a'_n$ 收敛,记其和为 s',则 $s'\leqslant s$.

另一方面,级数 $\sum\limits_{n=1}^{\infty}a_n$ 也可以看作级数 $\sum\limits_{n=1}^{\infty}a'_n$ 的更序级数,由上述讨论,应有 $s\leqslant s'$,从而得 $s=s'$.

这个性质也叫做绝对收敛级数的更序不变性质.对条件收敛级数而言,这个性质未必成立.例如交错级数 $\sum\limits_{n=1}^{\infty}\dfrac{(-1)^{n+1}}{n}$ 是条件收敛的,记其和为 s,即

$$1-\frac{1}{2}+\frac{1}{3}-\frac{1}{4}+\frac{1}{5}-\frac{1}{6}+\frac{1}{7}-\frac{1}{8}+\frac{1}{9}-\cdots=s,$$

两端乘以 $\dfrac{1}{2}$,得

$$\frac{1}{2}-\frac{1}{4}+\frac{1}{6}-\frac{1}{8}+\frac{1}{10}-\frac{1}{12}+\cdots=\frac{s}{2},$$

即

$$0+\frac{1}{2}+0-\frac{1}{4}+0+\frac{1}{6}+0-\frac{1}{8}+0+\frac{1}{10}+\cdots=\frac{s}{2},$$

把它和第一个级数逐项相加(对应项相加)得

$$1+0+\frac{1}{3}-\frac{1}{2}+\frac{1}{5}+0+\frac{1}{7}-\frac{1}{4}+\frac{1}{9}+0+\cdots=\frac{3}{2}s,$$

即
$$1+\frac{1}{3}-\frac{1}{2}+\frac{1}{5}+\frac{1}{7}-\frac{1}{4}+\frac{1}{9}+\frac{1}{11}-\frac{1}{6}+\cdots=\frac{3}{2}s.$$

上式左端恰是第一个级数的更序级数,虽然两者均收敛,但它们的和却不相同.

下面给出绝对收敛级数的性质 2,它与两个级数的乘法运算有关.

设级数 $\sum\limits_{n=1}^{\infty}a_n$ 和 $\sum\limits_{n=1}^{\infty}b_n$ 都收敛,仿照有限项之和相乘的规则,作出这两个级数的各项所有可能的乘积 $a_ib_j(i,j=1,2,3,\cdots)$,并把这些乘积排列成一个无限"方阵"

$$\begin{matrix} a_1b_1 & a_2b_1 & a_3b_1 & \cdots & a_ib_1 & \cdots \\ a_1b_2 & a_2b_2 & a_3b_2 & \cdots & a_ib_2 & \cdots \\ a_1b_3 & a_2b_3 & a_3b_3 & \cdots & a_ib_3 & \cdots \\ \vdots & \vdots & \vdots & & \vdots & \\ a_1b_j & a_2b_j & a_3b_j & \cdots & a_ib_j & \cdots \\ \vdots & \vdots & \vdots & & \vdots & \end{matrix}$$

这些乘积能以各种方法排列成一个数列. 例如可以按"对角线法"将它们排列成下面形式的数列

$$\begin{matrix} a_1b_1 & & a_2b_1 & & a_3b_1 & & a_4b_1 & & \cdots \\ & / & & / & & / & & / & \\ a_1b_2 & & a_2b_2 & & a_3b_2 & & a_4b_2 & & \cdots \\ & / & & / & & / & & / & \\ a_1b_3 & & a_2b_3 & & a_3b_3 & & a_4b_3 & & \cdots \\ & / & & / & & / & & / & \\ a_1b_4 & & a_2b_4 & & a_3b_4 & & a_4b_4 & & \cdots \\ & / & & / & & / & & / & \\ \vdots & & \vdots & & \vdots & & \vdots & & \end{matrix}$$

然后把排列好的数列用加号连接,并把同一对角线上的项括在一起,就构成级数

$$\begin{aligned} & a_1b_1+(a_2b_1+a_1b_2)+(a_3b_1+a_2b_2+a_1b_3)+\cdots \\ & +(a_nb_1+a_{n-1}b_2+\cdots+a_1b_n)+\cdots. \end{aligned} \tag{4}$$

也可按正方形法把这些乘积排列成下面形式的数列

$$
\begin{array}{cccc|c}
a_1b_1 & a_2b_1 & a_3b_1 & a_4b_1 & \cdots \\
a_1b_2 & a_2b_2 & a_3b_2 & a_4b_2 & \cdots \\
a_1b_3 & a_2b_3 & a_3b_3 & a_4b_3 & \cdots \\
a_1b_4 & a_2b_4 & a_3b_4 & a_4b_4 & \cdots \\
\vdots & \vdots & \vdots & \vdots &
\end{array}
$$

然后把排列好的数列用加号连接,并把同一框内的项括在一起,就构成级数

$$
\begin{aligned}
&a_1b_1+(a_2b_1+a_2b_2+a_1b_2)+\cdots+(a_nb_1+a_nb_2+\cdots\\
&\quad+a_nb_n+a_{n-1}b_n+\cdots+a_1b_n)+\cdots.
\end{aligned}\tag{5}
$$

我们称按"对角线法"排列所组成的级数(4)叫做级数 $\sum\limits_{n=1}^{\infty}a_n$ 与 $\sum\limits_{n=1}^{\infty}b_n$ 的柯西乘积,因为柯西首先研究了这个乘积,并且给出了下面的

性质 2(柯西定理)　如果 $\sum\limits_{n=1}^{\infty}a_n$ 与 $\sum\limits_{n=1}^{\infty}b_n$ 都绝对收敛,它们的和分别是 s 与 σ,那么其柯西乘积(4)也是绝对收敛的,且其和为 $s\cdot\sigma$.

证　考虑级数(4)去掉括号后所成的级数

$$
\begin{aligned}
&a_1b_1+a_2b_1+a_1b_2+a_3b_1+a_2b_2+a_1b_3+\cdots\\
&\quad+a_nb_1+a_{n-1}b_2+\cdots+a_1b_n+\cdots,
\end{aligned}\tag{6}
$$

如果级数(6)绝对收敛且和为 w,则由级数基本性质 3 及正项级数的比较审敛法知级数(4)也绝对收敛且其和也为 w,因此只要证明级数(6)绝对收敛并且其和 $w=s\cdot\sigma$ 就可以了.

先证明级数(6)绝对收敛.

设

$$\sum_{n=1}^{\infty}|a_n|=S,\ \sum_{n=1}^{\infty}|b_n|=\Sigma,$$

并记 w_m 是级数(6)取绝对值后所成级数的前 m 项部分和,则显然有

$$w_m\leqslant\sum_{n=1}^{m}|a_n|\cdot\sum_{n=1}^{m}|b_n|\leqslant S\cdot\Sigma\quad(m=1,2,\cdots).$$

可见单调增加数列 w_m 有界,故级数(6)绝对收敛,记级数(6)的和为 w.

再证级数(6)的和 $w=s\cdot\sigma$,由于正方形法构成的级数(5)恰是由级数(6)的更序级数添加了括号而得,根据绝对收敛级数的更序不变性知,级数(6)的更序级数绝对收敛,其和是 w,于是级数(5)的和也是 w.

我们不难看出级数(5)的前 n 项部分和恰是

$$(a_1+a_2+\cdots+a_n)(b_1+b_2+\cdots+b_n),$$

因而当 $n\to\infty$ 时,就有

$$w=\lim_{n\to\infty}(a_1+a_2+\cdots+a_n)(b_1+b_2+\cdots+b_n)=s\cdot\sigma,$$

证毕.

从以上的证明中可以看出,由绝对收敛级数的更序不变性,**两个绝对收敛级数相乘,无论是按对角线法还是按正方形法或是其他的排列方法构成的乘积级数都是绝对收敛的,并且其和都是所给两个级数之和的积.**

习题 9-3

1. 判别下列级数是否收敛,如果收敛,是条件收敛还是绝对收敛?

(1) $\sum\limits_{n=2}^{\infty}\dfrac{(-1)^n}{\ln n}$;　(2) $\sum\limits_{n=1}^{\infty}(-1)^{n+1}\sin\dfrac{1}{n}$;

(3) $\sum\limits_{n=1}^{\infty}(-1)^n\dfrac{n}{2n+1}$;　(4) $\sum\limits_{n=1}^{\infty}(-1)^n\dfrac{n}{2^n}$;

(5) $\sum\limits_{n=1}^{\infty}\dfrac{1}{n}\sin\dfrac{n\pi}{2}$;　(6) $\sum\limits_{n=1}^{\infty}(-1)^n\left(1-\cos\dfrac{1}{n}\right)$;

(7) $\sum\limits_{n=1}^{\infty}(-1)^n\dfrac{(2n-1)!!}{(2n)!!}$;　(8) $\sum\limits_{n=1}^{\infty}(-1)^{n-1}\dfrac{(2n-3)!!}{(2n)!!}$.

2. 证明级数 $\sum\limits_{n=1}^{\infty}\dfrac{(-1)^{n-1}}{n-\ln n}$ 条件收敛.

3. 设 $\sum\limits_{n=1}^{\infty}a_n$ 为收敛的正项级数,证明级数 $\sum\limits_{n=1}^{\infty}(-1)^n\left(n\tan\dfrac{1}{n}\right)a_{2n}$ 绝对收敛.

4. 利用柯西乘积证明:

$$\left(\sum_{n=0}^{\infty}\frac{a^n}{n!}\right)\left(\sum_{n=0}^{\infty}\frac{b^n}{n!}\right)=\sum_{n=0}^{\infty}\frac{(a+b)^n}{n!}.$$

第四节 幂级数

一、函数项级数的一般概念

在前面几节中我们讨论了常数项级数,从本节起,我们将讨论幂级数和三角级数这两种最常见而有用的函数项级数. 下面先介绍函数项级数的一般概念.

如果给定一个定义在区间 I 上的函数列

$$\mu_1(x),\mu_2(x),\cdots,\mu_n(x),\cdots,$$

则由这函数列构成的表达式

$$\mu_1(x)+\mu_2(x)+\cdots+\mu_n(x)+\cdots \tag{1}$$

称为区间 I 上的（函数项）无穷级数，简称为（函数项）级数.（1）式也简记为 $\sum_{n=1}^{\infty}\mu_n(x)$.

例如

$$\sum_{n=1}^{\infty}x^{n-1}=1+x+x^2+\cdots+x^n+\cdots \tag{2}$$

及

$$\sum_{n=0}^{\infty}\frac{\cos nx}{2(n+1)}=\frac{1}{2}+\frac{\cos x}{4}+\frac{\cos 2x}{6}+\cdots$$

都是区间 $(-\infty,+\infty)$ 上的函数项级数.

对区间 I 上的函数项级数（1），设点 $x_0\in I$，将 x_0 代入（1）得一常数项级数

$$\sum_{n=1}^{\infty}\mu_n(x_0)=\mu_1(x_0)+\mu_2(x_0)+\cdots+\mu_n(x_0)+\cdots, \tag{3}$$

级数（3）可能收敛也可能发散. 如果（3）收敛，就称点 x_0 是函数项级数（1）的收敛点；如果（3）发散，就称点 x_0 是函数项级数（1）的发散点. 级数（1）的全体收敛点所组成的集合称为它的收敛域；全体发散点所组成的集合称为它的发散域.

例如级数（2）是以 x 为公比的几何级数，由第一节的例 1 知道，当 $|x|<1$ 时，它是收敛的，其和为 $\frac{1}{1-x}$；当 $|x|\geqslant 1$ 时，它是发散的. 因此级数（2）的收敛域是 $(-1,1)$，发散域是

$$(-\infty,-1]\cup[1,+\infty).$$

设函数项级数（1）的收敛域为 K，则对应于任一 $x\in K$，级数（1）成为一个收敛的常数项级数，因而有确定的和 s. 这样，在收敛域 K 上，级数（1）的和确定了一个 x 的函数 $s(x)$. 称 $s(x)$ 为函数项级数的和函数. 和函数的定义域就是级数的收敛域 K，并记作

$$s(x)=\sum_{n=1}^{\infty}\mu_n(x),\quad x\in K.$$

例如，级数（2）的和函数为

$$s(x)=\frac{1}{1-x},\quad x\in(-1,1),$$

即有

$$\frac{1}{1-x}=1+x+x^2+\cdots+x^n+\cdots,\quad x\in(-1,1).$$

把函数项级数（1）的前 n 项的部分和记作 $s_n(x)$，则在收敛域 K 上有

$$\lim_{n\to\infty}s_n(x)=s(x).$$

在收敛域 K 上，把 $r_n(x)=s(x)-s_n(x)$ 叫做函数项级数（1）的余项，显然

$$\lim_{n\to\infty}r_n(x)=0.$$

二、幂级数及其收敛性

函数项级数中简单而常用的一类就是幂级数. 形如

$$a_0 + a_1(x - x_0) + a_2(x - x_0)^2 + \cdots + a_n(x - x_0)^n + \cdots \tag{4}$$

的函数项级数叫做 $x - x_0$ 的幂级数，简称幂级数，其中 x_0 是某个定数，常数 a_0、a_1、a_2、…叫做幂级数的系数. 如果把首项 a_0 记作 $a_0(x - x_0)^0$①，则(4)式可简记为 $\sum_{n=0}^{\infty} a_n(x - x_0)^n$.

下面讨论幂级数的收敛性问题：对于给定的幂级数，它的收敛域与发散域是怎样的？即 x 取数轴上哪些点时幂级数收敛，取哪些点时幂级数发散？为了讨论的方便，不妨设幂级数(4)中的 $x_0 = 0$，即讨论幂级数

$$\sum_{n=0}^{\infty} a_n x^n = a_0 + a_1 x + a_2 x^2 + \cdots + a_n x^n + \cdots \tag{5}$$

的收敛问题，这不影响讨论的一般性. 因为只要作代换 $t = x - x_0$，就可把(4)式化成(5)式.

1. 幂级数收敛域的结构

当 $x = 0$ 时，幂级数(5)从第二项起均为0，因此 $x = 0$ 是它的收敛点，从而幂级数(5)的收敛域 K 是包含 $x = 0$ 的非空集合. 前面已经讨论过幂级数 $\sum_{n=1}^{\infty} x^{n-1} = 1 + x + \cdots + x^n + \cdots$ 的收敛性. 这个幂级数的收敛域是以 $x = 0$ 为中心的区间 $(-1,1)$. 下面我们将说明：对一般的幂级数(5)，它的收敛域如果不是单点集 $\{0\}$，则必是一个以 $x = 0$ 为中心的区间.

定理(阿贝尔②定理)　如果 $x_0(\neq 0)$ 是幂级数(5)的收敛点，那么满足不等式 $|x| < |x_0|$ 的一切 x 使得幂级数(5)绝对收敛；反之，如果 x_0 使得幂级数(5)发散，那么满足不等式 $|x| > |x_0|$ 的一切 x 使得幂级数(5)发散.

证　设 x_0 是幂级数(5)的收敛点，即级数

$$a_0 + a_1 x_0 + a_2 x_0^2 + \cdots + a_n x_0^n + \cdots$$

收敛，于是它的一般项满足 $\lim\limits_{n \to \infty} a_n x_0^n = 0$. 这说明数列 $(a_n x_0^n)_{n=0}^{\infty}$ 有界，即存在定数 M，使得

$$|a_n x_0^n| \leqslant M(n = 0,1,2,\cdots).$$

这样

---

① 这里约定 $(x - x_0)^0 = 1$ 对 $x = x_0$ 亦成立.

② 阿贝尔(N. H. Abel)，1802—1829，挪威数学家.

$$|a_nx^n| = \left|a_nx_0^n \cdot \frac{x^n}{x_0^n}\right| = |a_nx_0^n| \cdot \left|\frac{x}{x_0}\right|^n \leqslant M\left|\frac{x}{x_0}\right|^n.$$

因为当 $x \in (-|x_0|, |x_0|)$，即 $|x| < |x_0|$ 时，等比级数 $\sum\limits_{n=0}^{\infty} M\left|\frac{x}{x_0}\right|^n$ 收敛 $\left(这时公比\left|\frac{x}{x_0}\right| < 1\right)$，所以根据比较审敛法 1 知，级数 $\sum\limits_{n=0}^{\infty} |a_nx^n|$ 收敛，即 $\sum\limits_{n=0}^{\infty} a_nx^n$ 绝对收敛.

反之，当 $\sum\limits_{n=0}^{\infty} a_nx_0^n$ 发散时，若有 x_1 适合 $|x_1| > |x_0|$ 而使得 $\sum\limits_{n=0}^{\infty} a_nx_1^n$ 收敛，则按上面的结论，理应有 $\sum\limits_{n=0}^{\infty} a_nx_0^n$ 收敛. 这与条件 $\sum\limits_{n=0}^{\infty} a_nx_0^n$ 发散矛盾. 定理得证.

根据阿贝尔定理，如果 $x_0(\neq 0)$ 是幂级数(5)的收敛域 K 中的一点，则开区间 $(-|x_0|, |x_0|) \subset K$，并且在 $(-|x_0|, |x_0|)$ 内幂级数(5)还是绝对收敛的；如果 x_0 不是幂级数(5)的收敛点，则 $(-\infty, -|x_0|) \cup (|x_0|, +\infty)$ 内的每一点使得幂级数(5)发散. 现在假设幂级数(5)在数轴上既有原点以外的收敛点 $x_0(x_0 \neq 0)$，又有发散点 x_1. 在这种情况下，由阿贝尔定理知 $|x_0| < |x_1|$，并且开区间 $(-|x_0|, |x_0|) \subset K$. 如果把区间 $(-|x_0|, |x_0|)$ 逐渐向两侧扩张，使得幂级数(5)在扩张后的区间内仍然是收敛的，那么，这种扩张显然总是限制在 $(-|x_1|, |x_1|)$ 内的，因此从直观上判断，这种扩张最后必然到达一个"临界点"R. 当 $x \in (-R, R)$ 时，幂级数(5)收敛；当 $x \in (-\infty, -R) \cup (R, +\infty)$ 时幂级数(5)发散；而在点 $\pm R$ 处，幂级数(5)可能收敛也可能发散.

根据以上说明，我们得到如下的推论：

推论　当幂级数(5)的收敛域 K 不是单点集 $\{0\}$ 时，

(1) 如果 K 是有界集，则必有一个确定的正数 R，使得当 $|x| < R$ 时，幂级数(5)绝对收敛；当 $|x| > R$ 时，幂级数(5)发散；当 $x = R$ 或 $x = -R$ 时，幂级数(5)可能收敛也可能发散.

(2) 如果 K 是无界集，则 $K = (-\infty, +\infty)$.

这个推论的严格证明依赖于实数理论，这里略去.

我们把上述推论中的正数 R 叫做幂级数(5)的收敛半径，并把开区间 $(-R, R)$ 叫做幂级数(5)的收敛区间. 根据收敛区间，再结合幂级数在 $x = \pm R$ 处的收敛性，就可以决定它的收敛域是 $(-R, R)$、$[-R, R)$、$(-R, R]$ 和 $[-R, R]$ 这四个区间中的某一个.

为了方便起见，当收敛域是单点集时，规定它的收敛半径 $R = 0$；当收敛域是 $(-\infty, +\infty)$ 时，规定它的收敛半径 $R = +\infty$. 由此，我们可得出如下的一般

结论:

> 如果幂级数 $\sum_{n=0}^{\infty} a_n(x-x_0)^n$ 的收敛半径为 R,则它的收敛域当 $R=0$ 时是 $\{x_0\}$,当 $R=+\infty$ 时是 $(-\infty,+\infty)$,当 $0<R<+\infty$ 时是以 x_0 为中心,以 R 为半径的区间(或开、或闭、或半开半闭),并在收敛域的内点处幂级数 $\sum_{n=0}^{\infty} a_n(x-x_0)^n$ 绝对收敛.

2. 收敛半径的求法

这里给出求幂级数收敛半径的两个方法.

系数模比值法　如果极限

$$\lim_{n\to\infty}\frac{|a_{n+1}|}{|a_n|}=\rho$$

有确定意义,则幂级数(5)的收敛半径

$$R=\begin{cases}\dfrac{1}{\rho} & \text{当 } 0<\rho<+\infty,\\ +\infty & \text{当 } \rho=0,\\ 0 & \text{当 } \rho=+\infty.\end{cases}$$

证　幂级数(5)的各项取绝对值后所得级数 $\sum_{n=0}^{\infty}|a_nx^n|$ 的相邻两项之比是

$$\frac{|a_{n+1}x^{n+1}|}{|a_nx^n|}=\frac{|a_{n+1}|}{|a_n|}|x|.$$

(i) 如果 $0<\rho<+\infty$,则 $\lim_{n\to\infty}\frac{|a_{n+1}x^{n+1}|}{|a_nx^n|}=\lim_{n\to\infty}\frac{|a_{n+1}|}{|a_n|}|x|=\rho|x|$,根据正项级数的比值审敛法,当 $\rho|x|<1$ 即 $|x|<\frac{1}{\rho}$ 时,级数 $\sum_{n=0}^{\infty}|a_nx^n|$ 收敛,即幂级数(5)绝对收敛;当 $\rho|x|>1$ 即 $|x|>\frac{1}{\rho}$ 时,由上节定理 2 知,幂级数 $\sum_{n=0}^{\infty}a_nx^n$ 发散,因而 $R=\frac{1}{\rho}$ 是收敛半径.

(ii) 如果 $\rho=0$,则对于任何 $x(\neq 0)$,有

$$\lim_{n\to\infty}\frac{|a_{n+1}x^{n+1}|}{|a_nx^n|}=\lim_{n\to\infty}\frac{|a_{n+1}|}{|a_n|}|x|=0,$$

由正项级数比值审敛法知幂级数(5)绝对收敛,这说明幂级数(5)的收敛区间是 $(-\infty,+\infty)$,即 $R=+\infty$.

(iii) 如果 $\lim\limits_{n\to\infty}\dfrac{|a_{n+1}|}{|a_n|}=+\infty$，则当 $x\neq 0$ 时，$\lim\limits_{n\to\infty}\dfrac{|a_{n+1}x^{n+1}|}{|a_nx^n|}=\lim\limits_{n\to\infty}\dfrac{|a_{n+1}|}{|a_n|}|x|=+\infty$，故由上节定理 2 知幂级数(5)发散. 所以幂级数(5)的收敛域只能是单点集$\{0\}$，即 $R=0$.

例 1 求下列幂级数的收敛区间和收敛域：

(1) $\sum\limits_{n=1}^{\infty}\dfrac{(-1)^{n-1}}{n}x^n$；(2) $\sum\limits_{n=0}^{\infty}\dfrac{x^n}{n!}$；(3) $\sum\limits_{n=0}^{\infty}n!x^n$.（这里 0! 定义为 1.）

解 (1) 因为

$$\rho=\lim_{n\to\infty}\frac{|a_{n+1}|}{|a_n|}=\lim_{n\to\infty}\frac{\dfrac{1}{n+1}}{\dfrac{1}{n}}=1,$$

所以收敛半径 $R=\dfrac{1}{\rho}=1$，收敛区间为$(-1,1)$.

在端点 $x=1$ 处，级数 $1-\dfrac{1}{2}+\dfrac{1}{3}-\cdots+(-1)^{n-1}\dfrac{1}{n}+\cdots$ 是一个收敛的交错级数；

在端点 $x=-1$ 处，级数 $-1-\dfrac{1}{2}-\dfrac{1}{3}-\cdots-\dfrac{1}{n}-\cdots$是发散的，

因此收敛域是$(-1,1]$.

(2) 由于

$$\rho=\lim_{n\to\infty}\frac{|a_{n+1}|}{|a_n|}=\lim_{n\to\infty}\frac{\dfrac{1}{(n+1)!}}{\dfrac{1}{n!}}=\lim_{n\to\infty}\frac{1}{n+1}=0,$$

故收敛半径 $R=+\infty$，从而收敛区间和收敛域都是$(-\infty,+\infty)$.

(3) 这时

$$\rho=\lim_{n\to\infty}\frac{|a_{n+1}|}{|a_n|}=\lim_{n\to\infty}\frac{(n+1)!}{n!}=\lim_{n\to\infty}(n+1)=+\infty,$$

即收敛半径 $R=0$，所以级数的收敛域为$\{0\}$(此时不定义收敛区间).

例 2 求幂级数 $\sum\limits_{n=1}^{\infty}\dfrac{(2n)!}{(n!)^2}x^{2n-1}$ 的收敛半径.

解 由于幂级数缺偶次幂项，即系数 $a_{2n}=0$，故相邻两项的系数的绝对值之比$\dfrac{|a_{n+1}|}{|a_n|}$当 n 是偶数时没有意义，因此不能用上述方法求收敛半径. 下面用正项级数的比值审敛法直接求收敛半径：

考虑级数 $\sum\limits_{n=1}^{\infty}\left|\dfrac{(2n)!}{(n!)^2}x^{2n-1}\right|$，因为

$$\lim_{n\to\infty}\frac{\left|\dfrac{[2(n+1)]!}{[(n+1)!]^2}x^{2n+1}\right|}{\left|\dfrac{(2n)!}{(n!)^2}x^{2n-1}\right|}=4|x|^2,$$

故当 $4|x|^2<1$ 即 $|x|<\dfrac{1}{2}$ 时,级数(绝对)收敛;当 $4|x|^2>1$ 即 $|x|>\dfrac{1}{2}$ 时,级数发散,因此收敛半径 $R=\dfrac{1}{2}$.

系数模根值法　如果极限

$$\lim_{n\to\infty}\sqrt[n]{|a_n|}=\rho$$

有确定意义,则幂级数(5)的收敛半径

$$R=\begin{cases}\dfrac{1}{\rho} & 当\ 0<\rho<+\infty,\\ +\infty & 当\ \rho=0,\\ 0 & 当\ \rho=+\infty.\end{cases}$$

此结果的证明与系数模比值法的证明类似,这里就从略了.

例 3　求幂级数 $\sum\limits_{n=1}^{\infty}\left(1+\dfrac{1}{n}\right)^n(x-1)^n$ 的收敛域.

解　令 $t=x-1$,原级数变为 $\sum\limits_{n=1}^{\infty}\left(1+\dfrac{1}{n}\right)^n t^n$. 因为

$$\rho=\lim_{n\to\infty}\sqrt[n]{|a_n|}=\lim_{n\to\infty}\left(1+\frac{1}{n}\right)=1,$$

所以收敛半径 $R=1$.

当 $t=1$ 时,级数成为 $\sum\limits_{n=1}^{\infty}\left(1+\dfrac{1}{n}\right)^n$;当 $t=-1$ 时,级数成为

$$\sum_{n=1}^{\infty}(-1)^n\left(1+\frac{1}{n}\right)^n,$$

当 $n\to\infty$ 时它们的一般项均不趋于零,故这两个级数都是发散的. 因此收敛域是 $-1<t<1$,即原级数的收敛域为 $-1<x-1<1$,或写成 $0<x<2$. 所以原幂级数的收敛域是 $(0,2)$.

三、幂级数的运算与性质

1. 幂级数的运算

设幂级数 $\sum\limits_{n=0}^{\infty}a_nx^n$ 与 $\sum\limits_{n=0}^{\infty}b_nx^n$ 分别在区间 $(-R_1,R_1)$ 与 $(-R_2,R_2)$ 内收敛,那么对它们可进行下列四则运算:

加减法

$$\sum_{n=0}^{\infty} a_n x^n \pm \sum_{n=0}^{\infty} b_n x^n = \sum_{n=0}^{\infty} (a_n \pm b_n) x^n,$$

等式在区间 $(-R_1,R_1)\cap(-R_2,R_2)$ 内成立;

乘法　由于这两个幂级数在各自的收敛区间内部绝对收敛,按级数的柯西乘积,可得

$$\begin{aligned}\sum_{n=0}^{\infty} a_n x^n \cdot \sum_{n=0}^{\infty} b_n x^n &= \sum_{n=0}^{\infty} \Big(\sum_{i+j=n} a_i b_j\Big) x^n \\ &= a_0 b_0 + (a_0 b_1 + a_1 b_0) x + (a_0 b_2 + a_1 b_1 + a_2 b_0) x^2 + \cdots,\end{aligned}$$

等式在区间 $(-R_1,R_1)\cap(-R_2,R_2)$ 内成立.

除法　设 $b_0 \neq 0$,

$$\frac{\sum\limits_{n=0}^{\infty} a_n x^n}{\sum\limits_{n=0}^{\infty} b_n x^n} = \sum_{n=0}^{\infty} c_n x^n,$$

商 $\sum\limits_{n=0}^{\infty} c_n x^n$ 的系数可以这样确定:由于

$$\sum_{n=0}^{\infty} a_n x^n = \sum_{n=0}^{\infty} b_n x^n \cdot \sum_{n=0}^{\infty} c_n x^n = \sum_{n=0}^{\infty} \Big(\sum_{i+j=n} b_i c_j\Big) x^n,$$

比较左、右两端幂级数中同幂次的系数,得一列方程:

$$\begin{aligned} a_0 &= b_0 c_0, \\ a_1 &= b_1 c_0 + b_0 c_1, \\ a_2 &= b_2 c_0 + b_1 c_1 + b_0 c_2, \\ &\cdots\cdots\cdots\cdots \end{aligned}$$

依次解上面的各方程可求出 c_0、c_1、c_2、$\cdots$.

商 $\sum\limits_{n=0}^{\infty} c_n x^n$ 的收敛区间可能比 $(-R_1,R_1)\cap(-R_2,R_2)$ 小得多.

2. 幂级数和函数的性质

幂级数的和函数有下列重要性质(证明从略):

(1) 连续性　幂级数 $\sum\limits_{n=0}^{\infty} a_n x^n$ 的和函数 $s(x)$ 在其收敛域 K 上连续.

(2) 可积性　幂级数 $\sum\limits_{n=0}^{\infty} a_n x^n$ 的和函数 $s(x)$ 在其收敛域 K 的任一有界闭子区间上可积,并有逐项积分公式

$$\int_0^x s(x)\,\mathrm{d}x = \int_0^x \Big[\sum_{n=0}^{\infty} a_n x^n\Big] \mathrm{d}x = \sum_{n=0}^{\infty} \int_0^x a_n x^n \,\mathrm{d}x$$

$$= \sum_{n=0}^{\infty} \frac{a_n}{n+1} x^{n+1} \quad (x \in K),$$

逐项积分后所得幂级数与原级数有相同的收敛半径.

(3) 可微性 幂级数 $\sum\limits_{n=0}^{\infty} a_n x^n$ 的和函数 $s(x)$ 在其收敛区间 I 内可导,且有逐项求导公式

$$s'(x) = \left(\sum_{n=0}^{\infty} a_n x^n\right)' = \sum_{n=0}^{\infty} (a_n x^n)' = \sum_{n=1}^{\infty} n a_n x^{n-1} (x \in I),$$

逐项求导后所得到的幂级数和原级数有相同的收敛半径.

反复应用这一性质可知,幂级数的和函数在其收敛区间 I 内有任意阶导数.

例 4 求下列幂级数的和函数:

(1) $\sum\limits_{n=1}^{\infty} \dfrac{x^n}{n}$; (2) $\sum\limits_{n=0}^{\infty} \dfrac{x^n}{n+1}$.

解 (1) 幂级数 $\sum\limits_{n=1}^{\infty} \dfrac{x^n}{n}$ 的收敛半径

$$R = \lim_{n \to \infty} \left| \frac{a_n}{a_{n+1}} \right| = \lim_{n \to \infty} \frac{n}{n+1} = 1,$$

又因为当 $x = -1$ 时, $\sum\limits_{n=1}^{\infty} \dfrac{x^n}{n}$ 收敛;而当 $x = 1$ 时, $\sum\limits_{n=1}^{\infty} \dfrac{x^n}{n}$ 发散,故所给幂级数的收敛域是$[-1,1)$.

设和函数为 $s_1(x)$,即 $s_1(x) = \sum\limits_{n=1}^{\infty} \dfrac{x^n}{n} = x + \dfrac{x^2}{2} + \dfrac{x^3}{3} + \cdots$,则 $s_1(0) = 0$. 在收敛区间$(-1,1)$内,利用和函数的可微性并逐项求导得

$$s_1'(x) = \sum_{n=1}^{\infty} \left(\frac{x^n}{n}\right)' = \sum_{n=1}^{\infty} x^{n-1} = \frac{1}{1-x}, x \in (-1,1).$$

对上式从 0 到 $x(-1 < x < 1)$ 积分,得

$$s_1(x) = s_1(x) - s_1(0) = \int_0^x s_1'(x)\,dx = \int_0^x \frac{1}{1-x}dx$$
$$= -\ln(1-x).$$

又由于当 $x = -1$ 时,幂级数 $\sum\limits_{n=1}^{\infty} \dfrac{x^n}{n}$ 收敛,且函数 $-\ln(1-x)$ 在该处连续,故上式当 $x = -1$ 时也成立. 从而有

$$\sum_{n=1}^{\infty} \frac{x^n}{n} = s_1(x) = -\ln(1-x), \ -1 \leqslant x < 1.$$

(2) 与(1)类似可求得幂级数 $\sum\limits_{n=0}^{\infty} \dfrac{x^n}{n+1}$ 的收敛域为$[-1,1)$. 设和函数为

$s_2(x)$，则有

$$xs_2(x)=\sum_{n=0}^{\infty}\frac{x^{n+1}}{n+1}=\sum_{n=1}^{\infty}\frac{x^n}{n},$$

利用(1)的结果，得

$$xs_2(x)=-\ln(1-x),\ -1\leqslant x<1.$$

因此当 $x\neq 0$ 时，

$$s_2(x)=-\frac{1}{x}\ln(1-x),$$

而

$$s_2(0)=\left[\sum_{n=0}^{\infty}\frac{x^n}{n+1}\right]_{x=0}=1,$$

于是

$$s_2(x)=\begin{cases}-\dfrac{1}{x}\ln(1-x) & 当\ -1\leqslant x<0\ 或\ 0<x<1,\\ 1 & 当\ x=0.\end{cases}$$

不难验证函数 $s_2(x)$ 在 $x=0$ 处连续，即有 $\lim\limits_{x\to 0}s_2(x)=s_2(0)$，这符合幂级数和函数的连续性.

例 5 求幂级数 $\sum\limits_{n=0}^{\infty}(n+1)x^{2n}$ 的和函数.

解 由于幂级数中缺奇次幂项，故直接用正项级数的比值审敛法求其收敛半径.

$$\lim_{n\to\infty}\frac{|(n+2)x^{2(n+1)}|}{|(n+1)x^{2n}|}=\lim_{n\to\infty}\frac{n+2}{n+1}|x|^2=|x|^2,$$

当 $|x|^2<1$ 即 $|x|<1$ 时，幂级数(绝对)收敛；当 $|x|\geqslant 1$ 时，因幂级数的一般项 $(n+1)x^{2n}$ 不趋于零，故幂级数发散. 因此幂级数的收敛域是 $(-1,1)$.

为求得和函数，先令 $x^2=t$，并设

$$s(t)=\sum_{n=0}^{\infty}(n+1)t^n,\quad t\in[0,1),$$

将上式从 0 到 $t(0\leqslant t<1)$ 作积分并逐项积分，得

$$\int_0^t s(t)\,\mathrm{d}t=\sum_{n=0}^{\infty}\int_0^t(n+1)t^n\,\mathrm{d}t=\sum_{n=0}^{\infty}t^{n+1}=\frac{t}{1-t},$$

再将上式对 t 求导，得

$$s(t)=\frac{1}{(1-t)^2},$$

即

$$\sum_{n=0}^{\infty}(n+1)t^n=\frac{1}{(1-t)^2}.$$

最后以 x^2 代 t，就得

$$\sum_{n=0}^{\infty}(n+1)x^{2n}=\frac{1}{(1-x^2)^2}\quad x\in(-1,1).$$

习题 9-4

1. 设幂级数 $\sum_{n=0}^{\infty}a_nx^n$ 的收敛半径为 R,试问幂级数 $\sum_{n=0}^{\infty}a_nx^{kn+m}$ 的收敛半径为多少?其中 k、m 都是取定的正整数.

2. 求下列幂级数的收敛区间和收敛域:

(1) $\sum_{n=1}^{\infty}(n+1)x^n$;　　(2) $\sum_{n=1}^{\infty}\frac{x^n}{n^2+1}$;

(3) $\sum_{n=1}^{\infty}\frac{x^n}{n^n}$;　　(4) $\sum_{n=1}^{\infty}\frac{x^n}{(2n)!!}$;

(5) $\sum_{n=2}^{\infty}\frac{(-1)^n}{\ln n}(x-1)^n$;　　(6) $\sum_{n=1}^{\infty}\sqrt{n}(3x+1)^n$;

(7) $\sum_{n=1}^{\infty}\frac{2^n}{n+1}x^{2n-1}$;　　(8) $\sum_{n=1}^{\infty}\frac{(-1)^n}{n\cdot 2^n}x^{3n}$.

3. 利用幂级数的和函数的性质求下列级数在各自收敛域上的和函数:

(1) $\sum_{n=1}^{\infty}nx^{n-1}$;　　(2) $\sum_{n=1}^{\infty}\frac{(-1)^{n+1}}{2n-1}x^{2n-1}$;

(3) $\sum_{n=1}^{\infty}\frac{x^{n-1}}{n\cdot 2^n}$;　　(4) $\sum_{n=1}^{\infty}\frac{x^{n+1}}{n(n+1)}$.

第五节　函数的泰勒级数

第四节的最后两例讨论了这样一个问题:对于给定的幂级数,求出它的和函数的表达式.本节我们讨论该问题的反问题:给定函数 $f(x)$,找出一个幂级数,它在某个区间内收敛,且其和恰为给定的函数 $f(x)$(如果能够找到这样的幂级数,就说$f(x)$在该区间内可展开成幂级数).解决这个问题有很重要的应用价值,因为它给出了函数 $f(x)$ 的一种新的表达方式,并使我们可以用简单函数——多项式来逼近一般函数 $f(x)$.

一、泰勒级数的概念

我们在第二章的第七节中看到,如果函数$f(x)$在 x_0 的邻域 $U(x_0,r)$ 内具有直到 $n+1$ 阶的导数,那么在该邻域内 $f(x)$ 有泰勒公式

$$f(x)=f(x_0)+f'(x_0)(x-x_0)+\cdots+\frac{f^{(n)}(x_0)}{n!}(x-x_0)^n+R_n(x),\quad(1)$$

其中拉格朗日型余项

$$R_n(x)=\frac{f^{(n+1)}(\xi)}{(n+1)!}(x-x_0)^{n+1},\tag{2}$$

ξ 是介于 x_0 与 x 之间的某个值.

这时,在该邻域内 $f(x)$ 可以用 n 阶泰勒多项式

$$P_n(x)=f(x_0)+f'(x_0)(x-x_0)+\cdots+\frac{f^{(n)}(x_0)}{n!}(x-x_0)^n\tag{3}$$

近似表示,并且误差 $|f(x)-P_n(x)|$ 为

$$|R_n(x)|=\frac{|f^{(n+1)}(\xi)|}{(n+1)!}|x-x_0|^{n+1}.\tag{4}$$

从(4)式可以看到,如果 $|R_n(x)|$ 随着 n 的增大而减小,那就可以用增加多项式(3)的项数的办法来提高精度.当然这时要求函数 $f(x)$ 在 $U(x_0,r)$ 内具有更高阶的导数.

设 $f(x)$ 在点 x_0 的某邻域 $U(x_0,r)$ 内有各阶导数,把多项式(3)的项数无限增多而形成一个幂级数

$$\sum_{n=0}^{\infty}\frac{f^{(n)}(x_0)}{n!}(x-x_0)^n$$

$$=f(x_0)+f'(x_0)(x-x_0)+\cdots+\frac{f^{(n)}(x_0)}{n!}(x-x_0)^n+\cdots\tag{5}$$

(左端的 $f^{(0)}(x_0)$ 表示 $f(x_0)$),我们把幂级数(5)称作 $f(x)$ 在 $x=x_0$ 处的泰勒级数(Taylor series).显然,幂级数(5)的前 $n+1$ 项部分和就是 $f(x)$ 的 n 阶泰勒多项式 $P_n(x)$.

现在的问题是:对于 $U(x_0,r)$ 内的每个 x,级数(5)是否收敛?如果收敛,其和函数是否就是 $f(x)$?这个问题由下面的定理来回答.为叙述方便起见,先介绍一个常用的名称:

如果 $f(x)$ 的泰勒级数(5)在 $U(x_0,r)$ 收敛,并且其和函数就是 $f(x)$,即

$$f(x)=f(x_0)+f'(x_0)(x-x_0)+\cdots$$
$$+\frac{f^{(n)}(x_0)}{n!}(x-x_0)^n+\cdots\ (x\in U(x_0,r)),$$

就说 $f(x)$ 在 $U(x_0,r)$ 内可展开成泰勒级数.

定理　设函数 $f(x)$ 在点 x_0 的某一邻域 $U(x_0,r)$ 内具有各阶导数,则 $f(x)$ 在该邻域内可展开成泰勒级数的充分必要条件是 $f(x)$ 的泰勒公式中的余项 $R_n(x)$ 满足

$$\lim_{n\to\infty}R_n(x)=0\quad(x\in U(x_0,r)).\tag{6}$$

证　必要性:若 $f(x)$ 在 $U(x_0,r)$ 内可展开成泰勒级数,即有

$$f(x)=\lim_{n\to\infty}P_n(x),\quad x\in U(x_0,r),$$

而根据泰勒公式,又有

$$f(x)=P_n(x)+R_n(x),\quad x\in U(x_0,r),$$

故

$$\lim_{n\to\infty}R_n(x)=\lim_{n\to\infty}[f(x)-P_n(x)]=f(x)-f(x)=0\quad(x\in U(x_0,r)).$$

充分性:设$\lim\limits_{n\to\infty}R_n(x)=0(x\in U(x_0,r))$.由泰勒公式得

$$P_n(x)=f(x)-R_n(x),$$

于是

$$\lim_{n\to\infty}P_n(x)=\lim_{n\to\infty}[f(x)-R_n(x)]=f(x),\quad x\in U(x_0,r),$$

即$f(x)$的泰勒级数(5)在$U(x_0,r)$内收敛并且和函数为$f(x)$.

证毕.

下面我们对定理作一些说明:

第一,定理给出了函数$f(x)$可展开为泰勒级数的充分必要条件.由于泰勒级数是特殊形式的幂级数,故我们要问:函数$f(x)$是否还能展开成其他形式的幂级数?下面我们来证明:如果函数$f(x)$在$U(x_0,r)$内能展开成$(x-x_0)$的幂级数,那么这个幂级数必定是$f(x)$的泰勒级数,这就是说,**函数的幂级数展开式是惟一的**.从而,定理给出的也就是函数可展开为幂级数的充分必要条件.

事实上,若$f(x)$在$U(x_0,r)$内可展成幂级数

$$f(x)=a_0+a_1(x-x_0)+a_2(x-x_0)^2+\cdots+a_n(x-x_0)^n+\cdots,\tag{7}$$

则根据幂级数在收敛区间内的可微性及逐项求导性质可得

$$f'(x)=a_1+2a_2(x-x_0)+\cdots,$$
$$f''(x)=2a_2+2\cdot3a_3(x-x_0)+\cdots,$$
$$f'''(x)=2\cdot3a_3+2\cdot3\cdot4a_4(x-x_0)+\cdots,$$
$$\cdots\cdots\cdots\cdots$$
$$f^{(n)}(x)=2\cdot3\cdot\cdots\cdot na_n+2\cdot3\cdot\cdots\cdot(n+1)a_{n+1}(x-x_0)+\cdots,$$
$$\cdots\cdots\cdots\cdots$$

在以上各式中取$x=x_0$,得

$$a_0=f(x_0),a_1=f'(x_0),a_2=\frac{f''(x_0)}{2!},\cdots,a_n=\frac{f^{(n)}(x_0)}{n!},\cdots,$$

故级数(7)就是$f(x)$在$x=x_0$处的泰勒级数.

第二,当$f(x)$在$U(x_0,r)$内有各阶导数时,它的泰勒级数(5)只是用$\dfrac{f^{(n)}(x_0)}{n!}$作为x^n的系数而形式地构造出来的一个幂级数,这个幂级数即使在

$U(x_0,r)$ 内的每点处收敛，也未必收敛于 $f(x)$[①]．从定理可以看出，问题的关键在于泰勒公式中的余项 $R_n(x)$ 是否满足 $\lim\limits_{n\to\infty}R_n(x)=0$．

二、函数展开成幂级数的方法

下面具体讨论如何把函数 $f(x)$ 展开成 $(x-x_0)$ 的幂级数，即泰勒级数．不失一般性，为方便起见，取 $x_0=0$，这时(5)式成为

$$\sum_{n=0}^{\infty}\frac{f^{(n)}(0)}{n!}x^n=f(0)+f'(0)x+\frac{f''(0)}{2!}x^2+\cdots+\frac{f^{(n)}(0)}{n!}x^n+\cdots,\qquad(5')$$

这个 x 的幂级数(5′)称为 $f(x)$ 的麦克劳林(Maclaurin)级数．

要把函数 $f(x)$ 展成 x 的幂级数，首先检查 $f(x)$ 在 $x=0$ 处各阶导数是否存在．例如函数 $f(x)=x^{\frac{8}{3}}$，在 $x=0$ 处三阶导数不存在，故它不能展开成 x 的幂级数．如果 $f(x)$ 在 $x=0$ 处存在各阶导数，则依次进行如下四步：

第一步　求出 $f(0)$、$f'(0)$、$f''(0)$、…、$f^{(n)}(0)$、…的值；

第二步　形式地作出幂级数

$$\sum_{n=0}^{\infty}\frac{f^{(n)}(0)}{n!}x^n=f(0)+f'(0)x+\frac{f''(0)}{2!}x^2+\cdots+\frac{f^{(n)}(0)}{n!}x^n+\cdots,$$

并求出其收敛半径 R；

第三步　分析在收敛区间 $(-R,R)$ 内，拉格朗日型余项的极限

$$\lim_{n\to\infty}R_n(x)=\lim_{n\to\infty}\frac{f^{(n+1)}(\xi)}{(n+1)!}x^{n+1}\quad(|\xi|<|x|)$$

是否为零，如果极限为零，则由定理的结论得

$$f(x)=\sum_{n=0}^{\infty}\frac{f^{(n)}(0)}{n!}x^n,x\in(-R,R);$$

第四步　当 $0<R<+\infty$ 时，检查所求得的幂级数在收敛区间 $(-R,R)$ 的端点 $\pm R$ 处的收敛性．如果幂级数在区间的端点 $x=R$(或 $x=-R$)处收敛，而且 $f(x)$ 在 $x=R$ 处左连续(或在 $x=-R$ 处右连续)，那么根据幂级数的和函数的连续性，展开式 $f(x)=\sum\limits_{n=0}^{\infty}\frac{f^{(n)}(0)}{n!}x^n$ 对 $x=R$(或 $x=-R$)也成立．

这种方法叫做直接展开法．

例 1　将 $f(x)=\mathrm{e}^x$ 展开成 x 的幂级数．

---

① 函数 $f(x)=\begin{cases}\mathrm{e}^{-1/x^2} & 当 x\neq 0,\\ 0 & 当 x=0\end{cases}$ 在 $(-\infty,+\infty)$ 内有各阶导数，且 $f(0)=f'(0)=\cdots=f^{(n)}(0)=\cdots=0$，因此它的泰勒级数 $\sum\limits_{n=0}^{\infty}\frac{f^{(n)}(0)}{n!}x^n=0$，然而 $f(x)\neq 0$．这说明，虽然 $f(x)$ 的泰勒级数收敛，但却不收敛于 $f(x)$．

解 由于$f^{(n)}(x)=e^x$，故$f^{(n)}(0)=1(n=0,1,2,\cdots)$，于是得幂级数

$$1+x+\frac{1}{2!}x^2+\cdots+\frac{1}{n!}x^n+\cdots,$$

它的收敛半径是$+\infty$（见第四节的例1(2)），即收敛区间为$(-\infty,+\infty)$.

对于$x\in(-\infty,+\infty)$，

$$|R_n(x)|=\left|\frac{e^{\xi}}{(n+1)!}x^{n+1}\right|<\frac{e^{|x|}|x|^{n+1}}{(n+1)!}(\text{其中}|\xi|<|x|),$$

对固定的x，$e^{|x|}$是一个有限值，而$\frac{|x|^{n+1}}{(n+1)!}$是收敛级数$\sum_{n=0}^{\infty}\frac{|x|^{n+1}}{(n+1)!}$的一般项（可用比值审敛法判定该级数是收敛的），故当$n\to\infty$时，$\frac{e^{|x|}|x|^{n+1}}{(n+1)!}\to 0$，即$\lim\limits_{n\to\infty}R_n(x)=0$. 因此得展开式

$$e^x=1+x+\frac{x^2}{2!}+\cdots+\frac{x^n}{n!}+\cdots,x\in(-\infty,+\infty). \tag{8}$$

例2 将$f(x)=\sin x$展开成x的幂级数.

解 由于$f^{(n)}(x)=\sin\left(x+\frac{n\pi}{2}\right)(n=0,1,2,\cdots)$，$f^{(n)}(0)$依次循环地是0、1、0、-1、…，于是得幂级数

$$x-\frac{1}{3!}x^3+\frac{1}{5!}x^5+\cdots+\frac{(-1)^{n-1}}{(2n-1)!}x^{2n-1}+\cdots,$$

它的收敛半径是$+\infty$.

对于$x\in(-\infty,+\infty)$，因为

$$|R_n(x)|=\frac{\left|\sin\left[\xi+\frac{(n+1)\pi}{2}\right]\right|}{(n+1)!}|x|^{n+1}\leqslant\frac{|x|^{n+1}}{(n+1)!}\to 0(n\to\infty),$$

所以得展开式

$$\sin x=x-\frac{x^3}{3!}+\frac{x^5}{5!}-\cdots+(-1)^{n-1}\frac{x^{2n-1}}{(2n-1)!}+\cdots,x\in(-\infty,+\infty). \tag{9}$$

图9-2是$\sin x$的幂级数展开式的前n项部分和$P_n(x)(n=1,3,\cdots,19)$的图形以及函数$y=\sin x$的图形. 从图中可看到，各阶$P_n(x)$只在$x=0$的局部范围内近似于$\sin x$，当x距离原点较远时，误差就变得很大. 但同时又能看到，随着n的增大，$\sin x$与$P_n(x)$相互接近的范围也不断扩大. (9)式说明，当$n\to\infty$时，$y=P_n(x)$的图形就与$y=\sin x$的图形在不断扩大的范围内趋于一致了.

一般的，当函数$f(x)$在$U(x_0,r)$内可展开成泰勒级数时，即有

$$f(x)=\lim_{n\to\infty}P_n(x),x\in U(x_0,r),$$

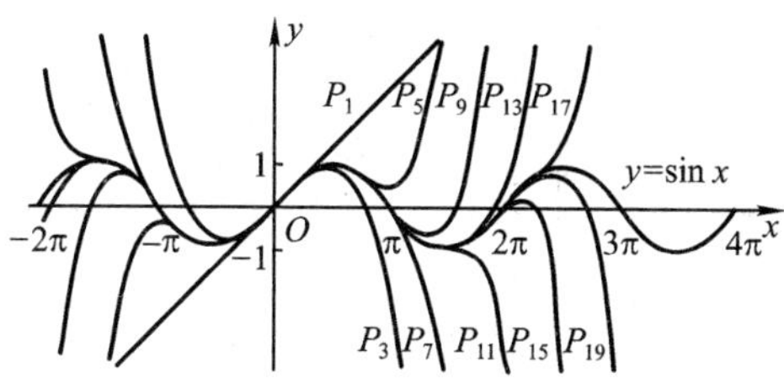

图 9－2

这里 $P_n(x)$ 是 $f(x)$ 的泰勒多项式，$P_n(x)$ 通常在 x_0 的附近非常接近于 $f(x)$，但当 x 距离 x_0 较远时，$P_n(x)$ 与 $f(x)$ 的误差就比较大了. 因此泰勒多项式 $P_n(x)$ 是对 $f(x)$ 在**局部范围内的逼近**.

例 1 和例 2 是用直接法将函数展开成幂级数. 直接展开法的过程中计算 $f^{(n)}(0)$ 的工作量可能较大，况且分析余项 $R_n(x)$ 是否趋于零也不是很轻松的事. 因此实践中常采用间接展开法. 这种方法是利用一些已知的幂级数展开式，利用幂级数的运算性质，如四则运算、逐项求导、逐项积分以及变量代换，把所给函数展开成幂级数，这样既简便又可避免分析余项之困难. 下面举一些利用间接法将函数展开成幂级数的例子. 为了应用间接展开法，读者应熟记一些基本的幂级数展开式及展开式成立的区间：

$$\frac{1}{1-x}=\sum_{n=0}^{\infty}x^n,x\in(-1,1);$$

$$\mathrm{e}^x=\sum_{n=0}^{\infty}\frac{x^n}{n!},x\in(-\infty,+\infty);$$

$$\sin x=\sum_{n=1}^{\infty}\frac{(-1)^{n-1}x^{2n-1}}{(2n-1)!},x\in(-\infty,+\infty).$$

例 3　把下列函数展开成 x 的幂级数：

(1) $f(x)=a^x(a>0,a\neq1)$；(2) $f(x)=\cos x$.

解　(1) 因为 $a^x=\mathrm{e}^{x\ln a}$，令 $u=x\ln a$，由于

$$\mathrm{e}^u=\sum_{n=0}^{\infty}\frac{u^n}{n!},u\in(-\infty,+\infty),$$

把 $u=x\ln a$ 代入上式就得

$$a^x=\sum_{n=0}^{\infty}\frac{\ln^n a}{n!}x^n,x\in(-\infty,+\infty).$$

(2) 因为

$$\sin x = x - \frac{x^3}{3!} + \frac{x^5}{5!} - \cdots + (-1)^{n-1}\frac{x^{2n-1}}{(2n-1)!} + \cdots, x \in (-\infty, +\infty),$$

对上面的展开式逐项求导,就得

$$\cos x = 1 - \frac{x^2}{2!} + \frac{x^4}{4!} - \cdots + (-1)^n \frac{x^{2n}}{(2n)!} + \cdots, x \in (-\infty, +\infty). \tag{10}$$

例 4 把下列函数展开成 x 的幂级数:

(1) $f(x) = \ln(1+x)$;(2) $f(x) = \arctan x$.

解 (1) 因为 $f'(x) = [\ln(1+x)]' = \dfrac{1}{1+x}$,而

$$\frac{1}{1+x} = \frac{1}{1-(-x)} = \sum_{n=0}^{\infty}(-1)^n x^n, x \in (-1,1),$$

将上式从 0 到 $x(x \in (-1,1))$ 逐项积分,而且注意到 $f(0) = \ln 1 = 0$,得

$$\ln(1+x) = f(x) - f(0) = \int_0^x \frac{1}{1+x}\mathrm{d}x = \sum_{n=0}^{\infty}\int_0^x (-1)^n x^n \mathrm{d}x$$

$$= \sum_{n=0}^{\infty}\frac{(-1)^n}{n+1}x^{n+1}, x \in (-1,1).$$

由于上式右端的级数在端点 $x=1$ 处是收敛的,在端点 $x=-1$ 处是发散的,而 $f(x) = \ln(1+x)$ 在 $x=1$ 处连续,故有

$$\ln(1+x) = x - \frac{x^2}{2} + \frac{x^3}{3} - \cdots + (-1)^{n-1}\frac{x^n}{n} + \cdots, x \in (-1,1]. \tag{11}$$

(2) 因为 $f'(x) = (\arctan x)' = \dfrac{1}{1+x^2}$,而

$$\frac{1}{1+x^2} = \frac{1}{1-(-x^2)} = \sum_{n=0}^{\infty}(-x^2)^n = \sum_{n=0}^{\infty}(-1)^n x^{2n}, x \in (-1,1),$$

将上式从 0 到 $x(x \in (-1,1))$ 逐项积分,而且注意到 $f(0) = \arctan 0 = 0$,可得

$$\arctan x = \sum_{n=0}^{\infty}\frac{(-1)^n}{2n+1}x^{2n+1}, x \in (-1,1).$$

当 $x = \pm 1$ 时,上式右端成为 $\pm\sum\limits_{n=0}^{\infty}\dfrac{(-1)^n}{2n+1}$,它们都是收敛的,而 $f(x) = \arctan x$ 在 $x = \pm 1$ 处又是连续的,因此

$$\arctan x = x - \frac{x^3}{3} + \frac{x^5}{5} - \cdots + (-1)^n\frac{x^{2n+1}}{2n+1} + \cdots, x \in [-1,1]. \tag{12}$$

例 5　将二项式 $f(x)=(1+x)^{\alpha}$ 展开成 x 的幂级数，其中 α 是任意不为零的常数.

解　当 α 是正整数 n 时，$f(0)=1$，当 $k=1$、2、…、n 时，$f^{(k)}(0)=n(n-1)\cdots(n-k+1)$，而当 $k=n+1$、$n+2$、…时，$f^{(k)}(x)\equiv 0$，这时 $f(x)$ 的幂级数成为 x 的 n 次多项式：

$$\begin{aligned}(1+x)^{n}&=1+nx+\frac{n(n-1)}{2!}x^{2}+\cdots+\frac{n(n-1)\cdots 2}{(n-1)!}x^{n-1}+x^{n}\\&=1+\mathrm{C}_{n}^{1}x+\mathrm{C}_{n}^{2}x^{2}+\cdots+\mathrm{C}_{n}^{n-1}x^{n-1}+x^{n},\end{aligned}$$

其中 C_{n}^{k} 是组合数 $\dfrac{n(n-1)\cdots(n-k+1)}{k!}$，这个结果就是中学代数里的二项式定理.

现设非零常数 $\alpha\in\mathbf{R}\backslash\mathbf{Z}^{+}$，因为

$$f^{(n)}(x)=\alpha(\alpha-1)\cdots(\alpha-n+1)(1+x)^{\alpha-n}\quad(n=1,2,\cdots),$$

故

$$f(0)=1,f'(0)=\alpha,f''(0)=\alpha(\alpha-1),\cdots,$$
$$f^{(n)}(0)=\alpha(\alpha-1)\cdots(\alpha-n+1),\cdots,$$

于是得幂级数

$$1+\alpha x+\frac{\alpha(\alpha-1)}{2!}x^{2}+\cdots+\frac{\alpha(\alpha-1)\cdots(\alpha-n+1)}{n!}x^{n}+\cdots,$$

它的收敛半径

$$\begin{aligned}R&=\lim_{n\to\infty}\frac{|a_{n}|}{|a_{n+1}|}=\lim_{n\to\infty}\frac{|(n+1)!\alpha(\alpha-1)\cdots(\alpha-n+1)|}{|n!\alpha(\alpha-1)\cdots(\alpha-n)|}\\&=\lim_{n\to\infty}\left|\frac{n+1}{\alpha-n}\right|=1,\end{aligned}$$

故在开区间$(-1,1)$内，上述幂级数收敛，记它的和函数为 $s(x)$．按定理的要求，只有验证了 $(1+x)^{\alpha}$ 的拉格朗日型余项 $R_{n}(x)$ 在$(-1,1)$ 内满足$\lim\limits_{n\to\infty}R_{n}(x)=0$ 后，才能说明和函数 $s(x)$ 就是$(1+x)^{\alpha}$．

为了避免分析余项 $R_{n}(x)$，我们采用下面的方法证明 $s(x)=(1+x)^{\alpha}$．

因为$f'(x)=[(1+x)^{\alpha}]'=\alpha(1+x)^{\alpha-1}=\dfrac{\alpha}{1+x}f(x)$，即$f(x)=(1+x)^{\alpha}$ 是一阶齐次线性微分方程

$$y'-\frac{\alpha}{1+x}y=0$$

的解. 现在我们验证

$$s(x)=1+\alpha x+\frac{\alpha(\alpha-1)}{2!}x^{2}+\cdots+\frac{\alpha(\alpha-1)\cdots(\alpha-n+1)}{n!}x^{n}+\cdots$$

也是方程的解.

事实上 $s(x)$ 经逐项求导后得

$$s'(x)=\alpha\left[1+(\alpha-1)x+\frac{(\alpha-1)(\alpha-2)}{2!}x^2+\cdots+\frac{(\alpha-1)(\alpha-2)\cdots(\alpha-n+1)}{(n-1)!}x^{n-1}+\cdots\right],$$

上式的两端同乘以 $(1+x)$ 并把含有 $x^n(n=1,2,\cdots)$ 的两项合并,得 x^n 的系数为

$$\alpha\left[\frac{(\alpha-1)(\alpha-2)\cdots(\alpha-n)}{n!}+\frac{(\alpha-1)(\alpha-2)\cdots(\alpha-n+1)}{(n-1)!}\right]$$

$$=\alpha\cdot\frac{\alpha(\alpha-1)(\alpha-2)\cdots(\alpha-n+1)}{n!},$$

于是有

$$\begin{aligned}(1+x)s'(x)&=\alpha\left[1+\alpha x+\frac{\alpha(\alpha-1)}{2!}x^2+\cdots+\frac{\alpha(\alpha-1)\cdots(\alpha-n+1)}{n!}x^n+\cdots\right]\\&=\alpha s(x),\end{aligned}$$

即

$$s'(x)-\frac{\alpha}{1+x}s(x)=0.$$

可见 $s(x)$ 与 $(1+x)^\alpha$ 都是一阶齐次线性微分方程 $y'-\frac{\alpha}{1+x}y=0$ 的解,故

$$s(x)=C(1+x)^\alpha.$$

再由 $s(0)=1$,得 $C=1$,从而 $s(x)=(1+x)^\alpha$.

这样,我们就获得展开式(简称二项展开式)

$$(1+x)^\alpha=1+\alpha x+\frac{\alpha(\alpha-1)}{2!}x^2+\cdots+\frac{\alpha(\alpha-1)\cdots(\alpha-n+1)}{n!}x^n+\cdots,x\in(-1,1). \tag{13}$$

在区间$(-1,1)$的端点处上述展开式是否成立,要视指数 α 的数值而定. 例如 α 取$\frac{1}{2}$与$-\frac{1}{2}$时,有

$$\begin{aligned}\sqrt{1+x}&=1+\frac{1}{2}x-\frac{1}{2\times4}x^2+\frac{1\times3}{2\times4\times6}x^3-\cdots\\&=1+\frac{1}{2}x+\sum_{n=2}^{\infty}\frac{(-1)^{n-1}(2n-3)!!}{(2n)!!}x^n,x\in[-1,1].\end{aligned} \tag{14}$$

$$\frac{1}{\sqrt{1+x}}=1-\frac{1}{2}x+\frac{1\times 3}{2\times 4}x^2-\frac{1\times 3\times 5}{2\times 4\times 6}x^3+\cdots$$
$$=1+\sum_{n=1}^{\infty}\frac{(-1)^n(2n-1)!!}{(2n)!!}x^n,x\in(-1,1]①. \tag{15}$$

以上展开式(8)—(15),今后可直接引用.

最后举例说明如何用间接法把函数展开成$(x-x_0)$的幂级数.

例 6　将函数 $\cos x$ 展开成$\left(x-\frac{\pi}{3}\right)$的幂级数.

解　因为

$$\cos x=\cos\left[\left(x-\frac{\pi}{3}\right)+\frac{\pi}{3}\right]$$
$$=\frac{1}{2}\cos\left(x-\frac{\pi}{3}\right)-\frac{\sqrt{3}}{2}\sin\left(x-\frac{\pi}{3}\right),$$

应用(9)式和(10)式,并把其中的 x 置换成 $x-\frac{\pi}{3}$,就有

$$\cos\left(x-\frac{\pi}{3}\right)=1-\frac{1}{2!}\left(x-\frac{\pi}{3}\right)^2+\frac{1}{4!}\left(x-\frac{\pi}{3}\right)^4-\cdots,x\in(-\infty,+\infty),$$

$$\sin\left(x-\frac{\pi}{3}\right)=\left(x-\frac{\pi}{3}\right)-\frac{1}{3!}\left(x-\frac{\pi}{3}\right)^3+\frac{1}{5!}\left(x-\frac{\pi}{3}\right)^5-\cdots,x\in(-\infty,+\infty),$$

把上述两个展开式分别乘以$\frac{1}{2}$与$-\frac{\sqrt{3}}{2}$后逐项相加,即得

$$\cos x=\frac{1}{2}\left[1-\sqrt{3}\left(x-\frac{\pi}{3}\right)-\frac{1}{2!}\left(x-\frac{\pi}{3}\right)^2+\frac{\sqrt{3}}{3!}\left(x-\frac{\pi}{3}\right)^3+\cdots\right],$$
$$x\in(-\infty,+\infty).$$

例 7　将函数$f(x)=\frac{1}{x^2-4x+3}$展开成$(x+1)$的幂级数.

解　由于

$$f(x)=\frac{1}{x^2-4x+3}=\frac{1}{(x-1)(x-3)}=\frac{1}{2}\left(\frac{1}{x-3}-\frac{1}{x-1}\right)$$
$$=\frac{1}{2}\left(-\frac{1}{4}\cdot\frac{1}{1-\frac{x+1}{4}}+\frac{1}{2}\cdot\frac{1}{1-\frac{x+1}{2}}\right)$$

① (14)在端点 $x=\pm 1$ 处的收敛性以及(15)式在 $x=1$ 处的收敛性可用习题9-3的第1题的(7)、(8)的结果判定.

$$= \frac{1}{4} \cdot \frac{1}{1 - \frac{x+1}{2}} - \frac{1}{8} \cdot \frac{1}{1 - \frac{x+1}{4}},$$

由于

$$\frac{1}{1 - \frac{x+1}{2}} = 1 + \frac{x+1}{2} + \left(\frac{x+1}{2}\right)^2 + \cdots + \left(\frac{x+1}{2}\right)^n + \cdots \left(\left| \frac{x+1}{2} \right| < 1 \right),$$

$$\frac{1}{1 - \frac{x+1}{4}} = 1 + \frac{x+1}{4} + \left(\frac{x+1}{4}\right)^2 + \cdots + \left(\frac{x+1}{4}\right)^n + \cdots \left(\left| \frac{x+1}{4} \right| < 1 \right),$$

因此，

$$f(x) = \frac{1}{x^2 - 4x + 3} = \sum_{n=0}^{\infty} \left(\frac{1}{2^{n+2}} - \frac{1}{2^{2n+3}} \right) (x+1)^n.$$

展开式成立的范围是 $\left\{ x \,\middle|\, \left| \frac{x+1}{2} \right| < 1 \right\} \cap \left\{ x \,\middle|\, \left| \frac{x+1}{4} \right| < 1 \right\}$，即 $-3 < x < 1$.

习题 9－5

1. 若函数 $f(x)$ 具有各阶导数的最大区间是 $(-A, A)$，并且在区间 $(-R, R)$ 内可展开成幂级数，那么 R 是否恰为 A？

2. 将下列函数展开成 x 的幂级数并指出展开式成立的区间：

(1) $\sinh x$； (2) $\ln(2+x)$；

(3) $\sin^2 x$； (4) $\frac{x}{4+x^2}$；

(5) $\frac{1}{(1+x)^2}$； (6) $\frac{1}{x^2-5x+6}$；

(7) $(1+x)e^{-x}$； (8) $\arcsin x$.

3. 将下列函数在指定点 x_0 处展开成 $(x-x_0)$ 的幂级数并指出展开式成立的区间：

(1) $\sqrt{x}, x_0 = 1$； (2) $\frac{1}{x^2}, x_0 = 1$；

(3) $\ln x, x_0 = 2$； (4) $\ln \frac{x}{1+x}, x_0 = 1$；

(5) $\frac{1}{x^2+3x+2}, x_0 = -4$； (6) $\sin 2x, x_0 = \frac{\pi}{2}$.

4. 设函数 $f(x)$ 在区间 $(-R, R)$ 内可展开成 x 的幂级数，证明：当 $f(x)$ 是奇函数时，幂级数中不含 x 的偶次幂项；当 $f(x)$ 是偶函数时，幂级数中不含 x 的奇次幂项.

第六节　函数的幂级数展开式的应用

一、近似计算

用函数的幂级数展开式,可以在展开式成立的区间内计算函数的近似值,而且可达到预先指定的精度要求.

例 1　计算 $\sqrt[5]{240}$ 的近似值(用小数表示),要求误差不超过 10^{-4}.

解　把 $\sqrt[5]{240}$ 表达为

$$\sqrt[5]{240}=\sqrt[5]{243-3}=3\left(1-\frac{1}{3^4}\right)^{1/5}.$$

在二项展开式中取 $\alpha=\frac{1}{5}$、$x=-\frac{1}{3^4}$,得

$$\sqrt[5]{240}=3\left(1-\frac{1}{5}\times\frac{1}{3^4}-\frac{1\times4}{5^2\times2!}\times\frac{1}{3^8}-\frac{1\times4\times9}{5^3\times3!}\times\frac{1}{3^{12}}-\cdots\right),$$

取上式右端的前两项之和作为 $\sqrt[5]{240}$ 的近似值,这时误差(称为截断误差)是

$$\begin{aligned}|r_2|&=3\left(\frac{1\times4}{5^2\times2!}\times\frac{1}{3^8}+\frac{1\times4\times9}{5^3\times3!}\times\frac{1}{3^{12}}+\frac{1\times4\times9\times14}{5^4\times4!}\times\frac{1}{3^{16}}+\cdots\right)\\&<3\times\frac{1\times4}{5^2\times2!}\times\frac{1}{3^8}\left[1+\frac{1}{3^4}+\left(\frac{1}{3^4}\right)^2+\cdots\right]\\&=\frac{6}{25}\times\frac{1}{3^8}\times\frac{1}{1-\frac{1}{81}}=\frac{1}{25\times27\times40}<\frac{1}{20\ 000},\end{aligned}$$

于是

$$\sqrt[5]{240}\approx3\left(1-\frac{1}{5\times3^4}\right).$$

把 $3\left(1-\frac{1}{5\times3^4}\right)$ 表示成小数时,应取五位小数,这样"四舍五入"引起的误差(称为舍入误差)与上面的截断误差 $\frac{1}{20\ 000}$ 之和不会超过 $\frac{1}{10\ 000}$. 因此我们得

$$\sqrt[5]{240}\approx2.992\ 6.$$

例 2　计算 $\ln 2$ 的近似值(表示成小数),要求误差不超过 10^{-4}.

解　利用上节中的(11)式

$$\ln(1+x)=x-\frac{x^2}{2}+\frac{x^3}{3}-\cdots+(-1)^{n-1}\frac{x^n}{n}+\cdots,x\in(-1,1],\qquad(1)$$

令 $x=1$,得

$$\ln 2=1-\frac{1}{2}+\frac{1}{3}-\cdots+(-1)^{n-1}\frac{1}{n}+\cdots,$$

如果取这个级数的前 n 项之和作为 ln 2 的近似值,其误差为

$$|r_n|\leqslant\frac{1}{n+1},$$

要使 $|r_n|<10^{-4}$,必须取 $n=10^4$,这样做计算量过大,并且由于计算的项数过多而使舍入误差不断累积变得很大,从而影响近似值的精确度,于是我们设法选用一个收敛得较快的级数来计算.

把(1)式中的 x 换成$(-x)$,得

$$\ln(1-x)=-x-\frac{x^2}{2}-\cdots-\frac{x^n}{n}-\cdots,x\in[-1,1).\qquad(2)$$

(1)式与(2)式相减,便得

$$\ln\frac{1+x}{1-x}=2\left(x+\frac{x^3}{3}+\frac{x^5}{5}+\cdots\right),x\in(-1,1),$$

把 $x=\frac{1}{3}$代入上式,得

$$\ln 2=2\left(\frac{1}{3}+\frac{1}{3}\times\frac{1}{3^3}+\frac{1}{5}\times\frac{1}{3^5}+\frac{1}{7}\times\frac{1}{3^7}+\cdots\right),$$

这时只需取前四项之和作为 ln 2 的近似值,就可使误差控制在要求的范围内:

$$\begin{aligned}|r_4|&=2\left(\frac{1}{9}\times\frac{1}{3^9}+\frac{1}{11}\times\frac{1}{3^{11}}+\frac{1}{13}\times\frac{1}{3^{13}}+\cdots\right)\\&<\frac{2}{3^{11}}\times\left(1+\frac{1}{9}+\frac{1}{9^2}+\cdots\right)\\&=\frac{2}{3^{11}}\times\frac{1}{1-\frac{1}{9}}=\frac{1}{4\times3^9}<\frac{1}{70\ 000}.\end{aligned}$$

于是

$$\ln 2\approx2\left(\frac{1}{3}+\frac{1}{3}\times\frac{1}{3^3}+\frac{1}{5}\times\frac{1}{3^5}+\frac{1}{7}\times\frac{1}{3^7}\right),$$

并且考虑到计算时由四舍五入引起的舍入误差,化为小数时应取小数点后五位,得

$$\ln 2\approx0.693\ 1.$$

例 3 按照爱因斯坦(Einstein)的狭义相对论,速率为 v 的运动物体的质

量为

$$m=\frac{m_0}{\sqrt{1-v^2/c^2}},$$

其中 m_0 为物体的静止质量，c 为光速. 物体的动能 K 是它的总能量与它的静止能量之差

$$K=mc^2-m_0c^2. \tag{3}$$

试证明：在 v 与 c 相比很小时，关于 K 的公式就成为经典物理中的动能公式：

$$K=\frac{1}{2}m_0v^2, \tag{4}$$

然后利用泰勒公式来估计，在 $v\leqslant 100$ m/s 时，由(3)、(4)两式算得的 K 在数值上的差别.

解　按照(3)式，我们有

$$K=mc^2-m_0c^2=\frac{m_0c^2}{\sqrt{1-v^2/c^2}}-m_0c^2=m_0c^2\left[\left(1-\frac{v^2}{c^2}\right)^{-\frac{1}{2}}-1\right].$$

记 $x=-\frac{v^2}{c^2}$ 和 $f(x)=m_0c^2[(1+x)^{-1/2}-1]$. 由于 $v<c$，所以 $-1<x<0$，于是二项式 $(1+x)^{-1/2}$ 可以展开成幂级数，因此有

$$\begin{aligned}K&=m_0c^2\left[\left(1+\frac{1}{2}\cdot\frac{v^2}{c^2}+\frac{3}{8}\cdot\frac{v^4}{c^4}+\frac{5}{16}\cdot\frac{v^6}{c^6}+\cdots\right)-1\right]\\&=m_0c^2\left(\frac{1}{2}\cdot\frac{v^2}{c^2}+\frac{3}{8}\cdot\frac{v^4}{c^4}+\frac{5}{16}\cdot\frac{v^6}{c^6}+\cdots\right).\end{aligned} \tag{5}$$

根据 v 与 c 相比很小的假设，可知 $\frac{v}{c}$ 远小于 1，所以展开式中后面的项与首项相比是非常小的. 略去这些很小的项，则得

$$K\approx m_0c^2\cdot\frac{1}{2}\cdot\frac{v^2}{c^2}=\frac{1}{2}m_0v^2.$$

下面利用泰勒公式来估计误差. 用(4)式近似代替(3)式，就是在展开式(5)中仅取第 1 项，由泰勒公式的余项公式知 $r_1(x)=\frac{f''(\xi)}{2!}x^2$，其中 ξ 在 0 与 -1 之间. $|r_1(x)|$ 就是用(4)式代替(3)式所产生的误差. 因为

$$f''(x)=\frac{3}{4}m_0c^2(1+x)^{-5/2},$$

所以

$$r_1(x)=\frac{3m_0c^2}{8(1+\xi)^{5/2}}\cdot\frac{v^4}{c^4},$$

其中 ξ 在 $-\frac{v^2}{c^2}$ 与 0 之间.

已知光速 $c=3\times10^8$ m/s，并且 $v\leqslant100$ m/s，因此

$$|r_1(x)|\leqslant\frac{3\cdot(3\cdot10^8)^2}{8\cdot[1-100^2/(3\cdot10^8)^2]^{5/2}}\cdot\frac{100^4}{(3\cdot10^8)^4}m_0<(4.7\times10^{-10})m_0.$$

可见这个误差的值是与物体的静止质量 m_0 成正比的，但其比例系数极小，所以在 $v\leqslant100$ m/s 时，狭义相对论中物体的动能公式与经典物理中的动能公式极为接近.

利用幂级数还可计算一些定积分的近似值. 当被积函数的原函数不能用初等函数表示时，其定积分就不能用牛顿－莱布尼茨公式计算. 但如果被积函数在积分区间上能展开成幂级数，则可利用幂级数逐项积分性质来计算定积分的近似值.

例 4 计算积分 $\int_0^1\frac{\sin x}{x}\mathrm{d}x$ 的近似值，要求误差不超过 10^{-4}.

解 被积函数 $\frac{\sin x}{x}$ 的原函数不能用初等函数表示. 由于 $x=0$ 是 $\frac{\sin x}{x}$ 的可去间断点，故定义 $\left.\frac{\sin x}{x}\right|_{x=0}=\lim\limits_{x\to0}\frac{\sin x}{x}=1$，这样被积函数在 $[0,1]$ 上连续. 展开 $\frac{\sin x}{x}$，得

$$\frac{\sin x}{x}=1-\frac{x^2}{3!}+\frac{x^4}{5!}-\frac{x^6}{7!}+\cdots,x\in(-\infty,+\infty).$$

在区间 $[0,1]$ 上逐项积分，得

$$\int_0^1\frac{\sin x}{x}\mathrm{d}x=1-\frac{1}{3\times3!}+\frac{1}{5\times5!}-\frac{1}{7\times7!}+\cdots.$$

上式右端是收敛的交错级数，其第四项的绝对值

$$\frac{1}{7\times7!}<\frac{1}{30\ 000},$$

故由第三节交错级数的性质可知，只需取前三项之和作为积分的近似值就能满足要求，即

$$\begin{aligned}\int_0^1\frac{\sin x}{x}\mathrm{d}x&\approx1-\frac{1}{3\times3!}+\frac{1}{5\times5!}\\&\approx0.946\ 1.\end{aligned}$$

二、欧拉公式

我们知道，幂级数在其收敛域上确定了和函数 $f(x)$. 利用这个性质，我们可以利用幂级数来定义新函数. 这是幂级数的重要应用之一. 下面利用复变量 z 的幂级数来定义复变量指数函数 e^z，并导出有着广泛应用的欧拉公式.

设 $z_n=u_n+\mathrm{i}v_n(n=1,2,\cdots)$ 是复数列，那么

$$\sum_{n=1}^{\infty} z_n = z_1 + z_2 + \cdots + z_n + \cdots \tag{6}$$

称作复数项级数(简称复级数). 如果实部构成的级数

$$\sum_{n=1}^{\infty} u_n = u_1 + u_2 + \cdots + u_n + \cdots \tag{7}$$

收敛于 u,并且虚部构成的级数

$$\sum_{n=1}^{\infty} v_n = v_1 + v_2 + \cdots + v_n + \cdots \tag{8}$$

收敛于 v,就说复级数(6)收敛,并且收敛于和 $w = u + \mathrm{i}v$.

如果级数(6)各项的模所构成的正项级数

$$\sum_{n=1}^{\infty} |z_n| = |z_1| + |z_2| + \cdots + |z_n| + \cdots$$

收敛,则称复级数(6)绝对收敛.

当级数(6)绝对收敛时,由于

$$|u_n| \leqslant |z_n|,$$
$$|v_n| \leqslant |z_n|,$$

故级数(7)和(8)都绝对收敛,从而收敛,于是级数(6)收敛. 因此**绝对收敛的复级数必定收敛**.

现考虑复变量的幂级数

$$\sum_{n=0}^{\infty} \frac{z^n}{n!} = 1 + z + \frac{z^2}{2!} + \cdots + \frac{z^n}{n!} + \cdots, \tag{9}$$

对任意的正数 R,当 $|z| \leqslant R$ 时,因为

$$\left|\frac{z^n}{n!}\right| \leqslant \frac{R^n}{n!},$$

而 $\sum\limits_{n=0}^{\infty} \frac{R^n}{n!}$ 是收敛的(它收敛于 e^R),由正项级数的比较审敛法知级数(9)绝对收敛. 由于正数 R 是任意的,这说明级数(9)在整个复平面上绝对收敛.

由于当 $z = x \in \mathbf{R}$ 时,级数(9)的和函数为指数函数 e^x,即

$$1 + x + \frac{x^2}{2!} + \cdots + \frac{x^n}{n!} + \cdots = \mathrm{e}^x,$$

作为实变量指数函数的推广,我们在整个复平面上,把级数(9)的和函数定义为复变量指数函数,记作 e^z,即

$$\mathrm{e}^z = 1 + z + \frac{z^2}{2!} + \cdots + \frac{z^n}{n!} + \cdots \quad (|z| < +\infty). \tag{10}$$

在(10)式中,如果让 z 取纯虚数 $\mathrm{i}y$,则由收敛级数可加括号和可逐项相加的性质(这两条性质对复数项级数也成立),可得

$$\begin{aligned}e^{iy} &= 1+iy+\frac{1}{2!}(iy)^2+\frac{1}{3!}(iy)^3+\frac{1}{4!}(iy)^4+\frac{1}{5!}(iy)^5+\cdots\\&=1+iy-\frac{1}{2!}y^2-i\frac{1}{3!}y^3+\frac{1}{4!}y^4+i\frac{1}{5!}y^5+\cdots\\&=(1+iy)+\left(-\frac{1}{2!}y^2-i\frac{1}{3!}y^3\right)+\left(\frac{1}{4!}y^4+i\frac{1}{5!}y^5\right)+\cdots\\&=\left(1-\frac{1}{2!}y^2+\frac{1}{4!}y^4-\cdots\right)+i\left(y-\frac{1}{3!}y^3+\frac{1}{5!}y^5-\cdots\right)\\&=\cos y+i\sin y.\end{aligned}$$

把 y 换写成 x，上式成为

$$\boxed{e^{ix}=\cos x+i\sin x,} \tag{11}$$

在(11)式中把 x 换成 $(-x)$，就有

$$e^{-ix}=\cos x-i\sin x. \tag{11'}$$

于是从(11)及(11′)可得

$$\begin{cases}\cos x=\dfrac{e^{ix}+e^{-ix}}{2},\\[2ex]\sin x=\dfrac{e^{ix}-e^{-ix}}{2i}.\end{cases} \tag{12}$$

(11)式或(12)式称为欧拉公式. 它们揭示了三角函数与复变量指数函数之间的联系.

三、微分方程的幂级数解法

下面简单地介绍微分方程的幂级数解法，这种方法可用来处理不能通过积分求解或者不能用初等函数表示解的那类微分方程.

1. 求一阶方程的初值问题

$$\begin{cases}y'=P(x,y),\\y|_{x=x_0}=y_0\end{cases}$$

的解，其中 $P(x,y)$ 是 $(x-x_0)$、$(y-y_0)$ 的多项式：

$$P(x,y)=a_{00}+a_{10}(x-x_0)+a_{01}(y-y_0)+\cdots+a_{lm}(x-x_0)^l(y-y_0)^m.$$

设所求解 y 可展开成 $(x-x_0)$ 的幂级数：

$$y=y_0+b_1(x-x_0)+b_2(x-x_0)^2+\cdots+b_n(x-x_0)^n+\cdots, \tag{13}$$

这里 b_1、b_2、…、b_n，…是待定系数，把(13)式代入原方程中，就得一恒等式，比较等式两端 $(x-x_0)$ 的同次幂的系数，便可定出系数 b_1、b_2、…、b_n、…. 这时在幂级数的收敛区间内，其和函数就是初值问题的解.

例 5 求方程 $y'=x+y^2$ 满足 $y|_{x=0}=0$ 的特解.

解　设　$y=b_0+b_1x+b_2x^2+\cdots+b_nx^n+\cdots$.

因为 $y|_{x=0}=0$,故 $b_0=0$,因此

$$y=b_1x+b_2x^2+\cdots+b_nx^n+\cdots.$$

将上式代入原方程,得

$$\begin{aligned}b_1+2b_2x+3b_3x^2+4b_4x^3+5b_5x^4+\cdots\\ &=x+(b_1x+b_2x^2+b_3x^3+\cdots)^2\\ &=x+b_1^2x^2+2b_1b_2x^3+(b_2^2+2b_1b_3)x^4+\cdots,\end{aligned}$$

比较等式两端各项的系数,得系数 b_n 的递推公式如下:

$$b_1=0,b_2=\frac{1}{2},b_3=0,b_4=0,b_5=\frac{1}{20},\cdots,$$

$$b_{n+1}=\frac{1}{n+1}(b_nb_0+b_{n-1}b_1+b_{n-2}b_2+\cdots+b_1b_{n-1}+b_0b_n).\tag{14}$$

由此得所求的解

$$y=\frac{1}{2}x^2+\frac{1}{20}x^5+\frac{1}{160}x^8+\cdots.$$

2. 求二阶变系数齐次方程

$$y''+p(x)y'+q(x)y=0$$

的解.我们有如下的一般性结论:若方程左端的系数 $p(x)$ 与 $q(x)$ 在区间 $(-R,R)$ 内可展开为 x 的幂级数,则方程在 $(-R,R)$ 内有形如

$$y=\sum_{n=0}^{\infty}b_nx^n$$

的解(证明从略).下面举例说明解法.

例 6　求方程

$$y''-xy=0$$

的满足初始条件

$$y|_{x=0}=0,y'|_{x=0}=1$$

的解.

解　方程中 $p(x)=0$、$q(x)=-x$ 在区间 $(-\infty,+\infty)$ 上均可展开成 x 的幂级数(其实 $p(x)=0$、$q(x)=-x$ 已经是 x 的幂级数了),故设方程的解

$$y=b_0+b_1x+b_2x^2+\cdots+b_nx^n+\cdots,\tag{15}$$

由条件 $y|_{x=0}=0$,得 $b_0=0$.对级数(15)逐项求导,得

$$y'=b_1+2b_2x+3b_3x^2+\cdots+nb_nx^{n-1}+\cdots.$$

依条件 $y'|_{x=0}=1$,得 $b_1=1$.于是

$$y=x+b_2x^2+\cdots+b_nx^n+\cdots,\tag{16}$$

$$y'=1+2b_2x+\cdots+nb_nx^{n-1}+\cdots,$$

对上式再一次求导，得

$$y''=2b_2+3\times 2b_3x+\cdots+n(n-1)b_nx^{n-2}+\cdots, \tag{17}$$

把(16)与(17)式代入所给方程，得恒等式

$$2b_2+3\times 2b_3x+(4\times 3b_4-1)x^2+(5\times 4b_5-b_2)x^3+\cdots+[(n+2)(n+1)b_{n+2}-b_{n-1}]x^n+\cdots=0.$$

于是上式左端各项的系数均为零，即有

$$b_2=0,b_3=0,b_4=\frac{1}{4\cdot 3},b_5=0,b_6=0,\cdots,$$

$$b_{n+2}=\frac{b_{n-1}}{(n+2)\cdot(n+1)},$$

递推得

$$b_{3m-1}=b_{3m}=0,$$

$$b_{3m+1}=\frac{1}{(3m+1)\cdot(3m)\cdot\cdots\cdot 7\cdot 6\cdot 4\cdot 3}\quad(m=1,2,\cdots).$$

因此所求的特解是

$$y=x+\frac{x^4}{4\cdot 3}+\frac{x^7}{7\cdot 6\cdot 4\cdot 3}+\cdots+\frac{x^{3m+1}}{(3m+1)\cdot(3m)\cdot\cdots\cdot 7\cdot 6\cdot 4\cdot 3}+\cdots$$

$$(-\infty<x<+\infty).$$

习题 9-6

1. 利用函数的幂级数展开式求下列各数的近似值：

(1) $\ln 3$（误差不超过 10^{-4}）； (2) $\frac{1}{\sqrt[5]{36}}$（误差不超过 10^{-5}）；

(3) $\sinh 0.5$（误差不超过 10^{-4}）； (4) $\sin 3^\circ$（误差不超过 10^{-5}）.

2. 利用函数的幂级数展开式求下列积分的近似值：

(1) $\int_0^{\frac{1}{2}}\frac{1}{x^4+1}dx$（误差不超过 10^{-4}）； (2) $\int_0^{\frac{1}{2}}\frac{\arctan x}{x}dx$（误差不超过 10^{-3}）；

(3) $\int_0^{\frac{1}{2}}x^2e^{-x^2}dx$（误差不超过 10^{-4}）； (4) $\int_0^{\frac{1}{2}}\cos(x^2)dx$（误差不超过 10^{-3}）.

3. 用幂级数求解下列微分方程的初值问题：

(1) $y'-y^2-x^3=0,y|_{x=0}=\frac{1}{2}$；

(2) $y''+y\cos x=0,y|_{x=0}=1,y'|_{x=0}=0$；

(3) $y''+xy'+y=0,y|_{x=0}=1,y'|_{x=0}=1$；

(4) $xy''+y'+xy=0,y|_{x=0}=1,y'|_{x=0}=0$.

4. 利用欧拉公式求出函数 $e^x\cos x$ 和 $e^x\sin x$ 的麦克劳林展开式.

第七节　傅里叶级数

从本节开始,我们讨论由三角函数组成的函数项级数,即所谓的三角级数,着重讨论如何把函数展开成三角级数.

一、周期运动和三角级数

周期运动是自然界中广泛存在着的一种运动形态. 对周期运动可用周期函数来近似描述. 例如反映简谐振动的函数

$$y = A\sin(\omega t + \varphi)$$

就是一个以$\dfrac{2\pi}{\omega}$为周期的正弦函数,其中 t 表示时间、y 表示动点的位置,A 为振幅、ω 为角频率、φ 为初相.

但是,并非所有的周期过程都能用简单的正弦函数来表示. 例如电气工程师常用矩形波(图 9-3)作为开关电路中电子流动的模型,矩形波就不是正弦波.

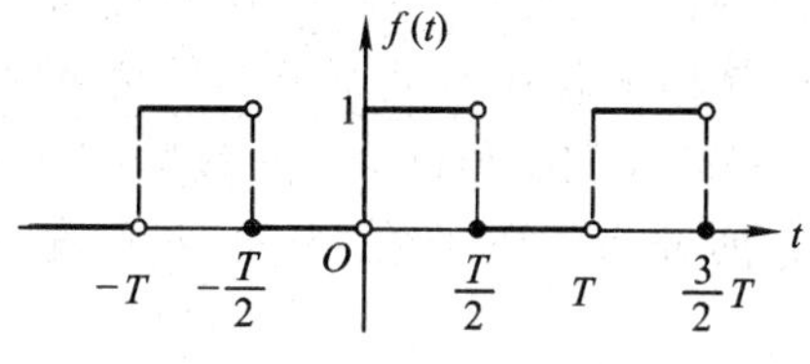

图 9-3

图中的矩形波可用下式表示:

$$f(t) = \begin{cases} 0 & 当\ t \in \left[\left(k - \dfrac{1}{2}\right)T, kT\right), \\ 1 & 当\ t \in \left[kT, \left(k + \dfrac{1}{2}\right)T\right), \end{cases} \quad k \in \mathbf{Z}.$$

可以看到,$f(t)$ 是由无穷多段构成的分段函数,其分析性质不好,它在很多点处不连续,不可导. 因此我们提出这样的问题:能否用一些处处可导的周期函数去逼近 $f(t)$ 呢?

我们还是从客观现象中寻找解决问题的线索. 大家知道,若干个不同频率的简谐振动叠加起来可以合成一个比较复杂的周期运动:

$$A_0 + A_1\sin(\omega t + \varphi_1) + A_2\sin(2\omega t + \varphi_2) + \cdots + A_n\sin(n\omega t + \varphi_n), \quad (1)$$

这启发我们从数学上提出这样的问题:对于一般的周期为 $T\left(=\dfrac{2\pi}{\omega}\right)$的函数

$F(t)$，能否用一系列以 T 为周期的正弦函数 $A_n\sin(n\omega t+\varphi_n)$ 组成的函数项级数来表示，即

$$F(t)=A_0+\sum_{n=1}^{\infty}A_n\sin(n\omega t+\varphi_n), \tag{2}$$

其中 A_0、A_n、$\varphi_n(n=1,2,3,\cdots)$ 都是常数.

早在 1807 年，杰出的法国数学家和物理学家傅里叶（J. B. J. Fourier，1768—1830）就在他的一篇研究热传导的论文中断言：任何函数都能表示为余弦函数和正弦函数组成的无穷级数，他的这个思想对近代数学和物理学的发展产生了深远的影响.

为了下面讨论方便起见，将正弦函数 $A_n\sin(n\omega t+\varphi_n)$ 按三角公式变形，得

$$A_n\sin(n\omega t+\varphi_n)=A_n\sin\varphi_n\cos n\omega t+A_n\cos\varphi_n\sin n\omega t.$$

若令 $\frac{a_0}{2}=A_0$，$a_n=A_n\sin\varphi_n$，$b_n=A_n\cos\varphi_n$，$\omega t=x$，并记 $f(x)=F\left(\frac{x}{\omega}\right)=F(t)$，则(2)式可改写为

$$f(x)=\frac{a_0}{2}+\sum_{n=1}^{\infty}(a_n\cos nx+b_n\sin nx). \tag{3}$$

一般的，形如(3)式右端的级数叫做三角级数，其中 a_0、a_n、$b_n(n=1,2,3,\cdots)$ 都是常数. 如果(3)式成立，就称函数 $f(x)$ 可展开为三角级数.

如同讨论幂级数时一样，我们必须讨论三角级数(3)的收敛问题，以及对给定的周期函数，如何把它展开为三角级数. 为此，我们先介绍三角函数系的正交性.

所谓三角函数系

$$1,\cos x,\sin x,\cos 2x,\sin 2x,\cdots,\cos nx,\sin nx,\cdots \tag{4}$$

在区间 $[-\pi,\pi]$ 上正交，是指在三角函数系(4)中任何两个不同函数的乘积在区间 $[-\pi,\pi]$ 上的积分等于零，即

$$\int_{-\pi}^{\pi}1\cdot\cos nx\mathrm{d}x=0\quad(n=1,2,3,\cdots),$$

$$\int_{-\pi}^{\pi}1\cdot\sin nx\mathrm{d}x=0\quad(n=1,2,3,\cdots),$$

$$\int_{-\pi}^{\pi}\sin kx\cos nx\mathrm{d}x=0\quad(k,n=1,2,3,\cdots),$$

$$\int_{-\pi}^{\pi}\cos kx\cos nx\mathrm{d}x=0\quad(k,n=1,2,3,\cdots,k\neq n),$$

$$\int_{-\pi}^{\pi}\sin kx\sin nx\mathrm{d}x=0\quad(k,n=1,2,3,\cdots,k\neq n).$$

以上等式都可通过计算直接验证. 现将第四式验证如下.

当 $k\neq n$ 时，对任意的正整数 k、n，有

$$\begin{aligned}\int_{-\pi}^{\pi}\cos kx\cos nx\mathrm{d}x&=\frac{1}{2}\int_{-\pi}^{\pi}[\cos(k+n)x+\cos(k-n)x]\mathrm{d}x\\&=\frac{1}{2}\left[\frac{\sin(k+n)x}{k+n}+\frac{\sin(k-n)x}{k-n}\right]_{-\pi}^{\pi}\\&=0.\end{aligned}$$

其余等式由读者自行验证.

另外在三角函数系(4)中,两个相同函数的乘积在区间$[-\pi,\pi]$上的积分分别为

$$\int_{-\pi}^{\pi}1^2\mathrm{d}x=2\pi,$$

$$\int_{-\pi}^{\pi}\sin^2 nx\mathrm{d}x=\pi,\quad\int_{-\pi}^{\pi}\cos^2 nx\mathrm{d}x=\pi\quad(n=1,2,3,\cdots).$$

二、函数展开成傅里叶级数

设$f(x)$是周期为2π的周期函数,且能展开成三角级数:

$$f(x)=\frac{a_0}{2}+\sum_{k=1}^{\infty}(a_k\cos kx+b_k\sin kx),\tag{5}$$

并进一步假设级数(5)可以逐项积分.

对(5)式从$-\pi$到π逐项积分,并利用三角函数系(4)的正交性,有

$$\begin{aligned}\int_{-\pi}^{\pi}f(x)\mathrm{d}x&=\int_{-\pi}^{\pi}\frac{a_0}{2}\mathrm{d}x+\sum_{k=1}^{\infty}\left(a_k\int_{-\pi}^{\pi}\cos kx\mathrm{d}x+b_k\int_{-\pi}^{\pi}\sin kx\mathrm{d}x\right)\\&=\int_{-\pi}^{\pi}\frac{a_0}{2}\mathrm{d}x=\frac{a_0}{2}\cdot 2\pi,\end{aligned}$$

从而得

$$a_0=\frac{1}{\pi}\int_{-\pi}^{\pi}f(x)\mathrm{d}x.$$

用$\cos nx$乘(5)式两端,再从$-\pi$到π逐项积分,有

$$\begin{aligned}&\int_{-\pi}^{\pi}f(x)\cos nx\mathrm{d}x\\&=\frac{a_0}{2}\int_{-\pi}^{\pi}\cos nx\mathrm{d}x+\sum_{k=1}^{\infty}\left[a_k\int_{-\pi}^{\pi}\cos kx\cos nx\mathrm{d}x+b_k\int_{-\pi}^{\pi}\sin kx\cos nx\mathrm{d}x\right].\end{aligned}$$

根据三角函数系(4)的正交性,上式右端除$k=n$的一项外,其余各项均为零,所以

$$\int_{-\pi}^{\pi}f(x)\cos nx\mathrm{d}x=a_n\int_{-\pi}^{\pi}\cos^2 nx\mathrm{d}x=a_n\pi,$$

于是得

$$a_n=\frac{1}{\pi}\int_{-\pi}^{\pi}f(x)\cos nx\mathrm{d}x\quad(n=1,2,3,\cdots).$$

类似地，用 $\sin nx$ 乘(5)式的两端，再从 $-\pi$ 到 π 逐项积分，可得

$$b_n=\frac{1}{\pi}\int_{-\pi}^{\pi}f(x)\sin nx\mathrm{d}x\quad(n=1,2,3,\cdots).$$

由于当 $n=0$ 时，a_n 的表达式正好给出 a_0，因此上面这些结果可合并写成

$$\left.\begin{aligned}a_n&=\frac{1}{\pi}\int_{-\pi}^{\pi}f(x)\cos nx\mathrm{d}x\quad(n=0,1,2,3,\cdots),\\ b_n&=\frac{1}{\pi}\int_{-\pi}^{\pi}f(x)\sin nx\mathrm{d}x\quad(n=1,2,3,\cdots).\end{aligned}\right\}\tag{6}$$

(6)式给出了展开式(5)中诸系数 a_n、b_n（称为 $f(x)$ 的傅里叶系数）的计算公式. 将这些系数代入(5)式右端，所得的三角级数

$$\frac{a_0}{2}+\sum_{n=1}^{\infty}(a_n\cos nx+b_n\sin nx)\tag{7}$$

称为函数 $f(x)$ 的傅里叶级数（Fourier series）.

与函数的泰勒级数一样，对函数的傅里叶级数也需要回答两个问题：

(1) $f(x)$ 的傅里叶级数是否收敛？

(2) 如果收敛的话，其和函数是否就是 $f(x)$？

下面不加证明地给出一个收敛定理，它回答了上述两个问题.

定理（收敛定理，狄利克雷（Dirichlet）充分条件）　设 $f(x)$ 是周期为 2π 的周期函数，如果它满足：

(1) 在一个周期内连续或只有有限多个第一类间断点；

(2) 在一个周期内至多只有有限多个极值点，

则 $f(x)$ 的傅里叶级数收敛，并且

当 x 是 $f(x)$ 的连续点时，级数收敛于 $f(x)$；

当 x 是 $f(x)$ 的间断点时，级数收敛于 $\frac{1}{2}[f(x^-)+f(x^+)]$.

收敛定理告诉我们：只要 $f(x)$ 在 $[-\pi,\pi]$ 上至多只有有限个第一类间断点，而且其图形不作无限次振动，那么 $f(x)$ 的傅里叶级数就在函数的连续点处收敛于该点的函数值. 可见，函数展开成傅里叶级数的条件比展开成幂级数的条件弱得多. 需要注意，在 $f(x)$ 的间断点处，傅里叶级数尽管仍然收敛，但其和未必等于该点处的函数值，而是等于 $f(x)$ 在该点处的左、右极限的算术平均值. 用式子表示就是

$$\frac{a_0}{2}+\sum_{n=1}^{\infty}(a_n\cos nx+b_n\sin nx)=\begin{cases}f(x) & \text{当 } x \text{ 是 } f(x) \text{ 的连续点,}\\ \frac{1}{2}[f(x^-)+f(x^+)] & \text{当 } x \text{ 是 } f(x) \text{ 的间断点.}\end{cases}\tag{8}$$

记 $f(x)$ 的傅里叶级数的和函数为 $F(x)$，我们将 $y=f(x)$ 与 $y=F(x)$ 的示意图画在图 9－4 中，请加以比较.

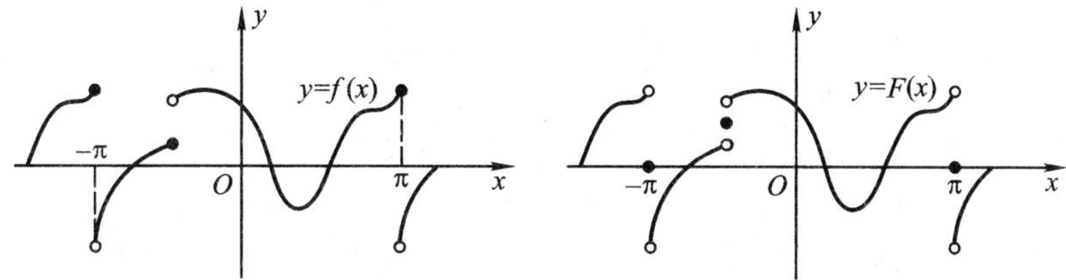

图 9－4

例 1　设矩形波的波形函数 $f(x)$ 是周期为 2π 的周期函数，它在 $[-\pi,\pi)$ 上的表达式为

$$f(x)=\begin{cases}0 & \text{当 } -\pi\leqslant x<0,\\ 1 & \text{当 } 0\leqslant x<\pi.\end{cases}$$

把 $f(x)$ 展开成傅里叶级数.

解　所给函数满足狄里克雷充分条件，点 $x=k\pi\,(k=0,\pm1,\pm2,\cdots)$ 是它的第一类间断点，其他点均为它的连续点. 因此 $f(x)$ 的傅里叶级数在 $x=k\pi$ 处收敛于 $\frac{1}{2}(0+1)=\frac{1}{2}(1+0)=\frac{1}{2}$，在其余点处收敛于 $f(x)$. 和函数的图形如图 9－5 所示.

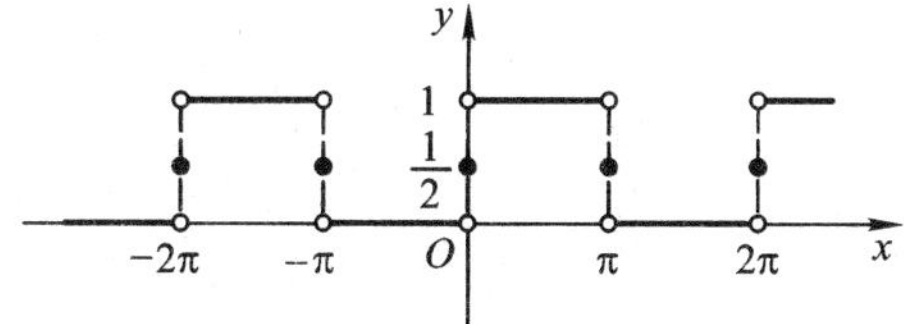

图 9－5

现计算傅里叶系数：

$$a_0=\frac{1}{\pi}\int_{-\pi}^{\pi}f(x)\,\mathrm{d}x=\frac{1}{\pi}\int_0^{\pi}\mathrm{d}x=1;$$

$$a_n=\frac{1}{\pi}\int_{-\pi}^{\pi}f(x)\cos nx\,\mathrm{d}x=\frac{1}{\pi}\int_0^{\pi}\cos nx\,\mathrm{d}x=0\quad(n=1,2,3,\cdots);$$

$$b_n=\frac{1}{\pi}\int_{-\pi}^{\pi}f(x)\sin nx\,\mathrm{d}x=\frac{1}{\pi}\int_0^{\pi}\sin nx\,\mathrm{d}x=\frac{1}{n\pi}[1+(-1)^{n-1}]$$

$$= \begin{cases} \dfrac{2}{n\pi} & 当 n = 1,3,5,\cdots, \\ 0 & 当 n = 2,4,6,\cdots. \end{cases}$$

将求得的系数代入(8)式，即得$f(x)$的傅里叶展开式为

$$f(x) = \frac{1}{2} + \frac{2}{\pi}\left[\sin x + \frac{1}{3}\sin 3x + \cdots + \frac{1}{2k-1}\sin(2k-1)x + \cdots\right]$$

$$(x \in R \setminus \{k\pi \mid k \in \mathbf{Z}\}).$$

例 2 设$f(x)$是周期为2π的周期函数，它在$[-\pi,\pi)$上的表达式为

$$f(x) = \begin{cases} x & 当 -\pi \leqslant x < 0, \\ 0 & 当 0 \leqslant x < \pi. \end{cases}$$

把$f(x)$展开成傅里叶级数

解 函数$f(x)$满足收敛定理的条件，而点$x = (2k+1)\pi(k = 0, \pm 1, \pm 2,\cdots)$是它的第一类间断点，因此$f(x)$的傅里叶级数在点$x = (2k+1)\pi$处收敛于

$$\frac{1}{2}[f(-\pi^+) + f(\pi^-)] = \frac{-\pi + 0}{2} = -\frac{\pi}{2},$$

在其余点x处收敛于$f(x)$.

现计算傅里叶系数：

$$a_0 = \frac{1}{\pi}\int_{-\pi}^{\pi} f(x)\,dx = \frac{1}{\pi}\int_{-\pi}^{0} x\,dx = -\frac{\pi}{2},$$

$$a_n = \frac{1}{\pi}\int_{-\pi}^{\pi} f(x)\cos nx\,dx = \frac{1}{\pi}\int_{-\pi}^{0} x\cos nx\,dx = \frac{1-(-1)^n}{n^2\pi}(n = 1,2,\cdots);$$

$$b_n = \frac{1}{\pi}\int_{-\pi}^{\pi} f(x)\sin nx\,dx = \frac{1}{\pi}\int_{-\pi}^{0} x\sin nx\,dx = \frac{(-1)^{n+1}}{n}(n = 1,2,\cdots).$$

从而得

$$f(x) = -\frac{\pi}{4} + \left(\frac{2}{\pi}\cos x + \sin x\right) - \frac{1}{2}\sin 2x + \left(\frac{2}{3^2\pi}\cos 3x + \frac{1}{3}\sin 3x\right)$$

$$-\frac{1}{4}\sin 4x + \left(\frac{2}{5^2\pi}\cos 5x + \frac{1}{5}\sin 5x\right) - \cdots(x \in \mathbf{R} \setminus \{(2k+1)\pi \mid k \in \mathbf{Z}\}).$$

图 9-6 是$f(x)$的傅里叶级数的和函数$F(x)$的图形.

下面借例 1 对$f(x)$的傅里叶多项式逼近$f(x)$的情况作一说明.

记 $F_n(x) = \dfrac{a_0}{2} + \sum\limits_{k=1}^{n}(a_k\cos kx + b_k\sin kx)$，其中$a_0$、$a_k$、$b_k(k=1,2,\cdots,n)$均为$f(x)$的傅里叶系数，称$F_n(x)$为$f(x)$的 n 阶傅里叶多项式. 图 9-7 给出了例 1 中的$f(x)$以及它的前 n 阶傅里叶多项式在区间$[-\pi,\pi]$上的图形. 从图中可

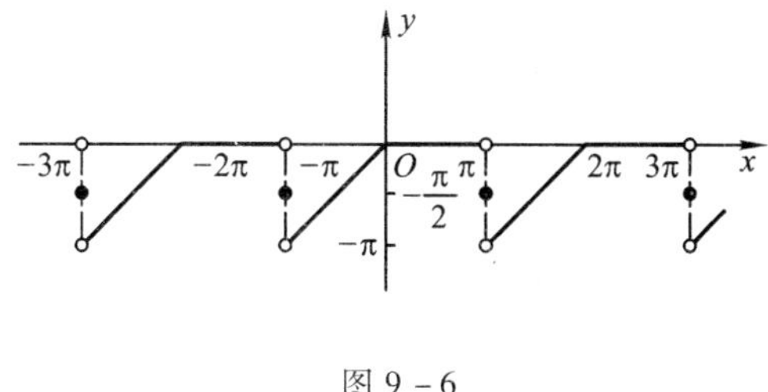

图 9-6

以看到，在区间$[-\pi,\pi]$内，从整体上看，$F_n(x)$ 的图形随着 n 的增大越来越接近于$f(x)$的图形——矩形波，但在$f(x)$ 的间断点 $x=0$ 处，$F_n(x)$ 均取值$\frac{1}{2}$，与$f(0)=1$ 相差很大，并不是好的逼近. 可见 $F_n(x)$ 对$f(x)$ **是一种好的“全局性逼近”，却不一定在每一点处都是好的“局部逼近”**. 这与泰勒多项式的逼近情况是明显不同的.

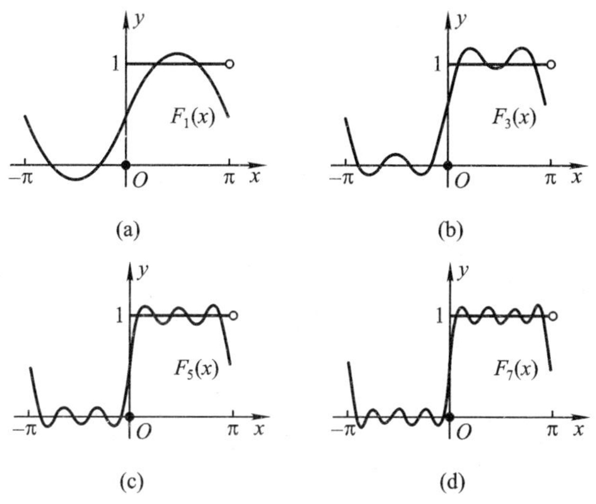

图 9-7

那么怎样从数量上来刻画这种“全局性逼近”呢？以下对此作一粗略说明. 考虑如下的 $f(x)$ 与 $F_n(x)$ 的差在区间$[-\pi,\pi]$上的均方根平均值 $\sqrt{\frac{1}{2\pi}\int_{-\pi}^{\pi}[f(x)-F_n(x)]^2\mathrm{d}x}$，称为$f(x)$与 $F_n(x)$在$[-\pi,\pi]$上的均方差. 它刻画了$f(x)$与 $F_n(x)$在$[-\pi,\pi]$上的平均意义上的差异程度. 从定积分的几何意义看，均方差较小，反映了两曲线 $y=f(x)$和 $y=F_n(x)$之间所夹的面积较小，因此表明两曲线总体上看比较接近；反之，则表明两曲线的总体相离程度较大. 但是，由于改变被积函数在个别点处的值并不影响定积分的值，因此均方差较小并不能保证$f(x)$与$F_n(x)$在每一点处都比较接近. 可以证明,只要$f(x)$在$[-\pi,\pi]$上可积,则当$n\to\infty$时,$f(x)$与$F_n(x)$在$[-\pi,\pi]$上的均方差$\sqrt{\frac{1}{2\pi}\int_{-\pi}^{\pi}[f(x)-F_n(x)]^2\mathrm{d}x}$趋于零. 这就是$f(x)$的傅里叶多项式$F_n(x)$收敛于$f(x)$的确切含义:$F_n(x)$是在均方意义上收敛于$f(x)$,而不是(如同泰勒多项式那样的)点点收敛于$f(x)$.

以上讨论了如何将周期为2π的周期函数展开成傅里叶级数. 但是,如果函数$f(x)$只在区间$[-\pi,\pi]$上有定义且满足收敛定理的条件,我们也可以将$f(x)$展开成傅里叶级数. 一般可这样处理:在$[-\pi,\pi)$(或$(-\pi,\pi]$)外补充函数$f(x)$的定义,使它拓广为周期为2π的周期函数$\varphi(x)$(见图 9-8,其中实线为$y=f(x)$限制在$[-\pi,\pi)$上的图形,虚线为延拓部分图形),以这种方式拓广函数定义域的过程叫做函数的周期延拓. 再将$\varphi(x)$展开成傅里叶级数. 最后限制x在$(-\pi,\pi)$内,此时$\varphi(x)\equiv f(x)$,这样便得到$f(x)$的傅里叶级数展开式. 根据收敛定理,这级数在区间端点$x=\pm\pi$处收敛于$\frac{1}{2}[f(\pi^-)+f(-\pi^+)]$.

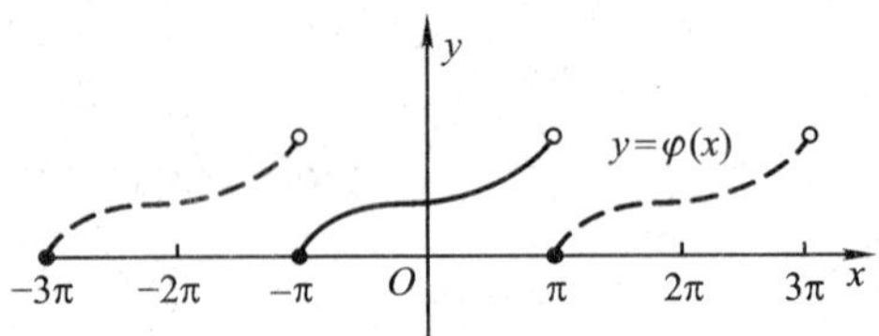

图 9-8

例 3　把函数$f(x)=|x|\ (-\pi\leqslant x\leqslant\pi)$展开成傅里叶级数.

解　把$f(x)$拓广为$\mathbf{R}$上的周期为2π的函数,并把它记为$\varphi(x)$,则$\varphi(x)$在$[-\pi,\pi]$上满足收敛定理的条件,并由于$\varphi(x)$处处连续,故它的傅里叶级数在$[-\pi,\pi]$上收敛于$f(x)$.

先计算f的傅里叶系数如下:由于$f(x)\cos nx=|x|\cos nx$是偶函数,所以

$$a_n=\frac{1}{\pi}\int_{-\pi}^{\pi}f(x)\cos nx\mathrm{d}x=\frac{2}{\pi}\int_0^{\pi}x\cos nx\mathrm{d}x$$

$$=\frac{2}{\pi}\left[\frac{x\sin nx}{n}+\frac{\cos nx}{n^2}\right]_0^{\pi}=\frac{2}{n^2\pi}(\cos n\pi-1)$$

$$=\frac{2}{n^2\pi}[(-1)^n-1]\ (n=1,2,\cdots),$$

$$a_0=\frac{1}{\pi}\int_{-\pi}^{\pi}f(x)\mathrm{d}x=\frac{1}{\pi}\int_{-\pi}^{\pi}|x|\mathrm{d}x$$

$$= \frac{2}{\pi}\int_0^{\pi} x\mathrm{d}x = \pi,$$

又由于$f(x)\sin nx = |x| \sin nx$是奇函数,所以

$$b_n = \frac{1}{\pi}\int_{-\pi}^{\pi} f(x)\sin nx\mathrm{d}x = 0(n = 1,2,\cdots).$$

从而得

$$f(x) = |x| = \frac{\pi}{2} - \frac{4}{\pi}\left(\cos x + \frac{1}{3^2}\cos 3x + \frac{1}{5^2}\cos 5x + \cdots\right)(-\pi \leqslant x \leqslant \pi).$$

利用这个展开式,我们可以求出几个特殊的常数项级数的和. 由$f(0) = 0$,得

$$0 = \frac{\pi}{2} - \frac{4}{\pi}\left(1 + \frac{1}{3^2} + \frac{1}{5^2} + \cdots\right),$$

由此得到

$$1 + \frac{1}{3^2} + \frac{1}{5^2} + \cdots + \frac{1}{(2n-1)^2} + \cdots = \frac{\pi^2}{8}. \tag{9}$$

如果记

$$1 + \frac{1}{2^2} + \frac{1}{3^2} + \cdots + \frac{1}{n^2} + \cdots = \sigma,$$

则

$$\frac{1}{2^2} + \frac{1}{4^2} + \frac{1}{6^2} + \cdots + \frac{1}{(2n)^2} + \cdots = \frac{1}{4}\left(1 + \frac{1}{2^2} + \frac{1}{3^2} + \cdots\right) = \frac{\sigma}{4},$$

由以上两式可得

$$1 + \frac{1}{3^2} + \frac{1}{5^2} + \cdots + \frac{1}{(2n-1)^2} + \cdots = \sigma - \frac{\sigma}{4} = \frac{3}{4}\sigma,$$

于是结合(9)式便得

$$\sigma = 1 + \frac{1}{2^2} + \frac{1}{3^2} + \cdots + \frac{1}{n^2} + \cdots = \frac{4}{3}\cdot\frac{\pi^2}{8} = \frac{\pi^2}{6},$$

进而可得

$$\frac{1}{2^2} + \frac{1}{4^2} + \frac{1}{6^2} + \cdots + \frac{1}{(2n)^2} + \cdots = \frac{\sigma}{4} = \frac{\pi^2}{24}, \tag{10}$$

再由(9)和(10)式可得到下列交错级数的和:

$$1 - \frac{1}{2^2} + \frac{1}{3^2} - \frac{1}{4^2} + \cdots + \frac{1}{(2n-1)^2} - \frac{1}{(2n)^2} + \cdots = \frac{\pi^2}{8} - \frac{\pi^2}{24} = \frac{\pi^2}{12}.$$

习题 9－7

1. 设周期为2π的周期函数$f(x)$在区间$[-\pi,\pi)$上的表达式为$f(x) = \mathrm{e}^{2x}$,试把它展开

成傅里叶级数,并求级数

$$\sum_{n=1}^{\infty}\frac{(-1)^{n-1}}{n^2+4}$$

的和.

2. 把下列函数展开成傅里叶级数:

(1) $f(x)=\sin\frac{x}{3}\quad(-\pi\leqslant x\leqslant\pi)$; (2) $f(x)=|\sin x|\ (-\pi\leqslant x\leqslant\pi)$;

(3) $f(x)=\cos\lambda x(-\pi\leqslant x\leqslant\pi,0<\lambda<1)$; (4) $f(x)=\begin{cases}e^x & \text{当} -\pi\leqslant x<0,\\ 1 & \text{当} 0\leqslant x\leqslant\pi.\end{cases}$

3. 写出函数 $f(x)=x\quad(-\pi\leqslant x<\pi)$ 的傅里叶级数,并利用此展开式求级数 $\sum_{n=1}^{\infty}\frac{(-1)^{n-1}}{2n-1}$ 的和.

第八节 一般周期函数的傅里叶级数

在第七节中讨论的周期函数都是以 2π 为周期的,但是实际问题中涉及的周期函数,其周期不一定是 2π. 本节就在前面讨论的基础上,处理一般周期函数展开为傅里叶级数的问题. 本节还要讨论定义在有界区间上的函数展开成正弦级数或余弦级数的问题.

一、周期为 $2l$ 的周期函数的傅里叶级数

由第七节的收敛定理,经过自变量的变量代换,可得下面定理.

定理 设周期为 $2l$ 的周期函数 $f(x)$ 满足狄里克雷充分条件,则 $f(x)$ 的傅里叶级数

$$\frac{a_0}{2}+\sum_{n=1}^{\infty}\left(a_n\cos\frac{n\pi}{l}x+b_n\sin\frac{n\pi}{l}x\right)\tag{1}$$

在每点处收敛,且当 x 为 $f(x)$ 的连续点时,它收敛于 $f(x)$;当 x 是 $f(x)$ 的间断点时,它收敛于 $\frac{1}{2}[f(x^-)+f(x^+)]$,其中

$$\left.\begin{aligned}a_n&=\frac{1}{l}\int_{-l}^{l}f(x)\cos\frac{n\pi}{l}x\mathrm{d}x\quad(n=0,1,2,\cdots),\\ b_n&=\frac{1}{l}\int_{-l}^{l}f(x)\sin\frac{n\pi}{l}x\mathrm{d}x\quad(n=1,2,3,\cdots).\end{aligned}\right\}\tag{2}$$

证 作变量代换 $z=\frac{\pi x}{l}$,于是区间 $-l\leqslant x\leqslant l$ 就变换成 $-\pi\leqslant z\leqslant\pi$. 设函数

$f(x)=f\left(\frac{lz}{\pi}\right)=F(z)$，则 $F(z)$ 是周期为 2π 的周期函数，并且它满足收敛定理中的狄里克雷充分条件，于是 $F(z)$ 的傅里叶级数收敛且有等式

$$\frac{a_0}{2}+\sum_{n=1}^{\infty}(a_n\cos nz+b_n\sin nz)=\begin{cases}F(z) & \text{当 } z \text{ 是 } F(z) \text{ 的连续点,}\\ \frac{1}{2}[F(z^-)+F(z^+)] & \text{当 } z \text{ 是 } F(z) \text{ 的间断点,}\end{cases}$$

其中
$$a_n=\frac{1}{\pi}\int_{-\pi}^{\pi}F(z)\cos nz\mathrm{d}z,\quad b_n=\frac{1}{\pi}\int_{-\pi}^{\pi}F(z)\sin nz\mathrm{d}z.$$

在以上式子中令 $z=\frac{\pi x}{l}$，并注意到 $F(z)=f(x)$，且当 z 是 $F(z)$ 的连续点（或间断点）时，对应的 x 是 $f(x)$ 的连续点（或间断点），于是有

$$\frac{a_0}{2}+\sum_{n=1}^{\infty}\left(a_n\cos\frac{n\pi}{l}x+b_n\sin\frac{n\pi}{l}x\right)=\begin{cases}f(x) & \text{当 } x \text{ 是 } f(x) \text{ 的连续点,}\\ \frac{1}{2}[f(x^-)+f(x^+)] & \text{当 } x \text{ 是 } f(x) \text{ 的间断点,}\end{cases}$$

而且

$$a_n=\frac{1}{l}\int_{-l}^{l}f(x)\cos\frac{n\pi}{l}x\mathrm{d}x,b_n=\frac{1}{l}\int_{-l}^{l}f(x)\sin\frac{n\pi}{l}x\mathrm{d}x.$$

例 1　设 $f(x)$ 是周期为 4 的周期函数，它在区间 $[-2,2)$ 上的表达式是

$$f(x)=\begin{cases}0 & \text{当 } -2\leqslant x<0,\\ k & \text{当 } 0\leqslant x<2\end{cases}\quad (k\neq 0),$$

把 $f(x)$ 展开成傅里叶级数.

解　这时 $l=2$，按(2)式，$f(x)$ 的傅里叶系数

$$a_0=\frac{1}{2}\int_{-2}^{2}f(x)\mathrm{d}x=\frac{1}{2}\int_{0}^{2}k\mathrm{d}x=k,$$

$$a_n=\frac{1}{2}\int_{-2}^{2}f(x)\cos\frac{n\pi}{2}x\mathrm{d}x=\frac{1}{2}\int_{0}^{2}k\cos\frac{n\pi}{2}x\mathrm{d}x$$
$$=\left[\frac{k}{n\pi}\sin\frac{n\pi}{2}x\right]_0^2=0\quad(n=1,2,\cdots);$$

$$b_n=\frac{1}{2}\int_{-2}^{2}f(x)\sin\frac{n\pi}{2}x\mathrm{d}x=\frac{1}{2}\int_{0}^{2}k\sin\frac{n\pi}{2}x\mathrm{d}x$$
$$=\left[-\frac{k}{n\pi}\cos\frac{n\pi}{2}x\right]_0^2=\frac{k}{n\pi}(1-\cos n\pi)$$
$$=\frac{k}{n\pi}[1-(-1)^n]\quad(n=1,2,\cdots).$$

由于 $f(x)$ 满足收敛定理的条件，并在 $x=0、\pm2、\pm4、\cdots$ 处间断，故得

$$f(x)=\frac{a_0}{2}+\sum_{n=1}^{\infty}\left(a_n\cos\frac{n\pi}{2}x+b_n\sin\frac{n\pi}{2}x\right)$$
$$=\frac{k}{2}+\frac{2k}{\pi}\left(\sin\frac{\pi}{2}x+\frac{1}{3}\sin\frac{3\pi}{2}x+\frac{1}{5}\sin\frac{5\pi}{2}x+\cdots\right)\quad(x\in\mathbf{R}\setminus\{2m\mid m\in\mathbf{Z}\}).$$

$f(x)$ 的傅里叶级数的和函数 $F(x)$ 的图形如图 9－9 所示. 当 $x=1$ 时,因 $f(1)=k$,我们可从 $f(x)$ 的展开式中得到下列交错级数的和:

$$1-\frac{1}{3}+\frac{1}{5}-\cdots+\frac{(-1)^{n-1}}{2n-1}+\cdots=\frac{\pi}{4}.\quad(3)$$

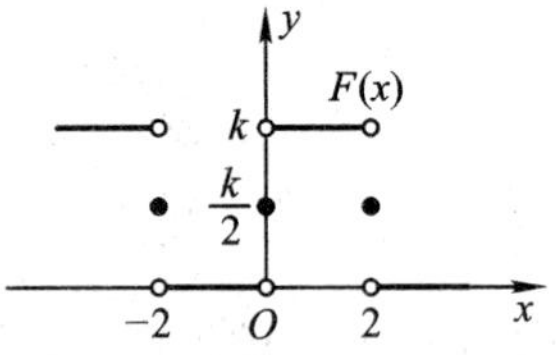

图 9－9

二、正弦级数与余弦级数

周期为 2π 的函数的傅里叶级数一般既含有正弦项又含有余弦项,但是当 $f(x)$ 是奇函数时,由于 $f(x)\cos nx$ 是奇函数,故积分

$$\frac{1}{\pi}\int_{-\pi}^{\pi}f(x)\cos nx\mathrm{d}x=0\quad(n=0,1,2,\cdots),$$

即 $a_n=0(n=0,1,2,\cdots)$,从而它的傅里叶级数是只含正弦项的正弦级数

$$\sum_{n=1}^{\infty}b_n\sin nx;$$

又由于 $f(x)\sin nx$ 是偶函数,故正弦级数中的系数

$$b_n=\frac{2}{\pi}\int_0^{\pi}f(x)\sin nx\mathrm{d}x\quad(n=1,2,\cdots).\quad(4)$$

当 $f(x)$ 是偶函数时,由于 $f(x)\sin nx$ 是奇函数,故积分

$$\frac{1}{\pi}\int_{-\pi}^{\pi}f(x)\sin nx\mathrm{d}x=0\quad(n=1,2,\cdots),$$

即 $b_n=0(n=1,2,\cdots)$,从而它的傅里叶级数是只含常数项和余弦项的余弦级数

$$\frac{a_0}{2}+\sum_{n=1}^{\infty}a_n\cos nx;$$

又由于 $f(x)\cos nx$ 是偶函数,故余弦级数中的系数

$$a_n=\frac{2}{\pi}\int_0^{\pi}f(x)\cos nx\mathrm{d}x\quad(n=0,1,2,\cdots).\quad(5)$$

以上讨论也适用于周期为 $2l$ 的周期函数为奇偶函数时的情况,只需相应改变系数公式和级数的表达式即可.

例 2 将周期函数

$$\mu(t)=E\left|\sin\frac{t}{2}\right|$$

展开成傅里叶级数,其中 E 是正的常数.

解　所给函数满足收敛定理的条件,并在整个数轴上连续(图 9-10).因此 $\mu(t)$ 的傅里叶级数处处收敛于 $\mu(t)$.

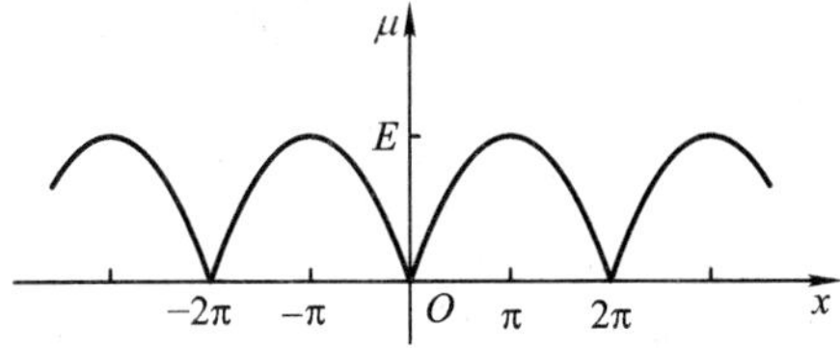

图 9-10

因为 $\mu(t)$ 是周期为 2π 的偶函数,故它的傅里叶系数

$$b_n = 0 \quad (n = 1,2,3,\cdots),$$

$$\begin{aligned} a_n &= \frac{2}{\pi}\int_0^\pi \mu(t)\cos nt\,\mathrm{d}t = \frac{2}{\pi}\int_0^\pi E\sin\frac{t}{2}\cos nt\,\mathrm{d}t \\ &= \frac{E}{\pi}\int_0^\pi\left[\sin\left(n+\frac{1}{2}\right)t - \sin\left(n-\frac{1}{2}\right)t\right]\mathrm{d}t \\ &= \frac{E}{\pi}\left[-\frac{\cos\left(n+\frac{1}{2}\right)t}{n+\frac{1}{2}} + \frac{\cos\left(n-\frac{1}{2}\right)t}{n-\frac{1}{2}}\right]_0^\pi \\ &= \frac{E}{\pi}\left(\frac{1}{n+\frac{1}{2}} - \frac{1}{n-\frac{1}{2}}\right) = -\frac{4E}{(4n^2-1)\pi} \quad (n = 0,1,2,\cdots). \end{aligned}$$

于是得

$$\mu(t) = \frac{4E}{\pi}\left(\frac{1}{2} - \sum_{n=1}^\infty \frac{1}{4n^2-1}\cos nt\right) \quad (-\infty < t < +\infty).$$

在实际问题(如波动问题、热传导、扩散问题)中,有时还需要把定义在区间 $[0,\pi]$ 或 $[0,l]$ 上的函数 $f(x)$ 展开成正弦级数或者余弦级数,这种展开问题可以用如下方法处理:

在区间 $(-\pi,0]$ 或 $(-l,0]$ 内补充函数 $f(x)$ 的定义,得到 $(-\pi,\pi]$ 或 $(-l,l]$ 上的函数 $\varphi(x)$,使它在 $(-\pi,\pi)$ 或 $(-l,l)$ 上成为奇函数[①](偶函数).这种拓广函数定义域的方法叫作奇延拓(偶延拓),然后把 $\varphi(x)$ 展成傅里叶级数,该级数必是正弦级数(余弦级数).再把 x 限制在 $(0,\pi]$ 或 $(0,l]$ 上,此时 $\varphi(x)\equiv f(x)$.这样便获得 $f(x)$ 在 $(0,\pi]$ 或 $(0,l]$ 上的正弦级数(余弦级数)展开式.

① 补充 $f(x)$ 的定义使之在 $(-\pi,\pi)$ 上成为奇函数 $\varphi(x)$ 时,若 $f(0)\neq 0$,则规定 $\varphi(0)=0$.

例3　将函数 $f(x)=x+1(0\leqslant x\leqslant\pi)$ 分别展开成正弦级数和余弦级数.

解　(i) 对函数作奇延拓,得到定义在 $(-\pi,\pi)$ 上的奇函数 $\varphi(x)$(见图 9-11, 其中实线为 $y=f(x)$ 在 $(0,\pi)$ 内的图形,虚线为延拓部分的图形,并且规定 $\varphi(0)=0$). 这时奇函数 $\varphi(x)$ 的傅里叶系数

$$a_n=0\quad(n=0,1,2,\cdots);$$

$$\begin{aligned}b_n&=\frac{2}{\pi}\int_0^{\pi}f(x)\sin nx\mathrm{d}x\\&=\frac{2}{\pi}\int_0^{\pi}(x+1)\sin nx\mathrm{d}x\\&=\frac{2}{\pi}\left[-\frac{x\cos nx}{n}+\frac{\sin nx}{n^2}-\frac{\cos nx}{n}\right]_0^{\pi}\\&=\frac{2}{n\pi}(1-\pi\cos n\pi-\cos n\pi)\\&=\begin{cases}\dfrac{2(\pi+2)}{n\pi}&\text{当 } n=1,3,5,\cdots,\\-\dfrac{2}{n}&\text{当 } n=2,4,6,\cdots.\end{cases}\end{aligned}$$

于是得

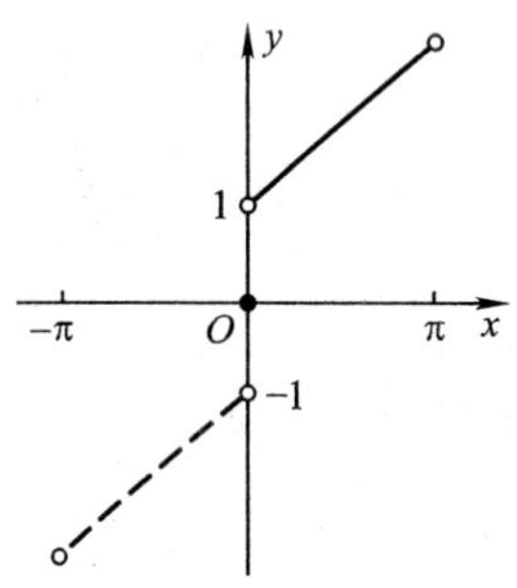

图 9-11

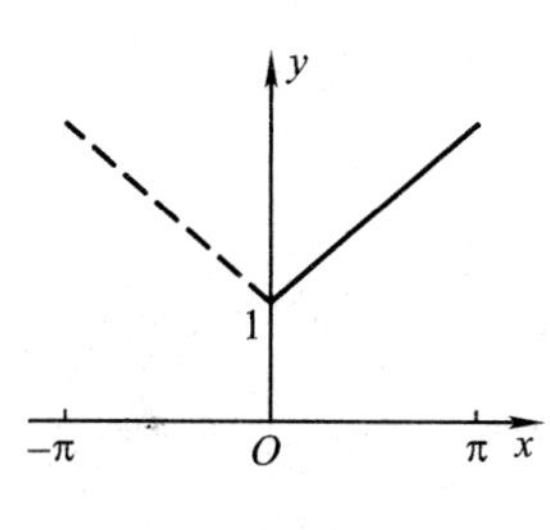

图 9-12

$$\begin{aligned}x+1&=\sum_{n=1}^{\infty}b_n\sin nx\\&=\frac{2}{\pi}\left[(\pi+2)\sin x-\frac{\pi}{2}\sin 2x+\frac{1}{3}(\pi+2)\sin 3x-\frac{\pi}{4}\sin 4x+\cdots\right]\end{aligned}$$

$$(0<x<\pi).$$

(ii) 对函数 $f(x)$ 作偶延拓,得到定义在 $[-\pi,\pi]$ 上的偶函数 $\varphi(x)$(见图 9-12,其中实线为 $y=f(x)$ 的图形,虚线为延拓部分的图形). 由于

$$b_n=0\quad(n=1,2,\cdots);$$

$$a_n = \frac{2}{\pi}\int_0^{\pi}(x+1)\cos nx\mathrm{d}x$$
$$= \frac{2}{\pi}\left[\frac{x\sin nx}{n} + \frac{\cos nx}{n^2} + \frac{\sin nx}{n}\right]_0^{\pi}$$
$$= \frac{2}{n^2\pi}(\cos n\pi - 1)$$
$$= \begin{cases} -\dfrac{4}{n^2\pi} & \text{当 } n = 1,3,5,\cdots, \\ 0 & \text{当 } n = 2,4,6,\cdots, \end{cases}$$
$$a_0 = \frac{2}{\pi}\int_0^{\pi}(x+1)\mathrm{d}x = \frac{2}{\pi}\left[\frac{x^2}{2}+x\right]_0^{\pi} = \pi + 2,$$

于是得

$$x+1 = \frac{1}{2}a_0 + \sum_{n=1}^{\infty} a_n\cos nx$$
$$= \frac{\pi}{2} + 1 - \frac{4}{\pi}\left(\cos x + \frac{1}{3^2}\cos 3x + \frac{1}{5^2}\cos 5x + \cdots\right) \quad (0 \leqslant x \leqslant \pi).$$

例 4　将函数

$$f(x) = \begin{cases} \dfrac{px}{2} & \text{当 } 0 \leqslant x < \dfrac{l}{2}, \\ \dfrac{p(l-x)}{2} & \text{当 } \dfrac{l}{2} \leqslant x \leqslant l \end{cases}$$

展开成正弦级数.

解　对 $f(x)$ 作奇延拓,得到定义在 $[-l,l]$ 上的奇函数 $\varphi(x)$（见图 9－13,其中实线为 $y=f(x)$ 的图形,虚线为延拓部分的图形).由于

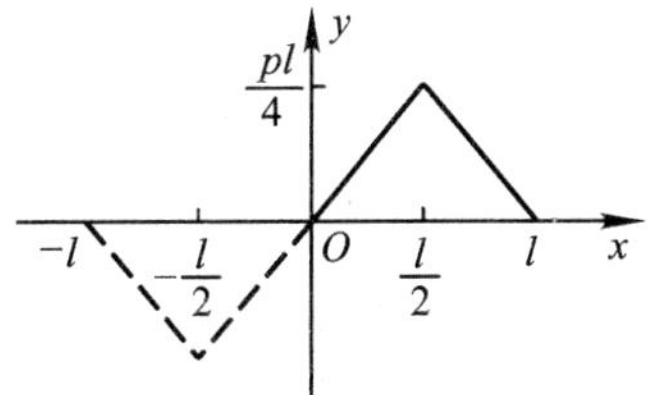

图 9－13

$$a_n = 0(n=0,1,2,\cdots),$$
$$b_n = \frac{2}{l}\int_0^l f(x)\sin\frac{n\pi x}{l}\mathrm{d}x$$
$$= \frac{2}{l}\left[\int_0^{l/2}\frac{px}{2}\sin\frac{n\pi x}{l}\mathrm{d}x + \int_{l/2}^{l}\frac{p(l-x)}{2}\sin\frac{n\pi x}{l}\mathrm{d}x\right],$$

在上式右端的第二个积分中令 $t=l-x$,得

$$b_n = \frac{2}{l}\left[\int_0^{l/2}\frac{px}{2}\sin\frac{n\pi x}{l}\mathrm{d}x + \int_{l/2}^{0}\frac{pt}{2}\sin\frac{n\pi(l-t)}{l}(-\mathrm{d}t)\right]$$
$$= \frac{2}{l}\left[\int_0^{l/2}\frac{px}{2}\sin\frac{n\pi x}{l}\mathrm{d}x + (-1)^{n+1}\int_0^{l/2}\frac{pt}{2}\sin\frac{n\pi t}{l}\mathrm{d}t\right],$$

当 $n=2、4、6、\cdots$ 时，$b_n=0$；

当 $n=1、3、5、\cdots$ 时，

$$\begin{aligned}b_n &= \frac{2p}{l}\int_0^{l/2} x\sin\frac{n\pi x}{l}\mathrm{d}x = \frac{2pl}{n^2\pi^2}\sin\frac{n\pi}{2}\\ &= \frac{2pl(-1)^{m-1}}{\pi^2(2m-1)^2}(n=2m-1, m=1,2,\cdots),\end{aligned}$$

于是

$$\begin{aligned}f(x) &= \sum_{n=1}^{\infty} b_n\sin\frac{n\pi x}{l}\\ &= \frac{2pl}{\pi^2}\sum_{m=1}^{\infty}\frac{(-1)^{m-1}}{(2m-1)^2}\sin\frac{2m-1}{l}\pi x(0\leqslant x\leqslant l).\end{aligned}$$

* 三、傅里叶级数的复数形式

利用欧拉公式，可将傅里叶级数通过复数形式表示出来. 在电子技术中，经常应用这种形式.

由本节定理，周期为 $2l$ 的周期函数 $f(x)$ 的傅里叶级数为

$$\frac{a_0}{2}+\sum_{n=1}^{\infty}\left(a_n\cos\frac{n\pi}{l}x+b_n\sin\frac{n\pi}{l}x\right), \tag{6}$$

其中系数 $a_n、b_n$ 为

$$\left.\begin{aligned}a_n &= \frac{1}{l}\int_{-l}^{l} f(x)\cos\frac{n\pi}{l}x\mathrm{d}x \quad (n=0,1,2,\cdots),\\ b_n &= \frac{1}{l}\int_{-l}^{l} f(x)\sin\frac{n\pi}{l}x\mathrm{d}x \quad (n=1,2,3,\cdots).\end{aligned}\right\} \tag{7}$$

利用欧拉公式

$$\cos t=\frac{\mathrm{e}^{\mathrm{i}t}+\mathrm{e}^{-\mathrm{i}t}}{2},\quad \sin t=\frac{\mathrm{e}^{\mathrm{i}t}-\mathrm{e}^{-\mathrm{i}t}}{2\mathrm{i}}.$$

(6)式可化为

$$\begin{aligned}&\frac{a_0}{2}+\sum_{n=1}^{\infty}\left[\frac{a_n}{2}(\mathrm{e}^{\mathrm{i}\frac{n\pi}{l}x}+\mathrm{e}^{-\mathrm{i}\frac{n\pi}{l}x})-\frac{\mathrm{i}b_n}{2}(\mathrm{e}^{\mathrm{i}\frac{n\pi}{l}x}-\mathrm{e}^{-\mathrm{i}\frac{n\pi}{l}x})\right]\\ &=\frac{a_0}{2}+\sum_{n=1}^{\infty}\left(\frac{a_n-\mathrm{i}b_n}{2}\mathrm{e}^{\mathrm{i}\frac{n\pi}{l}x}+\frac{a_n+\mathrm{i}b_n}{2}\mathrm{e}^{-\mathrm{i}\frac{n\pi}{l}x}\right).\end{aligned} \tag{8}$$

记 $\frac{a_0}{2}=c_0 \quad \frac{a_n-\mathrm{i}b_n}{2}=c_n,\quad \frac{a_n+\mathrm{i}b_n}{2}=c_{-n}(n=1,2,3,\cdots),$ (9)

则(8)式成为

$$\begin{aligned}&c_0+\sum_{n=1}^{\infty}(c_n\mathrm{e}^{\mathrm{i}\frac{n\pi}{l}x}+c_{-n}\mathrm{e}^{-\mathrm{i}\frac{n\pi}{l}x})\\ &=(c_n\mathrm{e}^{\mathrm{i}\frac{n\pi}{l}x})_{n=0}+\sum_{n=1}^{\infty}(c_n\mathrm{e}^{\mathrm{i}\frac{n\pi}{l}x}+c_{-n}\mathrm{e}^{-\mathrm{i}\frac{n\pi}{l}x}).\end{aligned}$$

如果让 n 取遍一切整数，即得傅里叶级数的复数形式为

$$\sum_{n=-\infty}^{\infty} c_n e^{i\frac{n\pi}{l}x} \tag{10}$$

为了得出系数 c_n 的复数形式的表达式，把(7)式代入(9)式，得

$$c_0 = \frac{a_0}{2} = \frac{1}{2l}\int_{-l}^{l} f(x)\,dx\ ;$$

$$\begin{aligned} c_n &= \frac{a_n - ib_n}{2} \\ &= \frac{1}{2}\left(\frac{1}{l}\int_{-l}^{l} f(x)\cos\frac{n\pi}{l}x\,dx - \frac{i}{l}\int_{-l}^{l} f(x)\sin\frac{n\pi}{l}x\,dx\right) \\ &= \frac{1}{2l}\int_{-l}^{l} f(x)\left(\cos\frac{n\pi}{l}x - i\sin\frac{n\pi}{l}x\right)dx \\ &= \frac{1}{2l}\int_{-l}^{l} f(x)e^{-i\frac{n\pi}{l}x}\,dx \quad (n = 1,2,3,\cdots)\ ; \end{aligned}$$

$$\begin{aligned} c_{-n} &= \frac{a_n + ib_n}{2} \\ &= \frac{1}{2l}\int_{-l}^{l} f(x)e^{i\frac{n\pi}{l}x}\,dx \quad (n = 1,2,3,\cdots). \end{aligned}$$

将所得结果合并写为

$$c_n = \frac{1}{2l}\int_{-l}^{l} f(x)e^{-i\frac{n\pi}{l}x}\,dx \quad (n = 0, \pm 1, \pm 2,\cdots). \tag{11}$$

这就是傅里叶系数的复数形式.

傅里叶级数的两种形式，本质上是一致的，但复数形式比较简洁，且只需用一个算式计算系数.

例 5　设 $f(x)$ 是周期为 2 的周期函数，它在 $[-1,1)$ 上的表达式为 $f(x) = e^{-x}$. 将 $f(x)$ 展开成复数形式的傅里叶级数.

解　函数 $f(x)$ 满足收敛定理的条件，而点 $x = 2k+1$ $(k=0, \pm 1, \pm 2,\cdots)$ 为它的第一类间断点(图 9－14).

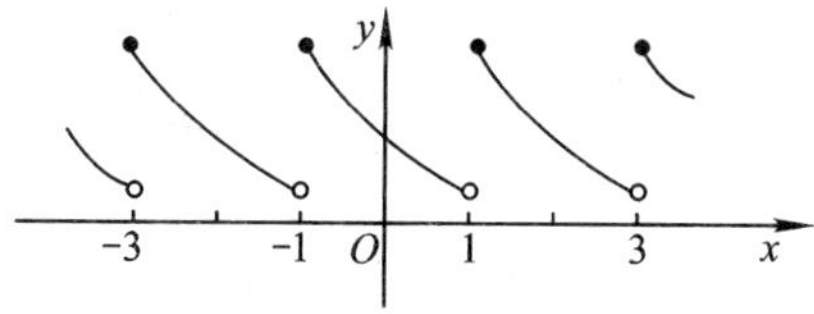

图 9－14

按公式(11)有

$$
\begin{aligned}
c_n &= \frac{1}{2}\int_{-1}^{1} e^{-x}\cdot e^{-in\pi x}dx = \frac{1}{2}\int_{-1}^{1} e^{-(1+in\pi)x}dx \\
&= \frac{1}{2}\left[\frac{1}{-(1+in\pi)}\cdot e^{-(1+in\pi)x}\right]_{-1}^{1} \text{①} \\
&= -\frac{1}{2}\cdot\frac{1-in\pi}{1+n^2\pi^2}(e^{-1}\cdot\cos n\pi - e\cdot\cos n\pi) \\
&= (-1)^n\frac{1-in\pi}{1+n^2\pi^2}\cdot\frac{e-e^{-1}}{2} \\
&= (-1)^n\frac{1-in\pi}{1+n^2\pi^2}\cdot\sinh 1,
\end{aligned}
$$

代入级数(10),得

$$f(x) = \sinh 1\sum_{n=-\infty}^{\infty}(-1)^n\frac{1-in\pi}{1+n^2\pi^2}e^{in\pi x}\quad (x\in \mathbf{R}\setminus\{2k+1\mid k=0,\pm 1,\pm 2,\cdots\}).$$

习题 9－8

1. 将下列周期函数(已给出函数在一个周期内的表达式)展开成傅里叶级数:

(1) $f(x)=1-x^2\ \left(-\frac{1}{2}\leqslant x<\frac{1}{2}\right)$;　　(2) $f(x)=\begin{cases}2x+1 & \text{当 } -3\leqslant x<0,\\ 1 & \text{当 } 0\leqslant x<3;\end{cases}$

(3) $f(x)=x\cos x\left(-\frac{\pi}{2}\leqslant x\leqslant\frac{\pi}{2}\right)$;　　(4) $f(x)=\begin{cases}\cos\dfrac{\pi x}{l} & \text{当 } |x|\leqslant\dfrac{l}{2},\\ 0 & \text{当 } \dfrac{l}{2}<|x|\leqslant l.\end{cases}$

2. 将函数 $f(x)=\frac{\pi-x}{2}(0\leqslant x\leqslant\pi)$ 展开成正弦级数.

3. 将函数 $f(x)=2x^2(0\leqslant x\leqslant\pi)$ 分别展开成正弦级数和余弦级数.

4. 将函数 $f(x)=\begin{cases}x & \text{当 } 0\leqslant x<\dfrac{l}{2},\\ l-x & \text{当 } \dfrac{l}{2}\leqslant x<l\end{cases}$ 分别展开成正弦级数和余弦级数.

---

① 根据欧拉公式 $e^{-i\alpha x}=\cos\alpha x-i\sin\alpha x$,当 $\alpha\neq 0$ 时,有

$$
\begin{aligned}
\int e^{-i\alpha x}dx &= \int(\cos\alpha x-i\sin\alpha x)dx \\
&= \int\cos\alpha x dx - i\int\sin\alpha x dx \\
&= \frac{\sin\alpha x}{\alpha}+i\frac{\cos\alpha x}{\alpha}+C \\
&= -\frac{1}{i\alpha}(\cos\alpha x-i\sin\alpha x)+C=\frac{1}{-i\alpha}e^{-i\alpha x}+C.
\end{aligned}
$$

*5. 设周期为 2 的矩形波在一个周期$[-1,1)$上的表达式为$\mu(t)=\begin{cases}0 & \text{当} -1\leqslant t<-\dfrac{1}{2}, \\ h & \text{当} -\dfrac{1}{2}\leqslant t<\dfrac{1}{2}, \\ 0 & \text{当} \dfrac{1}{2}\leqslant t<1.\end{cases}$

将此矩形波展开为复数形式的傅里叶级数.

总 习 题 九

1. 将“充分”、“必要”、“充要”、“充分而非必要”、“必要而非充分”之一填入空格:

(1) $\lim\limits_{n\to\infty}u_n=0$ 是级数 $\sum\limits_{n=1}^{\infty}u_n$ 收敛的________条件;

(2) 对正项级数 $\sum\limits_{n=1}^{\infty}u_n$,部分和数列 $(s_n)_{n=1}^{\infty}$ 有界是 $\sum\limits_{n=1}^{\infty}u_n$ 收敛的________条件;

(3) 级数 $\sum\limits_{n=1}^{\infty}|u_n|$ 收敛是级数 $\sum\limits_{n=1}^{\infty}u_n$ 收敛的________条件;

(4) 数列 $(u_n)_{n=1}^{\infty}$ 单调且 $\lim\limits_{n\to\infty}u_n=0$ 是交错级数 $\sum\limits_{n=1}^{\infty}(-1)^{n-1}u_n$ 收敛的________条件;

(5) 级数 $\sum\limits_{n=1}^{\infty}u_n$ 按某一方式经加括弧后所得的级数收敛是级数 $\sum\limits_{n=1}^{\infty}u_n$ 收敛的________条件;

(6) $\lim\limits_{n\to\infty}\left|\dfrac{u_{n+1}}{u_n}\right|=\rho>1$ 是任意项级数 $\sum\limits_{n=1}^{\infty}u_n$ 发散的 ________条件.

2. 选择题

(1) 设常数 $\alpha>0$,则级数 $\sum\limits_{n=1}^{\infty}(-1)^n\dfrac{\alpha+n}{n^2}$ (　　)

(A) 发散. (B) 绝对收敛. (C) 条件收敛. (D) 收敛性与 α 的值有关.

(2) 下列命题中正确的是(　　)

(A) 若 $u_n<v_n(n=1,2,3,\cdots)$,则 $\sum\limits_{n=1}^{\infty}u_n\leqslant\sum\limits_{n=1}^{\infty}v_n$.

(B) 若 $u_n<v_n(n=1,2,3,\cdots)$,且 $\sum\limits_{n=1}^{\infty}v_n$ 收敛,则 $\sum\limits_{n=1}^{\infty}u_n$ 收敛.

(C) 若 $\lim\limits_{n\to\infty}\dfrac{u_n}{v_n}=1$,且 $\sum\limits_{n=1}^{\infty}v_n$ 收敛,则 $\sum\limits_{n=1}^{\infty}u_n$ 收敛.

(D) 若 $w_n<u_n<v_n(n=1,2,3,\cdots)$,且 $\sum\limits_{n=1}^{\infty}w_n$ 与 $\sum\limits_{n=1}^{\infty}v_n$ 均收敛,则 $\sum\limits_{n=1}^{\infty}u_n$ 收敛.

(3) 若幂级数 $\sum\limits_{n=0}^{\infty}a_n(x-1)^n$ 在 $x=-1$ 处收敛,则此级数在 $x=2$ 处(　　)

(A) 条件收敛. (B) 绝对收敛. (C) 发散. (D) 收敛性不能确定.

(4) 设 $f(x)=\begin{cases} x & 当 0\leqslant x<\dfrac{1}{2}, \\ 2-x & 当 \dfrac{1}{2}\leqslant x<1, \end{cases}$ $S(x)=\dfrac{a_0}{2}+\sum\limits_{n=1}^{\infty}a_n\cos n\pi x, x\in\mathbf{R}$，其中 $a_n=2\int_0^1 f(x)\cos n\pi x\mathrm{d}x (n=0,1,2,\cdots)$，则 $S\left(-\dfrac{5}{2}\right)$ 等于(　　)

(A) $\dfrac{3}{2}$.　　(B) $-\dfrac{3}{2}$.　　(C) 1.　　(D) -1.

3. 判断下列级数的收敛性：

(1) $\sum\limits_{n=1}^{\infty}(\sqrt[n]{2}-1)$；　　(2) $\sum\limits_{n=1}^{\infty}\dfrac{\ln n}{2^n}$；

(3) $\sum\limits_{n=1}^{\infty}\int_0^{\frac{1}{n}}\dfrac{\sqrt{x}}{1+x^2}\mathrm{d}x$；　　(4) $\sum\limits_{n=1}^{\infty}\dfrac{a^n}{n^s}(a>0,s>0)$.

4. 讨论下列级数是否收敛？如果收敛，是条件收敛还是绝对收敛？

(1) $\sum\limits_{n=1}^{\infty}(-1)^{n-1}\dfrac{\sin n}{\pi^n}$；　　(2) $\sum\limits_{n=1}^{\infty}(-1)^{n-1}\left(\dfrac{n}{n+1}\right)^n$；

(3) $\sum\limits_{n=1}^{\infty}(-1)^n\dfrac{(n+1)!}{n^{n+1}}$；　　(4) $\sum\limits_{n=1}^{\infty}(-1)^n\ln\left(1+\dfrac{1}{\sqrt{n}}\right)$.

5. 设级数 $\sum\limits_{n=1}^{\infty}u_n^2$ 和 $\sum\limits_{n=1}^{\infty}v_n^2$ 都收敛，证明级数 $\sum\limits_{n=1}^{\infty}u_nv_n$、$\sum\limits_{n=1}^{\infty}(u_n+v_n)^2$、$\sum\limits_{n=1}^{\infty}\dfrac{u_n}{n}$ 也都收敛.

6. 设 $a_n\leqslant c_n\leqslant b_n(n=1,2,3,\cdots)$，且级数 $\sum\limits_{n=1}^{\infty}a_n$ 与 $\sum\limits_{n=1}^{\infty}b_n$ 都收敛，证明级数 $\sum\limits_{n=1}^{\infty}c_n$ 也收敛.

7. 设函数 $f(x)$ 在 $x=0$ 的某一邻域内具有二阶连续导数，且 $f(0)=0, f'(0)=0$，证明级数 $\sum\limits_{n=1}^{\infty}f\left(\dfrac{1}{n}\right)$ 绝对收敛.

8. 利用已知的幂级数展开式，求下列幂级数的和函数：

(1) $\sum\limits_{n=1}^{\infty}\dfrac{n}{2^n}x^{2n}$；　　(2) $\sum\limits_{n=0}^{\infty}\dfrac{(x+1)^n}{(n+2)!}$；

(3) $\sum\limits_{n=0}^{\infty}\dfrac{(2n+1)x^{2n}}{n!}$；　　(4) $\sum\limits_{n=1}^{\infty}\dfrac{x^n}{n(n+1)}$.

9. 利用幂级数求下列数项级数的和：

(1) $\sum\limits_{n=1}^{\infty}\dfrac{n^2}{n!}$；　　(2) $\sum\limits_{n=1}^{\infty}\dfrac{1}{(2n-1)\cdot 2^n}$.

10. 将下列函数展成麦克劳林级数：

(1) $\ln(x+\sqrt{x^2+1})$；　　(2) $\dfrac{1}{(2-x)^2}$.

11. 证明：

$$\sum_{n=1}^{\infty}(-1)^{n-1}\frac{\cos nx}{n^2}=\frac{\pi^2-3x^2}{12},\ -\pi\leqslant x\leqslant\pi.$$

12. 当人们用货币支付各类消费时，这些货币随之流向了另一部分人，这部分人又从所得收益中提取部分用于自己的各类消费，由此产生了货币的二次流通，货币的这一流通过程可以不停地继续下去，经济学家称之为增值效应. 现在假设政府部门最初投入了 D 元，同时假设处于货币流通过程中的每个人都将其个人收益中的 $100C\%$ 用于消费，余下的 $100S\%$ 用于储蓄，这里的 C 与 S 分别称为“边际消费倾向”与“边际储蓄倾向”，C 与 S 都是正数，并且 $C+S=1$.

（1）设 S_n 表示经 n 次流通后的总消费量，试写出 S_n 的表达式；

（2）证明 $\lim\limits_{n\to\infty} S_n = kD$，其中 $k=\dfrac{1}{S}$ 称为增值率；

（3）假设边际消费倾向为 80%，试问此时 k 为多少？

13. 本题考察有趣的雪花曲线. 雪花曲线是这样作出来的：以边长为 1 的等边三角形作为基础，第一步，将每边三等分，以每边的中间一段为底各向外作一个小的等边三角形，随后把这三个小等边三角形的底边删除. 第二步，在第一步得出的多边形的每条边上重复第一步，如此无限次地继续下去，最后得出的曲线就称之为雪花曲线（图 9－15）.

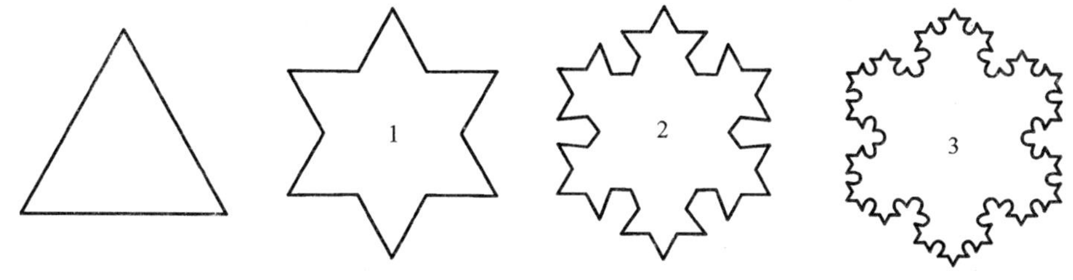

图 9－15

（a）令 s_n、l_n 和 p_n 分别代表第 n 个多边形的边数、每边的长和周长，求出 s_n、l_n 和 p_n 的表达式，并证明：当 $n\to\infty$ 时，$p_n\to\infty$.

（b）利用级数求出由雪花曲线所围图形的面积.

本题显示了一个有趣的结果：尽管雪花曲线的“长度”为无限长，但它所围的图形却有有限面积.

14. 贝塞尔（Bessel）函数是一类重要的微分方程的解，它在天体物理和热量分布问题中有重要应用. 零阶贝塞尔函数定义为下列幂级数的和函数：

$$J_0(x) = \sum_{n=0}^{\infty} \frac{(-1)^n x^{2n}}{2^{2n}(n!)^2},$$

（1）试求出 $J_0(x)$ 的定义域；

（2）利用 Mathematica 在同一屏幕上作出上式右端幂级数的前 5 项部分和的图形，再作出 $J_0(x)$ 的图形（利用内存函数），并从图形上比较函数的逼近情况.

15. 金属导线的电阻率定义为长 1 m，截面积为 1 m^2 的导线在一定温度下的电阻，单位为 $\Omega\cdot\mathrm{m}$（欧姆·米）. 电阻率随温度的变化而变化. 设某金属导线的电阻率随温度而变化的关系式为 $\rho(T)=\rho_{20}\mathrm{e}^{\alpha(T-20)}$，其中 T 的单位为℃，ρ_{20} 为 20℃ 时的电阻率，α 为温度系数. 然而除了在极端低温的情况下，人们通常用温度的一次或二次多项式来近似表示电阻率 $\rho(T)$.

(1) 写出 $\rho(T)$ 在 $T=20$℃处的一次和二次近似多项式；

(2) 对铜导线而言，$\alpha=0.0039/$℃，$\rho_{20}=1.7\times10^{-8}\ \Omega\cdot\mathrm{m}$，画出铜导线的 $\rho(T)$ 的图形，以及它在 $T=20$ 处的一次和二次近似多项式的图形(取 -250℃ $\leqslant T\leqslant 1\,000$℃)；

(3) 当 T 在什么范围内取值时，一次近似多项式与 $\rho(T)$ 值的误差小于 0.01?

16. 试在同一屏幕上作出 $y=|x|\ (-\pi\leqslant x\leqslant\pi)$ 及它的 k 阶傅里叶多项式 $F_k(x)\ (k=1,2,\cdots,6)$ 的图形，观察 $y=F_k(x)$ 逼近 $y=|x|$ 的情况.

实　　验

实验1　鲨鱼袭击目标的前进途径
——函数的等量线、梯度线及有关的作图问题

内容提要

等量线和梯度线有极其广泛的实际应用，例如在地理学中绘制地形地貌图、在气象学中绘制气象图等等，本实验通过鲨鱼袭击目标这一例子介绍二元函数的等量线和梯度线的绘制，最后并通过等量线来作出一元隐函数的图形以及微分方程的积分曲线.

实验步骤

首先我们介绍等量线和梯度线的作图方法.

1. 等量线的绘制

二元函数 $z=f(x,y)$ 表示空间一张曲面，这个曲面与平面 $z=c$ 的交线在 xOy 上的投影曲线 $f(x,y)=c$ 称为函数 $z=f(x,y)$ 的一条等量线，我们可以用 Mathematica 作出等量线的图形，即使用命令"**ContourPlot**".

例1　作出 $z=\dfrac{\sin x\sin y}{xy}$ 的等量线.

解　为了方便，我们首先定义函数，即键入

```
f[x_,y_]:=If[x==0,1,Sin[x]/x]*If[y==0,1,Sin[y]/y]
```

并运行，这里的定义方式是为了避免函数在坐标轴上无意义. 为了比较该函数所表示的曲面和等量线之间的关系，我们先作出该曲面的图形，即键入

```
Plot3D[f[x,y],{x,-3Pi,3Pi},{y,-3Pi,3Pi},PlotPoints->40,
ViewPoint->{2.239,2.204,1.258},PlotRange->All]
```

运行即得图形如图1(a)，然后我们以最基本的等量线作图命令作出函数的等量线，即键入

```
ContourPlot[f[x,y],{x,-3Pi,3Pi},{y,-3Pi,3Pi}]
```

后运行，即得到图1(b). 由于选项采用了默认值，故此时等量线数为10条，采样点数是15，这可能使某些细节没有表现出来或表现不正确. 于是我们在命令中

添加选项来对图形适当调整,例如为了提高采样点数并去掉阴影,可键入

ContourPlot[f[x,y],{x,-3Pi,3Pi},{y,-3Pi,3Pi},PlotPoints->50,ContourShading->False]

并运行(如图1(c)).我们也可规定等量线的条数,并规定作图范围(指相应二元函数因变量的范围),例如我们键入

ContourPlot[f[x,y],{x,-3Pi,3Pi},{y,-3Pi,3Pi},

PlotRange->{0.025,0.1},Contours->4,PlotPoints->50,

ContourShading->False]

运行即得图1(d),其中"**PlotRange->{0.025,0.1}**"表示 $z=f(x,y)$ 中 z 的范围,"**Contours->4**"表示等量线的条数,"**ContourShading->False**"表示作出的等量线图形无阴影.

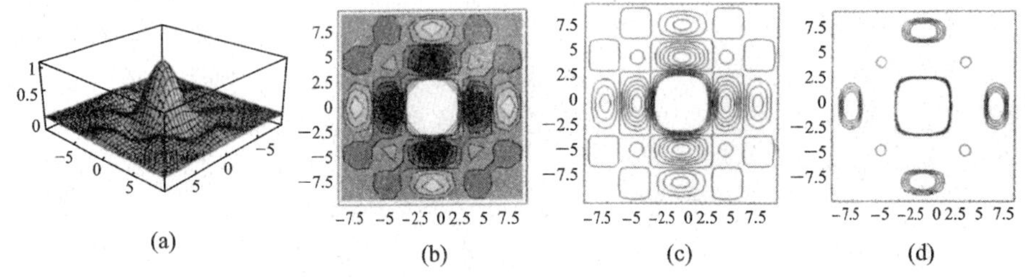

图 1

2. 梯度线的绘制

现在来讨论如何作出函数 $z=f(x,y)$ 的梯度线 L(即曲线 L 上任一点处的切向量方向为函数 $z=f(x,y)$ 的梯度方向),下面我们以等步长的折线段来近似模拟函数的梯度线.设步长为 λ,从点 $P_0(x_0,y_0)$ 出发,沿梯度方向前进 λ 得到点 $P_1(x_1,y_1)$,即

$$x_1=x_0+\lambda\frac{f_x(x_0,y_0)}{\sqrt{f_x^2(x_0,y_0)+f_y^2(x_0,y_0)}},$$

$$y_1=y_0+\lambda\frac{f_y(x_0,y_0)}{\sqrt{f_x^2(x_0,y_0)+f_y^2(x_0,y_0)}},$$

再从 $P_1(x_1,y_1)$ 出发沿梯度方向前进 λ 得到点 $P_2(x_2,y_2)$,依次得到一列点,利用"**ListPlot**"作出此点集的图形,即得梯度线的图形.

例 2 作出函数 $z=x^2-y^2$ 的等量线和梯度线.

解 为了方便,首先定义函数和两个偏导函数,即键入

f[x_,y_]:=x^2-y^2

```
fx[x_,y_]=D[f[x,y],x];
fy[x_,y_]=D[f[x,y],y];
```

运行,注意这里定义偏导函数时不能用“:=”,否则将出错.

定义初始值 $c_0=1$、$d_0=1$,步长 $\lambda=0.01$(注意,为加快运算,这里的数值都带小数点),即键入

```
c[0]=1.0;d[0]=1.0;lamda=0.01;
```

运行后再用“**Do**”命令依次计算 (c_n,d_n) 一直到 $n=500$,即键入

```
a=c[0];b=d[0];
Do[u=a+lamda*fx[a,b]/Sqrt[(fx[a,b])^2+(fy[a,b])^2];
  v=b+lamda*fy[a,b]/Sqrt[(fx[a,b])^2+(fy[a,b])^2];
  c[n]=u;d[n]=v;a=u;b=v,{n,500}]
```

运行后再构成点集并作出梯度线,即键入

```
data=Table[{c[n],d[n]},{n,500}]
t1=ListPlot[data,PlotJoined->True,PlotStyle->RGBColor[1,0,0]]
```

运行后得图 2(a),为了让梯度线与等量线相区别,这里限定曲线显示为红色(即 **PlotStyle->RGBColor[1,0,0]**).

再作出该函数的等量线并与梯度线在同一坐标系中显示,即键入

```
t2=ContourPlot[f[x,y],{x,-6,6},{y,-6,6},Contours->20,
PlotPoints->50,ContourShading->False]
Show[t1,t2,AspectRatio->Automatic]
```

运行即得图 2(b)、(c).

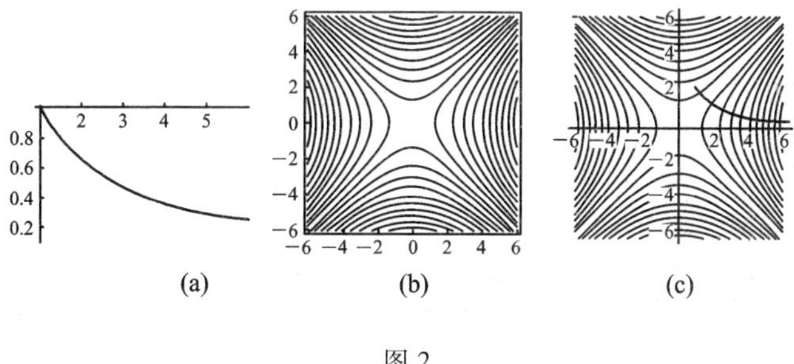

图 2

3. 鲨鱼袭击目标的前进途径

海洋生物学家发现,当鲨鱼在海水中觉察血液的存在时,就会沿着血液浓度增加得最快的方向前行去袭击目标. 根据在海水中实际测试的结果,如果以流血目标处作为原点在海面上建立直角坐标系,则在海面上点 $P(x,y)$ 处的血液浓度近似等于

$$f(x,y) = e^{-(x^2+2y^2)/10^4}$$

（x、y 的单位为米，$f(x,y)$ 的单位为百万分之一）.

为方便，首先定义函数，即键入

```
f[x_,y_]:=E^(-(x^2+2y^2)/10^4)
```

运行后，就可作出函数的等量线，只需键入

```
t1=ContourPlot[f[x,y],{x,-1.2,1.2},{y,-1.2,1.2},
        PlotPoints->50,ContourShading->False]
```

运行即得图 3(a).

由问题的提出可知，鲨鱼袭击目标的前进途径即为 $f(x,y)$ 的梯度线，如果起点 (x_0,y_0) 为(1,1)，由前面梯度线的绘制可知，如果步长取 $\lambda=0.01$，键入下列语句并运行就可作出 $f(x,y)$ 的梯度线（见图 3(b)）：

```
fx[x_,y_]=D[f[x,y],x];
fy[x_,y_]=D[f[x,y],y];
x0=1.0;y0=1.0;lamda=0.01;a=x0;b=y0;
Do[u=a+lamda*fx[a,b]/Sqrt[(fx[a,b])^2+(fy[a,b])^2];
v=b+lamda*fy[a,b]/Sqrt[(fx[a,b])^2+(fy[a,b])^2];
  c[n]=u;d[n]=v;a=u;b=v,{n,200}]
data=Table[{c[n],d[n]},{n,200}]
t2=ListPlot[data,PlotJoined->True,PlotStyle->RGBColor[1,0,0]]
```

再把等量线与梯度线在同一坐标系中显示，即键入

```
Show[t1,t2,AspectRatio->Automatic,PlotRange->All]
```

运行即得图 3(c).

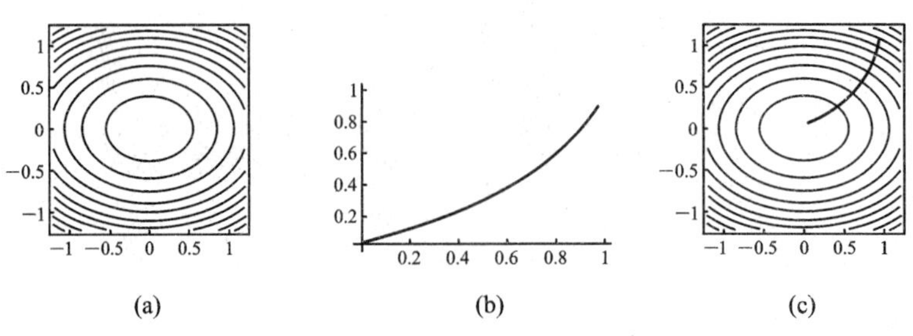

图 3

容易求得 $f(x,y)$ 的以 (x_0,y_0) 为起点的梯度线方程为 $y=\dfrac{y_0}{x_0^2}x^2$，从而以(1,1)为起点的梯度线为 $y=x^2$，下面我们作出 $y=x^2$，并与前面作出的梯度线在同

一坐标系中显示,即键入

t3 = Plot[x^2, {x,0,1}]

Show[t2,t3]

运行得图 4(a)、(b),可以看出前面的模拟梯度线的近似程度还是很好的.

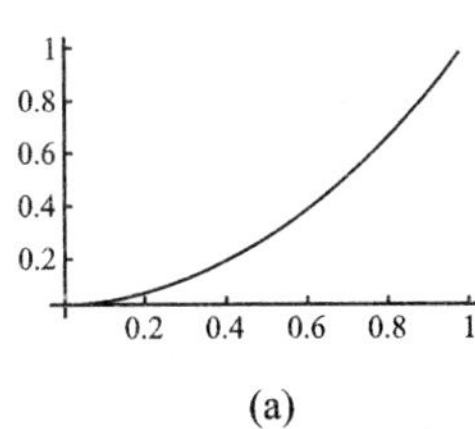

(a)

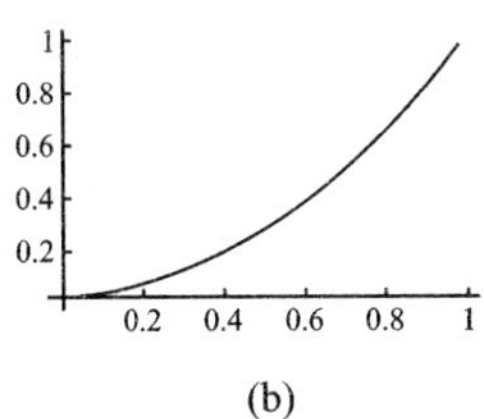

(b)

图 4

函数的梯度线在实际中有广泛的应用,例如在温度场中热量的传递、穹顶屋面上雨水的下滑等等都是沿着梯度线方向的.

4. 一元隐函数的图形及微分方程的积分曲线的图形

在上册我们解决了一元显函数及参数方程确定的曲线的作图问题,但没有涉及一元隐函数的作图问题. 由 $F(x,y) = c$ 所确定的一元隐函数的图形即为二元函数 $z = F(x,y)$ 取值为 c 的那条等量线,因此我们可借助等量线来作出一元隐函数的图形,在作图时要注意的是:1) 让二元函数的因变量选取适当的值;2) 等量线条数取为 1;3) 去掉等量线图中的阴影.

例 3　作出由方程 $x^4 + y^4 = 16$ 所确定的曲线图形.

解　键入

```
ContourPlot [x^4 + y^4, {x, -2.5,2.5}, {y, -2.5,2.5},
             PlotRange - > {16,16}, ContourShading - > False,
             Contours - >1, PlotPoints - >50]
```

运行后得到隐函数的图形如图 5. 本例中的图形也可用化为一元显函数进行作图,再叠加,但显然比这里的作图方法麻烦.

这里作出的图形出现在上册第二章第 3 节的例子中,那里利用隐函数的导数解释了这个图形的形状.

在微分方程中,解的曲线称为积分曲线,微分方程的通解含有任意常数而且经常以隐函数形式给定,故此时利用等量线作图命令可方便地作出微分方程(特别是一阶微分方程)的积分曲线.

例 4　求解微分方程 $(1 - 2xy)y' = x^2 + y^2 - 2$, 并作出其积分曲线.

解　先解微分方程,即键入

```
DSolve[(1 -2x * y[x])y'[x] = =x^2 + (y[x])^2 -2,y[x],x]
```

运行后得到微分方程的解为

$$y = \frac{x^3}{3} + x(-2 + y^2) + C,$$

我们在 $-3 \leqslant C \leqslant 3$ 时作出积分曲线,即键入

```
ContourPlot[y - x^3/3 - x * ( -2 + y^2), {x, -3,3}, {y, -3,3},
        PlotRange - > { -3,3}, Contours - >7,
        ContourShading - > False, PlotPoints - >50]
```

运行后得到积分曲线如图 6.

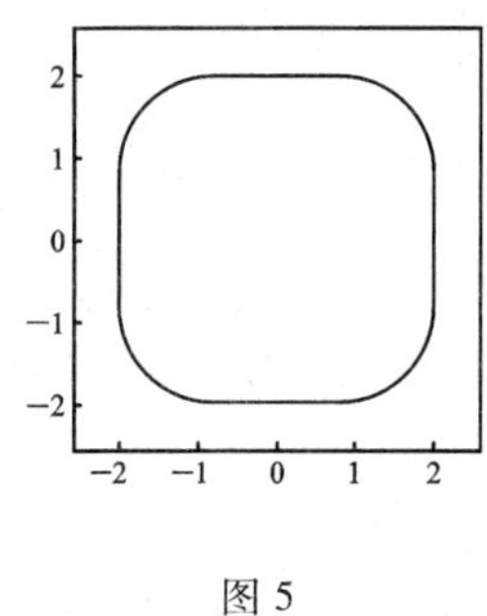

图 5

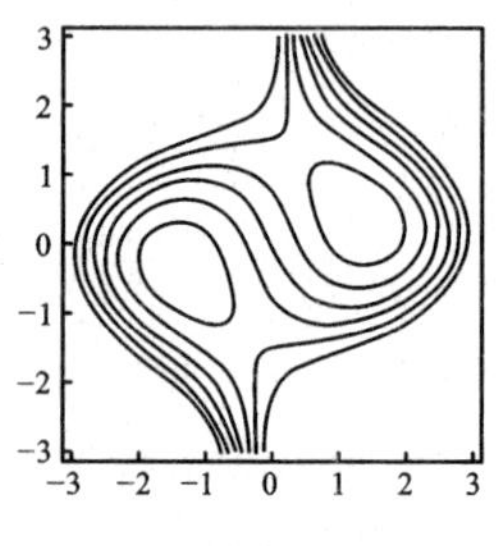

图 6

实验习题

1. 作出下列二元函数的等量线:

(1) $f(x,y) = \frac{-3y}{x^2 + y^2 + 1}$;　　(2) $f(x,y) = xye^{-x^2-y^2}$.

2. 作出下列隐函数的曲线:

(1) $xy = e^{x+y}$;　　(2) $x^5 + 2y^2 + y - x + x^3 + 3x^7 = 0$.

3. 作出下列微分方程的积分曲线:

(1) $(2x - 5y + 3)dx - (2x + 4y - 6)dy = 0$;

(2) $(x + y)dx + (3x + 3y - 4)dy = 0$.

4. 作出函数 $z = xe^y$ 的等量线以及从点 $(2,0)$ 处出发的梯度线.

实验 2　最小二乘法

内容提要

在工程技术与科学实验中，经常会遇到这样的问题：如何根据两个变量 x 与 y 的 m 组实验数据 (x_1,y_1)、…、(x_m,y_m)，找出这两个变量间的函数关系的近似解析表达式（也称为经验公式），从而使我们能对 x 与 y 之间的除了实验数据外的对应情况作出分析与判断. 这样的问题一般说来可以分为两类：一类是对 x 与 y 间所存在的对应规律一无所知，这时要从实验数据中找出切合实际的近似解析表达式是相当困难的. 俗称这类问题为黑箱问题. 另一类是依据对问题所做的分析，通过数学建模或者通过整理归纳实验数据，能够判定 x、y 间满足或大体上满足某种类型的函数关系 $y=f(x,a_1,\cdots,a_n)$，但是其中 n 个参数 a_1、…、a_n 需要通过 m 组实验数据来确定（一般要求 $m>n$）. 这就是所谓的灰箱问题. 解决灰箱问题通常遵循这样的原则：根据 m 组实验数据 (x_1,y_1)、(x_2,y_2)、…、(x_m,y_m)，即要使得

$$\sum_{k=1}^{m}\left[f(x_k,a_1,\cdots,a_n)-y_k\right]^2$$

在所选取的参数 $a_1=\hat{a}_1$、…、$a_n=\hat{a}_n$ 处取最小值. 这种寻求方差度量下对实验数据最佳拟合的方法称为最小二乘法，$\hat{a}_1$、…、$\hat{a}_n$ 称为最小二乘解，$f(x,\hat{a}_1,\cdots,\hat{a}_n)$ 称为拟合函数. 最小二乘法原先是由高斯在研究行星轨道的预测问题时提出的. 现在这一方法已经成为利用实验数据进行参数估计的主要手段之一. 特别当 $f(x,a_1,\cdots,a_n)$ 是 n 个参数的线性函数时（x 视为常量），利用多元微分学的方法可以将求最小二乘解转化为求线性方程组的解，下面我们通过两个例子来加以具体说明.

实验步骤

例 1　为了测定刀具的磨损速度，我们每隔一个小时测量一次刀具的厚度，得到如下一组实验数据：

顺序编号 k	0	1	2	3	4	5	6	7
使用时间 t_k(h)	0	1	2	3	4	5	6	7
刀具厚度 y_k(mm)	27.0	26.8	26.5	26.3	26.1	25.7	25.3	24.8

试根据这组数据建立 y 与 t 之间的拟合函数 $y=f(t)$.

解　先来确定函数 $f(t)$ 的类型，为此可以在直角坐标系上以 t 为横坐标，y 为纵坐标，描出上述八对数据大致的对应点，如图 7 所示. 从图中发现，这八个点大致位于一条直线上，所以有理由认为

$$y=f(t)=at+b,$$

其中 a、b 是待定的参数.

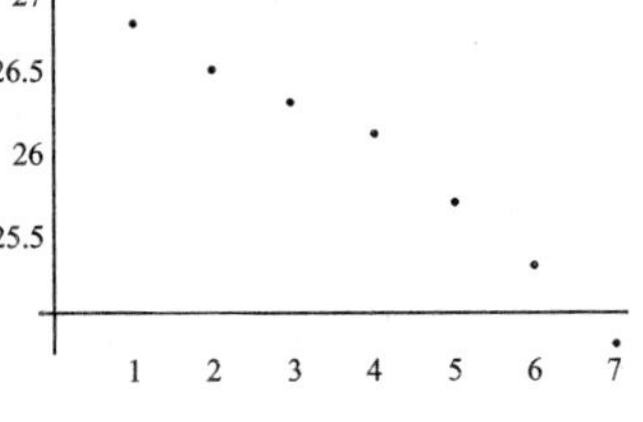

图 7

现记方差

$$M(a,b)=\sum_{k=0}^{7}[(at_k+b)-y_k]^2,$$

$M(a,b)$ 是关于参数 a、b 的二元二次多项式，它在 $\mathbf{R}^2$ 上非负. 并且存在最小值. 为了求得最小二乘解，我们首先输入数据储存在变量 xy 中，并定义 $M(a,b)$，即键入

```
xy = {{0,27.0},{1,26.8},{2,26.5},{3,26.3},{4,26.1},{5,25.7},
    {6,25.3},{7,24.8}};
m[a_,b_]:=Sum[(a*xy[[k,1]]+b-xy[[k,2]])^2,{k,1,8}]
```

并运行，其中矩阵变量 xy 内的第 i 个($1\leqslant i\leqslant 8$)括号表示第 i 行的元素，可见 xy 为 8×2 矩阵；**xy[[k,1]]**、**xy[[k,2]]** 分别表示矩阵 **xy** 的第 k 行的第 1 列、第 2 列元素. 按照第六章第八节的方法，我们来解方程组 $\frac{\partial M}{\partial a}=0,\frac{\partial M}{\partial b}=0$，即键入

```
Solve[{D[m[a,b],a]==0,D[m[a,b],b]==0},{a,b}]
```

运行即得 $a=-0.3036$，$b=27.125$，于是所求拟合函数为

$$y=f(t)=-0.3036t+27.125.$$

拟合函数 $f(t)$ 在 t_k 处的值 $f(t_k)$ 与实测的 y_k 之间会有一定的偏差，键入

```
m[-0.3036,27.125]
```

运行即得偏差的平方和 $M(-0.3036,27.125)=0.108165$，它的算术平方根约等于 0.329，这一数值在一定程度上反映了用拟合函数表达原来函数关系的近似程度的好坏.

在例 1 中，我们用了 t 的一次多项式 $at+b$ 来拟合八对实验数据，最后经过求解一个二元线性方程组得到了参数 a 与 b 的惟一解. 同样地，在某些问题中，如果考虑用 x 的 n 次多项式 $P_n(x)=a_0+a_1x+\cdots+a_nx^n$ 按方差度量拟合 m 对实验数据 ($m>n+1$)，因 $P_n(x)$ 是 $n+1$ 个待定参数 a_0、a_1、$\cdots$、a_n 的线性函数，所以求这些参数的最小二乘解一样可以转化为求 $n+1$ 元线性方程组的解. 这是用多项式拟合的方便之处. 但是如果拟合函数并不具有待定参数的线性形式，问

题就会变得复杂. 这时若能找到适当的变换使拟合函数线性化, 那么问题同样可以获得解决.

例 2　在研究化学反应速度时, 得到下列八对数据:

k	1	2	3	4	5	6	7	8
t_k	3	6	9	12	15	18	21	24
y_k	57.6	41.9	31.0	22.7	16.6	12.2	8.9	6.5

其中 t 表示从实验开始算起的时间, y 表示在相应时刻反应混合物中物质的量, 试根据这组数据建立经验公式 $y = f(t)$.

解　由化学反应速度的理论知道, 拟合函数 $f(t)$ 应是指数型函数, 即

$$y = f(t) = \lambda e^{\mu t},$$

其中 λ、μ 是待定参数. 这一函数已不是参数 λ 与 μ 的线性函数. 但是如果两边取对数, 记 $a = \mu, b = \ln\lambda$, 那么

$$\ln y = at + b$$

这样 $\ln y$ 成了待定参数 a 与 b 的线性函数. 我们可以通过作图验证这一结果, 我们输入点的集合, 并作出图形, 即键入

```
xy = {{3,57.6},{6,41.9},{9,31.0},{12,22.7},{15,16.6},{18,12.2},
     {21,8.9},{24,6.5}}
ListPlot[xy]
```

运行得到图 8(a), 我们再构成点集 $\{(t_n, \ln y_n) \mid n = 1, 2, \cdots, 8\}$ 并作出图形, 即键入

```
xy1 = Table[{xy[[k,1]],Log[xy[[k,2]]]},{k,1,8}]
ListPlot[xy1]
```

运行得到图 8(b), 可以看到这些点几乎都在一条直线上.

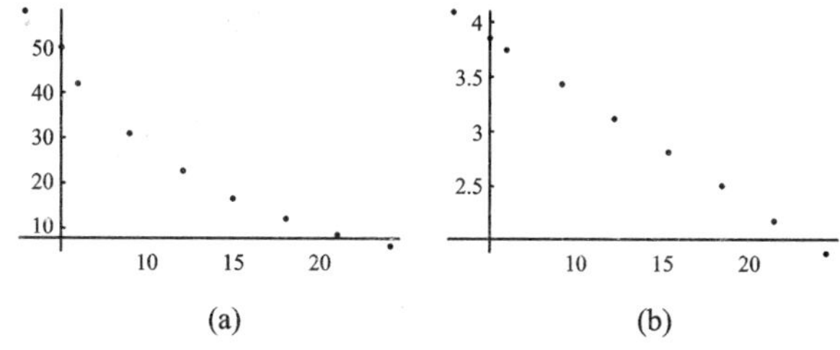

图 8

为求出这条直线可键入

```
m[a_,b_]:=Sum[(a*xy1[[k,1]]+b-xy1[[k,2]])^2,{k,1,8}]
```

Solve[{D[m[a,b],a] = =0,D[m[a,b],b] = =0},{a,b}]

并运行解得 $a=-0.103\ 686$, $b=4.363\ 99$,从而 $\lambda=e^{b}=78.57$, $\mu=a=-0.103\ 686$,由此得到所求的经验公式为

$$y=78.570\ 6\times e^{-0.103\ 686t}.$$

上述两个例子都没有考虑实验数据的误差可能会给函数拟合造成的影响.由于误差在计算过程中具有传递效应与累积效应,因而如何保证计算方法的稳定性是很重要的,这方面的进一步论述已超出了本书范围.

实验习题

1. 某种合金的含铅量为 $p\%$,其熔解温度为 θ℃,由实验测得 p 与 θ 的如下六对数据:

$p\%$	36.9	46.7	63.7	77.8	84.0	87.5
θ℃	181	197	235	270	283	292

试用最小二乘法建立 θ 与 p 之间的经验公式 $\theta=ap+b$.

2. 已知一组实验数据为 $(x_1,y_1),\cdots,(x_n,y_n)$,现假定经验公式是

$$y=ax^2+bx+c,$$

试按最小二乘法建立参数 a、b、c 应当满足的三元一次方程组.

3. 据统计,20 世纪 60 年代世界人口增长情况如下:

年	1960	1961	1962	1963	1964	1965	1966	1967	1968
人口/百万	2 972	3 061	3 151	3 213	3 234	3 285	3 356	3 420	3 483

(1) 根据马尔萨斯人口模型:单位时间内人口的增长量与当时的人口数成正比.以此模型来拟合上表数据,列表表示上述各年份的实际数据与拟合数据之间的误差,并预测 2000 年时的世界人口;

(2) 此曲线是否可作为长期人口预报?为什么?你是否能改进?

实验3　无穷级数与函数逼近

内容提要

本实验通过几个例子，显示级数的部分和的变化趋势，以及如何利用幂级数的部分和逼近函数并进行函数值的近似计算．本实验还展示傅里叶多项式对周期函数的逼近情况．

实验步骤

1．级数和的演示

通过图形显示极限比较直观．本实验通过具体实例展示级数的部分和数列的变化趋势，下面利用点图来观察极限．

例1　观察 $\sum_{n=1}^{\infty}\frac{1}{n^2}$ 的部分和数列的变化趋势，并求和．

解　级数的部分和为

$$S_n=\sum_{k=1}^{n}\frac{1}{k^2},$$

我们首先定义部分和数列这个函数，即键入

```
s[n_]:=Sum[1/k^2,{k,n}]
```

再用“**Table**”命令生成数据集后作出点图，即键入

```
data=Table[s[n],{n,100}]
ListPlot[data]
```

运行后见图9.

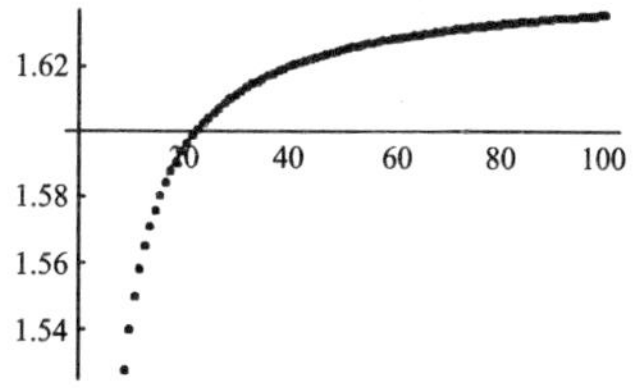

图9

现在，我们利用Mathematica的求和命令直接求和，即键入

```
N[Sum[1/k^2,{k,Infinity}]]
```

运行后即得和的近似值为1.644 93．这里请注意，由于Mathematica的符号运算功能，为得到具体的数值，所以用了“**N**”命令，也可进行数值求和即用函数“**NSum**”，键入

```
NSum[1/k^2,{k,Infinity}]
```

运行可得到1.644 93.

2．函数的幂级数展开

本演示实验研究函数的幂级数展开、幂级数部分和对函数的逼近，以及级数和的近似计算．

例 2　写出函数 $f(x)=\arcsin x$ 的幂级数展开式，并利用图形考察幂级数部分和（即 $f(x)$ 的泰勒多项式）逼近函数的情况.

解　根据幂级数展开公式

$$f(x)=\sum_{n=0}^{\infty}\frac{f^{(n)}(0)}{n!}x^{n},$$

定义函数，再计算在 $x=0$ 处的 n 阶导数，最后构成和式，即键入

```
f[x_]:=ArcSin[x]
g[n_]:=D[f[x],{x,n}]/.x->0
s[n_,x_]:=Sum[g[k]*(x^k)/k!,{k,0,n}]
```

用“**Table**”命令构成前 n 项部分和函数族（$n=1,2,\cdots,10$），再在同一坐标系中作出它们的图形，即键入

```
t=Table[s[n,x],{n,10}];
Plot[Evaluate[t],{x,-1,1}]
```

运行后得到图 10.

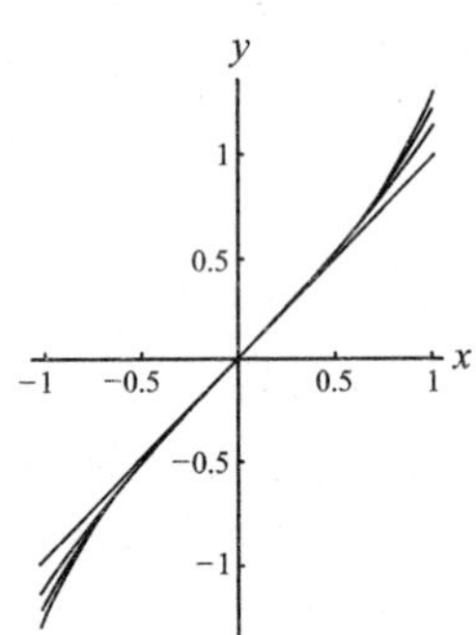

图 10

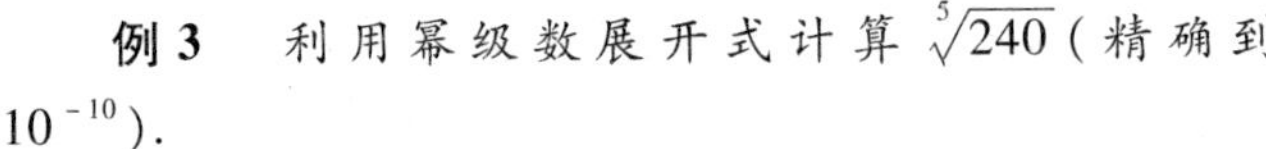
例 3　利用幂级数展开式计算 $\sqrt[5]{240}$（精确到 10^{-10}）.

解　因为

$$\sqrt[5]{240}=\sqrt[5]{243-3}=3\left(1-\frac{1}{3^{4}}\right)^{\frac{1}{5}},$$

根据 $(1+x)^{m}$ 在 $x=0$ 处的展开式，可知

$$\sqrt[5]{240}=3\left(1-\frac{1}{5}\cdot\frac{1}{3^{4}}-\frac{1\cdot 4}{5^{2}\cdot 2!}\cdot\frac{1}{3^{8}}-\frac{1\cdot 4\cdot 9}{5^{3}\cdot 3!}\cdot\frac{1}{3^{12}}-\cdots\right),$$

故前 $n(n>2)$ 项部分和为

$$S_{n}=3\left(1-\frac{1}{5}\cdot\frac{1}{3^{4}}-\sum_{k=2}^{n-1}\frac{\prod_{i=1}^{k-1}(5i-1)}{5^{k}\cdot k!}\cdot\frac{1}{3^{4k}}\right),$$

因此由前 n 项部分和近似代替所产生的误差绝对值为

$$\begin{aligned}r_{n}&=3\left[\frac{1\cdot 4\cdot 9\cdot\cdots\cdot(5n-6)}{5^{n}\cdot n!}\cdot\frac{1}{3^{4n}}+\frac{1\cdot 4\cdot 9\cdot\cdots\cdot(5n-1)}{5^{n+1}\cdot(n+1)!}\cdot\frac{1}{3^{4(n+1)}}\right.\\&\quad\left.+\frac{1\cdot 4\cdot 9\cdot\cdots\cdot(5n+4)}{5^{n+2}\cdot(n+2)!}\cdot\frac{1}{3^{4(n+2)}}+\cdots\right]\\&<3\cdot\frac{1\cdot 4\cdot 9\cdot\cdots\cdot(5n-6)}{5^{n}\cdot n!}\cdot\frac{1}{3^{4n}}\cdot\sum_{k=0}^{\infty}\frac{1}{3^{4k}}\\&=\frac{1}{80}\cdot\frac{1}{3^{4n-5}}\cdot\frac{1\cdot 4\cdot 9\cdot\cdots\cdot(5n-6)}{5^{n}\cdot n!}.\end{aligned}$$

现在我们来进行计算.先定义部分和以及误差函数,记误差限为 delta,最大循环次数为 n0,循环显示 S_n(其中显示格式为"n = 循环次数,s[n] = 值"即程序中"**Print[" n =",n,",","s[n] =",N[s[n],10]]**",**Print** 内的双引号内的字符将保持原样显示输出),若误差满足要求则停止,否则继续.若循环次数已到达预定的最大循环次数而未满足误差要求,则输出字符"失败",具体程序如下:

```
s[n_]:=3(1-1/(5*3^4)-Sum[Product[5i-1,{i,1,k-1}]/5^k/
        k!/3^(4k),{k,2,n-1}])
r[n_]:=Product[5i-1,{i,1,n-1}]/5^n/n!/3^(4n-5)/80
delta=10^(-10);n0=100;
Do[Print[" n =",n,",","s[n] =",N[s[n],10]];If[N[r[n]]<delta,
   Break[]];If[n==n0,Print["失败"]],{n,n0}]
```

运行后即得结果为

$$2.992\,555\,739.$$

从例3可看到当 n 越大时,函数的泰勒多项式逼近函数越好.但对固定的 n 而言,只有离函数的展开点(例中为 $x=0$)足够近,才能与函数有比较好的逼近效果,从这个意义上讲,函数的幂级数展开式逼近函数是局部性的.

3. 傅里叶级数

下面通过实验来研究傅里叶级数的生成以及级数部分和逼近函数的情况.

例4　设周期为 2π 的周期函数 $f(x)$ 在一个周期内的表达式为 $f(x)=\begin{cases}0 & 当 -\pi\leqslant x<0,\\ 1 & 当 0\leqslant x<\pi,\end{cases}$ 试生成 $f(x)$ 的傅里叶级数,并从图上观察该级数的部分和逼近 $f(x)$ 的情况.

解　根据傅里叶系数公式可得

$$a_0=\frac{1}{\pi}\int_{-\pi}^{\pi}f(x)\,\mathrm{d}x=\frac{1}{\pi}\int_0^{\pi}\mathrm{d}x,$$

$$a_n=\frac{1}{\pi}\int_{-\pi}^{\pi}f(x)\cos nx\,\mathrm{d}x=\frac{1}{\pi}\int_0^{\pi}\cos nx\,\mathrm{d}x,$$

$$b_n=\frac{1}{\pi}\int_{-\pi}^{\pi}f(x)\sin nx\,\mathrm{d}x=\frac{1}{\pi}\int_0^{\pi}\sin nx\,\mathrm{d}x.$$

并写入以下程序:

```
a[n_]:=Integrate[Cos[n*t],{t,0,Pi}]/Pi
a[0]=Integrate[1,{t,0,Pi}]/Pi
b[n_]:=Integrate[Sin[n*t],{t,0,Pi}]/Pi
s[x_,n_]:=a[0]/2+Sum[a[k]*Cos[k*x]+b[k]*Sin[k*x],
{k,1,n}]
```

```
Do[Plot[Evaluate[s[x,n]],{x, -3Pi,3Pi}],{n,1,10,2}]
t = Table[s[x,n],{n,1,10,2}];
Plot[Evaluate[t],{x, -3Pi,3Pi}]
```

运行后如图 11(a)-(e)分别为傅里叶级数的前 n($n=1,3,5,7,9$)项部分和函数的图形,而图 11(f)为这些函数在同一坐标系下作出的图形.可以看到当 n 越大时逼近函数的效果越好,读者可注意到傅里叶多项式的逼近是整体性的,这与泰勒多项式逼近函数的情况是不相同的.

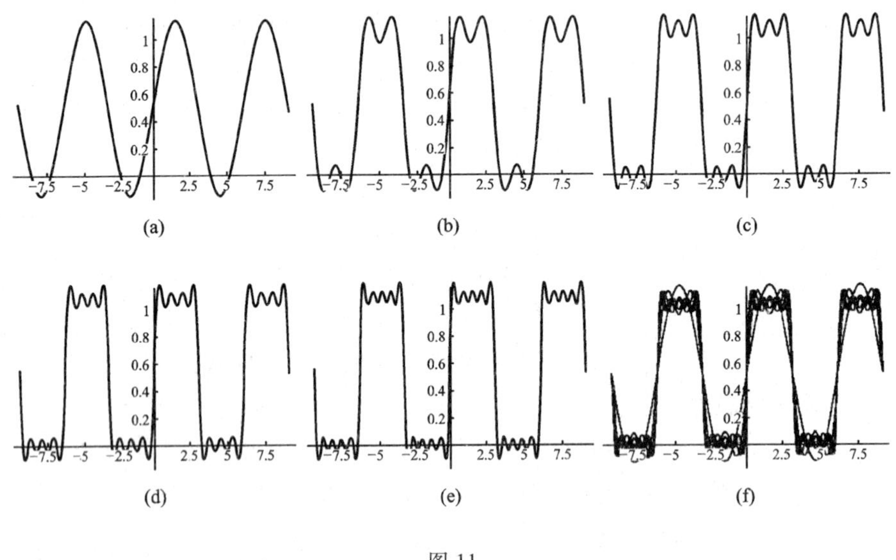

图 11

实验习题

天体物理学中 Rayleigh - Jeans 定律给出了波长为 λ 的黑体辐射的能量密度 $f_1(\lambda)$ 的表达式:

$$f_1(\lambda) = \frac{8\pi kT}{\lambda^4}, \tag{1}$$

其中 λ 以 m 为单位,T 为绝对温度,k 为 Boltzmann 常数.这一公式与长波辐射的实测数据相吻合,但与短波辐射的实际数据差距很大(这个事实被称为是紫外灾变)(比如按公式(1),当 $\lambda \to 0^+$ 时,$f(\lambda) \to \infty$,但实验结果却表明 $f(\lambda) \to 0$).

1900 年,Max Planck 给出了关于黑体辐射的一个更好的数学模型(称为 Planck 定律)如下:

$$f_2(\lambda) = \frac{8\pi hc\lambda^{-5}}{e^{hc/(\lambda kT)} - 1}, \tag{2}$$

其中 h 是 Planck 常数，c 为光速.

(a) 利用泰勒多项式证明，对较长的 λ，公式(1)和公式(2)给出的值近似相等;

(b) 用计算机在同一坐标系中作出 $f_1(\lambda)$ 和 $f_2(\lambda)$ 的图形，指出它们的相似与相异之处.

($T=5\ 700$ K(太阳温度)，$h=6.626\ 2\times10^{-34}$ J·s，$c=2.997\ 925\times10^{8}$ m/s，$k=1.380\ 7\times10^{-23}$ J/K，作图时，使用 μm(微米)的长度单位较为方便，1 μm $=10^{-6}$ m.)

附录　矩阵与行列式简介

一、矩阵

将 mn 个数排成 m 行 n 列的一个矩形数阵

$$\begin{pmatrix} a_{11} & a_{12} & \cdots & a_{1n} \\ a_{21} & a_{22} & \cdots & a_{2n} \\ \vdots & \vdots & & \vdots \\ a_{m1} & a_{m2} & \cdots & a_{mn} \end{pmatrix}, \tag{1}$$

称这样的数阵为 $m\times n$ 维矩阵,其中每个 $a_{ij}(i=1,2,\cdots,m;j=1,2,\cdots,n)$ 称为矩阵(1)的元素,元素 a_{ij}的两个下标依次表示该元素位于矩阵(1)的第 i 行和第 j 列. 矩阵(1)也可写成$(a_{ij})_{m\times n}$,或简单地用一个大写黑体字母 $\boldsymbol{A}$ 来表示,即 $\boldsymbol{A}=(a_{ij})_{m\times n}$,当 $m=n$ 时,称 $n\times n$ 维矩阵为 n 阶方阵.

两个矩阵称为是相等的,当且仅当它们的行数相同,列数相同,并且对应位置上的元素也都相等. 也就是说,只有完全一样的矩阵才算作相等.

矩阵有加法运算,乘法运算以及矩阵与数的乘法运算,它们分别定义如下:

1. 矩阵与数的乘法

矩阵 $\boldsymbol{A}=(a_{ij})_{m\times n}$ 与数 λ 的乘积定义为矩阵 $\boldsymbol{C}=(c_{ij})_{m\times n}$,其中

$$c_{ij}=\lambda a_{ij}(i=1,2,\cdots,m;j=1,2,\cdots,n),$$

记作 $\boldsymbol{C}=\lambda\boldsymbol{A}$.

2. 矩阵的加法

矩阵 $\boldsymbol{A}=(a_{ij})_{m\times n}$与矩阵 $\boldsymbol{B}=(b_{ij})_{m\times n}$之和定义为矩阵 $\boldsymbol{C}=(c_{ij})_{m\times n}$,其中

$$c_{ij}=a_{ij}+b_{ij}(i=1,2,\cdots,m;j=1,2,\cdots,n),$$

记作 $\boldsymbol{C}=\boldsymbol{A}+\boldsymbol{B}$.

按照这一定义,用于加法的两个矩阵必须具有相同的行数与相同的列数,否则矩阵加法没有意义.

矩阵的加法运算满足结合律,交换律以及对数乘运算的分配律,即

$$(\boldsymbol{A}+\boldsymbol{B})+\boldsymbol{C}=\boldsymbol{A}+(\boldsymbol{B}+\boldsymbol{C}),$$

$$\boldsymbol{A}+\boldsymbol{B}=\boldsymbol{B}+\boldsymbol{A},$$

$$\lambda(\boldsymbol{A}+\boldsymbol{B})=\lambda\boldsymbol{A}+\lambda\boldsymbol{B},(\lambda+\mu)\boldsymbol{A}=\lambda\boldsymbol{A}+\mu\boldsymbol{A}.$$

3. 矩阵的乘法

矩阵 $\boldsymbol{A}=(a_{ij})_{m\times n}$ 与矩阵 $\boldsymbol{B}=(b_{ij})_{n\times p}$ 之积定义为矩阵 $\boldsymbol{C}=(c_{ij})_{m\times p}$，其中

$$c_{ij}=\sum_{k=1}^{n}a_{ik}b_{kj}(i=1,2,\cdots,m;j=1,2,\cdots,p),$$

记作 $\boldsymbol{C}=\boldsymbol{AB}$. 例如

$$\begin{pmatrix}1&0&-1&2\\-1&1&3&0\\0&5&-1&4\end{pmatrix}\begin{pmatrix}0&3&4\\1&2&1\\3&1&-1\\-1&2&1\end{pmatrix}=\begin{pmatrix}-5&6&7\\10&2&-6\\-2&17&10\end{pmatrix}.$$

按照这一定义，用于乘积的后一矩阵的行数必须与前一矩阵的列数相同，否则矩阵乘法没有意义.

矩阵的乘法运算满足结合律以及对加法运算的分配律，即

$$(\boldsymbol{AB})\boldsymbol{C}=\boldsymbol{A}(\boldsymbol{BC}),$$

$$\boldsymbol{A}(\boldsymbol{B}+\boldsymbol{C})=\boldsymbol{AB}+\boldsymbol{AC},$$

$$(\boldsymbol{B}+\boldsymbol{C})\boldsymbol{A}=\boldsymbol{BA}+\boldsymbol{CA}.$$

但矩阵的乘法运算不满足交换律，即在一般情形下

$$\boldsymbol{AB}\neq\boldsymbol{BA},$$

例如

$$\begin{pmatrix}1&1\\-1&-1\end{pmatrix}\begin{pmatrix}1&-1\\-1&1\end{pmatrix}=\begin{pmatrix}0&0\\0&0\end{pmatrix},\text{而}\begin{pmatrix}1&-1\\-1&1\end{pmatrix}\begin{pmatrix}1&1\\-1&-1\end{pmatrix}=\begin{pmatrix}2&2\\-2&-2\end{pmatrix}.$$

由于乘法运算不满足交换律，所以上述分配律的两个等式代表着两条不同的规律.

借助于矩阵的乘法运算，一个含有 n 个未知量 x_1、x_2、$\cdots$、x_n 及 m 个方程的线性方程组

$$\begin{cases}a_{11}x_1+a_{12}x_2+\cdots+a_{1n}x_n=b_1,\\a_{21}x_1+a_{22}x_2+\cdots+a_{2n}x_n=b_2,\\\cdots\cdots\cdots\cdots\\a_{m1}x_1+a_{m2}x_2+\cdots+a_{mn}x_n=b_m,\end{cases}\tag{2}$$

可以写成矩阵方程的形式

$$\begin{pmatrix}a_{11}&a_{12}&\cdots&a_{1n}\\a_{21}&a_{22}&\cdots&a_{2n}\\\vdots&\vdots&&\vdots\\a_{m1}&a_{m2}&\cdots&a_{mn}\end{pmatrix}\begin{pmatrix}x_1\\x_2\\\vdots\\x_n\end{pmatrix}=\begin{pmatrix}b_1\\b_2\\\vdots\\b_m\end{pmatrix},\tag{3}$$

其中矩阵 $\boldsymbol{A}=(a_{ij})_{m\times n}$ 称为方程组(2)的系数矩阵.

二、行列式

这里仅介绍本教材所需的二阶与三阶行列式.

设有一个二阶方阵

$$\begin{pmatrix} a_{11} & a_{12} \\ a_{21} & a_{22} \end{pmatrix}, \tag{4}$$

将阵中四个元素按如下规则作代数和

$$a_{11}a_{22}-a_{12}a_{21},$$

称此代数和为对应于方阵(4)的二阶行列式,记作

$$\begin{vmatrix} a_{11} & a_{12} \\ a_{21} & a_{22} \end{vmatrix}, \tag{5}$$

即

$$\begin{vmatrix} a_{11} & a_{12} \\ a_{21} & a_{22} \end{vmatrix}=a_{11}a_{22}-a_{12}a_{21}.$$

例如,

$$\begin{vmatrix} 5 & 4 \\ -3 & 2 \end{vmatrix}=5\times 2-4\times(-3)=10+12=22.$$

其次设有三阶方阵

$$\begin{pmatrix} a_{11} & a_{12} & a_{13} \\ a_{21} & a_{22} & a_{23} \\ a_{31} & a_{32} & a_{33} \end{pmatrix}, \tag{6}$$

将阵中九个元素按如下规则作代数和

$$a_{11}a_{22}a_{33}+a_{12}a_{23}a_{31}+a_{13}a_{21}a_{32}-a_{13}a_{22}a_{31}-a_{12}a_{21}a_{33}-a_{11}a_{23}a_{32},$$

称此代数和为对应于方阵(6)的三阶行列式,记作

$$\begin{vmatrix} a_{11} & a_{12} & a_{13} \\ a_{21} & a_{22} & a_{23} \\ a_{31} & a_{32} & a_{33} \end{vmatrix}, \tag{7}$$

即

$$\begin{vmatrix} a_{11} & a_{12} & a_{13} \\ a_{21} & a_{22} & a_{23} \\ a_{31} & a_{32} & a_{33} \end{vmatrix}=a_{11}a_{22}a_{33}+a_{12}a_{23}a_{31}+a_{13}a_{21}a_{32}-$$

$$a_{13}a_{22}a_{31}-a_{12}a_{21}a_{33}-a_{11}a_{23}a_{32}. \tag{8}$$

对于三阶行列式，我们可以借助下列图示来记住它的计算规则：

$$\begin{vmatrix} a_{11} & a_{12} & a_{13} \\ a_{21} & a_{22} & a_{23} \\ a_{31} & a_{32} & a_{33} \end{vmatrix}$$

图中由左上角到右下角的对角线（实线所示）称为主对角线，另一对角线（虚线所示）称为次对角线. 按照图示，位于主对角线上的三个元素的乘积 $a_{11}a_{22}a_{33}$，以及位于主对角线的平行线上的两个元素与对角上的元素的乘积 $a_{12}a_{23}a_{31}$ 与 $a_{21}a_{32}a_{13}$，前面都取正号；若将“主”字换成“次”字，则所得三项前面都取负号. 例如

$$\begin{vmatrix} 2 & 1 & 2 \\ -4 & 3 & 1 \\ 2 & 3 & 5 \end{vmatrix} = 2\times3\times5+1\times1\times2+2\times(-4)\times3-2\times3\times2-$$

$$1\times(-4)\times5-2\times1\times3=10.$$

行列式有许多基本性质，其中一个是**互换行列式中两行（或两列）的位置，行列式要改变符号**，例如将上式左边的行列式前面两行互换位置，得

$$\begin{vmatrix} -4 & 3 & 1 \\ 2 & 1 & 2 \\ 2 & 3 & 5 \end{vmatrix} = (-4)\times1\times5+3\times2\times2+1\times2\times3-1\times1\times2-$$

$$3\times2\times5-(-4)\times2\times3=-10.$$

利用数的运算满足结合律、交换律及分配律，我们将(8)式右边整理成

$$a_{11}(a_{22}a_{33}-a_{23}a_{32})-a_{12}(a_{21}a_{33}-a_{23}a_{31})+a_{13}(a_{21}a_{32}-a_{22}a_{31}),$$

再将三个括弧中的代数和表示为三个二阶行列式，得

$$\begin{vmatrix} a_{11} & a_{12} & a_{13} \\ a_{21} & a_{22} & a_{23} \\ a_{31} & a_{32} & a_{33} \end{vmatrix} = a_{11}\begin{vmatrix} a_{22} & a_{23} \\ a_{32} & a_{33} \end{vmatrix} - a_{12}\begin{vmatrix} a_{21} & a_{23} \\ a_{31} & a_{33} \end{vmatrix} + a_{13}\begin{vmatrix} a_{21} & a_{22} \\ a_{31} & a_{32} \end{vmatrix}, \qquad (9)$$

(9)式称为**三阶行列式按第一行的展开式**.

行列式与线性方程组求解有着密切的联系，例如，为求线性方程组

$$\begin{cases} a_{11}x_1+a_{12}x_2=b_1, \\ a_{21}x_1+a_{22}x_2=b_2 \end{cases} \qquad (10)$$

的解，利用消元法可得

$$\begin{cases} (a_{11}a_{22}-a_{12}a_{21})x_1=b_1a_{22}-a_{12}b_2, \\ (a_{11}a_{22}-a_{12}a_{21})x_2=a_{11}b_2-b_1a_{21}. \end{cases}$$

若记

$$D=\begin{vmatrix}a_{11}&a_{12}\\a_{21}&a_{22}\end{vmatrix},D_1=\begin{vmatrix}b_1&a_{12}\\b_2&a_{22}\end{vmatrix},D_2=\begin{vmatrix}a_{11}&b_1\\a_{21}&b_2\end{vmatrix},$$

则得

$$\begin{cases}Dx_1=D_1,\\Dx_2=D_2.\end{cases}$$

于是当 $D\neq0$ 时，方程组(10)有解：$x_1=\dfrac{D_1}{D},x_2=\dfrac{D_2}{D}$，并且这是 $D\neq0$ 时方程组(10)的惟一一组解. D 称为方程组(10)的系数行列式.

习题答案与提示

习题 5－1

1. **0**.

2. $\overrightarrow{AC}=\frac{3}{2}\boldsymbol{a}+\frac{1}{2}\boldsymbol{b},\overrightarrow{AD}=\boldsymbol{a}+\boldsymbol{b},\overrightarrow{AF}=-\frac{1}{2}\boldsymbol{a}+\frac{1}{2}\boldsymbol{b},\overrightarrow{CB}=-\frac{1}{2}\boldsymbol{a}-\frac{1}{2}\boldsymbol{b}$.

3. $2\boldsymbol{u}-3\boldsymbol{v}=5\boldsymbol{a}+11\boldsymbol{b}-7\boldsymbol{c}$.

5. $\boldsymbol{c}=\frac{2}{3}\boldsymbol{a}+\frac{1}{3}\boldsymbol{b}$.

习题 5－2

1. 各卦限中的点的坐标有如下特征：

Ⅰ	Ⅱ	Ⅲ	Ⅳ	Ⅴ	Ⅵ	Ⅶ	Ⅷ
(+,+,+)	(−,+,+)	(−,−,+)	(+,−,+)	(+,+,−)	(−,+,−)	(−,−,−)	(+,−,−)

A：Ⅳ，B：Ⅷ，C：Ⅶ，D：Ⅵ.

2. xOy 面上的点：$(x,y,0)$；yOz 面上的点：$(0,y,z)$；zOx 面上的点：$(x,0,z)$. x 轴上的点：$(x,0,0)$；y 轴上的点 $(0,y,0)$；z 轴上的点 $(0,0,z)$.

P 在 yOz 面上；Q 在 xOy 面上；R 在 x 轴上；S 在 y 轴上.

3. (1) 关于 xOy 面、yOz 面和 zOx 面的对称点分别是 $(a,b,-c)$、$(-a,b,c)$、$(a,-b,c)$；

(2) 关于 x 轴、y 轴和 z 轴的对称点分别为 $(a,-b,-c)$、$(-a,b,-c)$、$(-a,-b,c)$；

(3) 关于原点的对称点为 $(-a,-b,-c)$.

4. xOy 面：$(x_0,y_0,0)$，$d=|z_0|$；yOz 面：$(0,y_0,z_0)$，$d=|x_0|$；zOx 面：$(x_0,0,z_0)$，$d=|y_0|$.

x 轴：$(x_0,0,0)$，$d=\sqrt{y_0^2+z_0^2}$；y 轴：$(0,y_0,0)$，$d=\sqrt{x_0^2+z_0^2}$；z 轴：$(0,0,z_0)$，$d=\sqrt{x_0^2+y_0^2}$.

5. 平行于 z 轴的直线上的点：(x_0,y_0,z)；

平行 xOy 面的平面上的点：(x,y,z_0).

6. $(x-3)^2+(y-2)^2+(z-7)^2=11$.

7. (1) $(1,1,5)$，$(1,4,5)$，$(3,1,5)$，$(3,1,2)$，$(3,4,2)$，$(1,4,2)$；

(2) $(4,6,0)$，$(1,6,0)$，$(1,3,0)$，$(1,3,-4)$，$(4,3,-4)$，$(4,6,-4)$.

10. $(1,-2,8)$，$(5,0,-4)$，$(-3,4,-4)$.

11. (1) 垂直于 z 轴，平行于 xOy 面；

(2) 指向与 x 轴正向一致，垂直于 yOz 面；

(3) 平行于 y 轴，垂直于 zOx 面.

12. $|\overrightarrow{M_1M_2}|=2$；$\cos\alpha=-\dfrac{1}{2}$，$\cos\beta=-\dfrac{\sqrt{2}}{2}$，$\cos\gamma=\dfrac{1}{2}$；$\alpha=\dfrac{2\pi}{3}$，$\beta=\dfrac{3\pi}{4}$，$\gamma=\dfrac{\pi}{3}$.

13. 13，$7\boldsymbol{j}$

14. $\boldsymbol{i}=\dfrac{5\sqrt{3}}{12}\boldsymbol{e}_a+\dfrac{\sqrt{6}}{12}\boldsymbol{e}_b-\dfrac{3}{4}\boldsymbol{e}_c$；$\boldsymbol{j}=\dfrac{\sqrt{3}}{3}\boldsymbol{e}_a-\dfrac{\sqrt{6}}{3}\boldsymbol{e}_b$；$\boldsymbol{k}=\dfrac{\sqrt{3}}{4}\boldsymbol{e}_a+\dfrac{\sqrt{6}}{4}\boldsymbol{e}_b+\dfrac{3}{4}\boldsymbol{e}_c$.

15. $M(-2,-5,10)$.

习题 5－3

1. (1) 3；　(2) $5\boldsymbol{i}+\boldsymbol{j}+7\boldsymbol{k}$；　(3) $\dfrac{3}{\sqrt{14}}$；　(4) $\dfrac{3}{\sqrt{6}}$；　(5) $\dfrac{3}{2\sqrt{21}}$.

2. (1) 2；　(2) $2\boldsymbol{i}+\boldsymbol{j}+21\boldsymbol{k}$；　(3) $8\boldsymbol{j}+24\boldsymbol{k}$；　(4) $-8\boldsymbol{j}-24\boldsymbol{k}$.

4. (1) $\pm\dfrac{1}{25}(15\boldsymbol{i}+12\boldsymbol{j}+16\boldsymbol{k})$；　(2) $\dfrac{25}{2}$；　(3) 5.

5. (1) $\dfrac{9}{2}$；　(2) $\dfrac{7}{38}$.

习题 5－4

1. (1) 平行于 yOz 面的平面；

(2) 平行于 x 轴的平面；

(3) 通过 y 轴的平面；

(4) 在 x 轴、y 轴、z 轴上的截距分别为$\dfrac{1}{5}$、$\dfrac{1}{3}$和 -1 的平面.

2. (1) $2x+9y-6z-121=0$；　(2) $3x-7y+5z-4=0$；

(3) $x+y-3z-4=0$；　(4) $2x-y-z=0$；

(5) $x-3y-2z=0$；　(6) $x+3y=0$；

(7) $9y-z-2=0$；

(8) $2x-25y-11z+270=0$ 及 $23x-25y+61z+255=0$.

3. $\dfrac{1}{3}$，$\dfrac{2}{3}$，$\dfrac{2}{3}$.

4. $\dfrac{|D_2-D_1|}{\sqrt{A^2+B^2+C^2}}$.

习题 5－5

1. (1) $\dfrac{x-1}{-2}=\dfrac{y-1}{1}=\dfrac{z-1}{3}$，$\begin{cases}x=1-2t,\\y=1+t,\\z=1+3t;\end{cases}$

(2) $\dfrac{x+\frac{3}{2}}{5}=\dfrac{y-\frac{1}{6}}{1}=\dfrac{z}{-2}$, $\begin{cases} x=-\dfrac{3}{2}+5t, \\ y=\dfrac{1}{6}+t, \\ z=-2t. \end{cases}$

2. (1) $\dfrac{x-4}{2}=\dfrac{y+1}{1}=\dfrac{z-3}{5}$;　　(2) $\dfrac{x}{-2}=\dfrac{y-2}{3}=\dfrac{z-4}{1}$;

(3) $\dfrac{x-2}{2}=\dfrac{y+3}{3}=\dfrac{z-1}{1}$;　　(4) $\dfrac{x}{-3}=\dfrac{y-1}{1}=\dfrac{z-2}{2}$.

3. (1) $\left(-\dfrac{5}{3},\dfrac{2}{3},\dfrac{2}{3}\right)$;　　(2) $(-5,2,4)$.

4. (1) $\begin{cases} 7x-9y=9, \\ z=0, \end{cases}$ $\begin{cases} 10y-7z=18, \\ x=0, \end{cases}$ $\begin{cases} 10x-9z=36, \\ y=0; \end{cases}$

(2) $\begin{cases} 7x+14y+5=0, \\ 2x-y+5z-3=0. \end{cases}$

5. $\dfrac{\pi}{2}$.

6. $\arcsin\dfrac{7}{3\sqrt{6}}$.

7. (1) $5\sqrt{2}$;　　(2) $\dfrac{3\sqrt{2}}{2}$.

8. $(-9,-5,17)$.

9. $\dfrac{x+7}{3}=\dfrac{y+5}{1}=\dfrac{z}{-4}$.

提示:先求出直线与平面的交点及直线上点$(1,1,2)$关于平面的对称点.

习题 5-6

2. (1) $y^2+z^2=5x$;　　(2) $4x^2-9y^2+4z^2=36$;

(3) $(x^2+y^2+z^2+3)^2=16(x^2+z^2)$;　　(4) $4(x^2+y^2)=(3z-1)^2$.

3. (1) zOx 面上的抛物线 $x=1-z^2$ 绕 x 轴旋转一周,或 xOy 面上的抛物线 $x=1-y^2$ 绕 z 轴旋转一周;

(2) 不是旋转曲面;

(3) xOy 面上的双曲线 $x^2-y^2=1$ 绕 y 轴旋转一周,或 yOz 面上的双曲线 $-y^2+z^2=1$ 绕 y 轴旋转一周;

(4) yOz 面上的直线 $y+z=1$ 绕 z 轴旋转一周,或 zOx 面上的直线 $x+z=1$ 绕 z 轴旋转一周.

4. (1) $x^2+y^2+8z=16$,旋转抛物面;

(2) $\left(x+\dfrac{2}{3}\right)^2+(y+1)^2+\left(z+\dfrac{4}{3}\right)^2=\dfrac{116}{9}$,球面;

(3) $x^2-10z=-25$,柱面;

(4) $4x^2-y^2-z^2=0$,圆锥面.

6. (1) $\begin{cases} 3x^2+2z^2=16, \\ 3y^2-z^2=16; \end{cases}$　　(2) $\begin{cases} y^2+z^2-4z=0, \\ y^2+4x=0. \end{cases}$

7. (1) $\begin{cases}4\left(x-\dfrac{1}{2}\right)^2+2y^2=1,\\ z=0;\end{cases}$ (2) $\begin{cases}\left(x+\dfrac{1}{2}\right)^2+\left(y+\dfrac{1}{2}\right)^2=\dfrac{3}{2},\\ z=0;\end{cases}$

(3) $\begin{cases}x^2+2y^2=1,\\ z=0;\end{cases}$ (4) $\begin{cases}x^2+y^2=1,\\ z=0.\end{cases}$

8. (1) $\begin{cases}x=\dfrac{\sqrt{2}}{2}\cos t,\\ y=-\dfrac{\sqrt{2}}{2}\cos t,(0\leqslant t\leqslant 2\pi);\\ z=\sin t\end{cases}$ (2) $\begin{cases}x=1+\cos t,\\ y=\sin t, \quad (0\leqslant t\leqslant 2\pi).\\ z=2\sin\dfrac{t}{2}\end{cases}$

9. (1) $\{(x,y)\mid x^2+y^2\leqslant 1\}$; (2) $\{(x,y)\mid 1\leqslant x^2+y^2\leqslant 4\}$.

总习题五

2. (1) 不能; (2) 不能;

(3) 能,因此时 $\boldsymbol{a}$ 与 $(\boldsymbol{b}-\boldsymbol{c})$ 既垂直又平行,由于 $\boldsymbol{a}\neq\boldsymbol{0}$,所以 $\boldsymbol{b}-\boldsymbol{c}=\boldsymbol{0}$.

3. $\pm\left(\boldsymbol{b}-\dfrac{\boldsymbol{a}\cdot\boldsymbol{b}}{|\boldsymbol{a}|^2}\boldsymbol{a}\right)$.

4. $\mathrm{Prj}_{\overrightarrow{OM}}\overrightarrow{OA}=\dfrac{1}{\sqrt{3}}$.

5. (1) $\arccos\dfrac{2}{\sqrt{7}}$; (2) $\dfrac{5\sqrt{3}}{2}$.

6. $\dfrac{\pi}{3}$.

8. $\boldsymbol{r}=14\boldsymbol{i}+10\boldsymbol{j}+2\boldsymbol{k}$.

9. (2) 提示:利用(1)可知,点 $M(x,y,z)$ 位于所求平面上当且仅当向量 $\overrightarrow{M_0M}$ 可表示为向量 $\boldsymbol{a}$ 与 $\boldsymbol{b}$ 的线性组合.

10. $x+\sqrt{26}y+3z-3=0$ 或 $x-\sqrt{26}y+3z-3=0$. 提示:利用平面的截距式方程.

11. $x+2y+1=0$.

12. $\dfrac{x+1}{16}=\dfrac{y}{19}=\dfrac{z-4}{28}$.

13. $\left(0,0,\dfrac{1}{5}\right)$.

14. $\dfrac{x^2}{b^2}+\dfrac{y^2}{b^2}-\dfrac{z^2}{c^2}=1$,旋转单叶双曲面.

15. 当 $Am+Bn+Cp\neq 0$ 时,t 有惟一解;

当 $Am+Bn+Cp=0$ 时,若 $Ax_0+By_0+Cz_0+D=0$,t 有无穷多解;否则无解.

16. $\begin{cases}x^2+y^2\leqslant 1,\\ z=0.\end{cases}$

18. 提示:不妨设 $|\boldsymbol{b}|=|\boldsymbol{a}|$,则有 $-\boldsymbol{a}+\boldsymbol{b}=\lambda\boldsymbol{j}$($\lambda$ 为待定常数).

习题 6-1

1. (1) $(xy)^{x+y}+(x+y)^{xy}$; (2) $\sqrt{1+x^2}$;

(3) $xy+2(x+2y)$; (4) $\dfrac{x^2(1-y)}{1+y}$.

2. (1) $\{(x,y)\mid -1<x<1,-\infty<y<+\infty\}$;

(2) $\{(x,y)\mid x^2+y^2\leqslant 1,x+y\neq 0\}$;

(3) $\{(x,y)\mid x>0,2k\pi<y<(2k+1)\pi,k\in\mathbf{Z}\}$;

(4) $\{(x,y)\mid |x|+|y|<1\}$.

3. (1) 1; (2) $-\dfrac{1}{4}$;

(3) 2; (4) 0.

习题 6-2

1. (1) $z_x(0,1)=1,z_y(0,1)=0$; (2) $z_x(1,0)=2,z_y(1,0)=1$.

2. (1) $z_x=\dfrac{1}{y}-\dfrac{y}{x^2},z_y=\dfrac{-x}{y^2}+\dfrac{1}{x}$; (2) $z_x=\dfrac{1}{y}(e^{\frac{x}{y}}-e^{-\frac{x}{y}}),z_y=\dfrac{x}{y^2}(e^{-\frac{x}{y}}-e^{\frac{x}{y}})$;

(3) $z_x=\dfrac{1}{\sqrt{x^2+y^2}},z_y=\dfrac{y}{x^2+y^2+x\sqrt{x^2+y^2}}$;

(4) $z_x=x^y\cdot y^x\left(\dfrac{y}{x}+\ln y\right),z_y=x^y\cdot y^x\left(\dfrac{x}{y}+\ln x\right)$;

(5) $u_x=\dfrac{z(x-y)^{z-1}}{1+(x-y)^{2z}},u_y=-\dfrac{z(x-y)^{z-1}}{1+(x-y)^{2z}},u_z=\dfrac{(x-y)^z\cdot\ln(x-y)}{1+(x-y)^{2z}}$;

(6) $u_x=-ze^{x^2z^2},u_y=ze^{y^2z^2},u_z=ye^{y^2z^2}-xe^{x^2z^2}$.

3. $f_x(0,0)=f_y(0,0)=0$.

4. $\dfrac{\pi}{6}$.

5. (1) $z_{xx}=2y,z_{xy}=z_{yx}=2x+\dfrac{1}{2\sqrt{y}},z_{yy}=-\dfrac{x}{4\sqrt{y^3}}$;

(2) $z_{xx}=0,z_{xy}=z_{yx}=\dfrac{1}{2\sqrt{y(1-y)}},z_{yy}=-\dfrac{x(1-2y)}{4\sqrt{[y(1-y)]^3}}$;

(3) $z_{xx}=-2\cos(2x+4y),z_{xy}=z_{yx}=-4\cos(2x+4y),z_{yy}=-8\cos(2x+4y)$;

(4) $z_{xx}=y^4e^{xy^2},z_{xy}=z_{yx}=2y(1+xy^2)e^{xy^2},z_{yy}=2x(1+2xy^2)e^{xy^2}$.

6. 不存在.

7. (1) $u_{xxy}=0,u_{xyy}=-\dfrac{1}{y^2}$; (2) $\dfrac{4(2y-x)}{(x+y)^4}$.

习题 6-3

1. $\Delta z=-0.119,dz=-0.125$.

2. $\Delta z=0.9225,dz=0.9$.

3. (1) $\left(y+\dfrac{1}{y}\right)dx+x\left(1-\dfrac{1}{y^2}\right)dy$; (2) $\left(y\ln x+\dfrac{1}{x}\right)e^{xy}dx+xe^{xy}\ln x\,dy$;

(3) $\dfrac{-y\mathrm{d}x+x\mathrm{d}y}{x^2+y^2}$; (4) $\sin yz\mathrm{d}x+xz\cos yz\mathrm{d}y+xy\cos yz\mathrm{d}z$.

4. 不可微.

5. 可微.

6. (1) -0.28; (2) 65.88;

7. (1) $0.502\ 3$; (2) $6.991\ 4$.

8. -5 cm.

9. $-94.25\ \mathrm{cm}^3$.

10. 0.167 m.

习题 6－4

1. (1) $-z\left(\dfrac{\sin t}{x}+\dfrac{\sin t}{y}+\dfrac{2x}{y}\right)$; (2) $\dfrac{3(1-t^2)}{\sqrt{1-(x-y)^2}}$;

(3) $\dfrac{1}{2xy}+\left(\dfrac{2x}{y^2}-\dfrac{2}{z}\right)\sin 2t+\dfrac{3y}{z}$; (4) $\dfrac{5}{2}ze^{2x}$.

2. (1) $\dfrac{\partial z}{\partial s}=(3x^2y-y^2)\cos t+(x^3-2xy)\sin t,\dfrac{\partial z}{\partial t}=x^4+y^3-3x^2y^2-2x^2y$;

(2) $\dfrac{\partial z}{\partial s}=\dfrac{2x\ln y}{t}+\dfrac{3x^2}{y},\dfrac{\partial z}{\partial t}=-\dfrac{2sx\ln y}{t^2}-\dfrac{2x^2}{y}$;

(3) $\dfrac{\partial z}{\partial s}=\dfrac{x^2}{1+x^2y^2}e^t,\dfrac{\partial z}{\partial t}=2t\left(\arctan xy+\dfrac{xy}{1+x^2y^2}\right)+\dfrac{x^2y}{1+x^2y^2}$;

(4) $\dfrac{\partial z}{\partial s}=(xe^y+e^{-x})t^2,\dfrac{\partial z}{\partial t}=(e^y-ye^{-x})x+(xe^y+e^{-x})2st$.

3. (1) $\dfrac{\partial z}{\partial x}=2xf_1'+ye^{xy}f_2',\dfrac{\partial z}{\partial y}=-2yf_1'+xe^{xy}f_2'$;

(2) $\dfrac{\partial z}{\partial x}=-\dfrac{2xyf'}{f^2},\dfrac{\partial z}{\partial y}=\dfrac{2y^2f'}{f^2}+\dfrac{1}{f}$;

(3) $\dfrac{\partial u}{\partial x}=f_1'+yf_2'+yzf_3',\dfrac{\partial u}{\partial y}=xf_2'+xzf_3',\dfrac{\partial u}{\partial z}=xyf_3'$;

(4) $\dfrac{\partial u}{\partial x}=y-\dfrac{yz}{x^2}f',\dfrac{\partial u}{\partial y}=x+\dfrac{z}{x}f',\dfrac{\partial u}{\partial z}=f\left(\dfrac{y}{x}\right)$.

4. (1) $\dfrac{\partial^2 z}{\partial x\partial y}=4xyf''$;

(2) $\dfrac{\partial^2 z}{\partial x^2}=a^2f''_{11},\dfrac{\partial^2 z}{\partial x\partial y}=abf''_{12}$;

(3) $\dfrac{\partial^2 z}{\partial x^2}=f''_{11}-\dfrac{2y}{x^2}f''_{12}+\dfrac{y^2}{x^4}f''_{22}+\dfrac{2y}{x^3}f_2',\dfrac{\partial^2 z}{\partial y^2}=\dfrac{1}{x^2}f''_{22}$;

(4) $\dfrac{\partial^2 z}{\partial x^2}=4x^2f''_{11}+8xyf''_{12}+4y^2f''_{22}+2f_1'$,

$\dfrac{\partial^2 z}{\partial x\partial y}=4xyf''_{11}+4(x^2+y^2)f''_{12}+4xyf''_{22}+2f_2'$.

5. (1) $400\pi\ \mathrm{cm}^3/\mathrm{s}$; (2) $24\pi\ \mathrm{cm}^2/\mathrm{s}$.

习题 6－5

1. (1) $\dfrac{2x+y}{e^y-x}$;　　(2) $\dfrac{y\sin x-\cos y}{\cos x-x\sin y}$;

(3) $\dfrac{xy\ln y-y^2}{xy\ln x-x^2}$;　　(4) $\dfrac{x+y}{x-y}$.

2. (1) $\dfrac{\partial z}{\partial x}=\dfrac{2z}{3z^2-2x},\dfrac{\partial z}{\partial y}=\dfrac{-1}{3z^2-2x}$;　　(2) $\dfrac{\partial z}{\partial x}=-1,\dfrac{\partial z}{\partial y}=-2$;

(3) $\dfrac{\partial z}{\partial x}=\dfrac{z}{x+z},\dfrac{\partial z}{\partial y}=\dfrac{z^2}{y(x+z)}$;

(4) $\dfrac{\partial z}{\partial x}=\dfrac{yze^{x+y}-z\cos(xyz)}{x\cos(xyz)-ye^{x+y}},\dfrac{\partial z}{\partial y}=\dfrac{xz\cos(xyz)-(2yz+y^2z)e^{x+y}}{y^2e^{x+y}-xy\cos(xyz)}$.

3. (1) $\dfrac{z(z^2-2z+2)}{x^2(1-z)^3}$;　　(2) $\dfrac{z(z^4-2xyz^2-x^2y^2)}{(z^2-xy)^3}$;

(3) $\sec^2(x+z)\tan(x+z)$;　　(4) $\dfrac{-z}{(1+z)^3}e^{-(x^2+y^2)}$.

4. (1) -2;　　(2) -1.

5. (1) $\dfrac{dy}{dx}=\dfrac{y(z-x)}{x(y-z)},\dfrac{dz}{dx}=\dfrac{z(x-y)}{x(y-z)}$;

(2) $\dfrac{dy}{dx}=-\dfrac{x(6z+1)}{2y(3z+1)},\dfrac{dz}{dx}=\dfrac{x}{3z+1}$;

(3) $\dfrac{\partial u}{\partial x}=\dfrac{x\cos v+\sin v}{x\cos v+y\cos u},\dfrac{\partial u}{\partial y}=\dfrac{x\cos v-\sin u}{x\cos v+y\cos u},\dfrac{\partial v}{\partial x}=\dfrac{y\cos u-\sin v}{x\cos v+y\cos u}$,

$\dfrac{\partial v}{\partial y}=\dfrac{y\cos u+\sin u}{x\cos v+y\cos u}$;

(4) $\dfrac{\partial u}{\partial x}=\dfrac{\sin v}{e^u(\sin v-\cos v)+1},\dfrac{\partial u}{\partial y}=\dfrac{-\cos v}{e^u(\sin v-\cos v)+1},\dfrac{\partial v}{\partial x}=\dfrac{\cos v-e^u}{u[e^u(\sin v-\cos v)+1]}$,

$\dfrac{\partial v}{\partial y}=\dfrac{\sin v+e^u}{u[e^u(\sin v-\cos v)+1]}$.

6. $\dfrac{\partial z}{\partial x}=\dfrac{xv-yu}{x^2+y^2},\dfrac{\partial z}{\partial y}=\dfrac{yv+xu}{x^2+y^2}$.

习题 6－6

1. (1) $1+2\sqrt{3}$;　　(2) $\dfrac{29}{\sqrt{13}}$;

(3) $\dfrac{98}{13}$;　　(4) $-\dfrac{\pi}{4\sqrt{3}}$.

2. 2,　　-2.

3. $\dfrac{327}{13}$.

5. (1) $-\boldsymbol{i}+4\boldsymbol{j}$;　　(2) $\boldsymbol{i}-4\boldsymbol{j}$;

(3) 上升速率和下降速率均为 $\sqrt{272}$;

(4) $4\boldsymbol{i}+\boldsymbol{j}$ 或 $-4\boldsymbol{i}-\boldsymbol{j}$.

6. $\dfrac{\partial u}{\partial r}=\dfrac{2u}{\sqrt{x^2+y^2+z^2}}$,当 $a=b=c$ 时,$\left.\dfrac{\partial u}{\partial r}\right|_M=|\nabla u(M)|$.(提示:当 $r=\overrightarrow{OM}$ 的方向与 $\nabla u(M)$ 的方向一致时,有 $\left.\dfrac{\partial u}{\partial r}\right|_M=|\nabla u(M)|$)

习题 6－7

1. (1) 切线:$\dfrac{x-\frac{\pi}{2}+1}{1}=\dfrac{y-1}{1}=\dfrac{z-2\sqrt{2}}{\sqrt{2}}$,法平面:$x+y+\sqrt{2}z=\dfrac{\pi}{2}+4$;

(2) 切线:$\dfrac{x-\frac{1}{2}}{1}=\dfrac{y-2}{-4}=\dfrac{z-1}{8}$,法平面:$2x-8y+16z-1=0$;

(3) 切线:$\dfrac{x-x_0}{1}=\dfrac{y-y_0}{\frac{m}{y_0}}=\dfrac{z-z_0}{-\frac{1}{2z_0}}$,

法平面:$(x-x_0)+\dfrac{m}{y_0}(y-y_0)-\dfrac{1}{2z_0}(z-z_0)=0$;

(4) 切线:$\dfrac{x-1}{16}=\dfrac{y-1}{9}=\dfrac{z-1}{-1}$,法平面:$16x+9y-z-24=0$.

2. (1) 切平面:$x+4y+6z=21$,法线:$\dfrac{x-1}{1}=\dfrac{y-2}{4}=\dfrac{z-2}{6}$;

(2) 法线:$\dfrac{x-1}{6}=\dfrac{y-2}{3}=\dfrac{z-3}{2}$,切平面:$6x+3y+2z-18=0$;

(3) 法线:$\dfrac{x-2}{1}=\dfrac{y-1}{2}=\dfrac{z}{0}$,切平面:$x+2y-4=0$;

(4) 法线:$\dfrac{x-x_0}{\frac{2x_0}{a^2}}=\dfrac{y-y_0}{\frac{2y_0}{b^2}}=\dfrac{z-z_0}{-\frac{1}{c}}$,

切平面:$\dfrac{2x_0}{a^2}(x-x_0)+\dfrac{2y_0}{b^2}(y-y_0)-\dfrac{1}{c}(z-z_0)=0$.

3. $\nabla f(1,2)=4\boldsymbol{i}+4\boldsymbol{j}$,切线:$4(x-1)+4(y-2)=0$,即 $x+y=3$.

4. $x-y+2z=\pm\sqrt{\dfrac{11}{2}}$.

5. 点$(-3,-1,3)$,法线:$\dfrac{x+3}{1}=\dfrac{y+1}{3}=\dfrac{z-3}{1}$.

6. $\sqrt{\dfrac{2}{5}}\boldsymbol{j}+\sqrt{\dfrac{3}{5}}\boldsymbol{k}$.

12. $\cos\gamma=\dfrac{3}{\sqrt{22}}$.

习题 6－8

1. (1) 极大值:$f(3,2)=36$; (2) 极小值:$f(0,-1)=-1$;

(3) 极大值:$f\left(-\dfrac{1}{2},4\right)=-6$;

(4) 极大值:$f(0,0)=2$,极小值:$f(0,2)=-2$.

2. (1) 最大值:$f\left(\frac{4}{\sqrt{17}},\frac{1}{2\sqrt{17}}\right)=\frac{\sqrt{17}}{2}$,

最小值:$f\left(-\frac{4}{\sqrt{17}},-\frac{1}{2\sqrt{17}}\right)=-\frac{\sqrt{17}}{2}$;

(2) 最大值:$\frac{2}{\sqrt{3}}$,最小值:$-\frac{2}{\sqrt{3}}$.

3. (1) 最大值:11,最小值:2;

(2) 最大值:$\frac{3\sqrt{3}}{2}$,最小值:$-\frac{3\sqrt{3}}{2}$;

(3) 最大值:$\frac{32}{27}$,最小值:0;

(4) 最大值:$\sqrt[4]{e}$,最小值:$\frac{1}{\sqrt[4]{e}}$.

4. $(0,0,\pm1)$.

5. 当两直角边都为$\frac{l}{\sqrt{2}}$时,可得最大的周长.

6. 最大 z 坐标为 4,最小 z 坐标为 2.

7. $\left(\frac{8}{5},\frac{16}{5}\right)$.

8. 长$\frac{2p}{3}$,宽$\frac{p}{3}$,矩形绕短边旋转.

9. 最长距离:$\sqrt{9+5\sqrt{3}}$,最短距离:$\sqrt{9-5\sqrt{3}}$.

10. 4 m^3.

总习题六

1. (1) 不存在;(2) B,D;(3) f_{xy}与f_{yz}在 D 内均连续;

(4) B,C;(5) $\neq0$;(6) 最大方向导数,法.

5. $\frac{\partial z}{\partial x}=-\frac{yx^{y-1}+z^x\ln z}{y^z\ln y+xz^{x-1}},\frac{\partial z}{\partial y}=-\frac{x^y\ln x+zy^{z-1}}{y^z\ln y+xz^{x-1}}$.

6. $\frac{dy}{dx}=\frac{f_xF_t-f_tF_x}{f_tF_y+F_t}$

7. (1) $\frac{\partial u}{\partial x}=\frac{1-2y^2z}{2u}$;　　(2) $\frac{\partial u}{\partial y}=\frac{f_y\ g_v-f_v\ g_y}{g_v},\frac{\partial v}{\partial y}=-\frac{g_y}{g_v}(g_v\neq0)$.

8. $du=\left(f_x+\frac{f_z}{1-y\varphi'}\right)dx+\frac{f_z\varphi}{1-y\varphi'}dy$.

9. (1) $\varphi=\frac{\pi}{4}$;　　(2) $\varphi=\frac{5\pi}{4}$;

(3) $\varphi=\frac{3\pi}{4}$或 $\varphi=\frac{7\pi}{4}$.

10. $\frac{2}{\sqrt{\frac{x_0^2}{a^4}+\frac{y_0^2}{b^4}+\frac{z_0^2}{c^4}}}$.

11. $a=6,b=24,c=-8$.

12. 微分方程为：$x\mathrm{d}y-2y\mathrm{d}x=0$，路径方程为 $y=\frac{1}{8}x^2(0\leqslant x\leqslant 4)$.

15. $\lambda=\frac{\sqrt{3}abc}{9}$.

17. $\frac{x}{6}+\frac{y}{3}+\frac{z}{1}=1$.

习题 7－1

1. $\mu g\iint\limits_D x\mathrm{d}x\mathrm{d}y$，其中 μ 为水的密度，g 为重力加速度.

3. (1) (a) $\iint\limits_D(x+y)^2\mathrm{d}x\mathrm{d}y\geqslant\iint\limits_D(x+y)^3\mathrm{d}x\mathrm{d}y$，

(b) $\iint\limits_D(x+y)^2\mathrm{d}x\mathrm{d}y\leqslant\iint\limits_D(x+y)^3\mathrm{d}x\mathrm{d}y$；

(2) (a) $\iint\limits_D \mathrm{e}^{xy}\mathrm{d}x\mathrm{d}y\leqslant\iint\limits_D \mathrm{e}^{2xy}\mathrm{d}x\mathrm{d}y$，

(b) $\iint\limits_D \mathrm{e}^{xy}\mathrm{d}x\mathrm{d}y\geqslant\iint\limits_D \mathrm{e}^{2xy}\mathrm{d}x\mathrm{d}y$.

4. (1) $0\leqslant I\leqslant 2$；　(2) $0\leqslant I\leqslant 2\sqrt{5}$；

(3) $\pi\leqslant I\leqslant \mathrm{e}\pi$；　(4) $30\pi\leqslant I\leqslant 75\pi$.

6. $f(x_0,y_0)$.

习题 7－2(1)

1. (1) $\frac{7}{6}$；　(2) $\frac{4}{15}(31-9\sqrt{3})$；

(3) $\frac{5}{2}-4\ln 2$；　(4) $\mathrm{e}^6-9\mathrm{e}^2-4$；

(5) $\mathrm{e}-\frac{1}{\mathrm{e}}$；　(6) $-\frac{24}{5}$；

(7) $\frac{2}{15}(4\sqrt{2}-1)$；　(8) $\frac{3\cos 1+\sin 1-\sin 4}{2}$.

4. (1) $\int_0^4\mathrm{d}x\int_x^{2\sqrt{x}}f(x,y)\mathrm{d}y$ 或 $\int_0^4\mathrm{d}y\int_{\frac{y^2}{4}}^{y}f(x,y)\mathrm{d}x$；

(2) $\int_0^{\pi}\mathrm{d}x\int_0^{\sin x}f(x,y)\mathrm{d}y$ 或 $\int_0^1\mathrm{d}y\int_{\arcsin y}^{\pi-\arcsin y}f(x,y)\mathrm{d}x$；

(3) $\int_1^2\mathrm{d}x\int_{\frac{1}{x}}^{x}f(x,y)\mathrm{d}y$ 或 $\int_{\frac{1}{2}}^{1}\mathrm{d}y\int_{\frac{1}{y}}^{2}f(x,y)\mathrm{d}x+\int_1^2\mathrm{d}y\int_y^2 f(x,y)\mathrm{d}x$；

(4) $\int_0^2\mathrm{d}x\int_{-1-\sqrt{2x-x^2}}^{-1+\sqrt{2x-x^2}}f(x,y)\mathrm{d}y$ 或 $\int_{-2}^{0}\mathrm{d}y\int_{1-\sqrt{-2y-y^2}}^{1+\sqrt{-2y-y^2}}f(x,y)\mathrm{d}x$.

5. (1) $\frac{1}{6}(\mathrm{e}^9-1)$；　(2) $\frac{2}{9}(2\sqrt{2}-1)$；

(3) $\frac{1}{12}(1-\cos 1)$；　(4) $\frac{1}{3}(2\sqrt{2}-1)$.

6. $\frac{ka^4}{6}$（k 为比例系数）.

习题 7－2(2)

1. (1) $\int_0^{2\pi}d\varphi\int_1^2 f(\rho\cos\varphi,\rho\sin\varphi)\rho d\rho$;

(2) $\int_0^{\frac{\pi}{2}}d\varphi\int_0^{\frac{1}{\cos\varphi+\sin\varphi}} f(\rho\cos\varphi,\rho\sin\varphi)\rho d\rho$;

(3) $\int_0^{\pi}d\varphi\int_0^{2\sin\varphi} f(\rho\cos\varphi,\rho\sin\varphi)\rho d\rho$;

(4) $\int_{-\frac{\pi}{4}}^{\frac{3\pi}{4}}d\varphi\int_0^{2(\cos\varphi+\sin\varphi)} f(\rho\cos\varphi,\rho\sin\varphi)\rho d\rho$;

(5) $\int_{-\frac{\pi}{2}}^{\frac{\pi}{2}}d\varphi\int_{2\cos\varphi}^{2} f(\rho\cos\varphi,\rho\sin\varphi)\rho d\rho + \int_{\frac{\pi}{2}}^{\frac{3\pi}{2}}d\varphi\int_0^2 f(\rho\cos\varphi,\rho\sin\varphi)\rho d\rho$;

(6) $\int_0^{\frac{\pi}{4}}d\varphi\int_0^{\frac{\sin\varphi}{\cos^2\varphi}} f(\rho\cos\varphi,\rho\sin\varphi)\rho d\rho + \int_{\frac{\pi}{4}}^{\frac{3\pi}{4}}d\varphi\int_0^{\frac{1}{\sin\varphi}} f(\rho\cos\varphi,\rho\sin\varphi)\rho d\rho +$

$\int_{\frac{3\pi}{4}}^{\pi}d\varphi\int_0^{\frac{\sin\varphi}{\cos^2\varphi}} f(\rho\cos\varphi,\rho\sin\varphi)\rho d\rho$.

2. (1) $\frac{3}{4}\pi$; (2) $\sqrt{2}-1$;

(3) $2-\frac{\pi}{2}$; (4) $\frac{14\sqrt{2}-7}{9}$.

3. (1) $\frac{\pi}{4}(2\ln 2-1)$; (2) $\frac{3}{64}\pi^2$;

(3) $\frac{1}{2}$; (4) $\frac{2}{9}+\frac{\pi}{12}$.

4. (1) $\frac{\pi}{12}$; (2) π; (3) 2.

5. $\frac{\pi^5}{40}$.

习题 7－2(3)

1. (1) $D=\{(x,y)\mid |y|\leqslant x\leqslant\sqrt{2-y^2},|y|\leqslant 1\}$;

(2) $D=\{(x,y)\mid -x\leqslant y\leqslant x^2,0\leqslant x\leqslant 2\}$;

(3) $D=\{(x,y)\mid 0\leqslant y\leqslant 2\sqrt{1-x},0\leqslant x\leqslant 1\}$;

(4) $D=\{(x,y)\mid 1\leqslant x^2+y^2\leqslant e^2,\ y\geqslant 0\}$.

2. (1) $\frac{e-1}{2}$（提示：可作变换 $x=u-uv$、$y=uv$）;

(2) $\frac{\pi}{24}(1-\cos 1)$（提示：可作广义极坐标变换）;

(3) $\frac{3}{2}\sin 1$（提示：可作变换 $x=u-v$、$y=u+v$）;

(4) $\frac{\pi}{2}(e-1)$（提示：可作变换 $x=\rho\cos\varphi$、$y=1+\rho\sin\varphi$）.

3. (1) $\dfrac{(r_2-r_1)(s_2-s_1)}{|ad-bc|}$;　(2) $2\ln 3$.

习题 7-3

2. (1) $\int_{-1}^{1}dx\int_{0}^{\sqrt{1-x^2}}dy\int_{0}^{y}f(x,y,z)\,dz$;

(2) $\int_{-1}^{1}dx\int_{-\sqrt{1-x^2}}^{\sqrt{1-x^2}}dy\int_{x^2+2y^2}^{2-x^2}f(x,y,z)\,dz$;

(3) $\int_{0}^{1}dx\int_{0}^{\sqrt{1-x^2}}dy\int_{0}^{xy}f(x,y,z)\,dz$.

3. $\dfrac{3}{2}$.

4. (1) $\dfrac{1}{10}$;　(2) $\dfrac{1}{36}$;

(3) $\dfrac{2}{9}$;　(4) $\dfrac{59}{480}\pi R^5$.

5. (1) $\dfrac{324\pi}{5}$;　(2) $\dfrac{2\pi}{5}$;　(3) $\dfrac{5\pi}{6}$.

6. (1) $\dfrac{4(b^5-a^5)\pi}{15}$;　(2) $\dfrac{32}{15}\pi$.

7. (1) $\pi^3-4\pi$;　(2) $\dfrac{16}{3}\pi$;　(3) $(\sqrt{2}-1)\pi$.

8. (1) $\dfrac{\pi}{12}$;　(2) $\dfrac{8-3\sqrt{3}}{6}\pi$;　(3) $\dfrac{243}{5}\pi$.

习题 7-4

1. (1) $\dfrac{64}{3}$;　(2) $\dfrac{144}{35}$;

(3) $\dfrac{\pi}{3}(2-\sqrt{2})$;　(4) 6π.

2. (1) $2\pi-\dfrac{8}{3}$;　(2) $\dfrac{2}{3}\arctan a$.

3. (1) $\sqrt{7}\pi$;　(2) $12\left(\arcsin\dfrac{1}{3}+2\sqrt{2}-3\right)$;

(3) $\sqrt{2}\pi$;　(4) $(\pi-2)a^2$.

4. (1) $\left(\dfrac{4a}{3\pi},\dfrac{4b}{3\pi}\right)$;　(2) $\left(\dfrac{3a}{5},\dfrac{3\sqrt{2a}}{8}\right)$;

(3) $\left(\dfrac{5}{6},0\right)$.

5. (1) $\left(\dfrac{3a}{8},\dfrac{3b}{8},\dfrac{3c}{8}\right)$;　(2) $\left(0,0,\dfrac{5(6\sqrt{3}+5)}{83}\right)$.

6. $\left(\dfrac{6a}{5},0\right)$.

7. M 表示相应薄片及物体的质量，

(1) 依次为$\dfrac{1}{3}Mb^2$ 及$\dfrac{1}{3}Ma^2$；　(2) 依次为$\dfrac{1}{4}Mb^2$ 及$\dfrac{1}{4}Ma^2$；

(3) 依次为$\frac{2}{5}Ma^2$及$\frac{7}{5}Ma^2$；　　(4) 依次为$\frac{1}{2}Ma^2$及$\frac{1}{12}M(3a^2+h^2)$.

8. $\boldsymbol{F}=\left(0,2G\mu\left(\ln\frac{a+\sqrt{a^2+b^2}}{b}-\frac{a}{\sqrt{a^2+b^2}}\right),\pi Gb\mu\left(\frac{1}{\sqrt{a^2+b^2}}-\frac{1}{b}\right)\right)$，其中 G 为引力常数.

9. $\boldsymbol{F}=\left(0,0,-2\pi G\mu\left(\sqrt{(h-a)^2+R^2}-\sqrt{R^2+a^2}+h\right)\right)$，其中 μ 为密度.

* **10.** (1) $\frac{\pi}{2}[\sqrt{2}+\ln(1+\sqrt{2})]$；　　(2) $\frac{2\pi}{3}(3\sqrt{6}-4)$.

总习题七

1. (1) 连续，$f(\xi,\eta)\cdot\mu(D)$；　　(2) $\int_{-1}^{1}\mathrm{d}x\int_{1-\sqrt{1-x^2}}^{1+\sqrt{1-x^2}}f(x,y)\mathrm{d}y$；

(3) C；　　(4) C；

(5) D.

2. (1) $\frac{\pi}{2}-1$；　　(2) $\mathrm{e}-1$；　　(3) $\frac{49}{32}\pi a^4$.

3. (1) $\frac{1}{36}$；　　(2) $\frac{11}{280}$；　　(3) $\frac{1}{6}a^2b^2c^2$.

5. 体积 $V=\frac{4\pi}{3}(R^2-r^2)^{\frac{3}{2}}=\frac{\pi}{6}h^3$.

6. 体积 $V=\frac{\pi}{2}$.

7. $\frac{1}{6}\pi a^2(6\sqrt{2}+5\sqrt{5}-1)$.

8. $\frac{4}{3}a$.

9. 提示：设 $D=\{(x,y)\mid a\leqslant x\leqslant b,0\leqslant y\leqslant f(x)\}$，则旋转曲面的方程为 $z=F(x,y)=\sqrt{f^2(x)-y^2},(x,y)\in D$，于是 $A=4\iint\limits_D\sqrt{[F_x(x,y)]^2+[F_y(x,y)]^2+1}\mathrm{d}x\mathrm{d}y$，再将二重积分化为二次积分；$2\pi[\sqrt{2}+\ln(1+\sqrt{2})]$.

10. 球带面积为 $2\pi ah$.

11. $\left(0,0,-\frac{GM}{a^2}\right)$，$M$ 为球体的质量.

13. $\frac{M}{9}(3a^2+2h^2)$，M 为圆柱体的质量.

习题 8－1

1. (1) 质量 $M=\int_\Gamma\mu(x,y,z)\mathrm{d}s$，

质心 $(\bar{x},\bar{y},\bar{z})$，其中

$$\bar{x}=\frac{\int_\Gamma x\mu(x,y,z)\mathrm{d}s}{M},\bar{y}=\frac{\int_\Gamma y\mu(x,y,z)\mathrm{d}s}{M},$$

$$\bar{z}=\frac{\int_\Gamma z\mu(x,y,z)\,\mathrm{d}s}{M}$$（M 为 Γ 的质量）；

(2) $I_x=\int_\Gamma (y^2+z^2)\mu(x,y,z)\,\mathrm{d}s, I_y=\int_\Gamma (z^2+x^2)\mu(x,y,z)\,\mathrm{d}s$；

(3) $$\boldsymbol{F}=\left(\int_\Gamma \frac{G(x-x_0)\mu(x,y,z)}{r^3}\mathrm{d}s,\int_\Gamma \frac{G(y-y_0)\mu(x,y,z)}{r^3}\mathrm{d}s,\int_\Gamma \frac{G(z-z_0)\mu(x,y,z)}{r^3}\mathrm{d}s\right)$$

其中 $r=\sqrt{(x-x_0)^2+(y-y_0)^2+(z-z_0)^2}$，$G$ 为引力常数.

2. (1) $\dfrac{17\sqrt{17}-1}{48}$；　(2) $\dfrac{8\sqrt{2}}{15}-\dfrac{\sqrt{3}}{5}$；

(3) $\dfrac{3\sqrt{14}}{2}+18$；　(4) $4\sqrt{2}$；

(5) $\dfrac{\sqrt{2}}{2}[(1+2a^2)\mathrm{e}^{a^2}-1]$；　(6) $\dfrac{19}{3}$.

3. $2a^2$

4. (1) 在扇形对称轴上距离圆心 $\dfrac{a\sin\alpha}{\alpha}$ 处；

(2) $\left(\dfrac{4a}{5},0\right)$.

5. (1) $I_z=Ma^2$，其中 $M=2\pi\sqrt{a^2+b^2}\left(a^2+\dfrac{4\pi^2b^2}{3}\right)$ 为弹簧的质量；

(2) $\bar{x}=\dfrac{6ab^2}{3a^2+4\pi^2b^2},\bar{y}=\dfrac{-6\pi ab^2}{3a^2+4\pi^2b^2},\bar{z}=\dfrac{3\pi b(a^2+2\pi^2b^2)}{3a^2+4\pi^2b^2}$.

习题 8－2

1. (1) 质量 $M=\iint\limits_\Sigma \mu(x,y,z)\,\mathrm{d}S$，

质心 $(\bar{x},\bar{y},\bar{z})$，其中 $\bar{x}=\dfrac{\iint\limits_\Sigma x\mu(x,y,z)\,\mathrm{d}S}{M},\bar{y}=\dfrac{\iint\limits_\Sigma y\mu(x,y,z)\,\mathrm{d}S}{M}$；

$$\bar{z}=\frac{\iint\limits_\Sigma z\mu(x,y,z)\,\mathrm{d}S}{M}$$（M 为 Σ 的质量）；

(2) $I_x=\iint\limits_\Sigma (y^2+z^2)\mu(x,y,z)\,\mathrm{d}S, I_y=\iint\limits_\Sigma (z^2+x^2)\mu(x,y,z)\,\mathrm{d}S$,

$I_z=\iint\limits_\Sigma (x^2+y^2)\mu(x,y,z)\,\mathrm{d}S$；

(3) $$\boldsymbol{F}=\left(\iint\limits_\Sigma G\frac{x-x_0}{r^3}\mu(x,y,z)\,\mathrm{d}S\right)\boldsymbol{i}+\left(\iint\limits_\Sigma G\frac{y-y_0}{r^3}\mu(x,y,z)\,\mathrm{d}S\right)\boldsymbol{j}+\left(\iint\limits_\Sigma G\frac{z-z_0}{r^3}\mu(x,y,z)\,\mathrm{d}S\right)\boldsymbol{k}$$，其中 G 为引力常数.

2. (1) $\dfrac{13}{3}\pi$；　(2) $\dfrac{149}{30}\pi$.

3. (1) $\frac{64}{3}\pi$; (2) $\frac{1+\sqrt{2}}{2}\pi$.

4. (1) $3\sqrt{14}$; (2) $(\sqrt{3}-1)\ln 2+\frac{3-\sqrt{3}}{2}$;

(3) $\frac{64\sqrt{2}}{15}a^4$; (4) $2\pi\arctan\frac{H}{R}$.

5. $\frac{2\pi}{15}(6\sqrt{3}+1)$.

6. $(\bar{x},\bar{y},\bar{z})=\left(0,0,\frac{a}{2}\right), I_z=\frac{4}{3}\pi a^4\mu$.

习题 8-3

2. (1) $\int_L \frac{P(x,y)+Q(x,y)}{\sqrt{2}}ds$; (2) $\int_L \frac{P(x,y)+2xQ(x,y)}{\sqrt{1+4x^2}}ds$.

3. (1) $\int_\Gamma \frac{P(x,y,z)+Q(x,y,z)+\sqrt{2}R(x,y,z)}{2}ds$;

(2) $\int_\Gamma \frac{(1-z)P(x,y,z)+(1-z)Q(x,y,z)+2xR(x,y,z)}{\sqrt{2}}ds$.

4. (1) $\frac{8}{3}$; (2) $\frac{4}{15}$;

(3) $2\pi a^3$; (4) -2;

(5) $-\pi a^2$; (6) $\frac{1}{2}$;

(7) $\frac{\pi^6}{2}$; (8) -3π.

5. (1) $\frac{34}{3}$; (2) 11;

(3) 14; (4) $\frac{32}{3}$.

6. $mg(z_1-z_2)$.

7. $\frac{k}{2}\ln 2$.

习题 8-4

1. (1) $\frac{3}{8}\pi a^2$; (2) $\frac{3}{4}\pi$.

2. (1) $\frac{5}{2}$; (2) 5;

(3) $-e^{-4}\sin 8$; (4) $\arctan(a+b)$.

3. (1) -8; (2) $-\frac{3}{2}\pi$;

(3) $-\frac{3}{4}\pi a^2$; (4) $\frac{\pi\ln 2}{12}$;

(5) $1+e\ln 2-\frac{\pi}{4}$.

4. (1) 0; (2) 2π;

(3) 2π;　　(4) 2π.

5. (1) $\frac{x^2}{2}+2xy+\frac{y^2}{2}$;　　(2) $3x^2y+2xy^2$;

(3) $x^3y+e^x(x-1)+y\cos y-\sin y$.

6. (1) $\cos x\sin 2y=C$;　　(2) $\frac{x^3}{3}-xy-\frac{y}{2}+\frac{\sin 2y}{4}=C$.

7. $2\pi+e^2+e$.

习题 8-5

1. (1) $\iint\limits_{\Sigma}P(x,y,z)\,dS$;

(2) $-\frac{\sqrt{2}}{2}\iint\limits_{\Sigma}[P(x,y,z)+R(x,y,z)]\,dS$;

(3) $\frac{1}{\sqrt{14}}\iint\limits_{\Sigma}[3P(x,y,z)+2Q(x,y,z)+R(x,y,z)]\,dS$;

(4) $\iint\limits_{\Sigma}\frac{4xP(x,y,z)-Q(x,y,z)+2zQ(x,y,z)}{\sqrt{1+16x^2+4z^2}}\,dS$.

2. (1) 12;　　(2) $\frac{11-10e}{6}$;

(3) $\frac{1}{4}-\frac{\pi}{6}$;　　(4) $\frac{1}{8}$;

(5) $\frac{8\pi a^4}{3}$;　　(6) -8π.

习题 8-6

1. (1) $\frac{5}{24}$;　　(2) $\frac{2}{5}\pi a^5$;

(3) $\frac{\pi}{2}$;　　(4) $2(e^{2a}-1)\pi a^2$;

(5) $-\frac{81}{2}\pi$;　　(6) -32π.

2. (1) 0;　　(2) $\frac{3}{8}\pi a^4$.

3. (1) $y-x\sin(xy)-x\sin(xz)$;　　(2) $\frac{2}{r}$.

4. (1) 将$\oint\!\!\oint\limits_{\Sigma}u\frac{\partial v}{\partial n}dS$转换成定向曲面积分,再利用高斯公式;

(2) 利用(1)的结论.

习题 8-7

1. (1) $-\sqrt{3}\pi a^2$;　　(2) $-2\pi a(a+b)$;

(3) $-\frac{13}{2}$;　　(4) 16;

(5) $\frac{2}{15}+\frac{\pi}{16}$;　　(6) $-\pi$.

2. (1) $-y^2\cos z\boldsymbol{i}-z^2\cos x\boldsymbol{j}-x^2\cos y\boldsymbol{k}$;

(2) $\mathbf{0}$.

3. (1) 2π;　　(2) -16π.

5. (1) π;　　(2) -4.

总习题八

1. (1) 不定向,小于;　　(2) 定向,L 的起点,L 的终点;

(3) 不定向,$\mathrm{d}S=\sqrt{1+z_x^2+z_y^2}\,\mathrm{d}\sigma$;　　(4) $\mathrm{d}x\mathrm{d}y=\pm\mathrm{d}\sigma$,$\Sigma$ 的指向;

(5) 单连通,$\frac{\partial P}{\partial y}=\frac{\partial Q}{\partial x}$;　　(6) 边界,牛顿-莱布尼茨;

(7) $6a$;　　(8) 0;

(9) 0;　　(10) C.

2. (1) $4a^{\frac{7}{3}}$;　　(2) $\mathrm{e}-1+\sin 1$;　　(3) $\frac{163}{30}$.

3. (2) 4π.

4. $\frac{1}{2}$.

5. $Q(x,y)=x^2+2y-1$.

6. (1) $xf'(x)+(1-x)f(x)=\mathrm{e}^{2x}$;　　(2) $\frac{\mathrm{e}^{2x}}{x}$.

7. $9+\frac{15}{4}\ln 5$.

8. $2k(\pi-1)$.

9. 提示:取液面为 xOy 面,z 轴垂直向下,这时物体表面 Σ 上点 (x,y,z) 处单位面积上所受的液体压力为 $-rz\cos\alpha\boldsymbol{i}-rz\cos\beta\boldsymbol{j}-rz\cos\gamma\boldsymbol{k}$,其中 r 为液体单位体积的重力,$\cos\alpha$、$\cos\beta$、$\cos\gamma$ 为点 (x,y,z) 处 Σ 的外法向量的方向余弦.

10. $\frac{3\pi}{2}$.

11. 引力方向由圆心指向圆弧的中点,大小等于 $-\frac{\sqrt{3}G\mu}{R}$,G 为引力常数,μ 为线密度.

习题 9-1

1. (1) 收敛于 $\frac{-\mathrm{e}}{3+\mathrm{e}}$;　　(2) 发散;

(3) 发散;　　(4) 收敛于 $\frac{3}{4}$;

(5) 收敛于 1;

(6) 收敛于 $\frac{1}{4}$,提示:$\frac{1}{n(n+1)(n+2)}=\frac{1}{2}\left[\frac{1}{n(n+1)}-\frac{1}{(n+1)(n+2)}\right]$.

2. (1) 发散;　　(2) 发散;

(3) 收敛于$\frac{8}{3}$； (4) 发散；

(5) 发散； (6) 收敛于 $\ln\frac{1}{2}$.

习题 9－2

1. (1) 发散； (2) 收敛；

(3) 收敛； (4) 发散；

(5) 收敛； (6) 发散；

(7) 收敛； (8) $a>0$ 且 $a\neq 1$ 时收敛，$a=1$ 时发散.

2. (1) 发散； (2) 收敛；

(3) 收敛； (4) 发散；

(5) 收敛； (6) $0<a<1$ 时收敛，$a\geqslant 1$ 时发散.

3. (1) 收敛； (2) 收敛；

(3) 收敛； (4) 发散；

(5) 收敛；

(6) $a>b$ 时收敛，$a<b$ 时发散，$a=b$ 时可能收敛也可能发散.

4. (1) 发散； (2) 收敛；

(3) 发散； (4) 收敛，提示：$\sqrt{n}>\ln n$；

(5) 收敛； (6) 收敛.

5. (3) $p>1$ 时收敛，$p\leqslant 1$ 时发散.

习题 9－3

1. (1) 条件收敛； (2) 条件收敛；

(3) 发散； (4) 绝对收敛；

(5) 条件收敛； (6) 绝对收敛；

(7) 条件收敛(提示：利用习题 9－2 第 6 题)；

(8) 绝对收敛(提示：利用习题 9－2 第 6 题).

习题 9－4

1. $\sqrt[k]{R}$.

2. (1) 收敛区间$(-1,1)$，收敛域$(-1,1)$；

(2) 收敛区间$(-1,1)$，收敛域$[-1,1]$；

(3) 收敛区间$(-\infty,+\infty)$，收敛域$(-\infty,+\infty)$；

(4) 收敛区间$(-\infty,+\infty)$，收敛域$(-\infty,+\infty)$；

(5) 收敛区间$(0,2)$，收敛域$(0,2]$；

(6) 收敛区间$\left(-\frac{2}{3},0\right)$，收敛域$\left(-\frac{2}{3},0\right)$；

(7) 收敛区间$\left(-\frac{\sqrt{2}}{2},\frac{\sqrt{2}}{2}\right)$，收敛域$\left(-\frac{\sqrt{2}}{2},\frac{\sqrt{2}}{2}\right)$；

(8) 收敛区间$(-\sqrt[3]{2},\sqrt[3]{2})$,收敛域$(-\sqrt[3]{2},\sqrt[3]{2}]$.

3. (1) $\dfrac{1}{(1-x)^2}(-1<x<1)$; (2) $\arctan x(-1\leqslant x\leqslant 1)$;

(3) $\begin{cases} -\dfrac{1}{x}\ln\left(1-\dfrac{x}{2}\right) & 当 -2\leqslant x<0 或 0<x<2, \\ \dfrac{1}{2} & 当 x=0; \end{cases}$

(4) $\begin{cases} (1-x)\ln(1-x)+x & 当 -1\leqslant x<1, \\ 1 & 当 x=1. \end{cases}$

习题 9－5

2. (1) $\sum\limits_{n=1}^{\infty}\dfrac{x^{2n-1}}{(2n-1)!},(-\infty,+\infty)$; (2) $\ln 2+\sum\limits_{n=1}^{\infty}\dfrac{(-1)^{n+1}}{n\cdot 2^n}x^n,(-2,2]$;

(3) $\sum\limits_{n=1}^{\infty}\dfrac{(-1)^{n+1}}{2(2n)!}(2x)^{2n},(-\infty,+\infty)$; (4) $\sum\limits_{n=0}^{\infty}\dfrac{(-1)^n}{4^{n+1}}x^{2n+1},(-2,2)$;

(5) $\sum\limits_{n=0}^{\infty}(-1)^n(n+1)x^n,(-1,1)$; (6) $\sum\limits_{n=0}^{\infty}\left(\dfrac{1}{2^{n+1}}-\dfrac{1}{3^{n+1}}\right)x^n,(-2,2)$;

(7) $1+\sum\limits_{n=1}^{\infty}\dfrac{(-1)^n\cdot n}{(n+1)!}x^{n+1},(-\infty,+\infty)$;

(8) $x+\sum\limits_{n=1}^{\infty}\dfrac{(2n-1)!!}{(2n)!!\cdot(2n+1)}x^{2n+1},[-1,1]$.

3. (1) $1+\dfrac{x-1}{2}+\sum\limits_{n=2}^{\infty}\dfrac{(-1)^{n-1}(2n-3)!!}{(2n)!!}(x-1)^n,[0,2]$;

(2) $\sum\limits_{n=0}^{\infty}(-1)^n(n+1)(x-1)^n,(0,2)$;

(3) $\ln 2+\sum\limits_{n=1}^{\infty}\dfrac{(-1)^{n-1}}{n\cdot 2^n}(x-2)^n,(0,4]$;

(4) $-\ln 2+\sum\limits_{n=1}^{\infty}(-1)^{n-1}\left(\dfrac{1}{n}-\dfrac{1}{2^n\cdot n}\right)(x-1)^n,(0,2]$;

(5) $\sum\limits_{n=0}^{\infty}\left(\dfrac{1}{2^{n+1}}-\dfrac{1}{3^{n+1}}\right)(x+4)^n,(-6,-2)$;

(6) $\sum\limits_{n=1}^{\infty}\dfrac{(-1)^n 2^{2n-1}}{(2n-1)!}\left(x-\dfrac{\pi}{2}\right)^{2n-1},(-\infty,+\infty)$.

习题 9－6

1. (1) 1.098 6; (2) 0.488 36;

(3) 0.521 1; (4) 0.052 34.

2. (1) 0.494 0; (2) 0.487;

(3) 0.035 4; (4) 0.497.

3. (1) $y=\dfrac{1}{2}+\dfrac{1}{4}x+\dfrac{1}{8}x^2+\dfrac{1}{16}x^3+\dfrac{9}{32}x^4+\cdots$;

(2) $y=1-\frac{1}{2!}x^2+\frac{2}{4!}x^4-\frac{9}{6!}x^6+\frac{55}{8!}x^8+\cdots$;

(3) $y=\sum_{n=0}^{\infty}\frac{(-1)^n}{(2n)!!}x^{2n}+\sum_{n=1}^{\infty}\frac{(-1)^{n+1}}{(2n-1)!!}x^{2n-1}$;

(4) $y=\sum_{n=0}^{\infty}\frac{(-1)^n}{(n!)^2}\left(\frac{x}{2}\right)^{2n}$.

4. $e^x\sin x=\sum_{n=0}^{\infty}\frac{2^{\frac{n}{2}}\sin\frac{n\pi}{4}}{n!}x^n, e^x\cos x=\sum_{n=0}^{\infty}\frac{2^{\frac{n}{2}}\cos\frac{n\pi}{4}}{n!}x^n, (-\infty,+\infty)$.

习题 9－7

1. $f(x)=\frac{2\sinh 2\pi}{\pi}\left[\frac{1}{4}+\sum_{n=1}^{\infty}\frac{(-1)^n}{n^2+4}(2\cos nx-n\sin nx)\right]\quad(x\neq(2k+1)\pi, k\in\mathbf{Z})$,

$\sum_{n=1}^{\infty}\frac{(-1)^n}{n^2+4}=\frac{\pi}{4\sinh 2\pi}-\frac{1}{8}$.

2. (1) $\sin\frac{x}{3}=\frac{9\sqrt{3}}{\pi}\sum_{n=1}^{\infty}\frac{(-1)^{n-1}n}{9n^2-1}\sin nx, (-\pi,\pi)$;

(2) $|\sin x|=\frac{2}{\pi}-\frac{4}{\pi}\sum_{n=1}^{\infty}\frac{\cos 2nx}{4n^2-1}, [-\pi,\pi]$;

(3) $\cos\lambda x=\frac{\sin\lambda\pi}{\pi}\left[\frac{1}{\lambda}+\sum_{n=1}^{\infty}(-1)^n\frac{2\lambda}{\lambda^2-n^2}\cos nx\right], [-\pi,\pi]$;

(4) $f(x)=\frac{1+\pi-e^{-\pi}}{2\pi}+\frac{1}{\pi}\sum_{n=1}^{\infty}\left\{\frac{1-(-1)^n e^{-\pi}}{1+n^2}\cos nx+\right.$

$\left.\left[\frac{-n+(-1)^n ne^{-\pi}}{1+n^2}+\frac{1-(-1)^n}{n}\right]\sin nx\right\}, (-\pi,\pi)$.

3. $x=2\sum_{n=1}^{\infty}\frac{(-1)^{n-1}}{n}\sin nx, (-\pi,\pi), \sum_{n=1}^{\infty}\frac{(-1)^{n-1}}{2n-1}=\frac{\pi}{4}$.

习题 9－8

1. (1) $f(x)=\frac{11}{12}+\frac{1}{\pi^2}\sum_{n=1}^{\infty}\frac{(-1)^{n+1}}{n^2}\cos 2n\pi x, (-\infty,+\infty)$;

(2) $f(x)=-\frac{1}{2}+\sum_{n=1}^{\infty}\left\{\frac{6}{n^2\pi^2}[1-(-1)^n]\cos\frac{n\pi x}{3}+\frac{6}{n\pi}(-1)^{n+1}\sin\frac{n\pi x}{3}\right\}$

$(x\neq 3(2k+1), k\in\mathbf{Z})$;

(3) $f(x)=\sum_{n=1}^{\infty}\frac{(-1)^{n-1}}{\pi}\cdot\frac{16n}{(4n^2-1)^2}\sin 2nx, (-\infty,+\infty)$;

(4) $f(x)=\frac{1}{\pi}+\frac{1}{2}\cos\frac{\pi x}{l}-\frac{2}{\pi}\sum_{n=1}^{\infty}\frac{(-1)^n}{4n^2-1}\cos\frac{2\pi nx}{l}, (-\infty,+\infty)$.

2. $\frac{\pi-x}{2}=\sum_{n=1}^{\infty}\frac{\sin nx}{n}, (0,\pi]$.

3. $2x^2=\frac{4}{\pi}\sum_{n=1}^{\infty}\left[-\frac{2}{n^3}+(-1)^n\left(\frac{2}{n^3}-\frac{\pi^2}{n}\right)\right]\sin nx, [0,\pi)$;

$$2x^2 = \frac{2}{3}\pi^2 + 8\sum_{n=1}^{\infty}\frac{(-1)^n}{n^2}\cos nx, [0,\pi].$$

4. $f(x) = \dfrac{4l}{\pi^2}\sum_{n=1}^{\infty}\dfrac{1}{n^2}\sin\dfrac{n\pi}{2}\sin\dfrac{n\pi x}{l}, [0,l]$;

$$f(x) = \frac{l}{4} + \frac{2l}{\pi^2}\sum_{n=1}^{\infty}\frac{1}{n^2}\left[2\cos\frac{n\pi}{2} - 1 - (-1)^n\right]\cos\frac{n\pi x}{l}, [0,l].$$

***5.** $\mu(t) = \dfrac{h}{2} + \dfrac{h}{\pi}\sum_{\substack{n=-\infty \\ (n\neq 0)}}^{\infty}\dfrac{1}{n}\sin\dfrac{n\pi}{2}e^{in\pi t}\quad \left(t \in \mathbf{R}\setminus\left\{k \pm \dfrac{1}{2} \mid k = 0, \pm 1, \pm 2, \cdots\right\}\right)$.

总习题九

1. (1) 必要; (2) 充要;
(3) 充分; (4) 充分;
(5) 必要; (6) 充分.

2. (1) C; (2) D;
(3) B; (4) C.

3. (1) 发散; (2) 收敛; (3) 收敛;
(4) $0 < a < 1$ 时收敛, $a > 1$ 时发散, $a = 1$ 时 $S > 1$ 收敛, $S \leqslant 1$ 发散.

4. (1) 绝对收敛; (2) 发散;
(3) 绝对收敛; (4) 条件收敛.

8. (1) $\dfrac{2x^2}{(2-x^2)^2}, (-\sqrt{2}, \sqrt{2})$; (2) $\begin{cases}\dfrac{e^{x+1} - x - 2}{(x+1)^2} & 当 x \neq -1, \\ \dfrac{1}{2} & 当 x = -1;\end{cases}$

(3) $(1 + 2x^2)e^{x^2}, (-\infty, +\infty)$;

(4) $\begin{cases}1 + \dfrac{1-x}{x}\ln(1-x) & 当 -1 \leqslant x < 0 和 0 < x < 1, \\ 0 & 当 x = 0, \\ 1 & 当 x = 1.\end{cases}$

9. (1) $2e$; (2) $\dfrac{\sqrt{2}}{2}\ln(1+\sqrt{2})$.

10. (1) $x + \sum_{n=1}^{\infty}(-1)^n\dfrac{(2n-1)!!}{(2n)!!}\dfrac{1}{2n+1}x^{2n+1} \quad (-1 \leqslant x \leqslant 1)$,
提示:先写出导函数的麦克劳林展开式;
(2) $\sum_{n=1}^{\infty}\dfrac{n}{2^{n+1}}x^{n-1} \quad (-2 < x < 2)$.

12. (1) $s_n = \dfrac{D(1-c^n)}{1-c}$; (3) $k = 5$.

13. (a) $s_n = 3 \cdot 4^n, l_n = \dfrac{1}{3^n}, p_n = \dfrac{4^n}{3^{n-1}}$; (b) $\dfrac{2\sqrt{3}}{5}$.

郑 重 声 明

策划编辑　王　强

责任编辑　王　强

封面设计　张　楠

版式设计　马敬茹

责任校对　王　超

责任印制　赵义民